全国测绘地理信息职业教育教学指导委员会“十四五”规划教材

电子地图分析与导航

主　编　何　宽　陈　旭

主　审　曾晨曦　刘宏恺　李　俊

本书立体化资源

黄河水利出版社

·郑州·

内 容 提 要

本书为“十四五”职业教育国家规划教材，全国测绘地理信息职业教育教学指导委员会“十四五”规划教材。教材在编写过程中，与国内导航电子地图制作和软件应用企业合作，兼顾基本原理、前沿发展和应用需求，全书共有 8 个项目，由浅入深讲解电子地图的概念、制作和分析方法，认识导航电子地图、导航原理与导航系统构成，深入讲解移动导航电子地图的设计与应用、高精度地图的制作，拓展电子地图的应用及发展趋势。

本书可作为测绘、地理信息、遥感、资源调查、电子信息等领域高等教育和职业教育院校师生教学用书，还可以作为地理信息数据采集、导航与位置服务等工程技术人员的参考书。

图书在版编目(CIP)数据

电子地图分析与导航/何宽，陈旭主编.—郑州：黄河水利出版社，2021.9

全国测绘地理信息职业教育教学指导委员会 测绘地理信息高等职业教育“十三五”规划教材

ISBN 978-7-5509-3072-8

Ⅰ.①电… Ⅱ.①何…②陈… Ⅲ.①地图制图自动化-高等职业教育-教材 Ⅳ.①P283.7

中国版本图书馆 CIP 数据核字(2021)第 162949 号

策划编辑：陶金志 电话：0371-66025273 E-mail：838739632@qq.com

出 版 社：黄河水利出版社 网址：www.yrcp.com

地址：河南省郑州市顺河路黄委会综合楼 14 层 邮政编码：450003

发行单位：黄河水利出版社

发行部电话：0371-66026940、66020550、66028024、66022620(传真)

E-mail：hhslcbs@126.com

承印单位：河南承创印务有限公司

开本：787 mm×1 092 mm 1/16

印张：20.5

字数：474 千字

版次：2021 年 9 月第 1 版 印次：2021 年 9 月第 1 次印刷

定价：56.00 元

前 言

党的二十大报告指出要坚持教育优先发展、科技自立自强、人才引领驱动,加快建设教育强国、科技强国、人才强国,服务国家重大战略,实施北斗产业化等重大工程。

北斗卫星导航系统是我国着眼于国家安全和经济社会发展需要,自主建设运行的全球卫星导航系统,是为全球用户提供全天候、全天时、高精度的定位、导航和授时服务的国家重要时空基础设施,是我国为全球公共服务基础设施建设做出的重大贡献,是中国特色社会主义进入新时代取得的重大标志性战略成果。我国导航产业在国家产业政策引导和产业化项目的支持下,得到了迅猛发展,实现了从无到有的突变和从有到全的渐变,形成了世界瞩目的导航应用市场。

北斗卫星导航系统作为大国重器,大众服务发展前景广阔,北斗应用的新模式、新业态、新经济不断涌现。《中华人民共和国国民经济和社会发展第十四个五年规划和2035年远景目标纲要》中提出深化北斗系统推广应用,推动北斗产业高质量发展。因此,推进北斗应用型高素质技术技能人才培养,助力加快实施创新驱动发展战略,更有利于推动测绘地理信息领域创新链、产业链、资金链、人才链深度融合。

本书是"十四五"职业教育国家规划教材。教材建设遵循"服务行业发展,满足教学需求;工学结合紧密,学做一体系统;数字网络资源,多元统筹呈现;凝练课程特色,提升教材品质"的基本要求,编写团队在广泛调研的基础上,与企业专家共同梳理地图制图员、导航与位置服务工程技术员和服务员等职业岗位所需的职业能力和必备的知识。

在教材编写中,基于工作过程按照项目驱动、任务引领的编写思路,遵循高职学生认知规律和专业学习规律,结合编者多年从事教学、生产实践的经验,突出职业教育特色:

(1)坚持立德树人,将测绘精神、新时代北斗精神、工匠精神、创新创业教育与教材项目化内容相结合,教材以"践行工匠精神,献身测绘事业;增强版图意识,维护国家安全"为课程思政主线,根据知识点(技能点)的教学内容,通过深入挖掘专业知识隐含的思维方式和文化内涵来提升育人功能,实现了教材知识体系和价值体系有机融合。

(2)构建工作过程系统化的教材体系,紧跟产业发展趋势和行业人才需求,按照地理信息产品的作业流程,优化教材结构,进行教材内容的项目化设计,体现理论与实践的统一,满足教学做一体化的教学需要。

(3)依据职业岗位优化教材内容供给,体现教材的实用性、规范性,与相关国家标准、行业标准衔接,将新技术、新工艺、新规范融入教材内容,满足典型岗位(群)人才专业技能和执业能力要求。

(4)遵循认知和学习规律,兼顾基本原理、前沿发展和应用需求,基于成果导向教育理念,由浅入深、由易到难设计"颗粒化"知识点和技能点,与1+X等职业资格证书对接。

(5)教材适应"互联网+职业教育"发展需求,运用现代信息技术改进教学方式方法,推进专业教学资源库、智慧职教云课堂等网络学习空间建设和普遍应用。教材配套的网络信息化资源有电子教材等教学文本、教学动画、教学视频等优质教学资源,只需用移动设备扫描书中的二维码和图片,就可观看相关视频和图片详解,既能满足读者自主学习需求,又能满足教师开展线上线下混合式教学改革需要。

本书由黄河水利职业技术学院何宽、陈旭任主编并通稿。根据导航与位置服务工程技术人员岗位要求,系统设计了电子地图的认识、电子地图制作、电子地图分析、导航与导航电子地图认识、导航电子地图设计与开发、移动导航电子地图、高精度地图和电子地图应用及发展趋势共八个项目。项目一由黄河水利职业技术学院胡泊、崔耀辉和郑州经开投资发展有限公司邓晓威编写,项目二由黄河水利职业技术学院何宽和河南超图信息技术有限公司王洋编写,项目三由黄河水利职业技术学院陈旭和开封市规划勘测设计研究院刘利编写,项目四由开封大学师杰和河南省地质矿产勘查开发局测绘地理信息院齐庆超编写,项目五由开封大学师杰编写,项目六由黄河水利职业技术学院杜文志和速度时空信息科技股份有限公司蒋文明编写,项目七由黄河水利职业技术学院何宽和牛晓航编写,项目八由黄河水利职业技术学院赵欣、开封市规划勘测设计研究院王磊和河南省信息中心刘雷编写。本书由自然资源部人力资源开发中心曾晨曦,超图集团助理总裁、中国地理信息产业协会教育与科普工作委员会委员刘宏恺和速度时空信息科技股份有限公司高级副总裁兼时空大数据事业部总经理李俊担任主审。在此致以诚挚的谢意。

在本书编写过程中,参阅了大量的文献,引用了同类书刊、规范中的部分内容,在此谨向有关作者表示感谢。同时,本书的编写和出版得到了相关单位专家、同行和黄河水利出版社的大力支持与帮助,在此也表示衷心的感谢!

限于编者的水平、经验及时间所限,书中难免会有错误和疏漏之处,真诚地希望大家提出宝贵意见(联系邮箱:hklike@ 163. com),以便今后进一步修订和完善,敬请各位专家、老师和读者给予指正。

作　者

2023 年 8 月

目 录

项目一　电子地图认识

【项目概述】

本项目主要介绍电子地图的概念、系统构成及应用，电子地图数据模型设计基础及空间数据模型认知，通过本项目的学习，能够对电子地图相关的内容有清晰的认识，能够掌握电子地图各类数据采集的方法及如何建立数据库。

【学习目标】

知识目标：

1. 掌握电子地图的基本概念；
2. 掌握电子地图基本构成及主要应用领域；
3. 了解电子地图学的内容及学科特点；
4. 掌握电子地图空间数据模型概念、类型及划分；
5. 掌握电子地图不同数据源的数据采集。

技能目标：

1. 培养快速认识新事物的能力；
2. 掌握学习新知识的一般方法；
3. 学会利用对比的方法进行新知识的理解。

【导入】

与学生讨论：日常生活中大家经常接触到的电子地图主要有哪些？目前这些电子地图的应用方面各有哪些？电子地图与传统地图对比有什么特点？

【正文】

单元一　电子地图的基本概念

一、电子地图的概念

（一）电子地图的定义

地图是人类文明发展的早期结晶，同时也伴随着人对自然和社会现象的认识以及技术的发展而发展。最近几十年来，迅速崛起的计算机及其相关技术，从根本上改变了地图的制图工艺，并形成了与之相适应的地图理论与方法，将地图学从传统的手工制图带入到计算机制图的现代地图学时代。电子地图就是这一时期的重要产物，在地图学领域引起了一场全新的变革，促进了电子地图学的产生和发展。

关于电子地图的名称，曾经有不同的说法，如“电脑地图”“联机地图”“屏幕地图”和“瞬时地图”等，有时又把电子地图和数字地图等同起来，或者认为电子地图是数字地图和视盘地图的集合等。但是在人们的生活中,电子地图的概念更通俗易懂,因而被大众所接受。

电子地图概念多样化现象在很大程度上是因为发展中的电子地图与现代技术迅速结合,不断推出新的应用形式,从而在短时间内难以给出一个简洁、科学和明确的定义。

(二)电子地图的基本性质

要弄清楚电子地图的概念,就需要从目前多种多样的电子地图产品中分析其内在的特性,同时要保证这个概念的包容性和可成长性。归纳起来,电子地图具有以下基本性质。

1. 电子地图是一种模拟地图产品

电子地图反映了地理信息,同时具有地图的 3 个基本特征,即数学法则、制图综合和特定的符号系统,这使得电子地图有别于遥感影像或建筑设计图。

2. 电子地图的数据来源是数字地图

数字地图是地图的数字形式,一般存储在计算机磁带、硬盘、CD-ROM 等介质上。数字地图既可以是矢量地图数据,也可以是栅格地图数据。

3. 电子地图的采集、设计等都是在计算机平台环境下实施的

计算机系统为电子地图提供了强大的软硬件支持。同时,电子地图的屏幕显示也依赖于某个特定地图软件的表达功能。正因如此,梁启章采用“电脑地图”而不是“电子地图”这一术语是有一定道理的。

4. 电子地图的表达载体是屏幕

屏幕既可以是电子介质的(如计算机显示屏、电视机屏幕等),也可以是投影屏幕等其他形式。电子地图的显示不是静止的和固化的,而应是实时的和可变化的,这使得电子地图和传统纸质地图相比在应用上具有更大的灵活性。

综上所述,我们可以这样理解电子地图的概念:从狭义上讲,电子地图是一种以数字地图为数据基础、以计算机系统为处理平台、在屏幕上实时显示的地图形式。而从广义上讲,电子地图应该是屏幕地图与支持其显示的地图软件的总称。前者强调了电子地图的地图特性,后者则反映了电子地图的综合特性。

当然,电子地图的形式、范畴都可能随着技术、方法的发展而延伸,但是必须满足电子地图的基本定义。例如,网络地图虽然是通过计算机网络实现地图数据的传输,但是它同时符合上述的 4 个基本特征,所以网络地图又称为网络电子地图;而直接采用数码摄像(摄影)设备拍摄的地图,尽管可以通过 VCD、DVD 影碟机等在电视机上播放、浏览,但是缺少数字地图的数据管理和计算机平台的支持,就不能够称为通常意义上的电子地图。

二、电子地图的特点

电子地图将传统的地图与当代技术方法结合起来,产生了新的地图产品品种,表现在制图工艺流程、表现形式、地图介质、应用方法等诸多方面。因此,电子地图不是将地图内容简单地搬上屏幕,而是在地图设计、应用上的一个重大变革,在一定程度上改变了地图的传统信息、传输方法与应用模式,赋予了地图新的生命力和科学价值。

和传统纸质地图相比,电子地图拥有的优势和特点可以归纳为以下几个方面。

(一)数据与软件的集成性

在产品形式上,纸质地图表现为单一的地图数据输出,而电子地图是地图数据与软件系统的集成,缺一不可。电子地图的应用软件又可称为电子地图浏览系统或者阅读系统,它是地图由数据形式到模拟表达形式的翻译器和转换器,负责将地图数据库中的内容显示在屏幕上,并具有一系列对地图浏览的操作功能。

(二)过程的交互性

纸质地图一旦印刷完成就成为定型产品,幅面、内容、形式都不会再发生改变。而电子地图保存在计算机的存储设备中,电子地图系统的浏览软件允许用户对表达的地图内容进行选择,并通过缩放、漫游对地图表达区域进行调整,从而经过用户的交互操作在屏幕上形成一张新的地图。

(三)信息表达的多样性

由于受到比例尺、幅面和媒介的制约,纸质地图能反映的信息量有限,只能通过地图符号的结构、色彩、形状、大小来反映地理对象的信息。而电子地图的交互功能,如放大、漫游功能及地图数据库的支持使得地图的载负量可以得到极大的扩展,同时计算机系统的多窗口和多线程技术可以运用于视频、声音、图像、文字、动画等多媒体信息的表达,丰富了电子地图的内容,最大限度地发挥电子地图的阅读功效。

(四)无级缩放与多尺度数据

每一幅纸质地图都具有一个固定的比例尺,但在电子地图中由于屏幕显示的灵活性,可以在一定限度范围内通过开窗、剪裁和无级缩放,实现对电子地图内容的任意局部或全局显示。针对缩放过程中用户对细节信息的要求不同,电子地图还可以同时载负多个比例尺地图数据,并通过设定的显示条件动态地调整地图表达的内容,如随着地图的逐步放大,更大比例尺的地图细节被显示出来。

(五)快速、高效的信息检索与地图分析

在纸质地图上搜索地图目标需要用户人工独立完成,并且只能进行一些比较简单的量算和分析,不仅费时,精度也不容易得到保证。电子地图利用地图数据库的查询、检索功能和 GIS 的空间分析功能很容易实现用户对地图目标的快速查询(包括空间与属性之间的双向查询)和高精度量算、分析的需要。

(六)多维与动态可视化

在纸质地图中制图人员通常将地理对象的空间分布形态通过制图综合转换为二维平面形式表现出来,即使三维、连续分布的地理信息,也间接地转化为等值线形式来表达;纸质地图表达的地图目标都是静态的、不变化的,要在图上反映动态变化的地图现象,往往通过几个时间段的静态地图组合来实现。在电子地图上,不仅可以进行地图的三维显示、空中飞行、虚拟环境漫游等,而且可以直接描述地理现象的动态变化过程。

(七)共享性

与纸质地图相比,电子地图依托于计算机技术、网络通信技术和容量大、便于携带的存储设备(如光盘等),更容易实现地图的复制、传播和共享。目前,在 Internet 上已建立了众多的电子地图网站,可以很方便地从地图上查询城市交通、地名、旅游景点、商业服务业信息等,极大地提高了电子地图的利用率。

(八)低成本性

电子地图的内容以数据的形式保存在地图数据库中,可以方便地进行无损失复制和数据的编辑、修改,从而很容易更新再版,做到周期短、成本低。

三、电子地图的分类

(一)电子地图的分类依据

电子地图的类型十分丰富,在传统地图的基础上有了较大的发展,因此电子地图的类型划分可以基于基本分类和扩展分类两种方式。基本分类是指和传统地图分类相对应的划分方法,主要根据地图的内容、性质(比例尺、区域范围)与用途来进行划分;扩展分类是电子地图特有的划分方法,划分依据有电子地图的数据结构、功能特点、输出与使用方式以及技术特色等,电子地图具体分类见表 1-1。

表 1-1 电子地图具体分类

<table>
<tr><th colspan="3">基本分类</th><th colspan="2">扩展分类</th></tr>
<tr><th>划分方式</th><th colspan="2">类型</th><th>划分方式</th><th>类型</th></tr>
<tr><td rowspan="2">按内容划分</td><td colspan="2">普通电子地图</td><td rowspan="3">按数据结构划分</td><td>矢量电子地图</td></tr>
<tr><td colspan="2">专题电子地图</td><td>栅格电子地图</td></tr>
<tr><td rowspan="3">按比例尺划分</td><td colspan="2">大比例尺电子地图</td><td>矢栅混合电子地图</td></tr>
<tr><td colspan="2">中比例尺电子地图</td><td rowspan="3">按功能特点划分</td><td>浏览型电子地图</td></tr>
<tr><td colspan="2">小比例尺电子地图</td><td>查询型电子地图</td></tr>
<tr><td rowspan="2">按区域划分</td><td colspan="2">自然区域</td><td>分析型电子地图</td></tr>
<tr><td colspan="2">行政区域</td><td rowspan="5">按输出和使用方式划分</td><td>单机电子地图</td></tr>
<tr><td rowspan="7">按用途划分</td><td rowspan="4">军用电子地图</td><td rowspan="4">电子陆图、电子海图、电子航空图、电子宇航图等</td><td>光盘电子地图</td></tr>
<tr><td>触摸屏电子地图</td></tr>
<tr><td>PDA 电子地图</td></tr>
<tr><td>网络电子地图</td></tr>
<tr><td rowspan="3">民用电子地图</td><td rowspan="3">农业用电子地图、地质用电子地图、石油用电子地图、民航用电子地图、气象用电子地图、交通用电子地图、水利用电子地图等</td><td rowspan="3">按技术特色划分</td><td>多媒体电子地图</td></tr>
<tr><td>三维动态电子地图</td></tr>
<tr><td>移动导航电子地图</td></tr>
</table>

(二)电子地图的基本分类

1. 按照内容分类

电子地图按照内容可划分为普通电子地图和专题电子地图两大类。

普通电子地图表示制图区域内自然要素和人文要素的一般特征,以水系、居民地、交通、地貌、土质植被、境界等要素为制图对象,它不偏重于某些要素,专题电子地图突出反映一种或几种主题要素,它通常面向某一专题应用领域的需要,包含自然电子地图、人文电子地图和特殊专题电子地图三大类,如电子地貌图、工农业产值电子地图、人口电子地图、历史电子地图等。

2. 按照比例尺大小分类

电子地图按照比例尺大小可划分为大、中、小比例尺电子地图。与纸质地图的比例尺划分方式相一致,大、中、小比例尺电子地图分别是指比例尺在1:10万以上、1:10万~1:100万之间及1:100万以下的电子地图。普通的大、中比例尺电子地图又称为电子地形图,小比例尺电子地图又称为电子地理图。电子地形图表示的普通电子地图的内容较详细,电子地理图则表示比较简略。

3. 按照区域范围分类

区域类型包括自然区域和行政区域。

按照包含的自然区域范围,可以划分为表示全球范围的世界电子地图,包含一个或几个洲的大陆电子地图(如非洲电子地图、欧亚电子地图),包含一个或几个大洋的大洋电子地图(如太平洋电子地图、印度洋电子地图),以及包含某个自然区域的区域电子地图(如青藏高原电子地图、四川盆地电子地图)。

按照行政区域范围,可以进一步划分为国家电子地图、省(区)电子地图、市(县)电子地图、村(镇)电子地图等。

4. 按照用途分类

电子地图按照用途可以划分为军用电子地图和民用电子地图。

军用电子地图可以按照兵种划分为电子陆图、电子海图、电子航空图、电子宇航图等,按作战规模可以划分为战略电子地图、战役电子地图、战术电子地图及电子目标图等。

民用电子地图按照应用领域可以划分为农业用电子地图、地质用电子地图、石油用电子地图、民航用电子地图、气象用电子地图、交通用电子地图、水利用电子地图等。

(三)电子地图的扩展分类

1. 按照数据结构分类

电子地图的数据结构直接关系到地图数据应该如何组织和处理,进而影响到电子地图的功能。根据空间数据结构的不同,电子地图可划分为矢量电子地图、栅格电子地图和矢栅混合电子地图。

(1)矢量电子地图是采用矢量数据结构保存地图数据的电子地图类型,矢量数据结构通过空间目标的坐标串序列来描述定位信息,这种电子地图数据量小,精度高,易于目标的信息查询和拓扑关系的分析与建立。目前推出的交通用电子地图基本上都属于这一类型。

(2)栅格电子地图采用了栅格数据结构形式,数据容易获取,空间运算相对简单,容易和遥感数据、数字高程数据直接结合,这种类型的电子地图对于空间数据精度要求不高的应用非常适合。

(3)矢栅混合电子地图是同时结合了矢量数据结构和栅格数据结构的电子地图形

式,它有两种方式,一种方式是根据重要性程度将电子地图的内容划分为基础底图数据和专题地图数据两大部分,并分别采用不同的数据结构形式表示;另一种是采用矢栅一体化结构,使地图的点、线、面目标具备矢量和栅格的双重性质(龚健雅,1993)。

2. 按照功能特点划分

按照电子地图的功能特点可以划分为浏览型电子地图、查询型电子地图和分析型电子地图。

(1)浏览型电子地图可以认为是传统地图的简易电子版本,没有额外的应用功能,主要提供包括电子地图的缩放、漫游等单一浏览功能。

(2)查询型电子地图在浏览型电子地图基础上,依据地图数据库,支持用户对地图目标的空间与属性之间的双向交互查询。

(3)分析型电子地图不再仅局限于地图目标及其相关属性的交互查询,而是把更多的地理信息系统功能加入到地图中,例如最短路径分析、缓冲区分析等,实现进一步的分析应用和决策规划,这是更高一级的电子地图类型。

3. 按照输出与使用方式分类

按照电子地图的输出与使用方式可以划分为单机电子地图、光盘电子地图、触摸屏电子地图、PDA 电子地图和网络电子地图。

(1)单机电子地图是电子地图数据和软件都存放在一台独立计算机中的电子地图。

(2)光盘电子地图主要存储在 CD-ROM 或 DVD-ROM 中,在计算机中通过相应的光盘驱动器读取调用。

(3)触摸屏电子地图不需要键盘、鼠标输入,而是直接利用触摸屏进行电子地图的显示和操作,方便大众应用。

(4)个人数字助理(personal digital assistant, PDA)是一种便于携带的掌上型计算机,PDA 电子地图可以和全球定位系统(GPS)、交通导航以及无线通信等技术结合起来,可以灵活地实现实时、动态的空间定位服务。

(5)网络电子地图又称网上电子地图,主要在局域网或者全球互联网上发布,是目前地图信息共享程度最高、传播最快、应用最广的一种电子地图形式。

4. 按照技术特色分类

电子地图和新的信息技术结合非常迅速,形成了很多有特色的电子地图品种。根据目前在电子地图领域应用较为广泛的技术划分,包括与多媒体技术结合的多媒体电子地图,与虚拟现实技术结合的三维动态电子地图以及与 GPS、移动手机、蓝牙、无线网络等移动定位技术、无线通信技术结合的移动导航电子地图等,这些电子地图类型在社会生活和经济建设中已经发挥着越来越大的作用。

四、电子地图与其他地图及 GIS 的关系

(一)电子地图与传统模拟地图

传统模拟地图以纸质地图为代表,指的是手工编绘印刷的地图。电子地图和纸质地图一样,也属于模拟地图形式,两者之间在地图的设计、表达等许多方面有着一致性,因此从表面上来看它们之间的区别更多表现在介质上的差异。在电子地图的设计过程中,传

统地图通常是与电子地图的数据来源之一；另外，电子地图也可以通过打印输出为纸质地图。

因为介质的差异，在地图的三个基本特征上，电子地图和传统地图也就存在着相当显著的不同。

首先，在地图的数学法则上，传统地图保持设计确定的投影和比例尺固定不变；而在计算机系统的支持下，电子地图不再受此约束，同时多尺度地图数据库的构建能够提供不同细节程度的目标信息浏览。

其次，在地图符号系统上，电子地图具有更大的灵活性，对于三维符号、动态符号、多媒体符号等，用户可以自定义和修改符号库系统。

再次，对于传统地图，制图综合的作用主要是在图幅信息容量有限的情况下针对地图数据的抽象与化简；而在电子地图条件下，由于屏幕浏览和缩放功能的存在，综合的目的不再是简单解决表达问题，而是进一步转化为表达与分析双重功能。

多媒体数据的应用是电子地图的一个重要特征，提供了一种将抽象的二维地图目标和实际地理对象进一步结合起来的机制。这些信息包括视频、图片、声音、动画和文字等，理论上其信息量可以无限大，但实际上仍然受到存储空间的限制。

在传统纸质地图上，随时间变化的地理现象（包括空间和属性信息）的描述既可以采用一组基于时间序列的地图，也可以采用专题地图的一些方法来实现，如范围法、图表法和运动线法。但是，前者信息冗余，可比性差；后者表述或者粗糙，或者影响其他因素的表达等。与此相比，电子地图表达的实时性使它可以容易地描述这些动态过程，并可以随时重复进行。在三维地图表达上，电子地图更具有无可比拟的优势，由于和虚拟现实技术的紧密结合，因此可以产生立体的、多要素合成的和视野视角可操纵变化的逼真地理场景。

（二）电子地图与数字地图

作为现代地图学发展的产物，数字地图和电子地图紧密联系，其中数字地图是地图数据库的用户观点，和具体表达的符号无关；而电子地图是以数字地图数据为基础的屏幕模拟表达，它直接依赖于地图符号和符号库系统的支持，因而数字地图属于数字景观模型（digital landscape model，DLM）范畴，电子地图属于数字制图模型（digital cartographic model，DCM）范畴。由此可知，数字地图是电子地图的数据基础，电子地图是数字地图的表达结果。

不过，在现代地图学中，数字地图的概念被频繁地提及和使用，这是因为数字地图被认为可以更直接地与模拟地图划清界限，从而体现地图变化的本质。但是，从严格的地图意义上来讲，数字地图并不是地图，它缺失了地图特定的表现形式——地图语言这一根本要素，而表现为一组地理空间数据的集合，是一种典型的虚地图形式。

在应用层面上，数字地图作为一种典型的DLM，它更关注数据的类型和结构，虽然可以同时支持电子地图表达和计算机辅助的纸质地图编绘，但它与地图符号和表达方法无关的特性使其始终处于数据基础的地位。而电子地图和现代信息技术紧密结合，在地图数据、符号及相关软件的支持下，强调了地图表达和地图应用的特点，将传统的模拟地图转变为信息技术支持下的屏显地图，并产生了众多新的地图图种形式，形成了一系列新的分类方法。因此，和数字地图相比，电子地图具有更显著的地图特征性和发展的前沿性。

电子地图通过电子地图应用系统(包括浏览、查询与分析功能)调用数字地图 I/O 接口来访问数字地图,并在屏幕上实时显示。在电子地图浏览过程中,地图符号库系统将发挥重要的作用。

(三)电子地图与 GIS

地理信息系统(GIS)是一种采集、存储、管理、分析、显示和应用地理信息的计算机系统。GIS 基于地图,脱胎于机助地图制图和地图数据库,是地图学功能在信息化时代的扩展与延伸(王家耀,2000)。但是这种和地图的紧密联系也造成了学科之间的一种混乱。一种观点认为,在信息技术条件下,GIS 已超越了地图的内容,因而可以完全取代地图,包括电子地图;另一种观点则提出,电子地图是 GIS 的一个组成部分,主要负责 GIS 的输出表达;还有的观点认为,电子地图是 GIS 的一种类型,它面向普通用户的应用需求,因此又被称为"大众 GIS"。在更多的情况下,人们采用回避的方式,模糊两者间的界限。

DeMers 就曾经指出,GIS 在定义上的弹性变化加剧了这种混乱,导致了和计算机辅助地图制图(CAC)、计算机辅助设计(CAD)之间的错误认识。如何评价 GIS 与地图,特别是与电子地图的关系?它们存在怎样的联系和差异呢?目前普遍一致的观点认为,电子地图强调地图的表达和传输,而 GIS 更关注空间分析。不过,由于 GIS 同样需要地理信息的图形表达,而电子地图也需要具有地图的分析功能,因而对两者间的区别还有必要做进一步的说明。

电子地图与 GIS 的差别体现在以下几个方面。

1. 地图数据的完整性要求不同

为了分析的需要,GIS 强调代表一个地理实体的地图数据的空间完整性,强调其独立的地理意义,强调空间与属性上的统一。而电子地图为了表达的目的有可能损失其完整性,因此在空间数据(含空间关系)的要求上电子地图与 GIS 存在着一定程度的矛盾冲突,这就是由空间分析质量与地图表达效果之间的不同需求所导致的结果(龙毅等,2001)。例如,在制图综合中的移位、夸大等操作,多个地图目标因空间上的共位而产生的目标局部分段、缺失等,都仅仅是考虑图形可视化的需要。

2. 核心功能的要求不同

GIS 的核心功能是空间分析,这是 GIS 与一般的计算机辅助地图制图(CAC/CAD)系统的主要区别之处。它通过分析不同地理实体在空间和属性上的联系,研究地理现象的空间分布及其变化规律,支持地理研究和地理决策服务;与之相反,电子地图首先必须突出地图表达的核心作用,它的分析过程也主要围绕地图与地图目标展开。如地图的查询、量算、缓冲区分析等,分析的结果也需要与地图表达联系起来。

3. 地图表达的应用要求不同

无论是在网络环境下还是在单机环境下,无论是二维表达还是三维表达,电子地图都必须通过在屏幕显示的模拟地图上直观地反映地理现象的空间分布状况,与传统地图相比,电子地图有着更加丰富的表现形式,如多媒体方式和动态表达;而 GIS 在空间数据库的支持下,采用图形图像学、数学和人工智能与专家系统等方法,对问题域进行分析求解,将分析结果(其中也包括中间结果)展示给用户,这些结果并不一定都要求用地图表达出来,并且其制图要求也相对简单。因此,地图表达对电子地图而言是应用的目的,但对

GIS 则只是一种应用的手段。

4. 产品的通用程度不同

GIS 关于地理信息的分析特性使其成为各级政府机构、行业部门等规划管理、决策应用的支持系统，而电子地图的表达特性使电子地图内容丰富、形式灵活、操作简便、容易被广大的普通用户所接受。在由 P. A. Longley、M. F. Goodchild 等国外数十位 GIS 知名专家、学者编撰的《地理信息系统——原理与技术》(第二版)一书中，S. E. Thrall 和 G. I. Thrall 列出了在电子地图集和桌面 GIS 之间的八类相关 GIS 技术，并指出电子地图集是其中最容易应用和用户最多的一类，在 GIS 中同样需要应用到电子地图技术。

由图 1-1 可以看出，电子地图和 GIS 之间虽然存在着相当紧密的联系，但是在数据、功能、应用目的、通用程度等方面仍然有显著的差别，彼此并不能相互取代。一方面，GIS 中显示的地图符合电子地图的定义和 5 个基本特征，这是 GIS 中应用了电子地图的可视化技术；另一方面，在电子地图中也应用了 GIS 的空间分析方法，两者之间各有侧重点，同时又相辅相成。

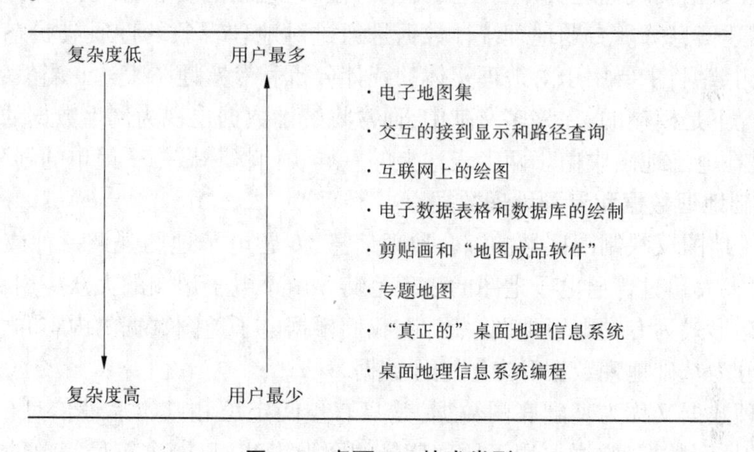

图 1-1　桌面 GIS 技术类型

单元二　电子地图的系统构成及应用

一、电子地图的基本构成

在通常意义上，人们将电子地图软件和数据的集合称为电子地图系统，也可直接简称为电子地图。但是这个概念并不全面，一个完整的电子地图系统应包括四个部分，即电子地图的数据，硬件系统，软件系统和开发、管理与应用人员。软、硬件系统共同构成了电子地图的运行环境，数据库支持下的地理空间数据构成电子地图的内容，同时人在电子地图系统中发挥着重要的作用，包括对电子地图的设计开发、维护管理和操作应用。

二、电子地图的数据类型

电子地图来源于数字地图，数字地图的实质是一组有机联系的地图数据。因此，电子地图数据的核心是地图数据。地图数据是指地理数据中可用定位图形来表示的部分,即具有地理空间参考的数据(毋河海,1991)。

电子地图数据的类型划分有多种标准,这里主要根据数据的空间特性和所承担的角色来进行划分。

(一)空间数据与非空间数据

根据数据的空间特性可以划分为反映地理实体定位信息的空间数据和没有定位信息的非空间数据。

在电子地图中,表示地理实体形状、位置、大小和分布信息的数据称为空间数据,也称为图形数据或几何数据。它通常又包括点、线、面、曲面、体和混合型六种类型数据,可以采用矢量的或栅格的数据结构来表示。

地图空间数据以统一的坐标系统(全球的、全国的或局部的)为基准来确定地理实体的空间位置。非空间数据又可称为非图形数据,主要包括专题属性数据和地理统计数据等。专题属性数据反映地理实体的主要类型与性质,包括名称信息、分类信息、数量描述信息、质量描述信息等。专题地理统计数据是通过对地理现象的性质或状态定期观测获取的一组实测数据,主要用于对地理实体的统计分析和专题地图表达。当然,两种类型的界限很多情况下是模糊的,在许多文献中,通常将统计数据也视为属性数据的一种数量描述形式,但是在电子地图中由于两者表达上的差异我们将其做一个简单的划分。

(二)基础地理数据和专题地理数据

普通电子地图反映制图区域的综合地理信息,专题电子地图强调一种或多种主题要素,内容上要大大超过普通电子地图的表现范畴。由于电子地图的大众应用特性,电子地图更多的表达形式为专题电子地图。因此,我们根据电子地图数据的内容和主从特性,又可以将它划分为基础地理数据和专题地理数据。

基础地理数据又称为基础底图数据,是只有空间定位和基本属性信息(主要为分类分级信息)的地图数据,它主要用于地理背景的图形表达,只能进行最简单的类型查询和分析工作。基础地理数据既是普通电子地图的主要数据来源,也是专题电子地图中底图的基本数据类型。

专题地理数据是电子地图要反映的主题数据,由相关的专题地理目标构成。专题地理目标又分为专题点目标、线目标、面目标和体目标,每个目标既包含空间信息,又包含众多的非空间信息,如专题属性信息、统计信息以及有关的其他地学信息,以提供丰富的目标信息查询和分析功能。多媒体是电子地图中一种特殊的数据形式,可以视为专题非空间数据的特殊类型。电子地图的构成见图 1-2。

不过在实际应用中根据需要,可以在一幅电子地图中同时包括基础地理数据和专题地理数据,也可以只有其中的一种类型。如在单纯的浏览型电子地图中,只需要建立基础数据,而在查询型和分析型电子地图中,则一般需要有基础地理数据和专题地理数据,在特殊情况下也可以全部为专题地理数据。

此外,电子地图数据还需要考虑其时间因素。一幅独立的电子地图数据通常表示某一个时刻或时间段的静态地理信息,要想表示地理实体及实体集的空间信息或非空间信息变化,就要把时间因子纳入地图数据及数据结构中,采用多种方法来实现对电子地图数

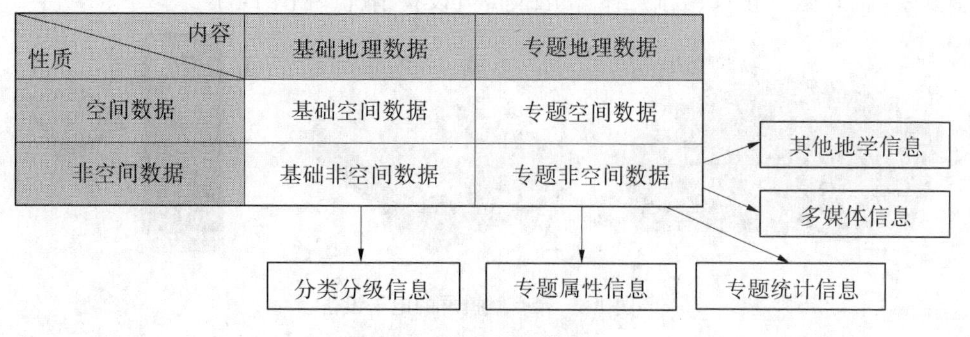

图 1-2　电子地图的构成

据动态变化的表示,如连续快照方法、底图叠加方法和时空合成方法等,从而构建电子地图的时态数据。

三、电子地图的系统构成

电子地图的系统通常由硬件系统和软件系统构成。

(一)电子地图的硬件系统

电子地图的硬件系统是由支持电子地图数据采集、处理、存储、传输、显示等功能的硬件设备所构成的系统。硬件系统包括计算机主机、输入设备、存储设备、输出设备和网络通信传输设备等。

1. 计算机主机

计算机主机主要由运算器、控制器和内存储器三部分组成,其中运算器、控制器又被合称为中央处理器(CPU),主要负责运算或逻辑运算,所以 CPU 常常被称为计算机系统的心脏或大脑中枢;内存储器主要负责计算机运算过程中的原始数据、中间数据、运算结果以及一些应用程序。因此,计算机主机成为电子地图硬件系统的核心,承担着电子地图软件系统的指令执行和相关数据的处理、运算功能。

2. 输入设备

输入设备是指将电子地图的空间数据、非空间数据(包含多媒体数据)输入到计算机中的设备,根据输入的数据源可以大致分为四种类型,包括:

(1)一般文字、数字输入的标准输入设备——键盘和鼠标,可以采集电子地图的属性和文本数据。

(2)图形图像输入设备,如扫描仪、数字化仪,是地图空间数据采集的主要设备。

(3)多媒体信息输入设备,如数码相机、数码摄像机、话筒或麦克风,它可以用来采集电子地图中需要的视频、声音、图片、文字等多媒体数据。

(4)实时的移动定位设备,如手持或车载的 GPS 设备、具有定位功能的手机和基于蓝牙技术的定位装置等,这些设备可以及时获取移动目标的地理位置并与无线通信技术结合,将信息传送给电子地图系统。

触摸屏是电子地图系统中一种特殊的设备,它既具有输入功能,又具有输出功能,可以同时方便用户对电子地图的操作和浏览。后面将着重介绍在电子地图系统中应用较为普遍的扫描仪、数字化仪、数码相机和触摸屏等设备情况(见图 1-3)。

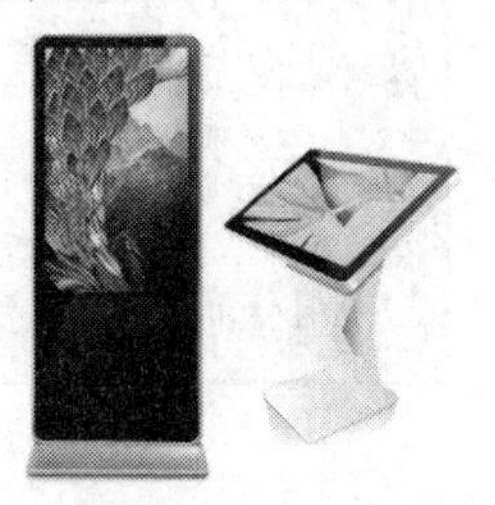

图 1-3　带有触摸屏的电子设备

3. 存储设备

和主机中的内存相区别,这里的存储设备特指外部存储设备,主要用于长时间地保存电子地图数据,包括软盘、磁带、硬盘、光盘等。每一种类型通常都有相应的驱动器设备与计算机相连接,如软盘驱动器、磁带机和光盘启动器。目前,软盘、磁带的应用已不多见,特别是软盘,由于存储容量小,容易损坏,不适合用来存储数据量大的电子地图。

磁盘(disk),是指利用磁记录技术存储数据的存储器。磁盘是计算机主要的存储介质,可以存储大量的二进制数据,并且断电后也能保持数据不丢失。

光盘是以光信息作为存储的载体并用来存储数据的一种物品。光盘是利用激光原理进行读、写的设备,是迅速发展的一种辅助存储器,可以存放各种文字、声音、图形、图像和动画等多媒体数字信息。

4. 输出设备

电子地图作为屏幕上表达的模拟地图产品,需要一系列相应的输出设备,主要包括三个方面:

(1)屏幕输出设备或者间接的屏幕输出设备,如图形显器或投影仪。

(2)对电子地图查询、分析结果进行传统方式输出的设备,主要是打印机和绘图仪。

(3)音频输出设备,主要是用于多媒体电子地图的音乐和语音播放,一般为音箱和耳机等。在这些输出设备中,显示器是电子地图系统最核心的硬件设备之一。

在显示器的发展过程中,随机扫描显示器和存储管式显示器作为早期的阴极射线管(CRT)监视器,由于存在着明显的缺陷,图形化能力差,已被逐步淘汰。其后发展的光栅扫描图形显示器使显示器应用趋于成熟,特别是彩色光栅扫描显示器已成为目前的主流。此外,液晶显示器和等离子显示器也正进入应用阶段。

5. 网络通信传输设备

计算机网络是计算机技术和通信技术的结合,能够把不同地理位置、具有独立功能的若干计算机系统,通过通信设备和线路连接起来,通过通信协议和网络软件实现彼此之间的信息互访和资源共享。基于这一因素,网络已成为电子地图应用大众化的重要基础设施之一,成为电子地图硬件系统的重要组成部分。

计算机网络的硬件由传输介质、网络设备和资源设备三部分构成。其中,资源设备是网络中存储数据、提供信息及接收数据和信息进行应用的设备,如服务器、工作站、数据流磁带机、网络打印机等,它们是网络上数据的发送端和应用端。传输介质和网络设备则构成了实现网络连接和保障数据传输的硬件系统环境。

1）网络传输介质

传输介质是数据传输中连接各个数据终端设备的物理媒体，常用的有双绞线、同轴电缆、光纤等硬介质和红外线、无线电波等软介质。

2）网络设备

常用的网络设备有网卡、调制解调器、中继器、网桥、集线器、交换机、路由器、网关等。

（二）电子地图的软件系统

1. 计算机系统软件

不考虑易变化的硬件和用户，一个具体的电子地图产品主要包含软件系统和数据两个部分。电子地图的软件系统是指电子地图制作和应用所必需的各种程序，包括计算机系统软件、电子地图平台软件和电子地图应用软件三大部分。后两者可以合并称为电子地图软件。

计算机系统软件是电子地图软件的基础，可以提供灵活、高性能的开发环境，同时也可以提供对计算机硬件系统，包括输入设备、存储设备和输出设备等的应用支持。

计算机系统软件是与计算机硬件直接联系供用户使用的软件，是扩充计算机功能、合理调度计算机资源、为电子地图应用软件创造良好运行环境的软件，主要包括操作系统、程序设计语言、语言编译系统、数据库管理系统、数据通信软件等。

（1）操作系统是管理计算机硬件与软件资源的计算机程序，同时也是计算机系统的内核与基石。操作系统需要处理如管理与配置内存、决定系统资源供需的优先次序、控制输入设备与输出设备、操作网络与管理文件系统等基本事务。操作系统也提供一个让用户与系统交互的操作界面。

（2）程序设计语言是用于书写计算机程序的语言。语言的基础是一组记号和一组规则。根据规则由记号构成的记号串的总体就是语言。在程序设计语言中，这些记号串就是程序。

（3）翻译程序也称为编译器，是指把用高级程序设计语言书写的源程序，翻译成等价的机器语言格式目标程序的翻译程序。编译程序属于采用生成性实现途径的翻译程序。它以高级程序设计语言书写的源程序作为输入，而以汇编语言或机器语言表示的目标程序作为输出。编译出的目标程序通常还要经历运行阶段，以便在运行程序的支持下运行，加工初始数据，算出所需的计算结果。

（4）数据库管理系统（database management system）是一种操纵和管理数据库的大型软件，用于建立、使用和维护数据库，简称 DBMS。它对数据库进行统一的管理和控制，以保证数据库的安全性和完整性。用户通过 DBMS 访问数据库中的数据，数据库管理员也通过 DBMS 进行数据库的维护工作。

（5）数据通信软件。数据通信是指数据通过传输介质在发送端和接收端之间的传送过程。

2. 电子地图软件的组成及功能

电子地图软件用于构建和应用电子地图数据，提供电子地图显示的程序系统。在大多数情况下，GIS 软件将数据采集、编辑和应用功能集成在同一个软件中，这是由于 GIS 面向分析、规划和决策应用，专业性强，数据的采集、编辑更新和应用交叉进行，集成方式有利于软件的系统性和完整性。电子地图作为面向大众的、综合性的和以可视化表达为主的地理信息产品，考虑软件需要具备灵活、方便、占用空间小、容易安装和使用等特点，把电子地图软件划分为电子地图平台软件(又称为设计系统)和电子地图应用软件(又称为浏览系统)两个相互独立的子系统，以及一些辅助性软件，包括地图符号库系统和其他用于多媒体数据加工设计的商品化软件等。电子地图软件的一般构成见图 1-4。

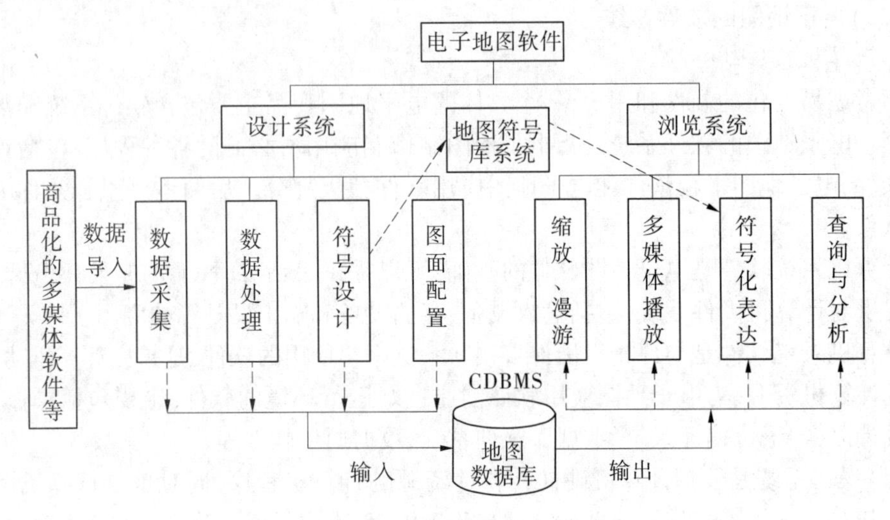

图 1-4 电子地图软件的一般构成

1)设计系统及其功能

设计系统负责电子地图的数据采集、数据处理、图面配置、符号设计和存储管理等功能，将多源、多维、多尺度和多类型的数据集成为一个整体，以构建电子地图的数据库。根据符号设计的方案运用地图符号库管理系统构建电子地图的符号库，在浏览系统中为电子地图的符号化表达提供支持。地图数据库和符号库在设计软件中建立，在浏览软件中应用，成为联系两个软件的数据枢纽。

2)浏览系统及其功能

浏览系统又称为阅读系统，是用户通过观看电子地图了解自己感兴趣的地理信息的一个可操作平台，包含了对地图的缩放漫游、多媒体播放、符号化表达和查询分析等多项功能。由于其系统不仅包含地图的表达，还包含了特有的地图分析功能，因此其实质是一个电子地图数据的应用软件。但是我们仍然称之为浏览系统，是因为有必要强调这样一个事实，尽管电子地图应用中会有更多智能化分析和演绎推理的成分，但是应用软件的基础和核心还是地图可视化，没有地图可视化就不存在电子地图。当然，一个好的电子地图浏览系统不仅要支持静态地图的显示，也要能够支持动态变化的地理现象表达。

3)地图数据库管理模块及其功能

地图数据库管理系统(cartographic database management system，CDBMS)不是一个独立的软件，而是电子地图软件中的一个内部管理模块，承担电子地图数据库的组织、管理和提供地图数据的输入、输出接口等职能。它一般采用. lib 库或者. dll 动态链接库的方式建立，可以同时被设计系统和浏览系统调用，实现对电子地图数据的读写操作。

4)地图符号库管理系统及其功能

地图符号库管理系统是设计、组织和管理电子地图所使用的各种符号的应用软件,同时为电子地图软件提供符号访问、调用和目标符号化函数。电子地图的表达效果在很大程度上取决于所建符号库的符号描述质量和符号化算法。

5)商品化的辅助性软件

在电子地图应用中,一些多媒体数据的设计加工、三维地理目标的建模等不一定都要在电子地图软件中开发实现。一个包罗万象的系统是难以维护和可持续发展的。许多商品化的软件处理系统具有相当强的专业质量,可以直接运用,以提高电子地图设计的灵活性,保证电子地图质量,如图像处理软件 Adobe Photoshop、视频处理软件 Pinnacle Studio 和三维建模软件 3DMAX 等。

3.电子地图集系统

电子地图集是根据一定的应用目的,按照统一的规则设计编排的一组电子地图集合。它将传统地图集的思想与最新的电子地图技术结合起来,极大地提高了电子地图的应用程度。电子地图集的内容丰富,可以涉及人文、自然、经济等各个领域。设计开发人员根据用户的需要可同时建立若干个图组,并通过每一个图组中的不同电子地图从各个角度反映主题信息,以便于用户全面、系统地了解他们感兴趣的内容。在电子地图集中,围绕主题内容,每一幅电子地图都被合理地安排和处理,如内容、排列顺序、信息详细程度、符号、色彩及与其他图幅的承接关系等。

电子地图集系统是电子地图集及其应用软件的总称。用户通过电子地图集浏览软件操作、查看和查询电子地图集的相关信息,并实现从一个图组到另一个图组,从一幅电子地图到另一幅电子地图的切换。

四、电子地图的功能

(一)表达功能

电子地图作为一种由数字地图和计算机地图制图技术结合发展而来的地图产品形式,在功能上既继承了模拟地图的优势,又继承了数字地图的特点。从其应用的角度出发,电子地图具有表达、分析和服务三个方面的主要功能。

可视化是电子地图的核心。电子地图通过可视化处理来直观、有效地反映地理的空间信息,以供用户快速、准确地认识、了解地理环境和地理现象的空间位置、形态、分布、相互联系及发展变化的相关信息。“千言万语不如一张图”就是指地图,这也是电子地图表达作用的最好说明。

传统的模拟地图主要表现二维平面的地图,电子地图利用屏幕表达的优势,可以在二维平面或三维立体地图上实现动态的和无级缩放的功能,从而更加丰富、详细、直观地表达自然的或者人文的地理环境信息。

电子地图的表达功能具有以下特点。

1.集基础底图和专题地图的表达于一体

基础(地理)底图主要反映电子地图的地理背景信息,层次多,数据量大,范围广,是电子地图中体现地图特色的主体内容。其表达强调显示速度、效率和色彩协调性,同时遵循地图制图的一些基本规范,如河流、湖泊的用色,桥梁的形状,铁路符号的运用等。专题地图是电子地图的主题信息,包括专题的点、线、面、体等目标,是用户查询、分析的选择对象。因此,专题目标的表达应做到与基础底图既相互协调又生动、突出,能很好地引起用户的注意。

2. 实现地图的无级缩放和漫游

在屏幕上显示的电子地图不是静止不动的,而是通过用户的操作可以随时实现地图的局部放大、缩小和漫游,在显示区域内进行自动开窗、剪裁、重绘,产生新的可视地图。在这个过程中,对电子地图的交互操作也成为电子地图表达不可分割的一部分。

3. 实现地图的分区、分层和分级显示

电子地图的应用需要表达迅速、内容清晰、容易阅读。当电子地图拥有大量地图数据时,要保证这一点,就要采用分区、分层和分级策略。分区是将制图区域划分为若干区间,根据地图显示的范围确定需要表达的对应区间,只显示这些区间中的地图目标,避免了非显示范围的地图目标也参与屏幕输出,降低显示效率。分区方法对多图幅拼接的电子地图一样有效。分层显示同样有利于提高电子地图的表达效率,它主要按地图目标的内容划分不同的图层,如道路图层、河流图层等,可以显示指定的一个图层,也可以显示几个叠加的图层。

4. 实现基于多媒体的表达

多媒体所包含的文本、图片、视频、声音、动画等构成了对地图目标更直观、更进一步的信息说明,因此多媒体数据的显示或者播放都是多媒体表达功能的一个组成部分。针对不同的媒体采用不同的表达方式,并合理、协调地将它们组织起来,是更好地发挥多媒体技术优势,提高电子地图表达效果的关键。如一个地图目标的文字或者图片显示时,关于这个目标的音频文件同时配合播放,形成一个相互呼应、关联的整体。

(二)分析功能

分析功能是电子地图在应用上有别于传统地图的关键环节。在传统的模拟地图中,地图分析是通过用图者观看地图,借助于一些常规的地图分析手段,利用自己的地图知识和专业经验进行思维、判断,得到研究结果的过程。这里所说的常规地图分析手段主要是指目视和地图量算的方法,在这个过程中分析任务一般是通过用图者自己的思考来完成的。

和传统地图一样,电子地图也可以将屏幕上显示的地图直接提供给用图者进行人工分析。但是,电子地图的分析方法不仅仅如此,由于有数字地图和计算机软、硬件平台的支持,电子地图还可以提供进一步的地图自动分析功能。因此,电子地图的分析功能就是指在电子地图软件中利用已有的电子地图数据,通过对地图目标的空间、属性及目标之间关系的研究,探索和揭示地理现象的分布、联系和演化规律的自动处理与运算的能力,它是提升电子地图应用价值的重要因素。

电子地图的分析功能主要解决以下几个方面的问题。

1. 地图目标的查询

地图目标查询是电子地图分析中最基础,也是应用最普遍的功能,它主要包括由地图目标的空间位置获取目标的属性信息、由属性条件获取目标空间位置的双向查询功能及由一系列组合条件进行的复合查询功能等。这里查询的过程并非仅仅是简单的数据库检索,而可能是采用更为复杂的图形、图像运算得到的,如查询与某一地图目标具有一种或几种联系的其他目标。

2. 地图量算与形态、距离分析

地图量算是以电子地图数据为基础,对地图目标进行量测和计算并得到各要素数量特征的方法。其中的数量特征主要是指与目标及目标群的空间形态、分布、距离等有关的特征参量,如坐标位置、长度、距离、面积、体积、高度、坡度、坡向、密度、梯度、弯曲程度、分数维等。这些数量特征指标有助于电子地图软件自动分析地图目标的形态分布特征和距离远近关系。

3. 地图统计分析

地图统计分析是应用数理统计方法以电子地图中的空间数据或非空间数据为样本进行的分类和特征研究方法。对空间数据的统计分析需要选择空间参数作为统计运算量,如通过对离散点群所有点坐标的均值计算可以获取其地理分布中心,采用以欧氏距离为统计量的聚类方法可以对点群目标按距离远近分类;而对非空间数据的统计分析则和一般的统计分析完全相同,不过需要明确统计量的地理意义。

4. 空间结构、关系的分析与建立

空间结构反映了地理现象的空间分布格局或趋势,如水系的树状结构、道路的网状结构或者放射状结构等,与空间关系一样都是建立地理实体之间有机联系的重要特征信息。空间结构和关系的分析与建立都属于智能化程度更高的地图分析过程。由于两种信息通常都隐含在电子地图数据中,需要应用图形图像学、数学、计算机科学、人工智能等方面的知识和技术方法,综合分析电子地图数据,从中产生和提取正确的空间结构与关系信息。

5. 基于空间信息的智能规划与决策

规划与决策是地图,也是电子地图分析和应用的最终目标。其过程主要是系统首先根据规划和决策任务的需要,明确任务的目的和现有数据条件,然后利用前面的几种电子地图分析方法,结合专业的规划与决策知识和知识库的支持,经过自动运算、分析和推论,最后确定正确的解决方案。这是一个复杂、综合的分析过程,通常需要涉及众多的相关研究领域,成为电子地图在不同的专业领域应用发展的重要途径。

当然,目前电子地图的分析功能由于受到计算机软硬件环境的限制,分析的理论与方法还有待进一步完善,还无法真正实现高度智能化的电子地图分析应用,在大多数复杂情况下仍然需要依赖人工分析过程。但是随着计算机图形学、数字图像处理、人工智能和专家系统等技术的发展,电子地图的分析功能正在逐渐由传统的单一目标、单一要素、单一图层向多目标、多要素、多图层转化,由目标的形态分析向目标群的结构关系分析转化,由二维平面分析向三维立体分析转化。电子地图分析功能的进一步发展将极大地提高电子地图应用的智能化程度,从而更好地为地理领域的科学规划与决策服务。

(三)服务功能

电子地图主要提供用户与地理空间信息有关的服务,具有非常鲜明的大众化特点。在传统的地图服务框架中,地图一旦提供给用户,服务就宣告结束,后面即进入由用户自行开展的地图应用阶段。不仅科学研究、决策规划应用的地图是这样,就连一般用户购买使用的城市交通图、旅游图也是这样的。而电子地图发挥其数字地图优势和屏幕表达的灵活性,可以更丰富地、更有针对性地完善地图服务功能和服务模式,将地图的服务范围扩展到整个地图应用过程。

电子地图的服务功能具有以下几个方面的特点。

1. 提供快速的信息检索和地图输出服务

电子地图的浏览软件能够提供传统地图所不具备的功能,即根据用户的自定义条件检索并输出有关地图信息。为了提高地图检索和输出的效率,电子地图系统采用了许多技术,如前面提到的分区、分层和分级及其索引结构,保证了用户使用地图、获取信息的快速和高效。

2. 与各种新技术结合,提供不同的地图服务方式

电子地图与各种信息技术快速结合,推出了一系列新的电子地图产品,同时提供了新的服务方法,如网络电子地图将电子地图置于计算机网络环境中,可以提供用户远程浏览地图信息和实现网上数据快速更新;利用 PDA、手机和无线通信技术,用户可以得到来自电子地图服务器的实时地理信息服务。

3. 通用服务和定制服务并存

在一般情况下,电子地图产品在软件功能、界面和数据组成等方面事先已经设计、加工完成,能够直接提供应用。但是,针对某些用户的特定需求,也可以通过电子地图设计系统方便地进行定制。

4. 静态的和动态的信息服务并存

电子地图首先提供了存在于地图数据库中的地图目标的查询和定位功能,这些目标是暂时静止不变的,因而这种服务属于静态的信息服务。在此基础上,利用 GPS、手机等定位方式和无线通信传输协议,电子地图可以把用户或者用户感兴趣的当前目标位置及其相关信息实时、动态地表示出来。

五、电子地图的应用

(一)电子地图的应用特点

电子地图作为一种全新的地图产品类型,在应用上把地图的表达、分析和服务功能有机地组织起来,具有范围广、种类多、技术和设备依赖性强的特点。

首先,范围广体现在电子地图的应用遍及自然科学、人文科学等许多领域。电子地图是一种容易被接受、方便应用的地理信息产品,针对不同行业、不同需求的地图用户,充分发挥地图数据灵活的特点,将自然的、人文的和社会经济的数据、知识和地图结合,产生了大量的专题电子地图的应用范例,如城市交通电子地图、环保电子地图、经济电子地图和历史电子地图等。

其次,种类多体现在电子地图具有众多的图种类型。从旅游电子地图、导航电子地图到军用电子地图,从单机桌面版电子地图、触摸屏电子地图到 PDA 电子地图、网络电子地图等,每一种地图类型除具有电子地图的基本特征外,都有着自己相对突出的应用特点和应用方法。

再次,技术和设备依赖性强体现在不同的电子地图类型都往往依赖于特定的技术和

设备支持。如移动导航电子地图需要运用到移动定位设备、通信设备及其相关技术,而网络电子地图需要运用有线的或无线的网络设备及其技术。

电子地图应用的这些特点既反映了电子地图在经济建设、社会生活和科学研究中所起的重要作用,又说明了电子地图适应信息时代的技术发展变化,不断推陈出新,以满足社会需要的鲜明时代特征。

(二)电子地图的主要应用领域

电子地图最早是20世纪80年代随着计算机地图制图技术和GIS技术的应用而发展起来的,它将传统的纸上印刷地图转移至屏幕显示,使得地图的表达更加灵活、丰富,很快在地图学领域得到了广泛的应用。计算机技术的发展、应用的普及和存储设备容量的快速增加,特别是CD-ROM和DVD-ROM的出现,给电子地图的应用与发展带来了重要的软、硬件环境支持。

虽然电子地图的应用已经扩展到众多的领域,但是发展仍然是不平衡的,目前主要集中在智能交通与导航、旅游服务、规划管理、军事指挥、防灾减灾、公众信息服务等领域。

1. 在智能交通与导航中的应用

车辆导航是智能交通系统(intelligent transport systems,ITS)的重要组成部分。智能交通系统以电子地图为基础,借助实时交通信息、通信网络和定位系统,可以实现快速查询道路地名和有关目标(如最近的加油站、车辆维修站等)、自动选择行车路线、通告道路状况及其相关信息、确定车辆当前位置和通过语音提示提供实时的导航服务等。通过车辆导航功能,在物流、公安、消防、医疗救护等信息系统中依靠电子地图进行车辆定位、调度,得到了非常广泛的应用。

在航海中,电子地图可将船的位置实时显示在地图上,并随时提供航线和航向。当船舶进港口时,电子地图提供的水下地形、障碍物信息和实时导航功能可以帮助船舶绕开危险区域,准确地停靠码头。

在航空中,电子地图可将飞机的位置实时显示在地图上,也可以随时提供航线、航向信息等。

2. 在旅游及公众信息服务中的应用

在人们的日常衣食住行当中,在不熟悉的地方需要查询公交线路的站点及换乘情况时,通过公众的触摸屏电子地图系统或者互联网电子地图系统就可以得到最好的帮助。

电子地图在旅游服务中也同样发挥着重要的作用。通过网络的或触摸屏的方式,旅行者可以了解交通、旅游景点和购物信息,帮助他们确定最佳的旅行路线;还可以通过多媒体信息了解宾馆设施、收费标准、住宿条件和风景名胜的概览、地方民俗、沿途风光,也可以了解旅行社的情况等。

对于电子地图在旅游和公众信息服务中的应用来说,具有用户多,范围广,信息全面、准确,操作简便的特点。

3. 在规划管理中的应用

电子地图作为空间信息的载体和最有效的可视化方法,在规划管理中是必不可少的。电子地图可以建立基础地理信息、专业数据、规划成果及其他图文数据的集成管理,数据覆盖规划管理的区域,而且内容现势性强。

此外,电子地图还提供了专题地图表达,地图的距离、面积、体积、坡度等量算,路径分析和统计分析等诸多功能,可以提供规划管理中的信息查询、数据变更管理等,实现效率最佳的宏观、中观和微观各层次的规划管理目标,最终满足现代科学规划管理的需要。

4. 在军事指挥中的应用

军事指挥领域对电子地图的应用需求也非常迫切,不仅表现在作战环境或地形条件对军事行动影响的分析上,而且表现在战役部署、战场模拟、作战训练等各个方面对电子地图的应用。

在现代战争的指挥室中,一般都配带有电子地图的大屏幕作战指挥系统,它与室外由它指挥的在地面或空中运动的装备,通过现代的通信和定位系统(如卫星和GPS等)取得联系,并将其位置实时显示在指挥员面前的电子地图的相应位置上,供指挥人员分析、决策、指挥。此外,电子地图系统也可安装在现代的飞机、舰只、装甲车、坦克上,随时将其所在的位置实时显示在电子地图上,供驾驶人员观察、分析和操作,从而可以实现全天候作战,提高军队的战斗能力。

5. 在防灾减灾中的应用

灾害种类众多,如洪灾、旱灾、泥石流、森林火灾等,已成为阻碍社会发展的一大问题。为了快速、准确地反映灾害状况,保证抗震救灾的顺利进行,防灾减灾电子地图系统可以显示灾害发生区域的自然、人文地理环境,并和遥感、GPS技术结合,可以实时监测灾害的影响范围、程度,评估灾害造成的损失情况和预测灾害进一步变化的趋势,为各级部门和灾害防治指挥中心的决策提供科学依据;同时帮助他们制订科学合理的抢险措施和人员物资撤离方案,最大限度地避免人员伤亡和社会财富的损失,并帮助救灾人员、车辆快速到达灾害现场,实施抢险救灾活动。

6. 在城市公共设施管理中的应用

城市公共设施是一个由公园、绿地、防洪设施、道路、路灯及城市地下管网等构成的错综复杂的空间体系。城市公共设施建设直接关系到公众的生活利益,其管理需要做到设施的信息详细、定位精确、内容直观、查询快捷,特别是能够应付突发故障的自动分析、检测能力,因此电子地图能够在这一领域发挥出重要的作用。

通过电子地图来承载这些数字化信息,可以提高信息的共享程度,可以加快数据的更新周期,实现设施信息的查询、管网连通性分析、三维可视化表达等,从而提高城市管理公共设施的综合能力。例如,通信网络数据由电信部门输入并管理,其他部门在施工的时候,通过电子地图的查询功能可以很快地得到电缆的分布情况,以避免掘断光缆、凿穿煤气管道等事故的发生。当某一局部管网改变后,只要改变部分的管网地图输入数据库,其他部门就能马上了解公共工程的现状。

除了上述的这些领域,电子地图在其他领域也有广泛的应用,如农业部门采用电子地图表示粮食产量,各种经济作物播种面积、分布及其产量情况,为各级政府决策服务;气象部门将各地的天气状况标注在电子地图上,可以进行天气预报、灾害性气象预警、各种气候指标分析和基于地理空间的动态发展变化预测,为国民经济建设和人们日常生活服务;在考古调查和发掘中,在便携式电脑和PDA上的电子地图可以方便地表示出土文物、遗迹等的分布位置、形状、方位、大小等信息,成为现场发掘的第一手资料,并可利用它们的空间分布关系来进一步探索考古发现。此外,宣传城市风貌、历史沿革、商业网点、风景名胜、风俗民情的城市电子地图可以作为赠送国内外友人的礼品;电子地图还可以作为企业发布商品信息、展示发展规模的信息平台,为企业经济发展服务。

单元三　电子地图与电子地图学

一、电子地图学的定义

(一)电子地图学产生的基础

电子地图的发展不断推出新的电子地图图种,在社会生活、科学研究、经济建设和国防建设等各个领域发挥着越来越重要的作用,这迫切地需要我们从电子地图的分类、设计、数据组织、管理、表达、分析和应用等许多方面对电子地图进行科学、系统的研究,建立电子地图学的基础理论、技术方法与应用服务的框架体系,推动21世纪现代地图学的发展。

尽管早在20世纪80年代初电子地图就出现了,并在近十年里得到了快速的发展,但是多数情况下人们存在这样几种看法:①将电子地图仅仅看作传统地图在计算机环境下的派生产品;②将电子地图仅仅看作数字地图的屏幕表达形式;③将电子地图视为一种简单的、以地图表达为主的地理信息系统软件。在这样的认识前提下,关于电子地图的研究更多地集中在实现的技术和方法层面上,缺乏关于电子地图理论及其对传统地图制图思想与方法变革的进一步研究,其结果将不利于现代地图学的可持续发展。

陈述彭院士针对地图学所面临的挑战与机遇,曾一再指出:地图是永生的,作为人类的一种文化工具、地学的第二语言,绝不会由于数字化、电子化反而无所作为。面临信息时代的机遇与挑战,久经社会实践考验的地图学必须做出适时的反映。不仅在工艺技术方面,更重要的是在应用领域和理论研究方面,时代失落感或者自我欣赏都不符合地图学发展的历史规律和现代学术思潮的主流。21世纪的地图学,将在地球科学和信息时代的园地里更加活跃。并公开呼吁地图科学工作者积极拓进地图产业的信息化与结构调整,创新设计科学深加工的地图精品,开拓电子地图新局面(陈述彭,2001)。

1. 理论基础

现代地图学理论日趋成熟与完善,地图传输论、符号论、感受论、认知理论和可视化理论等都逐渐被接受并用于地图研究与实践。在此基础上,对电子地图理论的研究正在逐步深入。近十年来,每年国内外都发表了大量的论述电子地图的定义、作用、地位、数据模型与数据组织、设计方法、功能及应用模式的文献和研究成果,涉及内容广、理论性强、观点新颖、富有建设性,为推动电子地图学研究的科学化、系统化奠定了充分的理论基础。

2. 技术基础

信息技术的迅速发展,特别是计算机技术和通信技术的迅速发展为电子地图的应用提供了技术平台保障。此外,计算机地图制图技术、地图数据库技术和空间分析与人工智能技术等的不断完善和提高,为电子地图的数据组织、处理、分析和表达提供了技术方法支持。目前,有关电子地图技术与方法的专利申报层出不穷。因此,从信息技术发展的角度看,以纸质地图为主的传统地图由于制作周期长,更新慢,应用单一,已难以适应现代社会发展的需要，必然被以计算机为平台、在屏幕上实时显示的电子地图所取代，并且其功能和应用都将得到进一步的拓展，这为电子地图学的产生奠定了坚实的技术基础。

3. 应用与实践基础

电子地图的种类多、应用广、容易操作、信息提供快。目前，世界许多国家都推出了自己的电子地图系统。在我国，涉及不同领域、不同技术的众多电子地图软件与产品已进入市场，产生了非常可观的社会效益、经济效益，如目前已完成了包括200多个地级市在内的城市电子地图集，完成了国家经济地图集（电子版）、国家自然地图集（电子版）和国家人口电子地图集等；此外，车载导航电子地图、多媒体电子地图和互联网电子地图等都得到了广泛的应用。这些应用系统在人们的社会生活、科学研究和经济建设方面发挥着重要的作用，为电子地图学的产生提供了大量的第一手应用材料。

综上所述，电子地图已不仅是一种基于数字地图表达的简单地图图种，而是集电子地图的理论、技术、方法与应用于一体的综合的地图科学体系，这是电子地图学产生和发展的基础。因此，可以说，随着信息技术的不断进步，电子地图及电子地图学已成为现代地图学发展的核心。

（二）电子地图学的定义

要明确电子地图学的定义与内涵，需要从地图学和现代地图学的概念出发。在地图学的众多定义中，多数地图学家认为地图学是研究地图的理论、编制技术与应用方法的科学，是一门研究以地图图形反映与揭示各种自然和社会现象空间分布、相互联系及动态变化的科学、技术与艺术相结合的科学（廖克，2003）。这个定义同时强调了地图制图与地图应用两方面的特点。

20世纪70年代以后，由于地图传输论、地图符号学、地图感受论、地图认知理论等观点的相继提出并逐渐被接受，也产生了一些新的地图学定义，如"地图学是研究空间信息图形表达、存储与传递的科学""地图学是以地理信息传递为中心的，探讨地图的理论实质、制作技术和使用方法的综合性科学""地图学是用特殊的形象符号模型来表示和研究自然及社会现象空间分布、组合、相互联系及其在时间上变化的科学"（祝国瑞，2004）。尽管这些观点各不相同，但是有一点是一致的，即现代地图学必须引进和应用现代信息科学与横断科学中的一些概念和理论，与地图学结合，发展和建立作为一门独立学科的地图学的理论基础与理论体系（廖克，2003）。

正因为如此，在数字地图和现代技术条件下，电子地图学以电子地图为研究对象，以地理信息可视化，特别是屏幕可视化（视觉化）为核心，以地理信息的查询与空间分析为重要内容，以形式化为可视化的工具和技术支持，并与现代信息技术紧密地联系在一起，如数字摄影测量、遥感、GPS、移动手机、互联网、多媒体等，从根本上改变了传统地图的载负平台和相对单一的支持技术，成为重要的地理信息研究和应用平台之一。所以，我们可以给电子地图学下这样的定义：电子地图学是以地理信息的屏幕可视化为核心，研究电子地图设计、表达与应用的理论、技术与方法的综合性科学。

二、电子地图学的内容及学科特点

(一)电子地图学的研究对象

从基本概念和逻辑观点上看，电子地图学的研究对象是电子地图，这一点是非常明确的。但是，在数据层面上，电子地图学首先关注的对象应该是数字地图。数字地图作为电子地图的数据基础，其数据分类、分级、组织直接关系到电子地图的表达和应用。在许多重要的文献中，数字地图都被提升到非常关键的地位。

数字地图是一个重要的枢纽，通过相互联系的地图数据集合将计算机辅助地图制图、电子地图和地理信息系统联系起来。因此，在现代地图学发展之初的一段时期，整个测绘行业都逐渐从传统地图制图转向面对数字地图的应用，数字地图将传统的手工绘制地图引入到计算机处理的新阶段。由于这段时期计算机技术、设备等尚不完善，电子地图的种类少、技术含量低、应用面窄，而数字地图不仅支持传统的地图产品，也支持电子地图与GIS，因此成为现代地图学首先关注和发展的产品形式。

随着信息技术的发展，电子地图的种类日益增加，应用范围越来越广，已经发展成为现代地图学领域最活跃和最具有开拓性的地理信息产业。和数字地图相比，电子地图无疑具有更鲜明的地图特性，具有更突出的灵活性和成长性。在信息化时代的今天，数字地图正逐渐转变为承担电子地图的数据基础的角色。

(二)电子地图学的基本内容

1. 基本理论研究

电子地图学的基本理论涉及电子地图与电子地图学的概念、知识、特征、联系与变化规律的相关内容，是电子地图学研究的基础。

它主要包括两个方面：一方面是研究电子地图学自身的定义、任务、构成、研究方法，以及在现代地图学学科体系中的地位、作用和发展演化趋势等，从而密切关注相关技术、理论领域的变化，把握学科特色和方向，从理论上指导电子地图的研究与应用，促进学科发展；另一方面是研究电子地图的理论，包括研究电子地图的概念、定义和内涵变化，可视化理论，符号学理论，概念模型与对象逻辑模型以及电子地图的数据结构与数据组织，功能特征等。这些理论的研究都围绕一个主题，即电子地图的屏幕可视化表达。电子地图的理论是电子地图学理论的核心，是指导电子地图具体实践与应用的关键所在。

2. 技术方法研究

技术方法研究是在电子地图学中探讨如何建立电子地图设计与应用的技术平台，其内容包括信息技术(包括计算机技术、通信技术、遥感技术等)及其相关设备的应用，电子地图软件开发工具的选择和应用，电子地图数据的采集、更新与处理方法，电子地图的数据库、符号库及其应用技术，电子地图的表达技术和空间分析技术。采用不同的技术方法将直接体现在电子地图系统的功能上。

3. 应用研究

电子地图学的应用研究是针对电子地图及其功能软件的应用形式、目的与运行效果进行的研究，包括电子地图的应用模式、电子地图的设计与制作方法、电子地图应用系统的功能与操作，以及电子地图的应用效果分析与评估等，同时，结合应用功能研究电子地图的服务模式和应用意义。

(三)电子地图学的学科特点

1. 电子地图学是一门综合性学科

综合性是电子地图学最重要的学科特征。电子地图学和地图数据库(数字地图)、计算机地图制图、地图分析和可视化等技术紧密联系,成为现代地图学的重要组成部分。电子地图学在其研究中还同时结合了地理学、GIS、测量学、数学、计算机科学、电子学、通信技术和空间技术等众多学科、技术的理论与方法,是一门典型的综合性学科。

2. 电子地图学是一门技术性学科

对信息技术的依赖性是电子地图学的又一个重要特征。电子地图学的研究对象是电子地图,在电子地图的 4 个基本性质中,以计算机为平台在屏幕上实时显示的特性也突出地反映了电子地图学作为一门技术性学科的特点。因此,在这种前提下,电子地图学的研究既包括对不同电子地图类型共有特征的研究,也包括对每一种电子地图类型个性化特征的研究。

前者尽量忽略电子地图所运用技术的差异,分析和研究不同类型电子地图在基础理论、数据、软件功能和应用等方面的共性特征,这种相对独立,尽可能少受技术、设备影响的性质是电子地图学确定电子地图对象的主要依据,也是电子地图学可以进一步拓展研究范畴的重要保障;后者强调不同电子地图类型的差异,使众多的产品类型能够满足用户不同的应用需要,是电子地图具有巨大的生命力和可持续发展前景的关键。在电子地图学研究中,既要重视技术对电子地图的重要作用,也要探讨电子地图中尽可能少受技术影响的因素,这些因素构成电子地图理论的主要内容,是电子地图学发展的前提。

三、电子地图学的发展

(一)基础萌芽阶段

20 世纪是地图学发展最为迅速的时期,其中最重要的原因是计算机技术的产生与应用普及,地图学由传统的手工制图向自动化制图转化,并进一步成为电子地图及电子地图学产生和发展的技术基础。地图学作为研究地理客观世界的抽象化图形表达的学科,其研究对象众多且关系复杂,计算机系统的快速运算、大数据量存储和丰富的信息输出方式,都有助于地图制图技术与地图应用的发展,并且推动了一系列地图学理论和方法的巨大变革,为现代地图学的萌芽奠定了坚实的理论与技术基础。到 20 世纪 90 年代,电子地图的迅速推广以及由此带来的一系列对地图学理论、技术与方法的研究和思考,成为现代地图学发展的一个重要标志。纵观电子地图相关技术的发展,主要可分为基础萌芽、技术发展和广泛应用 3 个阶段。

20 世纪 80 年代中期以前,属于电子地图相关技术发展的萌芽阶段,这一阶段是电子地图在理论与方法上的积累时期,很多专家和学者开始了计算机技术在地图学领域应用的摸索,并且获得了大量的研究成果和产品,如具有代表性的有机助制图(computer-aided cartography, CAC)的出现及 GIS 技术的快速发展。虽然这一阶段还未产生真正意义上的电子地图,还未上升到一门学科的理论高度,但对于电子地图学的产生而言,却是非常重要的基础阶段。

(二)技术发展阶段

从20世纪80年代中期到90年代中期,是电子地图相关技术快速发展,并最终在理论、方法和技术上走上成熟的阶段。这一阶段开始的标志是20世纪80年代中期,随着计算机技术和计算机制图技术的发展,加拿大制图专家在计算机制图与地图数据库的基础上,结合地理信息系统的技术,提出了电子地图(electronic map)的概念,并做出一些样图。

从软、硬件基础层次上看,由于大规模和超大规模集成电路的问世,推出了第四代计算机,例如1984年Prime9950象征着新一代微机的产生,有4~6 M内存,每秒400万次,为计算机的普及应用创造了条件。

地理信息的相关技术如地理信息系统、遥感、全球定位系统等在这阶段得到了全面的发展,并且应用的主要对象也由政府转向了大众。电子地图和这些技术的结合,获得了相辅相成的效果,使得电子地图也得了迅速的发展。这就大大促进了地理信息知识在大众中的普及,从而也为电子地图学的产生奠定了基础。

制图技术方面,20世纪80年代是全面发展的计算机制图时期,80年代后期,美国、加拿大、德国、英国、法国等发达国家的大比例尺地形图、地籍图已全部采用计算机数字测图与制图技术。而90年代更形成了计算机制图与自动制版一体化的生产体系,从而实现了从传统的手工制图到计算机自动化制图的根本转变。这一阶段,计算机地图制图技术与现代印刷技术的进一步结合,推出了地图设计、编辑和制版一体化处理系统,从根本上改变了地图制图的传统方法,极大地缩短了制图周期,节约了成本,提高了地图的质量,从而进入到全数字化地图制图阶段。这种在整个制图过程中通过数字形式传递地图数据的方法也同样推动了数字地图的应用和发展,从而开发出众多数字地图产品。

(三)广泛应用阶段

20世纪90年代中期至今,计算机、通信等现代技术发展到了非常成熟的水平,信息产品也开始在公众中普及,伴随着这些技术的发展以及电子地图在技术和理论方法上的成熟,电子地图学从过去强调制图转向了以电子地图信息服务为核心目的。由于电子地图支撑的数据种类越来越多,空间分析的功能越来越强大,表达方式日趋多样化,因此电子地图在和地理信息相关的各个行业都得到了广泛的应用。这一阶段,可以说是电子地图的广泛应用阶段,此阶段电子地图的发展主要体现在技术层面、应用范围及产品形式上的快速发展和变化。

1. 技术层面

电子地图和其他相关技术结合的程度越来越紧密,如地理信息系统、遥感、GPS、虚拟现实、网络、数据库、多媒体技术等,这些技术支撑了电子地图的信息来源、数据存储、查询分析功能及可视化表达,使电子地图成为真正意义上的电子地图系统,其数据处理、空间分析及可视化表达的水平越来越高,其技术、理论和方法也在广度与深度上都得到了进一步丰富及加强。

2. 应用范围

这一阶段的另一个突出特征就是,电子地图已不仅局限在地图学和地图制图学的领域中,而且在社会、经济、文化、生活、教育、旅游、医疗和交通等多个行业中都得到了广泛的应用,并且在一些专业性较强的领域也开始大范围应用,如航海、航天、灾害等。与这些行业密切结合产生的电子地图类型也越来越多，如旅游电子地图、灾害电子地图、海事电子地图、军事电子地图、考古电子地图等。

3. 产品形式

电子地图形式也越来越趋于多样化。1990 年，由中国科学院地理科学与资源研究所在《京津及邻区生态环境地图集》的基础上，设计的“京津及邻区生态环境电子地图集”是基于软盘形式的；1996 年高等教育出版社出版了中国科学院地理科学与资源研究所制作的《中华人民共和国国家经济地图集》，这是中国第一张光盘电子地图集；类似的、有代表性的还有由武汉大学设计的基于单机或光盘版的武汉百事通，它是利用 Atlas 系列软件开发的；南京师范大学地理信息科学江苏省重点实验室设计的南京语音导航电子地图，是利用 VMDesigner 设计开发的；另外，还有北京电子地图等大量的优秀作品。

单元四　电子地图数据模型设计基础

一、电子地图数据模型的基本概念

（一）数据模型设计的基本过程

数据模型是将客观世界的事物及其联系映射为数据及数据之间关系的逻辑组织形式，它是建立客观世界到数据世界的桥梁。一个高质量的数据模型能够最佳地反映研究对象及其环境，并能科学地划分和组织数据，为计算机应用系统的各种功能提供灵活的、有效的数据支持。在电子地图系统中，要实现电子地图的表达、分析功能，就需要建立一个与之相适应的电子地图的数据模型。数字地图，即地图数据库将根据这个模型进行构建，并作为电子地图的直接数据来源。因此，电子地图的数据模型建立（简称建模）和数据库建立（简称建库）是电子地图工程的首要任务。

电子地图的数据模型是针对地图所关注的主题要求，对客观地理世界的相关事物及其相互间的联系进行抽象和概括而建立起来的。其数据模型的设计需要经过从现实世界到信息世界，再到数据世界的逐步设计过程，是电子地图数据库建立的核心问题。

客观世界的事物是无穷无尽的，要研究、认识、利用和改造它们，就必须有针对性地选择应该关注的对象，做必要的概括与抽象，以建立研究对象的主要性质特征以及对象之间的联系规律，这个概括与抽象的过程就是模型化，概括与抽象的结果就是模型。也正因为各个物体均可由若干性质特征来描述，所以它们之间是可以区分的。物体在某些特征或性质上的同一性，使得人们可以对它们进行分类与归纳，为抽象与概括提供了重要的前提。同时，现实世界的各种事物不是孤立存在的，它们之间相互影响、相互制约，因此客观事物之间这些各种各样的联系成为事物变化发展的重要因素，在模型中起到关联和纽带的作用。

要将现实世界的事物转化为计算机能够接收和处理的数据，并集成到数据库中，就需要将现实世界的概念模型转化为相应的数据模型。由于数据库建立的目的不是单纯地保存数据，而是通过提供数据来获取新的信息或知识，因此数据库总是和某种信息系统联系在一起。在信息系统中要让人们了解数据的内容，或者将现实世界的有关事物抽象为用户理解的内容，就必须在现实世界和数据世界之间建立一个中间层次的供用户使用的信息世界。

信息世界又称为观念世界，它不是对现实世界的原样照搬，而是人们对现实世界的认识，也是对现实世界有选择性的逻辑抽象与概括。因此，信息世界所涉及的只是现实世界中客观事物集合的一个子集，人们把这个子集中的事物叫作实体，它是信息世界研究的对象，也是数据库中要予以区分和存储的对象，信息将围绕它采集。实体间的联系可以认为是一种特殊类型的实体。反映客观事物及其相互联系的模型是实体(E-R)模型。数据世界是信息世界中信息的数据化结果，它通过数据模型来描述现实世界的事物及其联系，最终成为一组被命名的逻辑数据单位(数据项、记录等)及它们之间的逻辑联系所组成的全体。

数据模型设计过程可概括为客观世界(概念模型)→信息世界(E-R 模型)→数据世界(数据模型)的过程。数据库就是借助数据模型来描述和处理客观事物，实现对它们的诸多性质、特征及其联系的数据化表达与组织管理。其逆过程就是数据的分析与应用的过程，它是数据库建立的最终目的。

(二)地理实体的几个相关概念

1. 地理实体

地理实体是指现实世界客观存在的，并可相互区别的地理事物或现象。它既可以是某个个体，也可以是一个集合。在客观地理世界中，有的地理实体是具体有形的事物，如河流、道路、居民地等；有的地理实体是无形的、抽象的事物，如境界线、等高线等。但不管如何，地理实体的进一步细分不能是该实体的相同类型。在不发生冲突的情况下，有时也把地理实体与实体的数据形式等同起来。

2. 地理目标

地理目标是地理实体在数据库中的表示，强调了目标的统一性，其表示方法随比例尺、目的等情况的变化而变化。例如，对于河流这个地理实体，在小比例尺地图上可作为一个线目标，而在大比例尺地图中，则可以作为一个面目标。地理目标在地图上是以地图符号形式来表达的。

3. 地理数据

地理数据是关于地理实体的性质、特征的数据化表示，它包括空间数据、属性数据和统计数据等。与地理目标更注重实体的逻辑意义及整体性不同，地理数据更强调实体的数据特性。因此，地理实体更多地属于现实世界范畴，地理目标更多地属于信息世界范畴，而地理数据属于数据世界范畴。

4. 地图目标

地图目标是地图上具有独立地理意义的制图对象。这种地理意义的相对独立性是指地图目标所包含的空间单元具有统一属性，反之如果一条弧段的一部分是一个属性值，而另一部分是另一个属性值，这就破坏了独立性。地图目标总是和某一个地图符号规则连接在一起的，在一般情况下它是地理目标的定位与符号化表达结果。但是，地图目标的制图特点使得它比地理目标具有更大的灵活性，从而除点、线、面等基本地图目标外，还可以扩充到点群或者文字注记等更多的对象之中。此外，地图数据是地图目标的数据表示，也是地理数据中可用定位图形来表示的部分,是地理数据的子集。

总之,电子地图和 GIS 一样都是关于地理信息的产品,必然涉及从现实世界的地理实体到表达的地图目标之间的转化,了解这些概念的联系和差别有着重要的意义,从而避免发生逻辑上的歧义。当然,在通常情况下,只要不产生误解与混乱,可以把实体、目标,甚至事物、对象等作为同义词来使用,不必机械区分。

二、电子地图数据模型的设计思路

与一般的数据模型设计过程相同,电子地图数据模型设计也必须从客观地理环境出发,经过分类、抽象、概括以及事物之间的关系分析,建立地理信息世界和数据世界的数据模型的过程,为电子地图数据库的设计、组织、管理与维护服务。

电子地图的数据模型设计同时必须考虑其自身的特点。在电子地图学领域,作为研究对象的客观地理世界错综复杂、无穷无尽,人们不可能也没有必要对客观地理世界中全部的事物都感兴趣,因此需要人们根据应用要求概括、选择相关的地理实体并进行类型划分。其中每种类型都被独立命名,如桥梁、河流、地形等,每一种类型都是一种地理(或地图)要素,均具有其自身的内部性质和特征。这需要通过电子地图数据库设计人员的分析和抽象来建立。地理实体经过抽象、编码、采集后得到对应的地图目标数据,地图目标是地理实体在地图中的映射对象。电子地图对现实世界的抽象(OpenGIS 的九层模型)见图 1-5。

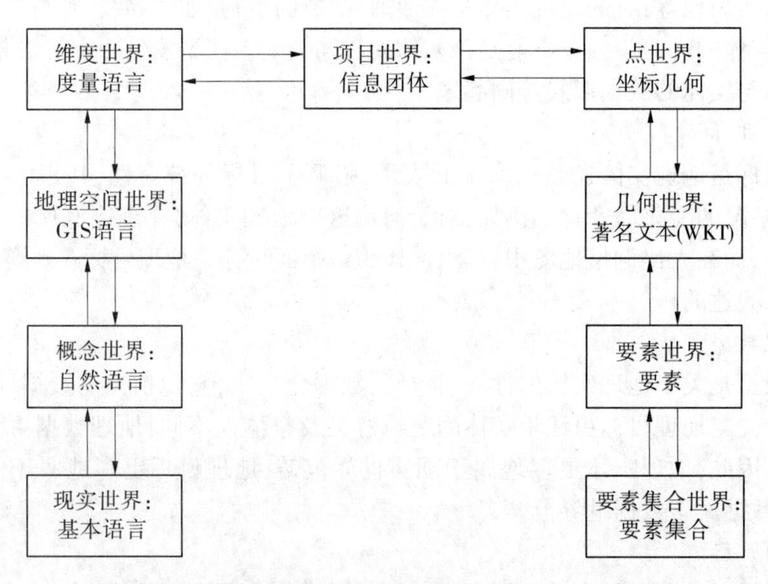

图 1-5　电子地图对现实世界的抽象(OpenGIS 的九层模型)

在电子地图数据中,不同要素地理实体的性质有着各自的特点,但是不管是什么要素,都具有空间信息和非空间信息两个基本性质,两种信息既相互区别又相互联系。因此,电子地图数据建模应该从空间数据和非空间数据两种数据建模入手。地理实体间的联系,包括空间的或者语义的联系,都将分别在空间数据建模或非空间数据建模的过程中得到进一步的体现。

单元五　电子地图的空间数据模型

一、电子地图的数据特点

(一)面向地图表达的需要

地图是关于现实世界的一种模型描述,通过将自然与人文要素的各种现象抽象出来,表示为空间的和非空间的信息。空间信息是地图不同于一般描述性文字、观测数据和统计报表的关键环节,而将非空间信息依附于空间信息进行组织、表达和应用是地图能够更广泛地结合不同专业领域、拓展应用能力的重要因素。

电子地图作为屏幕上表达的地图形式,必须依赖于计算机能够认识和处理的数据,包括空间的和非空间的数据。由于电子地图的大众应用特点,要求这些数据不仅支持地图的可视化表达,同时也能够针对用户感兴趣的内容,利用计算机运算、处理和屏幕表达的优势,支持更深入的专题信息查询、分析与应用。

因此,电子地图在表现形式上更接近专题地图类型,而专题地图所特有的底图内容和专题地图内容并存的格局,必然影响到电子地图的数据结构与组织。电子地图数据具有以下特点:面向地图表达的需要、基础与专题地理数据的划分、灵活多样的地图数据形式、生动丰富的多媒体数据、数据的多尺度与多维性。

电子地图的核心功能是地图表达,其数据的建立、组织必须考虑地图表达的需要。电子地图和传统地图相比较,尽管在地图载体、表达手段等很多方面都发生了变化,但是传统地图制图的基本理论、方法与技术仍然发挥着重要的作用,应该说,在长期的地图实践过程中积累的地图投影、制图综合、地图符号、色彩和绘制方法、地图应用技术等都是宝贵的经验结晶,为在容量有限的介质条件下最大限度地表现地理信息的内容,反映区域和专题特征提出了一系列解决方案。所以,在电子地图中,尽管计算机软、硬件平台提供了更大的存储空间和更快的处理速度,可实现屏幕地图的任意缩放、符号的实时显示、动态变化、注记的自动配置等,但为了尽可能地在屏幕上体现地图内容的直观性、科学性与艺术性,地图数据的建立仍需要在一定程度上满足地图表达的要求。

在 GIS 中,为了强调地理实体以及实体间的空间联系,数据的建立必须保证目标的相对独立性和完整性。但是在地图表达中,当地图目标因为在空间上发生共位现象而出现表达冲突时,为了提高地图认知的效率,往往采取断开、分割、移位、合并等处理方法,从而破坏了这种独立性和完整性。

为了突出地图表达的效果,地图数据可能忽视目标的完整性与独立性,这就必然影响地图分析与应用的质量。要解决这个问题,电子地图通常采用将其数据划分为基础地理数据和专题地理数据两个部分的方法,特殊情况下也可以只选择采用其中之一。在两者之中,基础地理数据用于基础地理底图的绘制,其数据强调地图表达的特点,不考虑地图目标的空间关系;专题地理数据用于绘制电子地图的专题地图部分,具有更多的属性信息,同时考虑目标的独立性与完整性,考虑目标之间的空间关系。由此不难看出,电子地图的这种划分方式与传统专题地图制图的内容划分相互一致,两者之间有着非常紧密的联系。

(二)基础与专题地理数据的划分

正因为基础地理数据承担了主要的基础制图任务,专题地理数据具有了更大的灵活性,体现在它既可以进行显性表示,即直接以基础地理底图为基础,在屏幕上进行绘制,也可以隐含保存,不予显示,仅支持地图的空间分析与目标查询功能。显性表示的专题目标有两个前提:①基础地理数据中没有相关的信息;②专题数据的绘制符合一定的制图要求。例如,在商业网点的电子地图中,基础地理数据保存了街道、建筑物、河流等信息,各商场、超市等作为点状专题目标可以直接在电子地图中显示,并同时提供信息查询服务;反之,如果不符合上面两个条件,就需要采用隐性表示的方法。

如图1-6(a)所示,在大比例尺地图中,道路是通过作为基础地理数据的街区(实线部分)来间接反映的,但是无法实现对道路信息的查询,这就需要将街道线作为隐性的专题地理数据(虚线部分)来建立,它的作用只有在目标查询分析时提供空间信息支持。在图1-6(b)中,小区目标作为基础地理数据已经存在,且目标并非唯一,因此同样需要采用隐性面状专题目标(虚线部分)的方法。

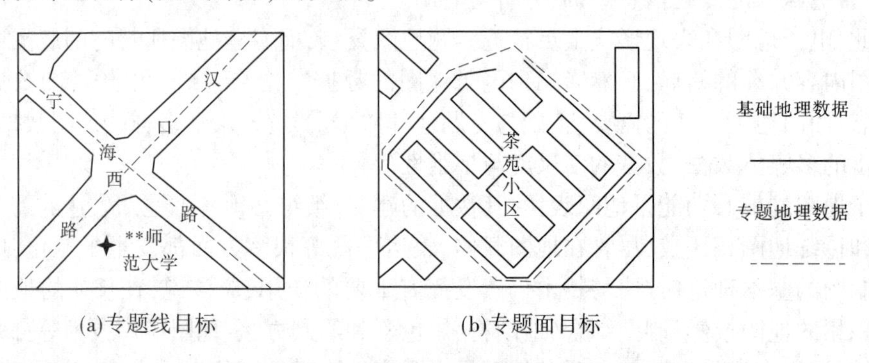

图1-6　专题地图数据的隐性表示

电子地图数据的这种划分方式,避免了把两种作用不同的数据按照相同方式采集和组织所带来的数据无效与冗余,对于变化相对较慢的基础地理数据和变化灵活的专题地理数据,显著地提高了数据采集和更新的效率,从而既保证了地图表达,又保证了地图分析与应用的数据需要,并将两个功能有机、协调地统一起来。

(三)灵活多样的地图数据形式

地图数据形式的多样性体现在两个方面:一方面基础地理数据和专题地理数据一般采用不同的数据形式,这是由于两种数据的作用不同的结果。前者单方面强调地图的表达效果,数据形式具有较大的灵活性,而后者需要基于地图目标的信息查询与空间分析,必须建立基于目标对象的数据形式。另一方面,在基础地理数据或专题地理数据内部,也可以采用不同数据形式并存的方式,例如在基础地理数据中把地形三维晕渲图与矢量数据结合起来,从而提供更加丰富、完善和有效的电子地图应用(见图1-7)。

(四)数据的多尺度与多维性

虽然电子地图的表达比例尺不固定,可以任意缩放,但是比例尺仍然是电子地图数据

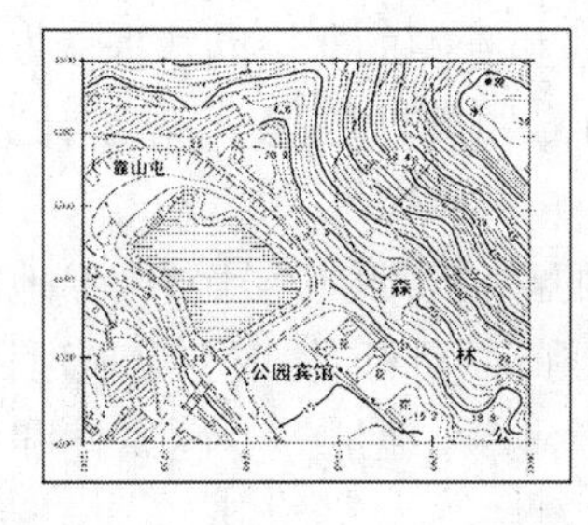

图 1-7　地形的数据表达形式

的一个重要指标，它反映了地图信息的详细程度。在电子地图中，地图数据量大小主要取决于计算机的外部存储器容量，然而在有限的屏幕区域显示地图内容仍然受到信息载负量的限制。因此，一个高质量的电子地图应该建立地理实体数量和空间细节信息随尺度减小而增加的功能，这往往依赖于两种方式，即采用地图自动综合或者直接建立有机联系的多尺度电子地图数据。由于地图制图综合的自动化程度还不够高，尚没有进入实用化阶段，因此后者成为目前电子地图主要采用的方式。

多维空间数据的并存是电子地图的又一个特点。从二维到三维，再加上作为第四维的时间因子，电子地图把传统单一的二维平面地图转化为集多维数据于一体的新的电子地图形式。

（五）生动丰富的多媒体数据

文字、图片、声音、视频和动画等多媒体数据是电子地图中常用的一种数据形式，也是最能体现电子地图的大众应用特点的非空间数据。它通过灵活、生动、直观的形式描述地理实体的综合信息，发展了传统地图制图及 GIS 的数据范畴和应用范围，并进一步支持目标的信息查询功能，提高了电子地图的服务功能。例如，在旅游、城市和商业网点等电子地图中，多媒体信息可以极大地丰富专题地理数据，可以用于旅游景区的风光展示，旅游线路的飞行浏览，城市信息的综合介绍，商店、宾馆的服务项目推荐等，这是传统的地图所无法表达的。

二、电子地图数据的分层

（一）电子地图数据的基本组成

电子地图数据的核心是地图数据。我们知道，一方面，根据地图数据的性质，地图数据可以划分为空间数据和非空间数据；另一方面，根据地图数据的内容，地图数据又可以划分为基础地理数据和专题地理数据。在这两种划分方法中，前一种方式有助于地图数据的组织和建模，后一种方式有助于地图数据的表达和应用。同时，两种方式又相互包含，构成了电子地图特有的数据组成。

基础地理数据以空间数据为主，一般只包含简单的专题属性数据，不需要空间关系，可以用于绘制基础地理底图，是电子地图中反映该制图区域地理环境基础信息的综合性数据，它在电子地图中虽然承担辅助性的角色，但却是地图表达的重要内容之一；专题地理数据用于构建电子地图的专题地图内容，通常需要空间关系的支持，是电子地图主题表达和应用所关注的重点环节，是地图用户分析和了解其感兴趣的地理现象及其变化规律的主要信息来源。专题地理数据又包括专题的空间数据和专题的非空间数据。专题空间数据是专题地理数据的定位基础;专题非空间数据则由专题属性数据、专题统计数据、多媒体数据以及其他地学数据组成。

例如,在关于商业网点分布的电子地图中,城市中的河流、湖泊、居民区、绿地等构成基础地理底图;商业网点根据规模大小分别表示为点目标、面目标,构成专题地理目标,每个目标都有对应的网点名称、经营范围、经营面积、日营业额、地址等专题属性和统计信息。

(二)电子地图数据的分层

在目前常用的计算机地图制图与 GIS 软件中,地图数据的组织通常采用图层的概念,如在 ArcGIS 中称为覆盖层(coverage),在 MapInfo 中称为表(table),一个表可以对应一个以上的表达图层(layer)。因此,地图图层是指处在同一个表达层面上的地图目标集合,它不仅是按照专题要素来确定的,而且可以分别根据地理实体的空间、属性、时间甚至混合特征来划分。一幅电子地图可以看作若干相关图层的集合。

1. 按要素类型分层

这是目前主要采用的分层方式,其中每一个图层对应一种或一类(包含多种)地理要素,如地貌图层(含等高线、冲沟、高程点等类型)、铁路图层(单一类型)、水系图层(含面状河流、线状河流、湖泊等类型)等。采用单一类型的图层具有数据结构统一、易于组织管理的优点,而采用多类型的图层尽管增加了数据的复杂性,但可以将要素相关的地理实体更合乎逻辑地组织起来。

图层在基础地理数据和专题地理数据中都存在,分别称为基础图层和专题图层。在一幅电子地图中通常包括一组基础图层和一组专题图层,由于地图表达主题对专题要素在数量上的限制,专题图层数量一般要远远少于基础图层。例如,省级交通电子地图中,地貌、水系、植被、居民地、境界线等要素中大量的地图要素类型构成了基础图层,而高速公路、等级道路、等外公路等几种道路类型构成了专题图层。

2. 按空间特征分层

这是一种按照地理目标的空间共有特征分层的方法,可以根据是否位于同一个自然区域或人文区域,或者相互之间是否存在空间联系作为判断条件,把所有符合这一条件的地图目标归为同一图层。例如,把制图区域内属于同一条水系的所有河流都归为一层,可以研究各水系的分布特征和发育规律。但目前基于空间特征的图层划分方式在电子地图中应用非常少。

3. 按时间序列分层

其分层思路是把存在于同一时间或同一时期的地理目标划归为同一图层。这种分层模式有利于分析地理现象随时间变化的规律性。

4. 按混合特征分层

这是把以上各分层方法组合应用的一种分层方式。

在上述四种方式中,采用要素类型的分层方式易于实现,且一般都是以相同图幅为基础划分出不同的图层,可以方便地支持空间叠置分析与相关组合运算,成为各 GIS 和计算机地图制图软件普遍运用的方法。

采用图层的划分方式,其作用在于以下几方面:

(1)方便了电子地图数据的组织和管理,即把大数据量的电子地图数据分解为一组数据量较小的地图图层数据,把对整个地图数据的管理转化为对每一个图层的较少数据量的管理。

(2)在同一图层中的目标一般具有空间属性或者时间特征上的联系,有助于对地理现象及其规律的研究与分析,并且在存储、查询、显示等诸多操作中可以减小数据搜索的范围,同时也有助于提高应用效率。

(3)不同地图图层之间可以有效地进行各种组合运算与分析。

三、电子地图数据及分类

(一)基础地理数据及分类

基础地理数据是电子地图中用来描述基础的、辅助的地理信息的数据,它是非主流的、背景式的,但是它又是电子地图中表述综合地理环境,包括自然环境和人文环境不可缺少的重要内容。一般来说,普通地图上所表示的水系、地貌居民点、交通网、政区界线、土质、植被等就构成电子地图的基础地理数据。没有基础地理数据的支持,专题地理对象就缺乏它所依附的地理环境条件,从而影响人们对专题要素存在的地理时空变化规律的认识与分析。

在电子地图中,基础地理数据的选择不是盲目的、随意的,也不是越多越好,而是根据专题信息的需要有针对性地选择有关的地理要素。通常影响基础地理数据选取和表示详细程度的因素有电子地图的主题、用途、比例尺和区域的地理特点。

例如,自然电子地图中作为基础地理数据之一的水系的表示要比经济地图中的水系表示更为详尽;交通导航电子地图对植被信息的要求就没有旅游电子地图要求的详细;在起伏不大的平坦地区,反映商业网点分布的电子地图中就一般不表示地貌信息。因此,基础地理数据的选取原则是:既要能够反映专题内容所发生的环境,又要有助于用户清楚地了解专题内容,不干扰专题地理信息的表达。

基础地理数据由基础地理空间数据和非空间数据两个部分构成。基础地理空间数据是记录基础地理目标的定位、形态、分布及其他相关空间信息的数据,它具有严格的地图投影、比例尺和与尺度相适应的制图综合作用。由于基础地理数据的背景特征,不需要提供专门的、复杂的专题信息查询和分析功能,其非空间数据形式较为简单,包括简单的分类分级数据、名称数据和数量/质量特征描述数据,主要用于满足地理背景底图的基本制图需要。与分类分级数据不同,数量/质量特征描述数据不是基础地理目标所必须具有的,它只是一种补充性数据,说明地理实体的与类型相关的一些性质,如建筑物目标可以包括楼层数量和建筑材料等,独立树可以包括树高、直径等附加信息。

地形数据是一种特殊的、处于最底层的基础地理空间数据,主要反映地表的高低起伏信息,它是电子地图其他所有目标的基础,几乎遍布整个制图区域。不过在平坦地区,只存在少量的丘陵、低山,地形变化的影响被削弱;而在山区,地形数据无疑是最关键和最重要的地图数据。

(二)专题地理数据及分类

从应用的角度上分析,电子地图设计的目的总是要满足一定用户群的需要,这就涉及地图所要表达的主题内容是什么?这些主题需要客观地理环境中哪些要素来反映?这些要素内部包含哪些性质?要素之间又存在怎样的联系?等等。这些突出反映一幅电子地图主题信息的要素就构成该电子地图特有的专题地理要素。如在城市交通电子地图中,道路、公交线路、车站、码头、桥梁等就构成了主要的专题要素;在旅游电子地图中,旅游景点、旅行社及相关机构、宾馆酒店、交通线路等成为主要的专题要素。

专题地理数据就是属于各种专题要素的地理实体及其内部属性及实体之间相互联系的定性与定量数据的总称,它构成电子地图应用的核心数据。在电子地图中,每一种专题要素都包含了一组专题地理实体。一个专题地理实体在电子地图上对应一个专题地理目标,如图上的一座桥、一条道路或者一幢建筑物都是一个专题地理目标。专题地理目标所具有的数据类型包括以下几种。

1. 专题空间数据

专题空间数据即专题地理空间数据,是描述专题地理目标位置、形状、大小、分布特征信息的数据。它不仅反映了专题地理目标本身的空间几何信息,还反映目标之间的空间结构与空间关系。专题空间数据也包括了目标几何类型(点、线、面、体等)指标,它是后述各种专题非空间数据依附的空间定位基础。

2. 专题属性数据

同样一个线状几何对象,它可以是河流、道路或者境界线,这些"河流""道路""境界线"等的类型信息就是分类分级信息;数量描述信息是反映专题地理目标特有的数量特征指标的量化信息,如桥梁的高度与宽度、建筑物的楼层数和等高线的高程值等;质量描述信息则是关于专题地理目标的质量特征指标的语义说明,如道路的路面材料为"砂石""水泥""沥青"等,河流的底质为"砾石""砂质""泥质"等。一个专题目标可以同时有若干个数量特征指标和质量特征指标,每一个指标都称为一个专题属性数据项或简称专题属性项。

专题属性数据是用于表征专题地理目标类型特征的数据,它包括分类分级信息、数量描述信息和质量描述信息等。分类分级信息是反映不同专题地理目标类型区别的定义信息,主要回答目标"是什么"或者"属于什么"的问题。

3. 专题统计数据

专题统计数据对专题电子地图有着特别的意义,它包括社会经济数据,人口普查数据,野外调查、监测和观测数据,是专题属性数据的扩展和延伸。在电子地图数据中,它一般反映专题地理目标的某一个内在属性随时间的一组变化量,如商场一年来每个月的投入成本、销售额和纯利润数据,高等院校五年来的在校学生人数、新生到校人数、毕业生人数、就业率等。专题统计数据提供了专题地理目标更多、更全面的信息,从而可以进一步发挥电子地图的表达和应用功能。

4. 多媒体数据

多媒体数据是把文本、图片、视频、音频、动画等不同类型的媒体有机组合在一起的数据形式。它在传统字母、数字的基础上,发展了信息的表现方法,为计算机世界增添了新的活力和生机。对于一个专题地理目标来说，从不同角度、不同远近距离拍摄的几张目标图片或者一段视频比一般文字描述要传达更多、更直观的信息，这是电子地图比传统地图所具有的更大的优势。在一幅具体的电子地图中并非多媒体的所有形式都必须全部包括在内，而一般是有选择性的，根据电子地图的实际要求和数据采集的全面程度而定。更何况多媒体信息本身的形式和内容也都在不断地发展、更新中，多媒体数据并不是一个一成不变的概念。

5. 地理名称数据

一般情况下，每一个专题地理目标都有自己特定的名称信息，如单位名、街道名、河流名、山名、政区名等(见图 1-8)。地理名称数据不仅用于地理目标的查询，在地图上也往往用于注记的表达，因此地理名称数据还包括了对地理名称文字的一系列辅助性数据，包括字体、字号、字型，以及字的颜色、注记排列方式等。地理名称注记将有效地帮助用户快速了解专题地理目标的性质、作用和其他一些相关信息。可以说，如果一幅电子地图中没有地理名称注记，必然缺失一个非常重要的地图内容。

图 1-8 常见的地理名称数据

6. 其他地学数据

这些是结合专题地理目标的地学分析而建立的专门数据，它和地理应用的联系更加紧密，有助于对地理现象的时空变化规律与机制的进一步研究。在自然领域，不同的河流水动力模型、湖泊悬浮物变化模型、地貌发育模型都可以用数据的方式记录下来；在人文、经济、地理领域，城市的变迁模型、人口发展模型、土地承载力预测模型，也同样可以反映在专题地理目标的非空间数据形式中。尽管这些地学数据不是研究的重点，但却是电子地图应用进一步深入发展的关键。

四、基础与专题地理数据的划分方法

(一) 划分方法

电子地图内容设计的任务之一就是确定基础地理数据和专题地理数据以及各自的要素类型，其过程包括两个阶段，首先是确定该电子地图需要的所有地理要素类型，然后将这些要素划分为相应的基础地理要素和专题地理要素。但是，在多数情况下，这两个过程的界限并不明显，通常都是同时考虑的，即每举出一个相关要素，就同时将其归入到基础或者专题要素类型中。

确定哪些地理要素成为电子地图的组成内容应主要根据电子地图的主题要求，结合对地理环境相关要素的科学认识和了解，以及传统地图制图的经验来进行。如关于植被分布的电子地图中，植被的分类应最为详细，信息最为丰富，此外影响植被分布的因素还有自然因素和人文因素两个方面。自然因素包括地貌、水系、气候、土壤等，人文因素包括道路、居民地、工矿企业、耕地等，这些都应该被纳入电子地图的内容范畴。在关于金融网点分布的电子地图中，金融机构、储蓄网点等应该是主要内容，包括其机构类型、分布位置、业务范围等，而具有联系的交通、居民地、商业、企事业等人文要素也成为地图必须表达的内容。

（二）划分原则

关于基础地理要素和专题地理要素的设置与划分不是一成不变的，在电子地图中可以同时具有基础地理要素和专题地理要素，也可以只包含其中之一，这应视具体的应用需要而定，概括起来，其设置与划分的方法应遵循以下原则。

1. 根据主题需要的原则

这一原则是电子地图基础与专题地理要素设置与划分的基本原则。在一般情况下，与主题关系越紧密的要素越应该被划入专题地理要素范畴，如果所有的地理要素都与主题密切相关，则可以全部作为专题要素类型。如在普通的城市电子地图中河流是基础地理数据，而在与水利工程有关的电子地图中，河流却可能成为专题地理数据。两者之间的区别就在于作为专题地理数据的河流一般具有更丰富、更专业化的非空间信息。

2. 根据功能需要的原则

功能和主题往往是相互联系的，有什么样的主题要求就有相对应的功能需要。基于此，我们把需要查询、分析操作的要素作为专题地理要素，而把仅需要浏览操作的要素作为基础地理要素。例如，曾经提到的浏览型电子地图，由于没有进一步的查询和分析功能要求，因此可以把涉及的全部要素都作为基础地理要素；在普通电子地图中，如果需要每一个要素都支持信息查询和空间分析功能（如缓冲区分析、量算等），就应该把所有电子地图数据都作为专题地理数据。

3. 根据空间关系需要的原则

基础地理要素的目的是提供基础地理底图的表达，不需要进行地理分析，包括空间分析，因此从数据作用的角度上看它们不需要空间关系的支持；而专题地理要素是为了提供电子地图的进一步应用，往往需要获得专题地理实体之间相互影响、相互作用的关系，因此建立专题地理要素的空间关系对于提高电子地图的应用效能是必要的。基于这个原因，我们可以根据应用的要求，把需要空间关系支持的地理要素作为专题地理要素，当然它们通常同时包括对功能应用和数据组织的支持。

4. 根据数据尽可能不冗余的原则

在基础地理要素和专题地理要素的设置与划分中，还要考虑数据重复的情况。电子地图为了将表达和分析应用有机地组织在一起，采用了将基础地理要素和专题地理要素分开组织的方法，这就不可避免地涉及相同要素的地理实体在表达和分析上的不一致性所导致的冗余问题。

如中大比例尺城市地图中街道和街道中心线的关系，街道中心线反映了街道的对象特征和空间联系，作为专题要素而显式表示；但是街道的空间位置和范围采用隐式表示，需要通过一系列街区的组合来反映,这就是为了避免重复建立街道数据而采取的措施。同理,如果街道需要具有面积量算、形状分析等功能,那就需要将街道作为专题要素并按照面状目标类型采集,而街道中心线数据尽可能采用隐式表达,并可以通过从面状地物中提取中轴线来得到,以避免造成数据的大量冗余。

总之,基础地理要素和专题地理要素的设置与划分是相当灵活的,一个合理、科学的设置应尽可能地减少数据采集和更新的数量、难度,有效地组织和管理数据,最大限度地保证电子地图的功能需要。

五、电子地图空间数据模型的概念

(一)空间数据模型的概念及类型

地理空间数据是电子地图的主要处理对象。电子地图大众化的特点客观上要求电子地图的表达必须具有直观性、丰富性和现势性,并且电子地图空间数据的直接和最终目的就是为可视化服务,因而要求电子地图的空间数据的类型选取、组织与管理的解决方案必须能对电子地图的表达与应用提供充分的支持,必须具有类型的多样性、制图优化和可扩展性的特征。在这里,我们把空间数据与非空间数据分开讨论,但是两者之间仍然是相互联系的,只是在讨论的时候侧重点不同。

空间数据模型是关于现实世界中空间实体及其相互间联系的概念描述,它独立于任何空间数据库系统,但同时又为空间数据的组织和空间数据库的建立提供了方法依据。在电子地图中,空间数据模型具有自身的特点,它必须考虑地图表达与应用的需要。从客观上分析,电子地图是真实地理环境在地图空间中的抽象结果,其空间数据模型的作用是最终建立地理实体集合从地理空间到地图空间的逻辑映射关系。因此,如何研究、认识电子地图的空间对象?这些对象应该如何进行科学的分类、概括和抽象?如何对电子地图空间数据进行描述和有效的逻辑组织?这些都是电子地图空间数据模型需要探讨的内容。

首先,考虑映射后的空间维数差异,电子地图的空间数据模型可分为二维空间数据模型、三维空间数据模型和时空数据模型。目前,大多数数字地图(地图数据库)主要采用了二维空间数据模型,即把地理实体抽象为欧氏平面空间下的空间数据形式,并把实体的第三维信息作为属性数据,如带有高程属性的等高线数据。此外,考虑到三维电子地图的应用需要,在二维空间数据模型的基础上进一步拓展三维空间数据模型。时空数据模型则是在二维或三维数据模型基础上再考虑时间变化因子的作用而建立的。

其次,从映射后的空间数据特征出发,电子地图的空间数据模型包括基于对象(要素)的模型、网络模型和场模型。基于对象(要素)模型强调了对象的离散特征与个体现象,以独立的方式或者以与其他实体之间的关系的方式来处理,目前许多电子地图系统都采用了对象模型的方法;网络模型反映了现实世界中常见的多对多的网状关系,并通过将地物抽象后的链、节点等表达对象及其间的连通关系,从而将数据组织成有向图结构,这种结构比树结构具有更大的灵活性,但该模型的结构复杂性限制了它在空间数据库中的应用,如道路交通网;场模型表示了在二维或者三维空间中被看作是连续变化的空间现象,如地形、地表气压等,一个二维场就是在二维空间中任何已知的地点上都有一个表现这一现象的值,而三维场就是在三维空间中的任何位置都有一个对应的值。

表 1-2 表示了电子地图的空间数据模型的组合方式,在一幅电子地图中通常可能采用其中的一种或同时采用多种模型方式。

表 1-2　电子地图空间数据模型的组合方式

数据特征	维数		
	2D	3D	Spatio-temporal
对象、要素模型离散性	2D 对象模型	3D 对象模型	4D 对象模型
网络模型网络要素	2D 网络模型 转角、障碍、权重、流	3D 网络模型	4D 网络模型
场模型连续铺盖模型	2D 场模型	3D 场模型	4D 场模型

(二)电子地图的空间实体

地理实体是指现实世界存在的地理事物或现象,空间实体是地理实体在信息世界的抽象。在电子地图中,空间实体可以抽象为点(point)、线(line)、面(polygon)、曲面(surface)和体(volume)等多种类型。

(1)点实体。是指只有一个特定的位置,而没有方向、长度、面积、体积的零维实体。在电子地图中可以具体指一个独立的地物,如碑、树、泉;也可以表示在小比例尺图中逻辑意义上无法再分的地物,如城市、村庄、桥梁等。

(2)线实体。是指由一组点顺序连接而成,有方向、长度而没有面积、体积的一维实体。线的范围由起始点和终止点确定,如道路、河流、铁路等。线实体可以再分为若干性质相同的弧段。

(3)面实体。是指一个由封闭的曲线围成的二维平面区域,有周长、面积但没有体积,是对湖泊、岛屿以及地块等一类现象的描述。面实体中具有岛或洞的复杂形式,如一个湖泊的面实体,其中央包含湖心岛形成一个洞。

(4)曲面实体。是在三维空间中由一连串的线实体序列按照一定顺序连接而成的封闭区域,线上的每个空间点都记录为一个三维坐标(X,Y,Z)。曲面实体有周长和表面积,没有体积,因此曲面实体仍然为二维实体,如三维城市模型中建筑物的方面。

(5)体实体。是用于描述三维空间中的现象与物体,可以用有向封闭的曲面为边界。体具有点、线、面的一切特性,同时也具有体积,如岩矿体、建筑物、大气云团等。

(三)电子地图的空间数据构成

电子地图的空间数据主要由基础空间数据和专题空间数据两部分组成,两者之间既相互区别又紧密联系,缺一不可。

从区别上看,首先,基础空间数据是处于电子地图最底层的空间数据形式,用于反映制图区域地理背景的空间几何信息,它是电子地图表达的重要内容。基础空间数据主要强调底图表达的效果,既不需要考虑信息查询,也不需要考虑空间分析,因此在通常情况下可以忽略其空间关系信息。其次,专题空间数据是电子地图应用的主要空间数据,是各种专题属性和统计信息的空间载体。在同一幅电子地图中,作为背景信息的基础空间数据往往具有普遍性与多样性，即要素类型多，数量大，层次关系复杂；而专题空间数据一般针对一个或少量主题信息，类型要素少，数量少，其重点用于专题目标的查询与应用分析，这主要依赖于专题信息的空间关系的支持。

同时两者之间又相互联系。基础空间数据和专题空间数据都是关于地理实体的空间几何数据，可以具有相同的数据表示方式和组织方法。其中基础空间数据是专题空间数据的地图空间参照与背景，具有非常重要的铺垫作用。专题空间数据提供的进一步的地图查询、分析功能使基础底图摆脱了仅供浏览的单一目的，丰富了地图的应用。当专题地理目标隐含不显示的情况下，如大比例尺城市电子地图中街道是通过街区和街道注记反映出来的，并没有专门的街道数据，要想实现对街道信息的进一步查询，可以在专题地图中增加街道中心线数据及其属性信息，而街道中心线不参加地图表达，用图者实际上是在基础底图上进行相关专题信息的操作，两者巧妙地融合在一起。

空间关系是专题地理数据中进行空间分析所必需的，它通常隐含在空间数据中，把空间关系作为数据的一部分予以存储，叫作空间关系的显式表示；反之，不直接存储空间关系，而是借助某些运算临时生成所需要的空间关系，叫作隐式空间关系。显式空间关系的优点在于应用效率高，并且可通过这种空间联系来有机地组织数据，但是缺点是占用更多的存储空间，一旦空间数据发生变更就需要及时维护，以确保空间关系的一致性；隐式空间关系的特点正好与之相反。

六、电子地图空间数据的表示方法

（一）空间数据的一般表示方法

1. 矢量数据表示

矢量数据结构是对矢量数据模型进行数据的组织。通过记录实体坐标及其关系，尽可能精确地表现点、线、多边形等地理实体，坐标空间设为连续，允许任意位置、长度和面积的精确定义。矢量数据结构直接以几何空间坐标为基础，记录取样点坐标。

2. 栅格数据表示

将空间分割成有规律的网格，每一个网格称为一个单元，并在各单元上赋予相应的属性值来表示实体的一种数据形式。以规则的阵列来表示空间地物或现象分布的数据组织，组织中的每个数据表示地物或现象的非几何属性特征。

3. 矢量数据和栅格数据比较

栅格数据是以二维矩阵的形式来表示空间地物或现象分布的数据组织方式，每个矩阵单位称为一个栅格单元(cell)，栅格的每个数据表示地物或现象的属性数据，因此栅格数据有属性明显、定位隐含的特点。

而矢量数据结构是利用点、线、面的形式来表达现实世界，具有定位明显、属性隐含的特点。

由于矢量数据具有数据结构紧凑、冗余度低、表达精度高、图形显示质量好、有利于网络和检索分析等优点，在 GIS 中得到广泛的应用，特别在小区域(大比例尺)制图中充分利用了它精度高的优点。但是，随着 RS 广泛的应用，同时数据压缩技术，计算机性能的提高克服了栅格数据的数据量大等缺点，栅格数据将越来越发挥更大的作用。栅格数据的大规模应用,将会占据主导地位。

(二)不同几何特征类型的表示方法

根据几何特征划分,空间数据包括点、线、面、曲面、体和混合性数据。

1. 点数据

点数据表示二维或三维空间中任意分布点的空间位置,一般用该点的坐标值来描述,记录为(X,Y)或者(X,Y,Z)。点数据可以有两层意义,一方面它用于表示点状物体的空间信息,如控制点、油井钻孔、独立树、纪念碑或者小比例尺地图上的居民点、桥梁等,具有各自独立的地理属性;另一方面,用于表示线的内部构成点,没有独立的实体属性信息,只有空间定位意义。

2. 线数据

线数据一般采用一组坐标序列来表示线状目标的位置与形状,可以是平滑曲线或折线,如单线河流、道路、等高线、境界线等。构成面数据的弧段也需要线数据的支持。

3. 面数据

面数据也称多边形数据,一般采用轮廓线坐标串表示地理区域的位置与形状。其记录形式与线数据相似,但坐标串的首末点必须重合,从而围成一个封闭的空间区域或单元。

4. 曲面数据

曲面是代表具有连续分布现象的覆盖表面,具有这种覆盖表面的要素,如地形、降水量、温度等。表示和存储这些要素的基本要求是必须便于连续现象在任一点的内插,因此通常采用不规则三角网(triangulated irregular network TIN)、等值线序列和二维阵列来表示曲面数据。

在 TIN 中,三角网主要由从曲面上观测得到的各点连接而成,其顶点表示为(X,Y,Z),其中 Z 为水平投影面上点(X,Y)的对应高程、降水量或者温度。

5. 体数据

体数据是表现一个地理实体的三维空间信息,它将三维实体剖分为更小的三维空间单元来描述,每个空间单元应具有相同的属性。体数据有许多的表示方法,如结构实体几何法(constructive solid geometry,CSG)、四面体格网法(tetrahedral network,TEN)和八叉树模型等。

6. 混合性数据

混合性数据也称为复合型数据,是由点、线、面、体数据中的若干种混合组成的更为复杂的地理实体或地理单元数据,如内含湖心岛的湖泊。

(三)扩展空间数据类型的表示

在二维平面电子地图中,除基础的点、线、面实体外,还有两类地图特有的目标类型:有向点目标与有向线目标。这两种类型主要是从地图可视化表达的角度提出来的,因此属于电子地图中扩展的空间数据类型。

1. 有向点目标

有向点目标是指在地图表达中具有方向性的一类点状目标,如中小比例尺地图上的窑洞、桥梁、独立房屋、斜井井口、平洞洞口,以及大比例尺地图上的广告牌、地下建筑入口,这类点状目标必须保持客观对象真实的方向,以确保与周围的地理实体在空间上的一致性。

2. 有向线目标

地图中有这样一类目标,它们具有线实体特征,但是在表达过程中符号主要配置在中心定位线的一侧,因此需要考虑数据记录的方向性,故这类目标又称为有向线目标,如城墙、陡崖等。在通常的数据采集中,有向线目标通过规定采集的方向以保证符号配置在采集中心线的某一侧(如图的定位线箭头方向),并与该目标类型的符号设置相一致。

(四)空间关系的数据描述

空间数据中隐含有空间关系信息。空间关系是指地理实体之间存在的具有空间特性的联系,其基本类型主要有顺序关系、度量关系和拓扑关系。

空间关系是从欧氏空间、相对空间到拓扑空间逐渐抽象得到的。

首先,不同的实体在欧氏空间内可以通过其各自的空间坐标产生直接的定位联系,这是基于绝对空间参考下的关系信息。

其次,在尺度空间内按照距离等建立其相对坐标系统参照下的联系,这是对绝对空间参照的抽象,在相对空间中,可以抽象出顺序关系和度量关系。

再次是在拓扑空间中,拓扑关系成为一种更为抽象的空间关系。

(1)顺序关系。也称为方向关系或者方位关系,如在空间上的前后左右关系、东西南北关系和在时间上的先后顺序关系。

(2)度量关系。又称为尺度关系,反映的是空间中与尺度有关的距离关系、面积关系和体积关系等,例如,在公交线路数据中从一个站点到另一个站点的距离大小。

(3)拓扑关系。是空间关系中最重要的关系信息之一,反映了网状结构元素(如自然与行政分区、道路网、地下管网和公交线路网)中节点、弧段和多边形之间的拓扑邻接、关联和包含关系。通过这些不同元素之间的拓扑结构,人们不需要利用坐标或者距离就可以进一步建立地理实体之间的空间关系,是电子地图数据空间运算、处理和分析的基础。

七、矢量数据模型

(一)简单数据结构

在简单数据模型中,空间实体以基本的空间对象(点、线、面)为单元进行单独组织,不存储任何空间关系。

其中应用最简单的是面条(spaghetti)结构,构成多边形边界的各个线段,以多边形为单位进行组织,对点、线、面都单独编码并记录坐标的一种数据结构。

优点:编码容易、数字化操作简单和数据编排直观。

缺点:相邻多边形的公共边界要被数字化和存储两遍,节点在数据库中被多次记录,不仅造成数据冗余,还容易造成数据的不一致,引起严重的匹配误差,可能导致输出的公共边界出现间隙或重叠。

每个多边形自成体系,缺少多边形的邻域信息和图形的拓扑关系。

岛只作为一个单图形,没有建立与外界多边形的联系。

难以检查多边形边界的拓扑关系正确与否,如是否存在间隙、重叠、不完整的多边形

(死点)或拓扑学上不能接受的环(奇异多边形)等问题。

具体实现:

方法 1　点数据文件(点号、*XY* 坐标)+多边形数据文件(多边形 ID、点号串、类别码)。

方法 2　点数据文件(点号、*XY* 坐标)+多边形数据文件(多边形 ID、坐标串、类别码)。

(二)拓扑数据模型

特点:点是相互独立的,点连成线,线构成面。每条线起始于起始节点(FN),止于终止节点(TN),并与左右多边形(LP 和 RP)相邻接。构成多边形的线又称为链段或弧段,两条以上的弧段相交的点称为节点,由一条弧段组成的多边形称为岛,不含岛的多边形称为简单多边形,含岛的称为复合多边形。

优点:编辑和查询的速度快,有利于空间分析,消除了重复线。

缺点:显示速度慢,创建拓扑需要耗费比较长的时间。

八、栅格数据模型

(一)完全栅格数据结构

原理:完全栅格数据结构(也称编码)将栅格看作一个数据矩阵,逐行逐个记录栅格单元的值(见图 1-9)。

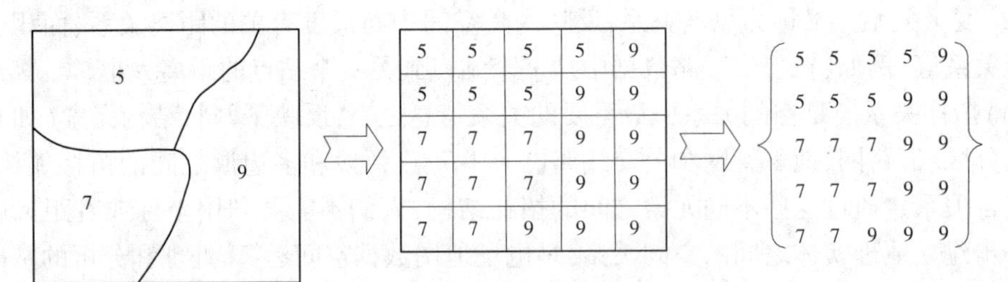

图 1-9　全栅格矩阵结构

方法:可以每行都从左到右,也可奇数行从左到右而偶数行从右到左,或者采用其他特殊的方法。

优点:①不采用任何压缩数据的处理,因此这是最简单、最直接、最基本的栅格组织方式;②通常这种编码为栅格文件或格网文件。

(二)普通栅格的存储方式

基于栅格方式:以栅格为存储单元,只存一个矩阵,矩阵中的一个格子存多个属性值(层属性)。

基于层方式:以层为存储单元,存储多个矩阵,矩阵中的一个格子只存一个属性值。

基于面域的方式:以层为存储单位的基础上,再以多边形为存储单元,一个多边形存储它区域内的所有栅格值。

(三)游程长度编码

游程:相邻同值网格的数量。

游程长度编码结构:栅格数据无损压缩的重要方法。

基本思想:对于一幅栅格数据,常有行、列方向相邻的若干点具有相同的属性代码,因而采取某种方法压缩重复的个数。

目的:压缩栅格数据量,消除数据间的冗余。

压缩过程:称为二元组映射。

(四)四叉树数据结构

思路:对栅格数据进行压缩的一种方法。

将一幅栅格数据层分为四个部分,逐块检查格网属性值。

如果子区所有格网属性相同,则停止再分,此时该子区不论大小,均作为最后的存储单元。否则,便继续将子区分为4个子区,依次检查下去。

通过这样的方法,实现对数据的压缩。

线性四叉树(Morton码)则只存储最后叶节点的信息,包括叶节点的位置编码/地址码、属性或灰度值。

线性四叉树地址码通常采用十进制Morton码(MD码)。

优点:压缩效率高,压缩和解压缩比较方便。

阵列各部分的分辨率可不同,既可精确地表示图形结构,又可减少存储量,易于进行大部分图形操作和运算。

缺点:不利于形状分析和模式识别,即具有图形编码的不确定性。

如同一形状和大小的多边形可得出完全不同的四叉树结构。

线性四叉树(MD码)对一个位置进行唯一的标识。

行列二进制进行交替获得一个二进制的MD码(列是第一位),然后将二进制的MD码转成十进制。

(五)链码结构

链码数据结构首先采用弗里曼(Freeman)码对栅格中的线或多边形边界进行编码,然后再组织为链码结构。

优点:有效地压缩了栅格数据,尤其对多边形的表示最为显著。

链式编码还有一定的运算能力,对计算长度、面积或转折方向的凹凸度更为方便。比较适于存储图形数据。

缺点:对边界做合并和插入等修改编辑工作很难实施。

对局部修改要改变整体结构,效率较低。

九、矢栅一体化模型

栅格数据结构和矢量数据结构之间的对比见表1-3。

表 1-3　栅格、矢量数据结构的对比

	优点	缺点
矢量数据结构	数据结构严密,冗余度小,数据量小; 空间拓扑关系清晰,易于网络分析; 面向对象目标,不仅能表达属性编码,而且能方便地记录每个目标的具体属性描述信息; 能够实现图形数据的恢复、更新和综合; 图形显示质量好、精度高	数据结构处理算法复杂; 叠置分析与栅格图组合比较难; 数学模拟比较困难; 空间分析技术上比较复杂,需要更复杂的软、硬件条件; 显示与绘图成本比较高
栅格数据结构	数据结构简单,易于算法实现; 空间数据的叠置和组合容易,有利于与遥感数据的匹配应用和分析; 各类空间分析,地理现象模拟均较为容易; 输出方法快速简易,成本低廉	图形数据量大,用大像元减小数据量时,精度和信息量受损失; 难以建立空间网络连接关系; 投影变化实现困难; 图形数据质量低,地图输出不精美

在矢量-栅格数据模型中,对地理空间实体同时按矢量数据模型和栅格数据模型来表述。

面状实体的边界采用矢量数据模型描述,而其内部采用栅格数据模型表达。

线状实体一般采用矢量数据模型表达,同时将线所经过位置以栅格单元进行充填。

点实体则同时描述其空间坐标以及栅格单元位置,这样则将矢量数据模型和栅格数据模型的特点有机地结合在一起。

单元六　电子地图的数据采集

一、电子地图空间数据的采集

(一)电子地图的空间数据源

电子地图的空间数据来源多种多样,主要包括传统纸质地图、遥感影像数据、实测数据、文字材料和已有的数字地图数据等。这些数据源按照数据是否经过后期加工处理分为原始数据(第一手数据)和第二手数据,同时根据数据源的性质又可分为非电子数据和电子数据。

在这些数据源中,已有的数字地图数据作为第二手的电子数据可以直接应用于电子地图中,但是需要根据具体要求进行相关的数据格式、模型、地图投影或者坐标的变换;纸质地图是经过地图处理与加工的二手数据源,也是电子地图主要应用的基础数据,它经过数字化处理以后可以为电子地图所应用。航片和卫片的应用可以有两个途径:一种方法是首先经过判读将航片和卫片转换为地图数据,然后数字化采集;另一种方法是先将航片和卫片扫描成为遥感影像数据,再判读和数字化。此外,遥感影像数据也可以直接应用于电子地图系统；随着数字测量技术的发展，如全站仪、GPS、数字摄影测量等，实地测量数据已经可以通过转换直接进入电子地图中；文字资料作为非图形信息，主要在精度要求不高的情况下可以作为专题地理实体粗略定位的依据。

（二）空间数据的一般采集方法

地理空间数据的采集是指将非数字化形式的各种信息通过一定的数字化方法，经过编辑处理，变为电子地图系统可以存储、管理和应用的数据形式。数据源类型和采集目标的数据结构类型等差异都影响着地理空间数据的采集方法。

1. 矢量数据的采集

数字地图的矢量数据获取方式主要有三种，即手扶跟踪数字化、扫描跟踪数字化和解析测图法矢量化。

2. 栅格数据的采集

栅格数据是一种通用的空间数据表示形式。栅格数据的获取可以通过在地图上均匀地划分网格（相当于将一透明方格纸覆盖在地图上），每一单位网格覆盖部分的属性数据便成为图中各点的值，最后形成栅格数字地图文件。它可以采用矢量数据转换的方法，也可以应用扫描仪直接对图片扫描的方法来得到。

栅格数据的获取需尽可能保持原图或原始数据的精度。为了在决定栅格像元值时尽可能保持地表属性的接近程度，可以有以下四种取值方法。

（1）中心点法。用处于栅格中心处的地物类型或现象特性决定单元的值。

（2）面积占优法。以占栅格中面积最大的地物类型或现象特征决定栅格单元值。

（3）长度占优法。当覆盖的格网过中心部位时，将横线占据该格中的大部分长度的属性值定为该栅格的单元值。

（4）重要性法。根据栅格内不同地物的重要性，选取最主要的地物类型决定相应的栅格单元值。对于特别重要的地理实体，其所在的区域尽管面积很小或不在中心，也采取保留的原则。

3. 遥感图像数据的采集

前面主要介绍了从地图中采集矢量数据和栅格数据的方法，而遥感数据是电子地图另一个重要而且快速的数据来源。遥感数据是用遥感器探测来自地表的电磁波，通过采样及量化后获得的数字化数据。外表看起来如普通像片一样，灰度和颜色连续变化的图像叫作模拟图像。数字图像就是把模拟图像分割成像素，并针对各像素的亮度值进行数字化处理得到的图像，这一过程包括两个阶段，即对空间做离散化处理的采样过程和对亮度值做离散化处理的量化过程。

（三）基础地理空间数据的采集

在电子地图数据采集前首先需要分析和明确基础地理数据和专题地理数据的类型。与专题空间数据相比，基础空间数据的类型多、数据量大。针对基础地理数据的背景底图特点，其数据采集以空间数据为主，主要考虑底图的表达效果，可以忽略空间关系和目标完整性。

1. 直接采集栅格图像数据

基础空间数据承担底图的角色，采用栅格数据，就可以直接利用目前功能日趋丰富的图形图像处理软件,来处理、加工传统地图制图软件无法实现的具有各种艺术效果的、集美观性和艺术性为一体的地图图像数据,并且栅格数据结构简单,易于读写、显示,不需要再另行符号化处理,做到了"所见即所得"。

2. 分层数字化采集矢量数据

为基础地理数据的每一个要素类型建立一个图层,图层名可以为类型编码,也可以为要素名称。以扫描得到的地图图像数据为基础,利用电子地图的采集功能进行点、线、面状目标的空间数据采集,其中面状目标必须封闭,两个目标共有的弧段必须在每个目标中都采集一次。对于有向点目标,可以根据系统规定采集两个点或者一个定位点加一个角度信息。有向线则要注意采集的方向。经过数据检核没有错误后,将采集的基础空间数据按照图层加目标顺序保存起来,每个目标的空间数据都是完整的。

3. 由其他格式的地图数据转换得到

基础空间数据的另一个来源是其他的已经建立好的空间数据,如果这些空间数据与电子地图的基础空间数据在格式、类型、坐标体系等方面存在差异,那就需要建立两种数据格式的转换关系,以尽可能减少电子地图数据的采集量。但是,转换过程不能保证在两个格式的数据内容之间都是一一对应的,在很多情况下,要求采集人员在完成转换工作后,还要再应用采集软件功能,补充基础空间数据的缺失项。

(四)专题地理空间数据的采集

专题地理数据的要素类型是根据电子地图的具体要求来决定的,在旅游电子地图中,旅游景点、旅游线路是专题地理数据,而在交通电子地图中,道路成为专题地理数据。从几何特征上划分,专题空间数据可以分为专题点数据、线数据和面数据等。专题地理对象和基础地理数据不同,它更关注空间定位的准确性、空间关系和专题属性信息,而不是地图的表达,在许多情况下专题地理对象本身就是隐含表示的,只有在信息查询和分析过程中其空间数据才发挥作用。但是,专题空间数据仍然需要注意与基础空间数据保持协调一致性,因此在数据采集时应该调出并显示基础空间数据,以此为空间参考添加专题地理目标。

专题空间数据的数据模型可以采用不同的方式来组织,但是在专题点、线、面状要素的采集上是一致的,以矢量数据形式为主,同时考虑空间关系的建立,以及与基础空间数据的协调性。

1. 专题点目标的空间数据采集

由于不需要建立拓扑关系,专题点目标的空间数据采集方法非常简单,只需要指定对应目标图层,并在基础地理底图的相应位置添加点数据。点数据应采集目标的中心定位点。不过,由于专题点目标的变化快,纸质地图上的数据可能存在信息少、时效差的情况,通常采用实地调查采集的方式补充信息。

2. 专题线和面目标的空间数据采集

专题线目标的空间数据一般沿着线状实体的中心线采集,而面目标则沿着多边形轮廓线采集。考虑到专题目标之间的拓扑关系,在数字化过程中会产生伪节点、悬挂点、裂隙、重叠等错误,这都是因为数字化采集时,跟踪没有到位或者过头,以及两个目标之间的共位线被重复采集等原因造成的。这些问题通常在拓扑关系建立过程中发现,一部分错误,如悬挂点,可以通过设定咬合距离自动解决;另一部分错误则需要应用采集系统的编辑功能来修改。

(五)空间关系的建立

电子地图的空间关系主要是针对同一要素的专题地理目标建立的,并且以拓扑关系为主。在专题线目标或面目标的集合中,采用矢量拓扑模型可以有效地组织空间数据,对电子地图目标的复杂查询与空间分析起到至关重要的作用。

二、电子地图非空间数据类型

(一)电子地图非空间数据

电子地图中不仅需要空间数据,而且需要有大量的非空间数据。它是电子地图中与地理实体有关的性质与特征的定性与定量表示,也是电子地图应用中的重要信息。随着电子地图用户的增加,人们越来越关心在地图表达框架下如何更进一步发挥地图的应用作用。可以说,非空间数据的丰富性是电子地图的一大特色,由此提供的面向各领域、各部门的专题地图表达与服务已成为电子地图发展的主要趋势。

电子地图的非空间数据也称为描述数据,它是对地理实体的质量特征与数量特征的描述。非空间数据可以以文字、数字、图形、图像、语言等多种方式存在,不同的存在方式具有各自特有的信息描述机制与特点,其中按照其对现象描述的精确程度分为定性数据和定量数据,而按照结构特征又可划分为格式化数据与非格式化数据。

1. 定性数据与定量数据

定性数据是只描述现象的固有特征或相对等级、次序,即描述现象的定性特征而不涉及定量特征的数据。例如,地理实体的类型、状态、排序、性质等,这些数据没有量的概念,如人口按民族可分为汉族、回族、满族、维吾尔族等,陆地地貌按外表形态可分为山地、高原、丘陵、平原、盆地等。定性数据中蕴含着事物的分类系统,而且绝大多数分类系统都采用层次结构。因此,定性数据不仅表达事物的相同与不同,而且可反映进一步的分类状况。作为等级和次序的定性数据,虽然不具有更具体的数量特征,但是已经可以将不同的事物按次序排列起来。定性数据对应于量表系统的定名量表和顺序量表。

2. 结构化数据与非结构化数据

随着计算机产业的发展,以计算机存储设备为载体的电子信息愈来愈多,这些信息大致可分为两类:结构化数据和非结构化数据,其中结构化数据是指具有约定结构格式的数据形式,一般为数据库或者包含一组规定结构格式的数据文件中的数据,例如,商店的日销售量、利润、上缴利税,桥梁的高度、长度、宽度数据等,这些数据都有明确规定的数据项名称、类型、长度等信息,可以进行高度规范化的数据管理。

非结构化数据则是指没有约定格式结构的数据,如一些文本数据、视频、图像和声音等多媒体数据等。

3. 电子地图非空间数据的构成及其性质

电子地图的非空间数据包含了专题属性数据、专题统计数据和多媒体数据等,其中专题属性数据主要强调专题地理目标的语义和量度性质,包括分类分级数据、数量特征和质量特征数据,虽然数量特征数据表现为定量数据,但是在电子地图中它一般不用于数量特征的图形化表示,而是用作注记的数据源,如独立树的高度、建筑物的楼层数等,因此专题属性数据从总体上属于定性数据和结构化数据类型。专题统计数据既是典型的定量数据,也是结构化数据,可以很方便地完成对数据的读写访问。多媒体数据是一种特殊的属性数据,它既不属于定性数据,也不属于定量数据,没有固定的结构形式,因而属于典型的非结构化数据。

(二)电子地图非空间数据关系模型

电子地图系统除管理图形数据外,还在不同程度上管理和处理与空间数据相关联的专题非空间数据。在传统的层次模型、网络模型和关系模型中,层次模型和网络模型都要求面向极为稳定不变的数据集,即数据间的联系很少变化或者根本不变化,数据间的各种联系被固定在数据库逻辑观点之内。此外,过程化的查询语言要求用户了解 DBMS 实际使用的存储模式。关系模型是一种广泛应用的数据模型,它通过简单的表格形式定义和建立模型,成为电子地图非空间数据的首选模型。

1. 关系数据模型的概念及其特点

关系数据模型是把数据模型看作关系的集合,是将数据的逻辑结构归结为满足一定条件的二维表形式。此外,实体本身的信息以及实体之间的联系均表现为二维表,即关系。一个实体由若干个关系组成,而关系表的集合就构成关系模型。关系模型不是人为地设置指针,而是由数据本身自然地建立它们之间的联系,并且用关系代数和关系运算来操纵数据。

关系数据模型具有以下优点:①能够以简单、灵活的方式表达现实世界中各种实体及其相互间的关系,使用与维护都很方便;②关系模型具有严密的数学基础和操作代数基础,可以将关系分开或将两个关系合并;③在关系数据模型中数据间的关系具有对称性。

2. 非空间数据的关系模型

关系模型是一个简单、易用的数据模型,目前绝大多数数据库系统都采用了这种模型。要把电子地图的非空间数据采用关系模型来描述,就需要满足关系模型的条件,即使用关系模型表示的各事物之间应具有相同的特性,也就是具有相同的域,并且每一个域都必须要规定相同的长度。

基础地理数据和专题地理数据涉及的要素类型相当多,每一个要素都有自身的性质特点,要建立电子地图非空间数据的关系模型,首先根据每一个要素类型创建一个新的图层,图层内的每个实体都具有相同的性质。关系模型就可以用来描述每个图层的非空间信息。

在非空间数据中,属性数据和统计数据都为结构化数据,可以直接纳入关系模型中,而多媒体信息类型众多,数据量差异大,而且分布并不均匀,有些实体中有视频信息,而另外一些实体可能只有图片或者文字信息,有些目标有同时超过多个的多媒体信息,因而无法直接在关系模型中定义。为了解决这个问题,可采用一种替代方法,将多媒体信息单独作为素材,每一个多媒体数据都保存为一个独立的文件,将带路径的文件名作为关系模型的域值。

三、电子地图非空间数据的采集

(一)专题属性数据的采集

电子地图的专题属性数据主要用于表示基础地理空间数据上没有的专题地理要素和现象。它反映了地图目标的专题属性,通常用属性数据来描述。属性数据亦称为非定位数据、描述数据等,是对地图要素分类分级和质量数量特征信息的描述,一般用属性编码表示。属性数据包括定性数据和定量数据:定性数据是用数字编码的方法表示制图对象的名称、属性、类别、等级等;定量数据是说明地图对象的性质、特征或强度的,例如距离、面积、人口、产量、收入、流速流量、温度、高程等。

专题属性数据一般可以通过以下几种方式来采集:

(1)直接键盘输入采集。依靠手工操作将目标的专题属性数据逐个输入。但是,这种采集方法效率低,准确性差,而且工作量很大。

(2)数据文件输入采集。先将专题属性数据直接输入数据库或数据文件中,然后将专题属性数据库与地图(空间)数据库自动连接起来,如果是数据文件,则通过转换将专题属性数据导入到专题属性数据库中。为了保证地图目标的空间数据库与专题属性数据的正确匹配,在专题属性数据库和地图(空间)数据库中均建立统一的“目标标志码”。

(3)图形跟踪数字化仪输入采集。图形跟踪数字化仪为操作人员提供了一个分类码菜单,操作人员可以对专题属性数据进行预先编码。当操作人员利用游标跟踪完某一专题目标后,可以在分类码菜单中选择预先设定的该专题目标属性的编码,从而完成专题属性数据的采集。

(4)影像自动识别输入采集。主要采用人工智能技术和专家系统方法,运用地图符号的特征知识,对扫描得到的地图图像数据进行目标特征分析与提取,获取实体的专题属性信息,并保存到专题属性数据库中。该方法具有采集快速、效率高和智能化程度高的特点,但是目前由于技术、方法等原因,尚不能达到实用化水平。

(二)专题统计数据的采集

各种数字形式的原始资料,包括社会经济统计数据、人口普查数据、野外调查或监测数据(如环境污染监测数据、各种地球物理现象的观测值、海洋相陆地水文要素的观测数据等),是各类专题电子地图的质量与数量特征数据的主要资料来源。

这种统计数据一般都和一定范围内的统计单元或观测点联系在一起的。因此,收集这类数字形式的制图资料时,要注意包括制图对象的特征值、观测点的几何数据和统计资料的基本统计单元。这些统计数据和观测数据可由计算机直接进行数据分类、信息提取和加工处理,是专题图自动制图最理想的资料,特别是社会经济现象的统计资料。由于资料积累日益增多,美国学者 J. L. Morrison 认为,根据这种资料统计制图,是将来专题自动制图的主要任务,并且在将来的各类专题地图中将占最大比重。

各种文字说明资料,包括各种有关制图区域地理环境描述的文字、兵要地志、各种最新的行政区划手册、地名录、交通资料和统计资料等。对于确定专题内容的属性特征、制图区域的研究等都是不可缺少的参考资料,通过文字说明资料,还可以用来研究以上各种类型制图资料的现势性、可靠程度和内容的完整性,以便决定对制图资料的分类和使用。

专题统计数据的采集方法与专题属性数据的采集方法基本一致,包括直接键盘输入采集、数据文件输入采集和影像自动识别输入采集。

(三)多媒体数据的采集与处理

多媒体数据资源可分为图像数据、图形数据、声音数据、视频数据、动画数据等,由多媒体设备获取,是电子地图的主要数据源之一,其主要功能是辅助空间查询和空间分析,可通过通信口传入属性数据库中。

四、电子地图数据库的建立

(一)传统数据集成方法

简单地说,数据库(data base)就是数据的有序集合。而数据库技术就是将数据以一定的规律有序地组织起来,以方便数据的管理、提供快速数据检索功能并保证数据的完整性和安全性的计算机技术。电子地图数据库是关于电子地图数据,包括空间数据、非空间数据以及它们在时间维上变化的所有数据的有效组织形式,可以支持电子地图的诸多应用功能。因此,电子地图数据库的建立过程实质上就是在电子地图数据采集、编辑的基础上将电子地图的不同类型数据合理、有效地集成起来,形成一个有机的、整体的过程。

在电子地图数据库系统中,为了降低系统维护的开销,增强整个电子地图数据库系统的灵活性,空间数据与非空间数据一般采用分离组织存储的方法进行管理;但电子数据处理并不总是单一图形或者单一属性,在绝大多数情况下,要求对区域数据进行综合处理,其中包括空间数据与非空间数据的协同的综合性处理,这就意味着必须实现空间数据与非空间数据的集成。

1. 顺序连接

顺序连接的方式是以图形记录为单元记录,空间数据与非空间数据紧密地合在一起,非空间数据悬挂于空间数据之后,按照空间数据—非空间数据—空间数据……顺序存储的。

该方案的优点在于结构简单,是基于制图优化的,能够快速地根据图形信息检索相应的属性信息。缺点也十分明显,属性数据的存取必须依赖于图形记录,导致系统更新困难,并且当大量的属性数据加载于图形记录上会导致系统响应时间延长。因此,该方案只是对于属性数据量不大的个别情况下才是有用的。

2. 单向连接

单向连接的集成方案是对顺序连接方案的一种改进,非空间数据不再紧随于空间数据之后存储,而是分配独立的区域进行储存,空间数据保留单向的指针指向非空间数据的存储位置。

与顺序连接相比,该方案的优点在于,属性数据的多少不再受到限制,空间数据与非空间数据在物理存储上实现了解藕,降低了数据维护的复杂度;缺点在于,仅有图形到属性的单向指针,因此相互参照非常麻烦,并且容易出错。

3. 双向连接

双向连接的集成方式要求图形数据与属性数据具有相同的结构,图形数据与属性数据之间通过彼此的指针互相进行连接,由一个系统来控制管理。与单向连接相比,双向连接的方案在灵活性和应用范围方面均大为提高。

4. 独立体系结构

独立体系结构指的是图形数据与属性数据,分别由图形数据管理子系统和属性数据管理子系统进行管理,并且两个子系统自成体系。但在两个数据库之间可以通过地图目标的唯一标识码(Object ID)建立连接关系,为了提高在两个库之间的信息检索效率,通常都建立了相关的目标索引文件。

这种方法的优势在于图形数据与属性数据的存储管理相互独立,降低了数据更新的成本与风险,同时为系统的优化提供了充分的可能性,能更好地适用于不同目的的电子地图数据处理要求。目前,很多电子地图都是采用这种方式,其中电子地图空间数据库用于支持电子地图图形的显示,属性数据库中存放对地物数量、质量、名称和分类等的描述数据。在电子地图中用户能根据属性数据动态地查找地图目标,或者根据空间数据获取目标的属性信息,从而实现信息的双向查询。

(二)全关系型数据库集成

全关系型数据库是指采用关系型数据库(RDBMS)同时对地理空间数据和非空间数据进行存储管理的一种数据库系统。全关系数据系统以地理目标为记录单元,所有数据包括空间数据(矢量、栅格、地址、测量数据、CAD 等)和非空间数据(流量、人口、产值、交通状况等)一起存储在商业关系型数据库中。过去的关系型数据库系统一直不能对不定长的空间数据提供足够的支持,原因在于它要求数据库中所有字段在声明时必须给定确定的长度。随着数据库技术的发展,目前很多数据库系统都提供了变长数据管理的解决方案,如备注字段等。

全关系型数据库集成与传统的数据集成方式相比,优点非常明显,即所有数据包括空间数据和非空间数据同时存储在统一的关系数据库中。这就意味着可以有一个完整的数据管理策略,极大地简化了数据库开发、研制、支持和维护过程,并减少了费用,允许多用户通过使用版本管理和长事务处理访问数据库,多个用户可以读写同一个共享的数据库。

(三)面向对象数据库集成

面向对象数据模型通过一系列面向对象的机制把数据和操作封装起来。将地图目标抽象成同时具有空间特征和属性特征的实体对象,用唯一的 ID 号进行标识,并利用面向对象思想将地图目标的特征和操作封装起来。该模型不但能解决不定长字段带来的数据冗余问题,而且支持复杂对象、对象的嵌套和信息的继承,适合对复杂的地理世界进行更有效的描述。

将面向对象扩展到单幅地图的尺度,有利于表现电子地图独特的制图综合作用。地图缩放带来的地图信息容量的改变,意味着所显示的地图对象的数目随之减少或增加。利用面向对象的组织方式,将每一级比例尺看作一个独立的类,比例尺比它大的级别是它的子类,继承父类的同时可以拥有更多数量的地图对象;比例尺比它小的级别是它的父类,必须进一步概括和综合。该模型也存在不足,如缺乏数据库基本特性,尤其是缺乏与结构化查询语言(structured query language, SQL)兼容的查询功能,在安全性、完整性、并发控制、开发工具等方面也远不及关系型数据库完善。

(四) 超媒体数据库集成

一个优秀的电子地图应该以地图表达为核心,它的运作过程则主要围绕地图与地图目标展开。地图浏览是一种交互式的活动,浏览效率高低与否的关键在于能不能及时从起始节点按用户的意图链接到目标节点,并且自由地在许多节点间跳转。传统模型关联属性信息的结构是简单的链状结构,无法实现全面而自由的关联,并且不可避免地产生数据冗余。

超媒体是一种按多媒体信息之间的关系,通过网状结构来存储、组织、管理和浏览信息的计算机技术。实践证明,在电子地图模型的基础上借鉴超媒体技术能有效解决信息关联上的难题,这样的模型一般称作超媒体数据模型,它由节点、链和网络三个基本要素组成。节点是表达信息的基本单位,可以是一般属性信息和质量信息,也可以是多媒体信息,甚至是一段计算机程序。链是某一节点指向其他节点的指针,链的结构包括链源、链宿和链属性,其结构同时定义了逻辑关系和语义关系,因而链是超媒体模型的本质。节点和链共同构成了一个有向信息网,网络中的信息块排列没有单一、固定的顺序,每一节点可以包含多个不同链的选择,选择本身可由用户制定。由于这些特点,信息网络的构建不但提供了信息本身,还隐含了对知识信息的分析和推理。

"节点—链—网络"的结构不仅解决了重复存储的问题,而且在浏览时能给用户更大的自由度,即浏览的选择权和控制权都掌握在用户手中,路径按照用户的意愿而定,计算机所做的只是存储和提取资料,人类对信息的筛选能力和计算机强大的存储、管理能力得到了很好的结合。

小　结

本项目主要介绍电子地图的概念、系统构成及应用,电子地图数据模型设计基础及空间数据模型认知,通过本单元的学习,能够对电子地图相关的内容有个清晰的认识,掌握电子地图各类数据采集的方法及如何建立数据库,为后续课程的学习奠定基础。

复习与思考题

1. 简述电子地图的定义。

2. 电子地图的系统构成有哪些? 数据类型分别有哪些? 常见的电子地图功能有哪些?

3. 电子地图的数据特点是什么? 数据如何分类?

4. 电子地图相比于传统地图的优势有哪些?

5. 电子地图的数据采集方法是什么?

项目二　电子地图制作

【项目概述】

本项目主要介绍电子地图制作的相关知识，包括图像几何校正、数字化地图、地图数据拓扑处理、电子地图的可视化。学生通过本项目的学习，能够对电子地图制作相关理论知识、方法技术具备整体的认识，能够利用 SuperMap 软件进行电子地图制作。

【学习目标】

知识目标：

1. 掌握地图投影和坐标系相关知识；
2. 掌握地图分层数据模型类型、分层数字化的方法，以及地图数据格式转换方法；
3. 掌握拓扑检查及处理的方法；
4. 掌握地图符号化的方法、地图标注方法，以及界面配置方法。

技能目标：

1. 培养如何快速认识新事物的能力；
2. 掌握学习新知识的一般方法；
3. 学会利用对比的方法进行新知识的理解。

【导入】

与学生讨论：地图投影方式和坐标系有哪些？如何将存在几何畸变的遥感影像数据纠正到地理坐标系或投影坐标系等参考系统中？如何利用遥感影像来制作电子地图？大概流程是什么？

【正文】

单元一　图像几何校正

一、地图投影与坐标系选择

坐标系是地图科学性最重要的体现，GIS 软件与其他绘图软件（例如 AutoCAD）的一个重要区别就是 GIS 软件中有坐标系的概念。

坐标参考是 GIS 数据采集与处理的基础，也是 GIS 知识中的难点。

地理坐标：为球面坐标。参考平面是椭球面。坐标单位：经度、纬度。

大地坐标：为平面坐标。参考平面是水平面。坐标单位：m、km 等。

地理坐标转换到大地坐标的过程可理解为投影，即将不规则的地球曲面转换为平面。

在 SuperMap iDesktop 中预定义了三种坐标系，包括地理坐标系、投影坐标系和平面无投影坐标系。在大范围内，一般用球面坐标系的两个坐标表示地面点投影到椭球体表面上的位置,参考椭球体不同,地理坐标系就不同;在小范围内,则用投影坐标系中两个坐标表示地面点投影到某一平面上的位置,参考椭球体、投影方式和该点的实际位置共同决定了它的坐标值;而平面无投影坐标系一般用来作为与地理位置无关的数据的坐标参考。

(一)SuperMap 中的坐标系

在 SuperMap GIS 中,数据的坐标系分为三类:平面坐标系、地理坐标系和投影坐标系。

1. 平面坐标系

平面坐标系(见图 2-1)是新建数据时的默认坐标系,用来作为不关地理位置时的坐标参考,如房屋设计图、纸质扫描地图、简单的示意图等。

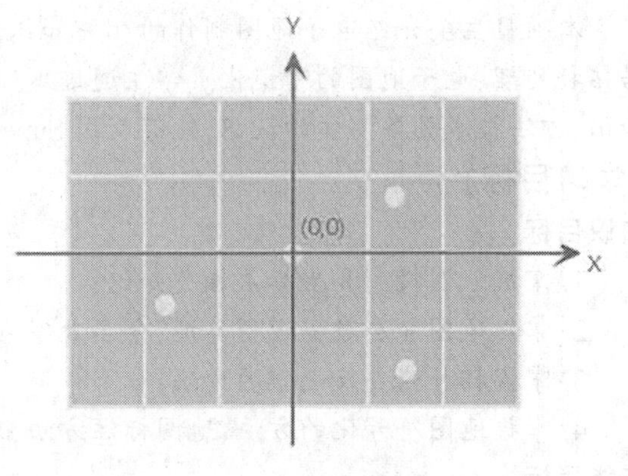

图 2-1　平面坐标系

2. 地理坐标系

地理坐标系使用经、纬度描述椭球上一点的位置,常用的有 WGS-84 坐标系、2000 年国家大地坐标系(China 2000)、1980 西安坐标系(Xi'an80)、1954 年北京坐标系(Beijing1954)等,全球定位系统采用 WGS-84 坐标系,我们大地测量采用 2000 年国家大地坐标系(China 2000)、1980 西安坐标系(Xi'an80)或 1954 年北京坐标系(Beijing1954)。WGS-1984 坐标系的全球土地利用见图 2-2。

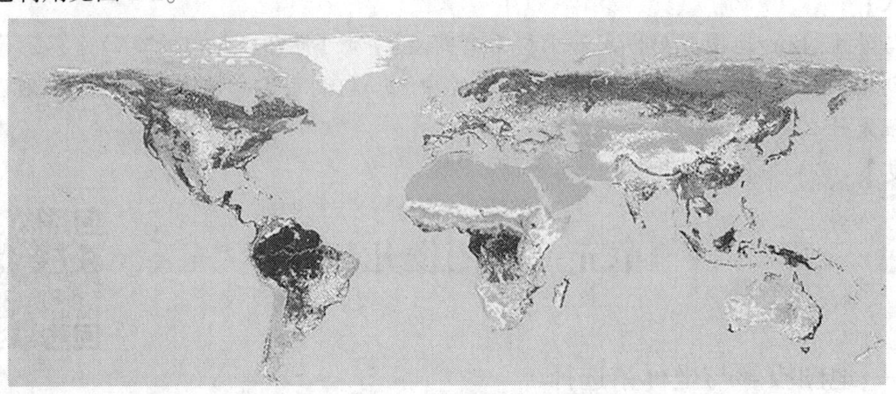

图 2-2　WGS-1984 坐标系的全球土地利用

3. 投影坐标系

使用二维平面坐标(x、y)来描述椭球上的一点经过地图投影后的平面位置,常用的有 Gauss Kruger、Albers、Lambert、Robinson 等。我国基本比例尺地形图中,1∶100 万地形图采用 Albers 投影,其余采用 Gauss Kruger 6°带或 3°带投影。等差分纬线多圆锥投影的世界地图见图 2-3。

(二)地图投影的选择

在选择地图投影时,应该考虑以下因素。

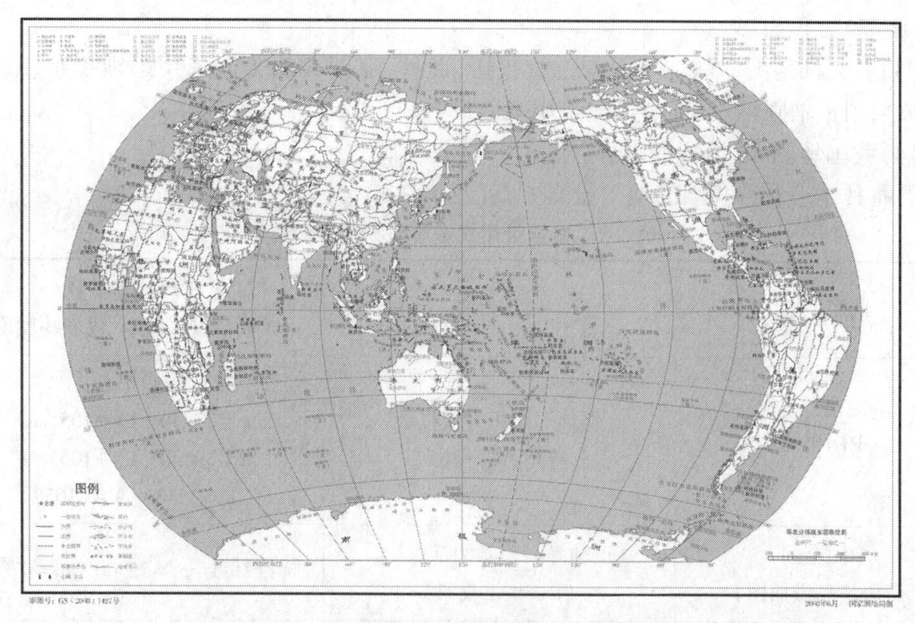

图 2-3　等差分纬线多圆锥投影的世界地图

1. 制图区域

(1)位置。极地附近宜选方位投影,中纬度地区宜选圆锥投影,赤道附近宜选圆柱投影。

(2)大小。范围大小影响投影误差,小范围地区常常不管选择什么投影都不会有太大差别,都能保证很高的精度;对面积很大的地区(如纬差超过 22.5°或直径超过 2 200 km),不同的投影其误差就可能有较大的差别。

(3)区域形状。接近圆形的区域可选择方位投影(例如,中国全图就可以采用斜方位投影);东西延伸的区域在赤道附近采用圆柱投影,在中纬度地区采用圆锥投影;南北延伸的地区多选用横圆柱投影。

2. 地图用途

地图用途决定着选用何种性质的投影。要求各制图单元面积对比正确的地图(如政区图)常使用等面积投影,要求方位正确的地图(如地形图)使用等角投影,要求距离较精确的地图(如交通图)常使用任意投影中的等距离投影。有些地图已形成固定的模式,例如海洋地图都用墨卡托(等角圆柱)投影,航空基地图都用等距离方位投影,各国的地形图都用等角横切(割)圆柱投影,极少数用兰伯特(等角圆锥)投影。

3. 地图使用方式

桌面用图要求较高的精度而不追求区域总的轮廓形状的视觉效果,为了节约图面,常可使用斜方位定向,挂图则着重强调区域形状视觉上的整体效果,一般不允许写方位定向。单幅地图只考虑区域本身的要求,拼幅地图还需要考虑图幅拼接的需要。

下面列举不同区域常用的地图投影:

(1)世界地图。多圆锥投影,任意伪圆柱投影。

(2)半球地图。东西半球用横轴等面积(等角)方位投影,南北半球用正轴等面积(等角、等距离)方位投影。

(3)各大洲地图。斜轴等面积方位投影,此外,亚洲和北美洲采用彭纳投影、欧洲和大洋洲采用正轴圆锥投影、南美洲采用桑逊投影。

(4)我国地图:兰伯特投影、高斯-克吕格投影。

下面具体来看看我国的地图投影方案(见表 2-1)。

表 2-1 中国常用投影类型和投影参数

地图类型	所用投影	主要技术参数 (λ 代表经度值,φ 代表纬度值)
中国全图	斜轴等面积方位投影 等角方位投影	投影中心: $\varphi=27°30'$,$\lambda=+105°$ 或 $\varphi=30°30'$,$\lambda=+105°$ 或 $\varphi=35°00'$,$\lambda=+105°$
中国全图 (南海诸岛做插图)	正轴等面积割圆锥投影 (Lambert 投影)	标准纬线:$\varphi_1=25°00'$,$\varphi_2=47°00'$
中国分省(区)地图 (海南省除外)	正轴等角割圆锥投影 正轴等面积割圆锥投影	各省(区)图分别 采用各自标准纬线
中国分省(区)地图 (海南省)	正轴等角圆柱投影	
国家基本比例尺地形图系列 1:100 万	正轴等角割圆锥投影	按国际统一 4°×6°分幅,标准纬线: $\varphi_1\approx\varphi_s+35'$,$\varphi_2\approx\varphi_n+35'$
国家基本比例尺地形图系列 1:2.5 万~1:50 万	高斯克吕格投影 (6°分带)	投影带号(N):13~23 中央经线:$\lambda_0=(N\times6-3)°$
国家基本比例尺地形图系列 1:5 000~1:1万	高斯克吕格投影 (3°分带)	投影带号(N):24~46 中央经线:$\lambda_0=(N\times3)°$
城市图系列 1:500~1:5 000	城市平面局部投影或城市局部坐标的高斯投影	

图 2-4 为三种世界地图投影示意。不同的投影方式,变形不同。

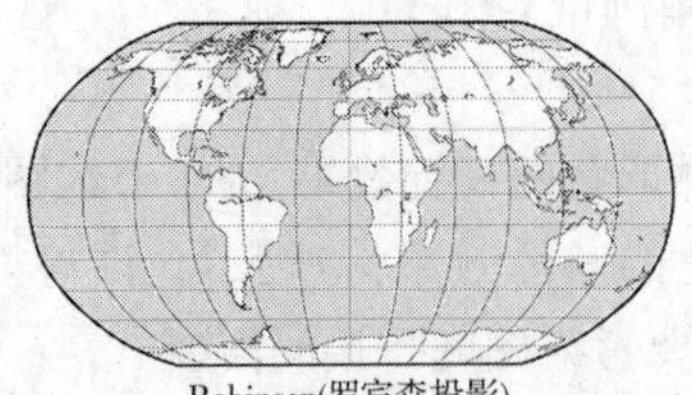

Robinson(罗宾森投影)

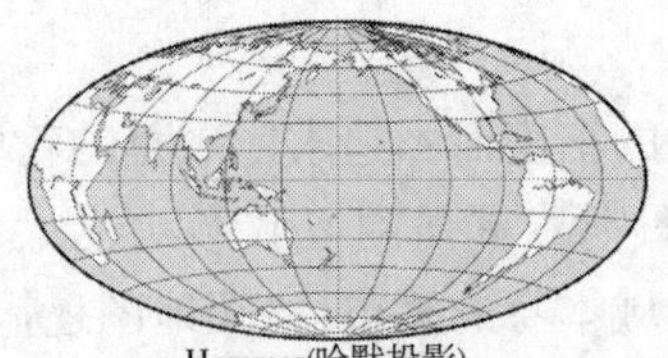

Hammer(哈默投影)

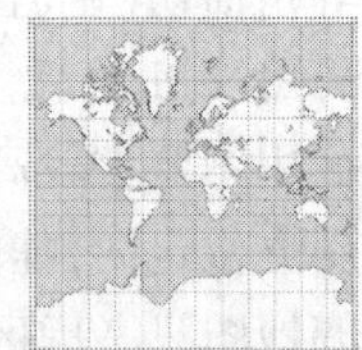

Mercator(墨卡托投影)

图 2-4 世界地图不同投影示意

关于投影的更详细的介绍,可以查阅 SuperMap 帮助文档。

(三)坐标系设置与投影转换

在 SuperMap 中,可以在数据集“属性”面板的“坐标系”分组下查看此数据集的坐标系,同时对坐标系进行重设、复制、导出与转换,地图的坐标系可以在数据源中数据的“属性”面板下的“坐标系”分组下查看与设置(见图 2-5)。

图 2-5　数据集坐标系管理

“重设”:在不改变数据位置的情况下,重新设置数据集的坐标系。当获取到的第三方数据导入 SuperMap 中没有坐标系信息时,可以通过重设坐标系设置成数据本来的坐标系。

“复制”:将其他的数据源、数据集或本地数据文件的坐标系复制为当前数据集的坐标信息。

“导出”:将当前坐标系导出为 SuperMap 格式的.xml 文件,方便保存与下次使用。

“转换”:将已有坐标系转换为另外的坐标系,适用于原数据坐标系为地理坐标系和投影坐标系的情况,不支持平面坐标系。

由于地理数据的获取方式不同,在同一个地图窗口中展示时,需要通过投影转换去统一不同数据的投影。SuperMap 中提供了三种投影转换方式,包括坐标点转换、数据集投影转换和批量投影转换。

“坐标点转换”:输入某一点在某一坐标系下的坐标,转换得到该点在另一坐标系下的坐标值。

“数据集投影转换”:适用于单个数据集的坐标系转换,可以在原数据上进行坐标转换,也可以将转换结果另存为新的数据集,不破坏原数据。

“批量投影转换”:同时对多个数据集进行投影转换。

当投影转换前后两种地图投影对应相同的大地基准时,不需要设置投影参数,可以直接进行转换;当转换前后两个投影对应的大地基准不同时,需要设置转换参数,常用的转换方法有三参数和七参数两类,见图 2-6、图 2-7。

三参数转换方法认为两个大地参考系之间仅仅是坐标原点发生了平移,因而只考虑 X、Y、Z 三个方向的三个平移参数,此方法计算简单,效率高,但精度较低,一般用在不同地心坐标系之间的转换。

七参数转换方法不仅考虑了坐标系之间的平移,还考虑了旋转和缩放因素,所以除包含三个平移参数外,还包含三个旋转参数和一个尺度缩放参数,此方法计算较复杂,但精度高。

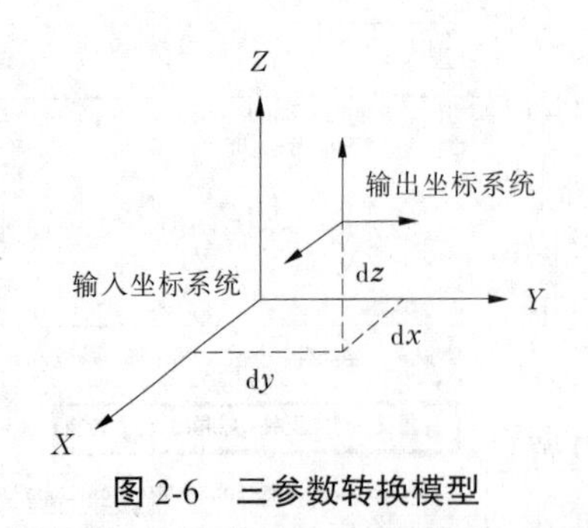

图 2-6 三参数转换模型

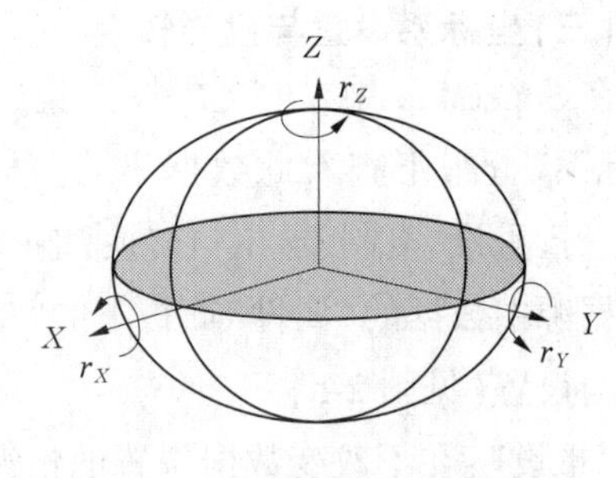

图 2-7 七参数转换模型

SuperMap 中提供了多种坐标系转换的方法(见图 2-8),可以在具体的使用场景中选择合适的方法。

图 2-8 SuperMap 中的投影转换方法

(四)动态投影

动态投影是当地图窗口中加载了投影不同的两个数据集时,在不改变数据集自身投影的前提下,将两个数据集显示到一个投影系统下。如图 2-9 所示,某地区的数据被存储在两个数据集中且两个数据集采用不同的投影方式,动态投影前,两个数据集错位,无法进行正常的配图,设置了动态投影后,两个数据集显示到了一起,并且没有改变数据本身的投影。

在 SuperMap 中,“地图属性”选项卡“坐标系”分组下的“动态投影”按钮,用来控制当前地图窗口中的各个图层是否通过动态投影转换为同一投影进行显示。

“属性”界面“坐标系”选项卡中的“动态投影”项,用来控制当前地图窗口中地图的各个图层是否通过动态投影转化为同一投影进行显示。当勾选该项时,表示进行动态投影;当不勾选该项时,不进行动态投影,如图 2-10 所示。

二、图像校正

SuperMap iDesktop 提供了三种配准方法,包括借助一组控制点来配准的单图层配准,

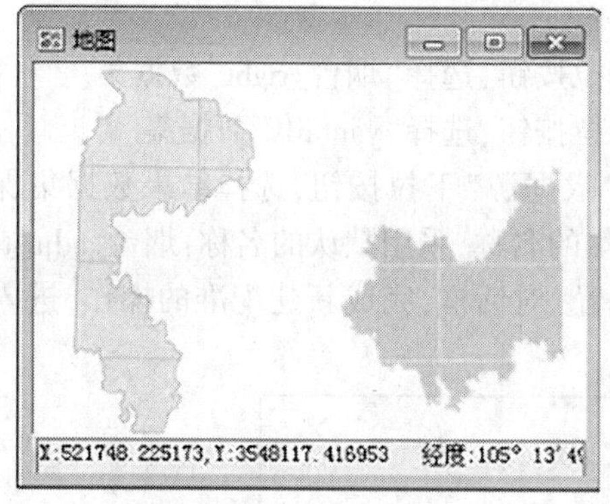

(a)动态投影前的显示效果

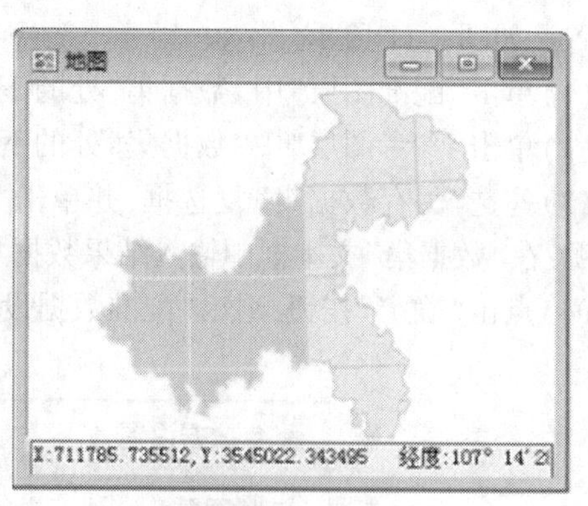

(b)动态投影后的显示效果

图 2-9　动态投影前后显示效果对比

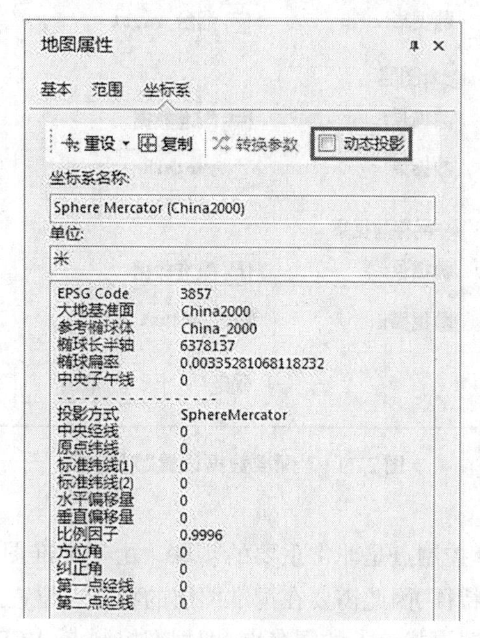

图 2-10　动态投影设置

用同一区域里具有正确坐标的参考数据来配准的参考图层配准，以及批量配准。

在此主要通过一个数据配准实例，介绍如何使用 SuperMap iDesktop 桌面应用系统对扫描的地图进行配准。操作内容包括数据准备、新建配准、刺点、计算误差、配准五个部分。通过在 SuperMap iDesktop 桌面应用系统中进行配准操作，对扫描的烟台市地图进行配准，使其与烟台市的矢量面数据集（参考图层）坐标系一致，并且能够很好地与扫描图片相匹配。

（一）新建配准

在应用程序中打开配准数据和参考数据所在的数据源，即配准数据. udb（本地数据源）。

在“开始”选项卡的“数据处理”组中的“配准”下拉菜单中，单击“新建配准”按钮，弹出“配准数据设置”对话框，对配准操作的配准图层、参考图层和配准结果数据集进行相关设置。如图 2-11 所示。

(1)单击“配准图层”中“数据集”处的下拉按钮,选择“烟台_right”数据集。

(2)单击“参考图层”中“数据集”处的下拉按钮,选择“yantaiR”数据集。

(3)勾选“另存数据集”复选框,并单击“数据源”下拉按钮,选择结果数据集保存的数据源;在“数据集”文本框中输入结果数据集的名称,采用默认的名称:烟台_adjust。

(4)点击“确定”按钮,退出“配准数据设置”对话框,完成新建配准的操作,进入配准状态。

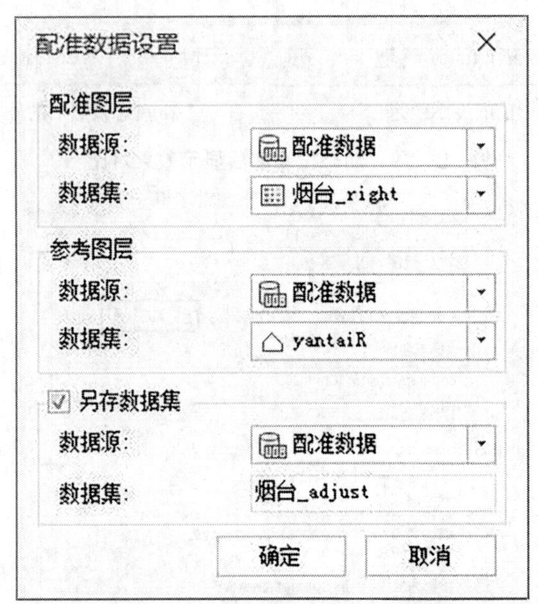

图 2-11 “配准数据设置”对话框

(二)选择控制点

在配准过程中,选择控制点是非常重要的步骤。由于配准图层和参考图层反映了相同或部分的空间位置的特征,因此需要在配准图层的特征点位置选择配准控制点,同时在参考图层的相应特征位置寻找该点的同名点,即配准控制点(RCP)。

控制点一般应选择标志较为明确、固定,在配准图层和参考图层上都容易辨认的突出地图特征点,比如道路的交叉点、河流主干处、田地拐角等,并且需在图层上必须均匀分布。应用程序提供了 4 种配准算法,分别是线性配准、矩形配准、二次多项式配准和偏移配准。本实例中将采用二次多项式的配准算法对配准数据集进行配准。

(1)在“配准”选项卡的“算法”中,点击“配准算法”标签下方的下拉箭头,在弹出的下拉列表中选择“二次多项式配准(至少 7 个控制点)”项(见图 2-12)。

(2)在配准窗口中,对比浏览配准图层和参考图层,寻找这两个图层的特征位置的同名点。

(3)在“浏览”组中,通过使用“放大地图”“缩小地图”或者“漫游”按钮,将配准图层定位到某一特征位置。

(4)在“控制点设置”中,点击“刺点”按钮,鼠标状态变为+,找准定位的特征点位置,点击鼠标左键,完成一次刺点操作。可以看到在鼠标点击位置,用蓝色十字丝标记(默认当前所刺的控制点为选中状态)。同时在控制点列表中,系统会自动给配准控制点编号,同时将其坐标值显示在控制点列表中,即源点 X 和源点 Y 两列中的内容。

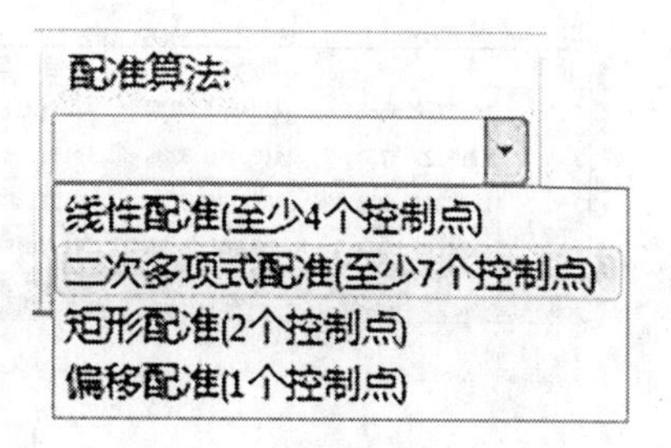

图 2-12 配准算法选项

(5)将参考图层定位到在配准图层刺点的同名点位置,同样的操作方法,在参考图层的同名点位置,点击鼠标左键,完成参考图层的一次刺点操作。

重复(2)~(5)步的操作过程,完成多个控制点的刺点操作。根据此次实例中采用的配准算法,至少需要选择 7 个控制点,才能保证完成配准操作。选取的 7 个控制点分布情况如图 2-13 所示。

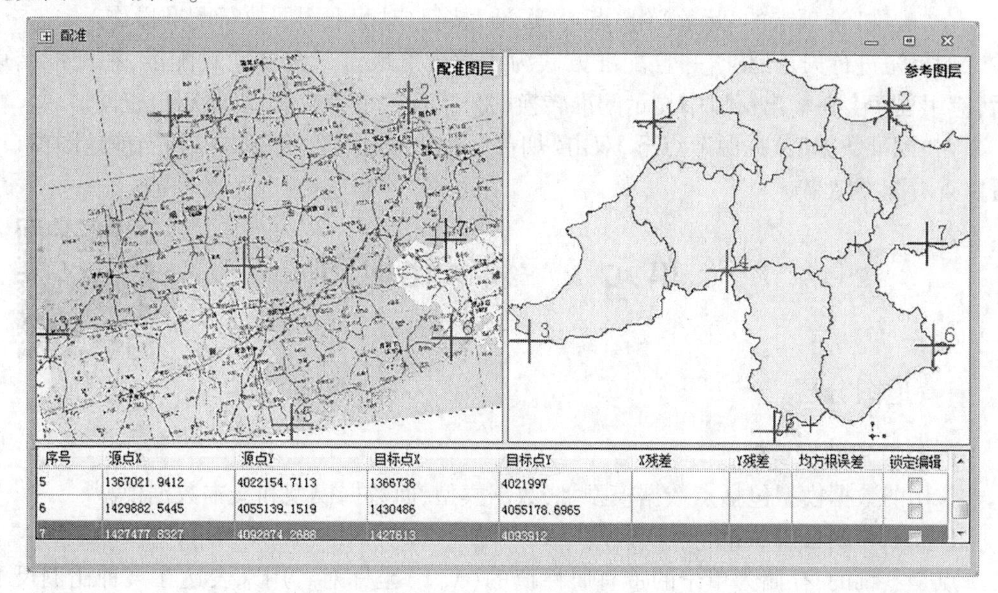

图 2-13 控制点分布

(三)计算误差

计算误差功能用于计算控制点列表中所有控制点的误差,包括 X 残差、Y 残差及均方根误差。只有当控制点列表中的控制点数目满足当前配准算法的要求的最少控制点数目时,“计算误差”按钮才为可用状态。

在“配准”选项卡的“运算”组中,单击“计算误差”按钮,则应用程序会自动计算所有控制点的误差,包括 X 残差、Y 残差及均方根误差。计算结果会显示在控制点列表中“X 残差”“Y 残差”及“均方根误差”列中,同时在配准窗口中的状态栏会输出总误差值,即各个控制点的均方根误差之和,如图 2-14 所示。

若总均方根误差较大,则未满足配准精度的要求。可选择误差较大的控制点,勾选“锁定编辑”列对应的复选框,在配准窗口中的配准图层和参考图层中重新选择该控制点的位置。

再次进行误差计算,均方根误差满足配准精度的要求即可。

序号	源点X	源点Y	目标点X	目标点Y	X残差	Y残差	均方根误差	锁定编辑
1	1412772.4569	4144941.2537	1412615.25	4145444.75	21.7103	20.3395	29.7495	
2	1319723.5757	4139412.6283	1319351.875	4139727.25	18.4833	17.3162	25.3275	
3	1271297.7236	4056176.5239	1271400.1657	4056191.8364	5.0451	4.7266	6.9133	
4	1348712.5945	4082517.5459	1348155.0005	4082848	71.8833	67.3443	98.5011	
5	1367019.5477	4022077.8588	1366808	4021959	20.0883	18.8198	27.5268	

图 2-14　控制点误差信息

在控制点列表中的任意位置单击鼠标右键，在弹出的右键菜单中选择“导出配准信息”命令，将所有控制点的配准信息保存为配准信息文件（ *. druf），下次使用只需要将保存的配准信息文件导入即可。

（四）数据配准

在“配准”选项卡的“运算”组，点击“配准”按钮，对配准图层执行配准操作。

如果是进行矢量配准，并且配准方式为线性配准或者二次多项式配准，在配准结束后，应用程序会在输出窗口中显示配准转换的公式及各个参数值，以便用户查阅。

在“配准数据”数据源节点下，双击“烟台_adjust”数据集，将其添加到当前地图窗口，可以查看配准结果。

单元二　数字化地图

一、地图分层

（一）常用数据模型

常用的数据模型包括点数据模型、线数据模型、面数据模型和文本数据模型。

1. 点数据模型（Point）

点是零维的，存储为单个的带有属性值的（X,Y）坐标对。用来表达在某种比例尺下很小但不能描述为线或面对象的地理要素，见图 2-15。

图 2-15　点数据模型及物理存储

任何物体都有大小和形状，点数据模型用于表达物体的空间位置信息，不关心它的形状、大小等。例如，在小比例尺世界地图上，喜马拉雅山用点数据模型来描述。

2. 线数据模型（Line）

线是一维的，存储为一系列有序的带有属性值的（X,Y）坐标对。线数据模型允许有线复杂对象。线的形状可以是直线、折线、圆、椭圆或旋转线等，其中圆、椭圆、圆弧等是转化为折线存储的。线数据模型用来表达在某种比例尺下不能够描述为面的线状地理要素。线数据模型及物理存储见图 2-16。

空间信息		属性信息	
X坐标	Y坐标	ID	…
242.531 0	271.181 7	1	…
280.125 6	244.585 9		
239.458 9	192.365 4		
265.237 8	168.897 5		

图 2-16　线数据模型及物理存储

当我们只关注这些地理要素的走向、长度等一维信息而不考虑其宽度和面积时，都可以用线数据模型来描述，例如作为省界的河流、小比例尺的城市道路等。

3. 面数据模型(Region)

面是二维的，存储为一系列有序的带有属性值的(X,Y)坐标对，最后一个点的(X,Y)坐标与第一个点的(X,Y)坐标相同，用来描述由一系列线段围绕而成的一个封闭的具有一定面积的地理要素。例如行政区面，或者大比例尺下的河流湖泊。

面数据模型及物理存储见图 2-17。

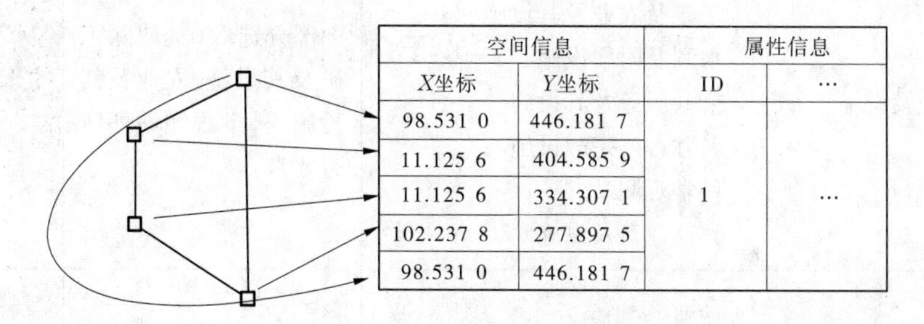

空间信息		属性信息	
X坐标	Y坐标	ID	…
98.531 0	446.181 7	1	…
11.125 6	404.585 9		
11.125 6	334.307 1		
102.237 8	277.897 5		
98.531 0	446.181 7		

图 2-17　面数据模型及物理存储

4. 文本数据模型(TEXT)

存储为两部分，一部分为带有属性值的(X,Y)坐标对(称为文本的定位点，即文本最小外接矩形的左上角点)，另一部分为文本属性，包括文本内容、字体、字号、字高、字宽、是否粗体、旋转角度、字体颜色、背景透明、固定大小等，如图 2-18 所示。

空间信息		属性信息	文本信息							
X坐标	Y坐标	ID	字体	宋体	旋转角度	0	下转线	F	轮廓	F
13.22	25.65	1	字号	17.8	文本内容	北京超图	删除线	F	阴影	F
			字高	63	背景透明	F	前景色		斜体	F
			字宽	32	固定大小	F	背景色			
			加粗	F	子对象		第一个子对象			

北京超图

图 2-18　文本数据模型及物理存储

文本一般用来作为地图标注或者辅助说明，在地图标注时，可以直接使用由文本对象组成的文本图层，也可以采用标签专题图。

(二)数据分层

在具体的使用场景中,应该怎样对数据进行分层,每一层采用哪种数据模型,对初学者来说是比较棘手的问题。2009 年,国家基础地理信息中心制定的《公共地理框架数据电子地图数据规范》征求意见稿中,对构成电子地图的矢量数据集进行了分级,并对公众服务级矢量数据的要素的分层和选取进行了规定(见表 2-2)。

表 2-2　公共服务级的要素选取

要素大类	要素中类	公众服务级	建议数据类型
定位基础	测量控制点数学基础	不选取	点
水系	河流沟渠 湖泊水库 海洋要素 其他水系要素 水利及附属设施	部分选取(选取除水利及附属设施外所有要素)	线/面
居民地及设施	居民地 工矿及农业及其设施 水利及附属设施 公共服务及其设施 名胜古迹宗教设施 科学观测站 其他建筑及设施	部分选取(选取除工矿及其设施、农业及其设施、科学观测站外所有要素)	点/面
交通	铁路 城际公路 城市道路 乡村道路 道路构造物及附属设施 水运设施 航道 空运设施 其他交通设施	全部选取	线/面
管线	输电线 通信线 油、气、水输送管道 城市管线	不选取	线

续表 2-2

要素大类	要素中类	公众服务级	建议数据类型
境界与政区	国外地区 国家行政区 省级行政区 地级行政区 县级行政区 其他区域	部分选取(选取除特殊地区、自然、文化保护区等其他区域外所有要素)	线/面
地貌	等高线 高程注记点 水域等值线 水下注记点 自然地貌 人工地貌	不选取	点/线
植被与土质	农林用地 城市绿地 土质	部分选取(选取城市绿地)	面

注:本表是对原有表格内容的部分选取,完整内容请参见《公共地理框架数据电子地图数据规范》。“建议数据类型”一列,为本书编写者依据制图经验添加,仅供参考。

二、分层数字化

一般来说,原始栅格底图概括了很多不同类别的地理要素,为了更清楚地表达地物地貌,需要对不同地理要素进行分层设计,并对各数据集的表结构进行设计。

(一)建立数据集,修改表结构

遵循归类分层管理的原则,按照事先设定的分层,分别对底图上的各种地理要素新建不同的数据集,然后在“属性”对话框的矢量表结构里新建修改字段,设置字段名称、字段类型、字段长度。

1. 新建数据集

在数据源中,新建一个名为 Region 的面数据集的步骤如下:

在工作空间管理器中,新建数据源。

在“开始”选项卡的“新建数据集”组中,单击“面”按钮,弹出“新建数据集”对话框(见图 2-19)。

在“目标数据源”项的下拉列表中选择数据源。

在“目标数据集”项中,修改数据集的名称,输入名称“Region”。

在对话框的右侧对数据集使用模板进行设置;并为其设置编码方式,对于不同类型的数据集,下拉菜单中提供可用的编码方式,用户可根据需要选择合适的编码方式。

单击“创建”按钮,完成新建数据集的操作。

2. 编辑属性表结构

在工作空间管理器中,右键单击 Region 数据集节点,在右键菜单中选择“属性”命令,弹出属性信息窗口(见图 2-20)。数据集属性窗口中会显示数据集、投影、矢量、属性表、值域五个面板。

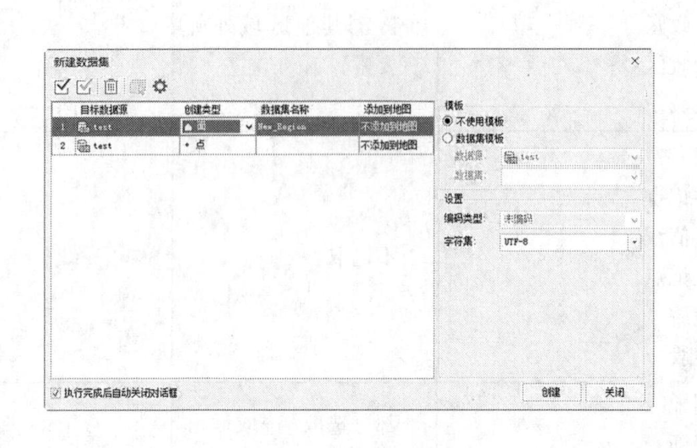

图 2-19　“新建数据集”对话框

图 2-20　属性信息窗口

单击“属性表”面板,在窗口右侧区域显示了 Region 数据集的各个属性字段、别名、字段类型等信息,这些字段为系统默认生成的字段。

单击“添加”按钮,增加一个默认名称的属性字段。

单击“修改”按钮,修改此字段的名称为 Property。

在“字段类型”项的下拉列表中,设置字段类型为“文本型”,并设置字段长度、缺省值。

单击“应用”按钮,完成属性表结构的编辑。

关闭“属性”对话框。

(二)屏幕跟踪矢量化

打开经过配准或者图像校正后的栅格底图,将各要素对应的数据集添加到当前地图窗口,并将当前需要进行数据采集的数据设置“图层可编辑”,用鼠标跟踪栅格图像,在其背景上绘制地图的各要素。根据实际情况,绘制点、线、面等对象。

在完成某一数据集的绘制后,需要输入该数据集中各对象的属性信息,对于数据集中对象较多的情况,可将该数据集中的所有对象选择,查看属性表,并将地图窗口与属性表窗口平铺,点击属性表中的各记录,则地图窗口将定位到对应的几个图形,以栅格底图为背景的情况下,将极大地提高属性信息输入的效率。

在进行一些应用分析时,需对栅格数据进行矢量化,矢量数据相对于栅格数据而言具有数据结构紧凑、冗余度低,有利于网络和检索分析,图形显示质量好、精度高等优点。SuperMap iDesktop 提供了半自动栅格矢量化的矢量化线和矢量化面功能,可以辅助用户更好地完成栅格矢量化工作。

矢量化线与矢量化面的操作方式基本相同,以下以矢量化线为例进行说明:

在地图窗口中打开一幅配准好的栅格(或影像)底图,同时将图层加载到当前地图窗口,并将其设置为可编辑状态。

在“对象操作”选项卡的“栅格矢量化”组中,单击“矢量化线”按钮,在弹出的“栅格矢量化”对话框中,对矢量化的相关参数进行设置(见图 2-21)。

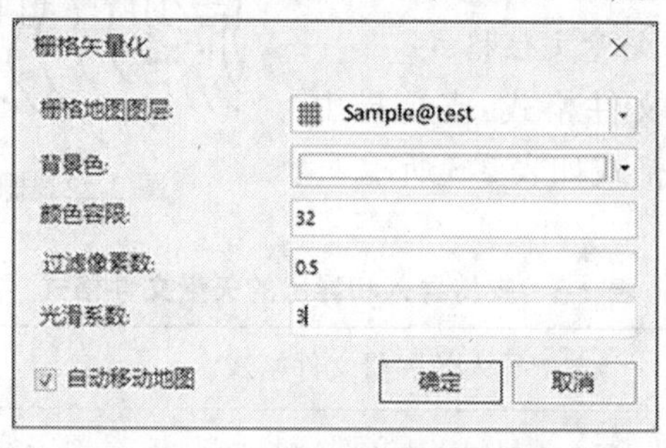

图 2-21　栅格矢量化参数设置

(1)在“栅格地图图层”下拉列表中选择“sample@ test”图层作为栅格矢量化的栅格底图。

(2)以默认的白色作为背景色,在栅格矢量化过程中,将不会追踪栅格地图的背景色。

(3)以默认值 32 作为颜色容限值,则误差在栅格值的容限内,系统会沿此颜色方向继续跟踪。

(4)在“过滤像素数”文本框中设置去锯齿过滤参数为 0.5,过滤参数越大,过滤掉的点越多。

(5)在进行栅格矢量化时,需要进行光滑处理,设置的光滑系数为 3。

(6)勾选“自动移动地图”,当矢量化至地图窗口边界上时,窗口会自动移动。

设置完成后单击“确定”按钮,将鼠标移至需要矢量化的线上,单击鼠标左键开始矢量化该线对象。

矢量化至断点或者交叉口,矢量化会停下来,等待下一次矢量化操作。此时跨过断点或者交叉口,在前进方向的底图线上双击鼠标左键,矢量化过程会继续,直到再次遇到断点或交叉口处停止。

遇到线段端点,单击鼠标右键进行反向追踪,直至完成一条线的矢量化操作。

在矢量化跟踪过程中,由于栅格底图原因,可能对某些矢量化效果不太满意,此时可以单击“矢量化线回退”按钮,回退一部分线,单击鼠标左键确定,或单击右键,回到当前矢量化绘制状态再次单击鼠标右键结束矢量化操作,直至完成该底图的矢量化操作。图 2-22 粗线为矢量化完成的一条数据。

三、地图数据格式转换

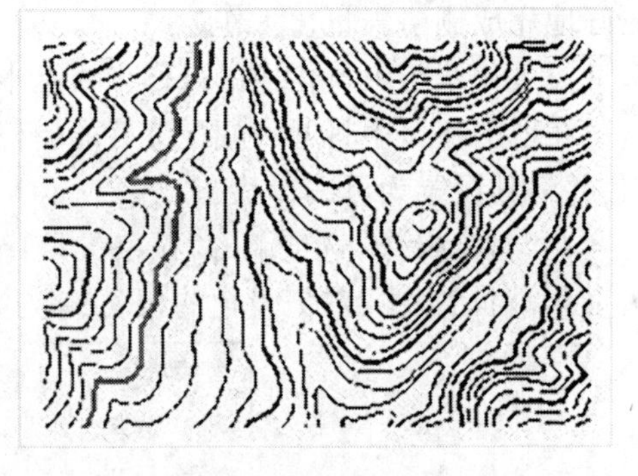

图 2-22　栅格矢量化参数设置

(一)支持导入和导出的矢量及栅格文件格式

SuperMap iDesktop 支持多种格式的数据导入和导出,方便进行不同数据格式的转换。包括矢量文件格式,栅格文件格式等。

1. 支持导入和导出的矢量文件格式

支持导入 24 种矢量文件格式,支持导出 14 种矢量文件格式,具体格式如表 2-3 所示。

表 2-3　支持导入和导出的矢量文件格式

序号	支持导入的矢量文件格式	是否支持导出
1	Auto CAD DXF 文件(* . dxf)	√
2	Auto CAD Drawing 文件(* . dwg)	√
3	ArcInfo Export 文件(* . e00)	√
4	ArcView Shape 文件(* . shp)	√
5	ESRI GeoDatabase Vector 文件(* . gdb)	√
6	MapInfo TAB 文件(* . tab)	√
7	MapInfo 交换格式(* . mif)	√
8	MapInfo WOR 文件(* . wor)	
9	MapGIS 交换格式(* . wat; * . wal; * . wap; * . wan)	
10	电信 Building Vector 文件	
11	电信 Vector 文件	
12	Microsoft Excel 文件(* . xlsx)	√
13	CSV 文本文件(* . csv)	
14	LIDAR 文件(* . txt)	√
15	dBASE 文件格式(* . dbf)	
16	DGN 文件(* . dgn)	
17	VCT 文件(* . vct)	
18	电信 Building Vector 文件	√

续表 2-3

序号	支持导入的矢量文件格式	是否支持导出
19	电信 Vector 文件	√
20	GJB 文件夹	√
21	S-57 海图数据文件(*.000)	√
22	GeoJson 文件	√
23	SimpleJson 文件(*.json)	√
24	GPS(*.gpx)文件	√

2. 支持导入和导出的栅格文件格式

支持导入 18 种栅格文件格式,支持导出 8 种栅格文件格式,具体格式如表 2-4 所示。

表 2-4　支持导入和导出的栅格文件格式

序号	支持导入的栅格文件格式	是否支持导出
1	ArcInfo Grid 文件(*.grd; *.txt)	√
2	Erdas Image 文件(*.img)	√
3	TIFF 影像数据(*.tif; *.tiff)	√
4	位图文件(*.bmp)	√
5	PNG 文件(*.png)	√
6	GIF 文件(*.gif)	√
7	JPG 文件(*.jpg; *.jpeg)	√
8	JPEG2000 文件(*.jp2、*.jpk)	
9	ECW 文件(*.ecw)	
10	SIT 影像数据(*.sit)	√
11	USGDEM 和 GBDEM 栅格文件(*.dem)	
12	BIL 文件(*.bil)	
13	BIP 文件(*.bip)	
14	BSQ 文件(*.bsq)	
15	RAW 文件(*.raw)	
16	MrSID 文件(*.sid)	
17	电信数据栅格文件(*.b, *.bin)	
18	ASCII Grid 文件(*.asc)	

(二)导入数据

用户可以通过数据转换功能将不同数据格式的数据集导入到某一数据源中。SuperMap iDesktop 提供了两种方式打开“数据导入”对话框：

在“开始”选项卡“数据处理”组的“数据导入”下拉菜单中,单击任意一种要导入的数据格式,弹出“数据导入”对话框。

右键单击某一数据源,在右键菜单中选择“导入数据集…”命令,弹出“数据导入”对话框。

SuperMap iDesktop 支持 50 种常用格式的导入,包括 Arcgis 格式、CAD 格式、MapGIS 格式、MapInfo 格式、Google 格式、电信格式、其他格式等。

下面以 *.shp 文件和文本文件的导入为例,介绍数据导入的方法。

1. 导入 *.shp 文件

(1)打开示范数据 World.smwu,在工作空间管理器中右键单击 World.udb 数据源,在右键菜单中选择“导入数据”命令,弹出“数据导入”对话框(见图 2-23)。

(2)单击“添加文件”按钮,选择要导入的 *.shp 文件。

(3)“目标数据源”选择“World”数据源。

(4)其他参数采用默认值。

单击“导入”按钮,执行导入数据集的操作。

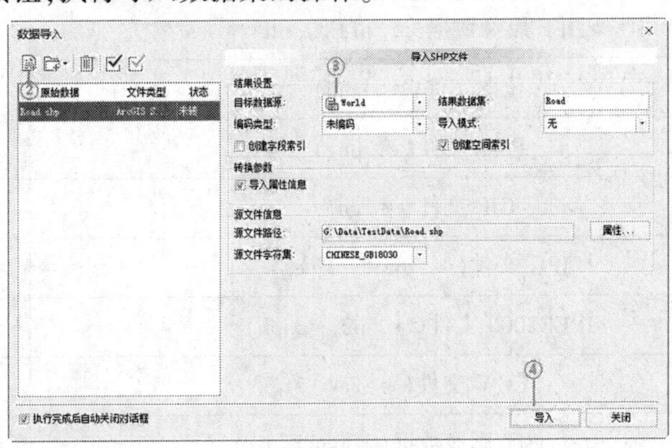

图 2-23　“数据导入”对话框(一)

2. 导入 *.csv 文本文件

在当前工作空间中新建一个 UDB 数据源,数据源名称为 import,将 CSV 文件导入到该数据源中。要导入的 CSV 文件内容如下所示。

X,Y,省,省会

87.576 105 81,43.781 789 97,新疆,乌鲁木齐

91.163 128 36,29.710 373 76,西藏,拉萨

101.797 122 8,36.593 408 62,青海,西宁

103.584 065 3,36.118 868 65,甘肃,兰州

104.035 277 4,30.714 109 64,四川,成都

106.518 818 7,29.478 894 16,重庆,重庆

106.667 779 1,26.457 363 62,贵州,贵阳
102.726 590 3,24.969 470 98,云南,昆明
106.166 905 6,38.598 245 21,宁夏,银川
108.966 745 1,34.275 957 37,陕西,西安
108.233 607,22.748 452 31,广西,南宁
110.345 809 3,19.970 155 52,海南,海口
113.226 23,23.183 227 01,广东,广州
112.947 463 4,28.169 938 77,湖南,长沙
115.893 170 6,28.652 383 9,江西,南昌
119.246 151 8,26.070 867 3,福建,福州
121.502 900 7,25.008 413 07,台湾,台北
120.182 380 9,30.330 580 83,浙江,杭州
121.449 002 6,31.253 341 17,上海,上海
114.216 086 9,30.579 216 43,湖北,武汉
117.261 703 2,31.838 296 71,安徽,合肥
118.805 051 1,32.084 966 76,江苏,南京
113.650 581 2,34.746 158 05,河南,郑州
117.047 703 9,36.608 227 45,山东,济南
114.477 650 4,38.033 044 15,河北,石家庄
112.482 561 7,37.798 168 85,山西,太原
111.842 298 1,40.895 431 27,内蒙古,呼和浩特
117.350 438 1,38.925 478 04,天津,天津
123.295 438 3,41.801 330 06,辽宁,沈阳
125.260 470 3,43.981 671 9,吉林,长春
126.566 119 5,45.693 468 4,黑龙江,哈尔滨
116.067 649,39.891 952 82,北京,北京
114.092 644 5,22.428 031 6,香港,香港
113.552 024 5,22.184 678 81,澳门,澳门

(1)右键单击 import.udb 数据源,在右键菜单中选择“导入数据”命令,弹出“数据导入”对话框(见图 2-24)。

(2)单击“添加文件”按钮,选择要导入的 *.csv 文件。

(3)“目标数据源”选择“import”数据源。

(4)设置导入参数,应用程序会自动读取分隔符,默认为英文逗号(,)。勾选“首行为字段信息”,表示 csv 文件中的首行内容将作为属性表的字段名称导入。

(5)单击“导入”按钮,执行导入 CSV 文本文件的操作。

(三)导出数据

数据导出提供了将数据源下的一个或者多个数据集导出的功能,方便进行数据共享和备份。SuperMap iDesktop 提供了两种打开“数据导出”对话框的方式:

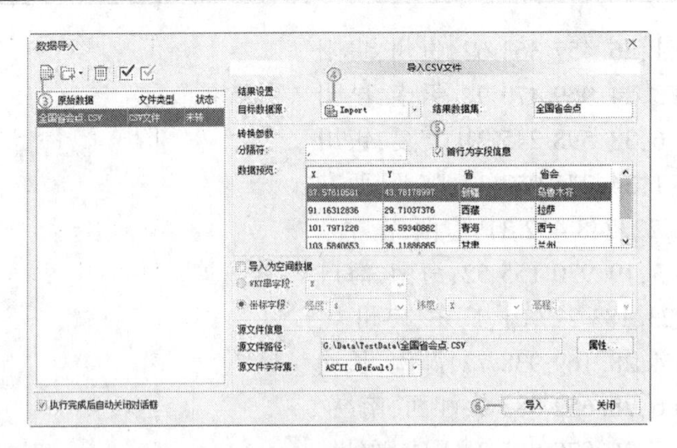

图 2-24　**“数据导入”对话框(二)**

(1)在“开始”选项卡“数据处理”组中,单击“数据导出”,弹出“数据导出”对话框。

(2)选中一个或者多个要导出的数据集,右键单击,在右键菜单中选择“导出数据集”命令,弹出“数据导出”对话框。

SuperMap iDesktop 支持 19 种常用数据格式的导出,包括 Arcgis 格式、CAD 格式、MapInfo 格式、Google 格式、电信格式、其他格式等。

下面以 *.img 栅格文件的导出为例,介绍数据导出的方法。

(1)打开示范数据 World.udb,同时选中栅格数据集 worldearth 和 worldimage,右键单击,在弹出的菜单中选择“导出数据集”命令,弹出“数据导出”对话框(见图 2-25)。

由于同时导出多个文件,可使用“统一赋值”按钮,对转出类型、导出目录及是否强制覆盖项进行统一修改。

(2)双击“目标文件名”项,重命名导出的文件名。

(3)单击“导出”按钮,执行导出数据集的功能。

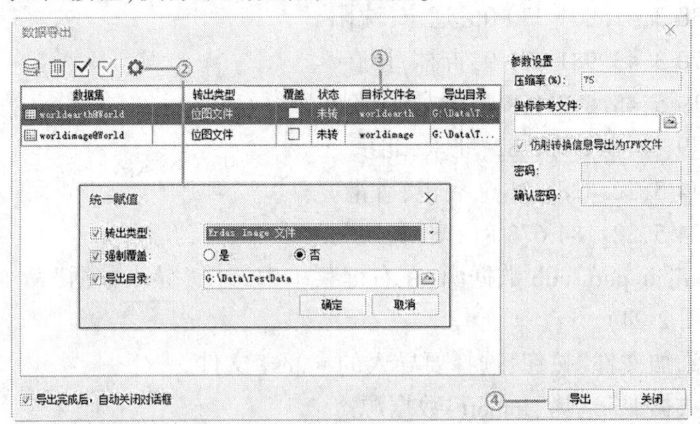

图 2-25　**“数据导出”对话框(一)**

(四)数据类型转换

SuperMap iDesktop 支持多种不同数据类型的相互转换,包括点、线、数据互转,属性数据与空间数据互转,CAD 数据、复合数据与简单数据互转、二维数据与三维数据互转,面数据与模型数据互转,网络数据转点/线数据等。

下面以示范数据 World. smwu 为例,介绍数据类型转换的方法。

1. 线数据转为面数据

在“数据”选项卡的“工具”组中,单击“类型转换”按钮的下拉箭头,在弹出的菜单中选择“线数据→面数据”。

在弹出的“线数据→面数据”对话框(见图 2-26),单击“添加”按钮(或在列表框空白区域双击左键),弹出选择对话框,选择待转换的线数据集“rivers”,单击“确定”按钮,返回“线数据→面数据”对话框。

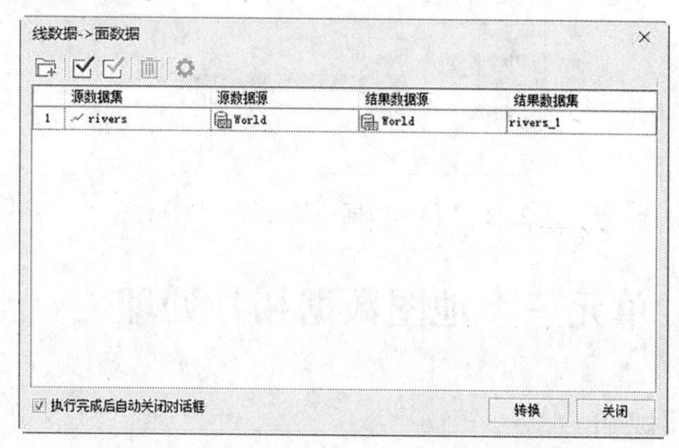

图 2-26　“线数据→面数据”对话框

单击“转换”,完成线数据集转化为面数据集,如图 2-27 所示。

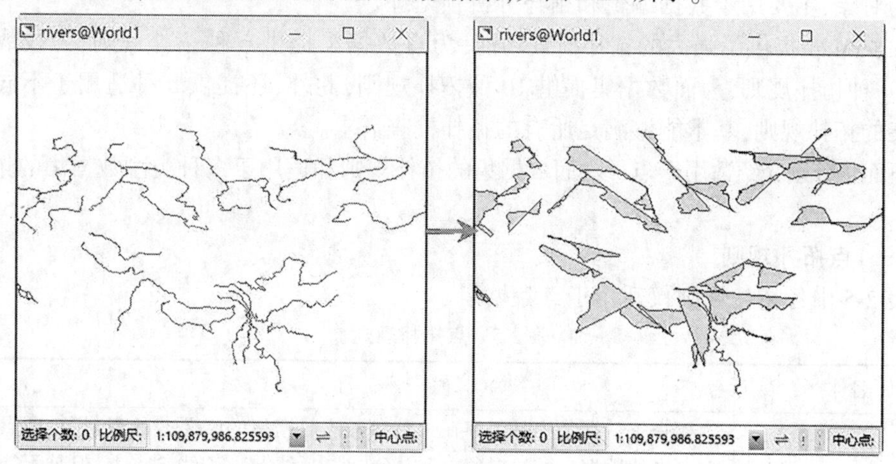

图 2-27　线数据集→面数据集结果

2. 简单数据转为复合数据

在“数据”选项卡的“工具”组中,单击“类型转换”按钮的下拉箭头,在弹出的菜单中选择“简单数据→CAD 数据”。

在弹出的“简单数据→复合数据”对话框(见图 2-28),单击“添加”按钮(或在列表框空白区域双击左键),弹出选择对话框,选择待转换的点、线、面数据集,单击确定按钮,返回“简单数据→复合数据”对话框。

单击“转换”,完成将多个不同类型的简单数据集合成为一个 CAD 数据集。

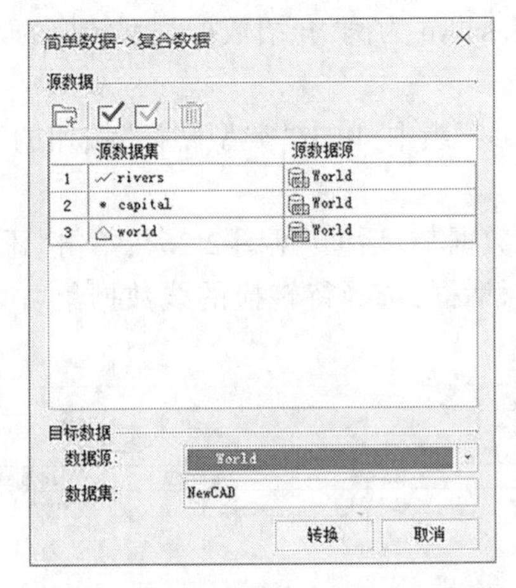

图 2-28 “简单数据→复合数据”对话框

单元三　地图数据拓扑处理

一、建立拓扑规则

拓扑检查是为了检查出点、线、面数据集本身及不同类型数据集相互之间不符合拓扑规则的对象,主要用于数据编辑和拓扑分析预处理。

SuperMap 提供了强大的拓扑检查功能,为点数据集提供 6 种拓扑规则,为线数据集提供 14 种拓扑规则,为面数据集提供 10 种拓扑规则,此外,还提供 5 种适用于不同类型数据集的拓扑规则,基本能够满足所有的拓扑检查需求。

下面将分别介绍适用于点、线、面数据集的拓扑规则和适用于多种类型数据集的拓扑规则。

(一)点拓扑规则

表 2-5 中各拓扑规则仅适用于点数据集。

表 2-5　点拓扑规则

名称	含义
点必须在线上	检查点数据集中是否存在未被参考线数据集的线覆盖的点对象,即点必须在参考线数据集的线对象上,包括在线内、线节点和线端点上,但是不能在线外。如高速公路上的收费站,必须设置在高速公路上。 未被线覆盖的点对象将作为拓扑错误生成到结果数据集中。 错误数据集类型:点数据集
点必须在面的边界上	检查点数据集中是否存在没有在参考面数据集的面边界上的点对象,即点对象不能位于参考面数据的面内和面外。如界碑必须设置在国界线上和行政界线上。 不在面边界上的点对象将作为拓扑错误生成到结果数据集中。 错误数据集类型:点数据集

续表 2-5

名称	含义
点被面完全包含	检查点数据集中是否存在不在参考面数据集中面内部的点对象,即点对象不能位于参考面数据集的面外或面的边界上。如表示省会的点必须设置在省域范围内。 不在面内的点对象将作为拓扑错误生成到结果数据集中。 错误数据集类型:点数据集
点必须被线端点覆盖	检查点数据集中是否存在未被参考线数据集的线端点覆盖的点对象,即点只能在参考线数据集中线对象的端点上,而不能在线的节点上、线内其他位置和线外。 未被线端点覆盖的点对象将作为拓扑错误生成到结果数据集中。 错误数据集类型:点数据集
无重复点	检查一个点数据集中是否存在重复的点对象。如消防站、学校等公共设施,在地图上通常以点数据集的形式存在,在同一位置只能存在一个。 重复的点对象将作为拓扑错误生成到结果数据集中。 错误数据集类型:点数据集
点不被面包含	检查点数据集中是否存在被参考面数据集的面包含的点对象。若点对象在面边界上或在面外,则被视为正确的拓扑关系。 被面包含的点对象将作为拓扑错误生成到结果数据集中。 错误数据集类型:点数据集

(二)线拓扑规则

表 2-6 中各拓扑规则仅适用于线数据集。

表 2-6　线拓扑规则

名称	含义
线与线无相交	检查线数据集中是否存在与参考线数据集的线相交的线对象,即两个线数据集中的所有线对象必须相互分离。 交点将作为拓扑错误生成到结果数据集中。 错误数据集类型:点数据集

续表 2-6

名称	含义
线内无相交	检查一个线数据集中是否存在两个(或两个以上)相交且共享交点,但并未从交点处打断的线对象。若有端点和线内部接触及端点和端点接触的情况,则被视为正确的拓扑关系。此外,对于相交但不共享交点的线对象,也被视为正确的拓扑关系。如道路数据,当多条行车道在普通路口(十字路口、丁字路口等)相交时,则视为相交且共享交点的情况,应被打断;而多条行车道通过立交桥或隧道相交时,则被视为相交但不共享交点的情况,此时不需要打断。 交点将作为拓扑错误生成到结果数据集中。 错误数据集类型:点数据集
线内无重叠	检查一个线数据集中是否存在两个(或两个以上)线对象之间有相互重叠的部分,且重叠部分共享节点。如城市街道,单条街道或多条街道之间可以相交但不能出现相同的路线。 重叠部分将作为拓扑错误生成到结果数据集中。 错误数据集类型:线数据集
线内无悬线	检查一个线数据集中是否存在被定义为悬线的线对象,即线对象的端点没有连接到其他线的内部或线的端点,包括长悬线和短悬线两种情况。如区域边界线等必须闭合的线可用此规则检查。 悬点将作为拓扑错误生成到结果数据集中。 错误数据集类型:点数据集
线内无假节点	检查一个线数据集中是否存在含有假节点(只连接两条弧段的节点)的线对象,即一个线对象必须与两个(或两个以上)线对象相连接。 假节点将作为拓扑错误生成到结果数据集中。 错误数据集类型:点数据集
线与线无重叠	检查线数据集中是否存在与参考线数据集的线重叠的线对象,且重叠部分共享节点,即两个线数据集之间的线对象不能有重合的部分。如交通路线数据中,公路和铁路不能重叠。 重叠部分将作为拓扑错误生成到结果数据集中。 错误数据集类型:线数据集
线内无相交或无内部接触	检查一个线数据集中是否存在两个(或两个以上)线对象在线的节点处或线的内部相交,即线对象只能在端点处与其他线相交,且所有交点必须是线的端点,所有相交的弧段必须被打断。该规则不检查线对象自相交的情况。 交点将作为拓扑错误生成到结果数据集中。 错误数据集类型:点数据集
线内无自交叠	检查一个线数据集中是否存在与自身重叠的线对象,即一个线对象本身不能有重叠部分。如在交通数据中,一条道路不能出现重复的路段。 重叠部分将作为拓扑错误生成到结果数据集中。 错误数据集类型:线数据集

续表 2-6

名称	含义
线内无自相交	检查一个线数据集中是否存在与自身相交或重叠线对象,即线对象中不能有重叠(坐标相同)的节点。该规则多用于检查等值线这样的不能与自身相交的线。 自相交的交点或重叠部分的端点将作为拓扑错误生成到结果数据集中。 错误数据集类型:点数据集
线被多条线完全覆盖	检查线数据集中是否存在没有被参考线数据集的一条或多条线覆盖的线对象。如公交线路必须与道路重合,即被道路数据完全覆盖。 未覆盖的部分将作为拓扑错误生成到结果数据集中。 错误数据集类型:线数据集
线被面边界覆盖	检查线数据集中是否存在没有被参考面数据集的面边界(可以是一个或多个面边界)覆盖的线对象。如表示某一区域边界的线数据(某城区的边界线)必须被这一区域(城区)的边界覆盖。 未被覆盖的部分将作为拓扑错误生成到结果数据集中。 错误数据集类型:线数据集
线端点必须被点覆盖	检查线数据集中是否存在线端点未被参考点数据集的点覆盖的线对象。 未被覆盖的端点将作为拓扑错误生成到结果数据集中。 错误数据集类型:点数据集
线不能和面相交或被包含	检查线数据集中是否存在与参考面数据集的面相交或被面包含的线对象,即线数据集与参考面数据集不能存在交集。 线、面数据集的交集部分将作为拓扑错误生成到结果数据集中。 错误数据集类型:线数据集
线内无打折	检查线数据集中是否存在连续四个节点构成的两个夹角的角度都小于所给的角度值(单位为度),若两个夹角都小于角度值,则认为线对象在中间两个节点处打折。 第一个打折点将作为错误生成到结果数据集中。 错误数据集类型:点数据集

(三)面拓扑规则

表 2-7 中各拓扑规则仅适用于面数据集。

表 2-7　面拓扑规则

名称	含义
面内无重叠	检查一个面数据集中是否存在两个(或两个以上)相互重叠的面对象,包括部分重叠和完全重叠。此规则多用于一个区域不能同时属于两个(或两个以上)面对象的情况,如行政区划面,一个地区不能同时属于两个行政区管辖。 重叠部分将作为拓扑错误生成到结果数据集中。 错误数据集类型:面数据集
面内无缝隙	检查一个面数据集中相邻面对象之间是否存在空隙,即相邻面对象之间的边界必须重合,且面对象内部不能出现被挖空(岛洞多边形)的情况。此规则多用于检查一个面数据集中相邻区域之间有无空隙,如土地利用图斑数据,要求不能有未定义土地利用类型的斑块。 空隙部分将作为拓扑错误生成到结果数据集中。 错误数据集类型:面数据集
面与面无重叠	检查面数据集中是否存在与参考面数据集的面重叠的面对象,包括部分重叠和完全重叠,即面数据集内的各个面对象之间不能存在交集。对于如水域与旱地这种不能共用同一区域的数据,可以用此规则检查。 重叠部分将作为拓扑错误生成到结果数据集中。 错误数据集类型:面数据集
面被多个面覆盖	检查面数据集中是否存在没有被参考面数据集的面覆盖的面对象,即待检查面数据集的一个或多个面必须完全覆盖于参考面数据集中的面对象。此规则多用于按某一规则相互嵌套的面数据,如区域图中的省域必须被该省内的所有县界完全覆盖。 未覆盖的部分将作为拓扑错误生成到结果数据集中。 错误数据集类型:面数据集
面被面包含	检查面数据集中是否存在没有被参考面数据集的面包含的面对象,即待检查面数据集的面必须是参考面数据集中面对象的子集。对于如动物活动区域必须在整个研究区内这种属于包含关系的面数据,可以用此规则检查。 未被包含的面对象整体将作为拓扑错误生成到结果数据集中。 错误数据集类型:面数据集
面边界被多条线覆盖	检查面数据集中是否存在没有被参考线数据集的线覆盖的面边界。面数据中不能存储一些边界线的属性,此时需要专门的边界线数据,用来存储区域边界的不同属性信息,要求边界线与区域完全重合。 未被覆盖的边界将作为拓扑错误生成到结果数据集中。 错误数据集类型:线数据集

续表 2-7

名称	含义
面边界被边界覆盖	检查面数据集中是否存在没有被参考面数据集中一个或多个面对象边界覆盖的面边界。此规则多用于某一面数据集的面对象由另一个面数据集中的一个或多个面对象组成的数据,如区域图中的省域是由该省内的所有县域组成,二者共用相同的边界。 未被覆盖的边界将作为拓扑错误生成到结果数据集中。 错误数据集类型:线数据集
面包含点	检查面数据集中是否存在没有包含参考点数据集中点的面对象,即参考数据集中的点必须位于面内,而不能位于面外或面边界上,且一个面对象内可包含一个或多个点。 未包含点的面对象将作为拓扑错误生成到结果数据集中。 错误数据集类型:面数据集
面边界无交叠	检查面数据集中是否存在与参考面数据集的面边界有重叠部分的面边界。该规则不检查面内边界交叠的情况。 边界的重叠部分将作为拓扑错误生成到结果数据集中。 错误数据集类型:线数据集
面内无锐角	检查面数据集中是否存在小于某个给定角度的锐角。该规则是将待检查面数据集,连续三个点组成的夹角小于给定的一个小于90°的角,判断为锐角。 锐角顶点为错误点将作为拓扑错误生成到结果数据集中。 错误数据集类型:点数据集

(四)多类型数据集拓扑规则

表 2-8 中各拓扑规则适用于一种或多种类型的数据集,包括点、线、面数据集自身或两个数据集之间。

表 2-8　多类型数据集拓扑规则

名称	含义
无复杂对象	检查线或面数据集自身是否存在复杂对象(对象内包含一个或多个子对象,如平行线)。 复杂对象将作为拓扑错误生成到结果数据集中。 错误数据集类型:线数据集或面数据集

续表 2-8

名称	含义
节点距离必须大于容限	检查点、线、面数据集自身或两个数据集之间各对象的节点距离是否小于或等于设定的容限值。 不大于容限的节点将作为拓扑错误生成到结果数据集中。 错误数据集类型:点数据集。 注:该规则是由拓扑预处理操作延伸得出的规则。建议在检查该拓扑规则时,不要同时勾选"拓扑预处理"操作,否则该规则检查出的错误将会在拓扑预处理时被自动修复,无法得出预期结果
线段相交处必须存在交点	检查线、面数据集自身或两个数据集之间,线与线的十字相交处是否存在节点,且此节点至少存在于两个相交线段中的一个。两条线对象的端点相连接则被视为正确的拓扑关系。注意:两条线段端点相接的情况不违反规则。 若相交处没有节点,系统会将此节点计算出来作为拓扑错误生成到结果数据集中。 错误数据集类型:点数据集。 注:该规则是由拓扑预处理操作延伸得出的规则。建议在检查该拓扑规则时,不要同时勾选"拓扑预处理"操作,否则该规则检查出的错误将会在拓扑预处理时被自动修复,无法得出预期结果
节点之间必须互相匹配	检查线、面数据集自身或两个数据集之间,点数据集和线数据集、点数据集和面数据集之间,在当前节点的容限范围内,是否存在线对象(或面边界)且线上有相应的节点与之匹配。 对于未匹配的点,系统通过在线上做垂线的方式计算出匹配点的位置,该匹配点将作为拓扑错误存储到结果数据集中。 错误数据集类型:点数据集。 注:该规则是由拓扑预处理操作延伸得出的规则。建议在检查该拓扑规则时,不要同时勾选"拓扑预处理"操作,否则该规则检查出的错误将会在拓扑预处理时被自动修复,无法得出预期结果
线或面边界无冗余节点	检查线或面数据集自身的线对象或面边界是否存在有冗余节点,即两节点之间不能存在其他共线节点,这些共线节点为冗余节点。 冗余节点将作为拓扑错误生成到结果数据集中。 错误数据集类型:点数据集

二、拓扑检查及处理

拓扑是研究几何对象(如点、线、面对象)在弯曲或拉伸等变换下仍保持不变的性质。通过对简单数据集(点、线、面数据集)进行拓扑处理或检查,并修改生成的拓扑错误,可以确保数字化的几何对象遵循用户指定的拓扑关系,是后续构建面数据集、网络数据集或进行网络分析等操作的基础。

SuperMap 所提供的拓扑处理方式主要有两种:其一是拓扑处理,只针对线数据集(或者网络数据集)进行检查,随后系统会自行更正数据集中错误的拓扑关系;另一种是拓扑检查,提供了详细的规则,可以对点、线、面数据集进行更加细致的检查,系统会将拓扑错误保存至新的结果数据集上,用户可对照结果数据集自行修改。

空间数据在采集和编辑过程中,会不可避免地出现一些错误,会导致采集的空间数据之间的拓扑关系和实际地物的拓扑关系不符合,会影响到后续的数据处理、分析工作,并影响到数据的质量和可用性。此外,这些拓扑错误通常量很大,也很隐蔽,不容易被识别出来,通过手工方法不易去除,因此需要进行拓扑处理来修复这些冗余和错误。

在操作过程中,拓扑处理只是一个中间过程,通常会与构建面数据集或构建网络数据集结合使用。

(一)拓扑预处理

在使用拓扑数据集对关联数据集进行拓扑检查前,需要对待拓扑检查数据进行拓扑预处理操作,通过预处理将那些在容限范围内的问题数据进行调整。不进行拓扑预处理,可能会导致拓扑检查的结果出现错误。拓扑预处理方式包括插入节点、节点和节点的捕捉、多边形走向的调整。

(1)在工作空间中打开 Test 数据源(本地数据源),该数据源下存在某城区的道路数据 RoadLine。

(2)在“数据”选项卡的“拓扑”组中,单击“拓扑预处理”下拉按钮中“二维拓扑预处理”,弹出“二维拓扑预处理”对话框(见图 2-29)。

(3)单击工具条处的“添加”按钮,在弹出的“选择”对话框列表中,选择 RoadLine 数据集进行拓扑预处理。

(4)按默认容限值进行预处理,节点或(和)线之间的距离小于容限值时,将进行拓扑预处理。

(5)勾选“节点与线段间插入节点”选项,则在点到线段距离小于容限的情下况,将点到线的垂足插入到线上。

(6)勾选“线段间求交插入节点”选项,则在线段相交或重合相交处,并保证数据走向的同时插入节点。

(7)单击“确定”按钮,即可对数据集进行拓扑预处理,结果如图 2-30 所示。

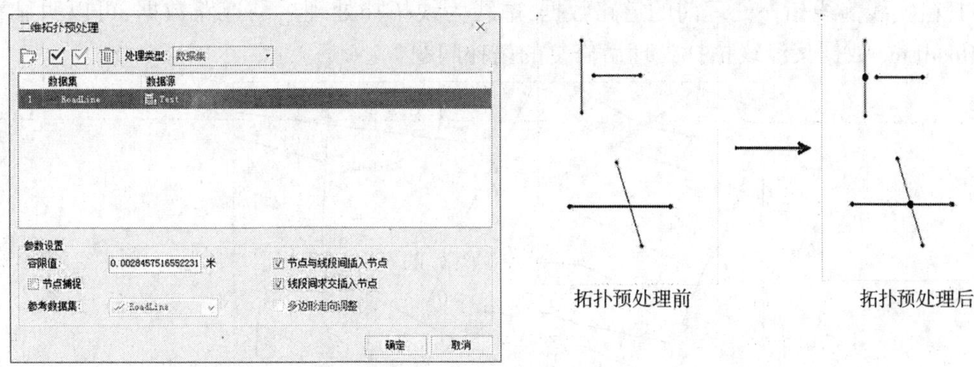

图 2-29　拓扑预处理对话框

图 2-30　拓扑预处理结果

(二)线拓扑处理

在工作空间中打开 Test. udb 数据源(本地数据源),该数据源下存在某城区的道路数据 RoadLine(见图 2-31)。

在“数据”选项卡的“拓扑”组,选择“线拓扑处理”项,对线数据集 RoadLine 进行拓扑检查和修复。

设置源数据集为 RoadLine(见图 2-32)。

图 2-31　拓扑处理用到的数据 RoadLine

图 2-32　线拓扑处理

选择拓扑处理时用到的处理规则,包括去除假节点、去除冗余点、去除重复线、去除短悬线、长悬线延伸、邻近端点合并和弧段求交七种。建议全部勾选,用户也可以根据需求选择适合的处理规则。线处理规则的使用方法参见帮助文档。单击“高级”按钮,还可以对容限等高级参数进行设置。

单击“确定”按钮,对 RoadLine 数据集进行线拓扑处理操作。需要注意的是,该操作会直接修改源数据集,用户若想保留原始数据,建议在执行该操作前对该数据进行备份。

线拓扑处理结果如图 2-33 所示。为更好地看出处理效果,我们将处理前后的数据集叠加,粗实线为线拓扑处理前的道路数据,虚线为线拓扑处理后的道路数据,可以明显看出 RoadLine 数据集经线拓扑处理后修复的拓扑问题。

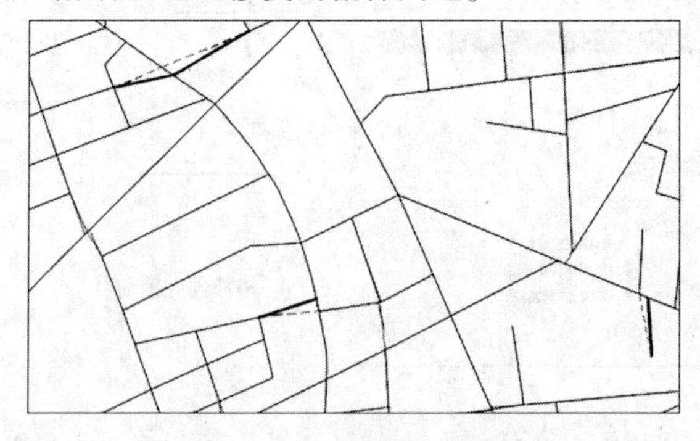

图 2-33　线拓扑处理结果

(三)拓扑构面

在“数据”选项卡的“拓扑”组,选择“拓扑构面”项,对完成拓扑处理的 RoadLine 进行构建面数据集的操作。

设置源数据集为 RoadLine(见图 2-34)。由于已经对该数据集进行了拓扑处理的检查和修复,不需要勾选“拓扑处理”项进行重复操作。若参与构面的线数据集从未进行过拓扑处理和修复,建议在此勾选“拓扑处理”项。

设置结果数据集:将生成的面数据集保存在 Test 数据源下,数据集名称为 RgnDT。其他参数值采用默认值即可。

单击“确定”按钮,对 RoadLine 数据集进行拓扑构面操作。结果如图 2-35 所示。

图 2-34　“线数据集拓扑构面”对话框

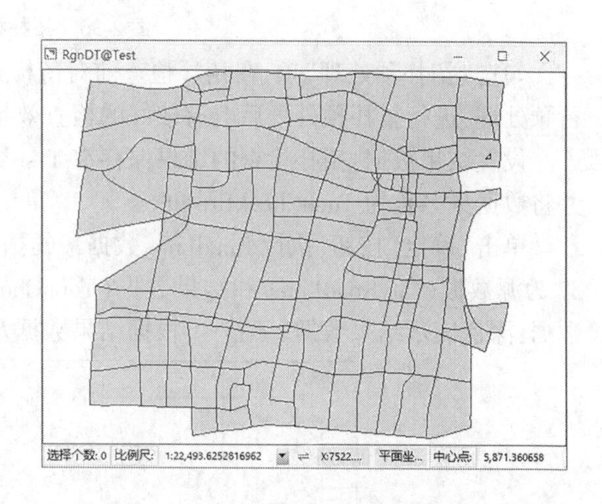

图 2-35　拓扑构面结果

(四)拓扑检查

拓扑检查是为了检查出点、线、面数据集本身及不同类型数据集相互之间不符合拓扑规则的对象。主要用于数据编辑和拓扑分析预处理。

SuperMap 拥有强大的拓扑检查功能,针对点、线、面数据集自身和不同类型的数据集之间分别提供了多种拓扑检查规则,基本能够满足所有的拓扑检查需求。

(1)在工作空间中打开 Test. udb 数据源(本地数据源),该数据源下存在某城区的道路数据 RoadLine。

(2)在“数据”选项卡的“拓扑”组,选择“拓扑检查”项,对道路数据 RoadLine 进行拓扑检查,检查结果会生成到新的数据集中。

(3)鼠标单击工具条中的“添加”按钮,添加需要进行拓扑检查的数据集 RoadLine(见图 2-36)。

(4)添加拓扑规则。在参数设置中选择将要检查的拓扑规则,部分规则需要用到参考数据,可在下方参考数据一栏中设置。

重复步骤(3)、步骤(4),对 RoadLine 数据集添加多个拓扑检查规则。

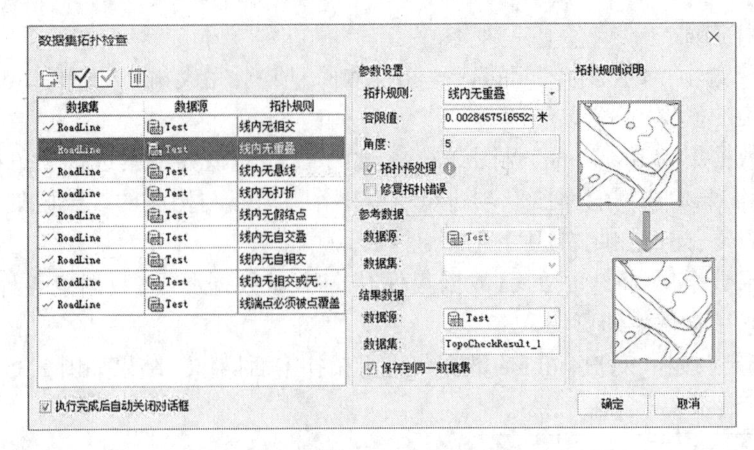

图 2-36　拓扑检查

勾选“拓扑预处理”项,在拓扑检查前对待检查数据集和参考数据集中的拓扑错误进行预处理,进行拓扑预处理后会有较好的检查效果。

设置结果数据:拓扑检查的结果保存在 Test 数据源下,勾选“保存到同一数据集”项,并将数据集名称为 TopoCheckResult。

单击“确定”按钮,执行 RoadLine 数据集的拓扑检查操作,结果如图 2-37 所示。图 2-37 为源数据(CityRoadLine)和结果数据(TopoCheckResult)的叠加显示,其中浅色表示源数据,深色表示结果数据。用户可根据结果数据及属性表中的信息修改拓扑错误。

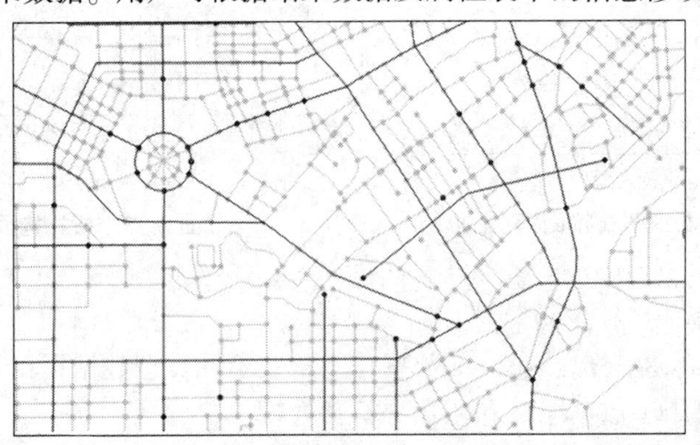

图 2-37　拓扑检查结果

单元四　电子地图的可视化

一、地图符号化

地图是各种符号按照一定的规律组织起来的信息综合体,地图通过符号来表示制图对象的位置、类型、级别等属性。

地图符号(见图2-38)是表达地图的语言,地图符号提供极大的地图表现能力,既能表示具体的地物,如城镇、山林分布,也能表示抽象的事物,如文化素质的区域差异;既能表示地理状况,如河流、山岭,也能表示历史时代的事件(如黄河改道),以及未来的计划(设计中的道路和土地开发);既能表示地物的外形(如海岸线),又能表示地球的物理状态,如重力场分布或地磁偏角。

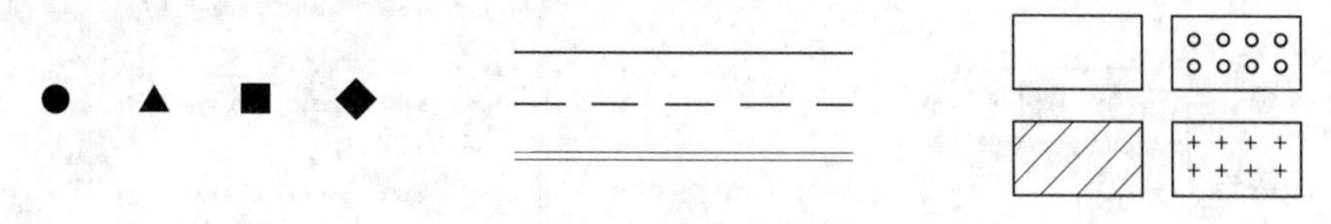

图2-38　地图符号

通常情况下,在地图中,点几何对象使用点状符号进行符号化表达,线几何对象使用线型符号进行表达,面几何对象使用填充符号进行表达。SuperMap iDesktop 将地图中的几何对象采用符号化的方式进行表达的操作,称为地图符号化。

对地图中的几何对象进行符号化表达是基于图层的风格设置来实现的,也就是说,通过设置图层的风格,实现图层中几何对象符号化表达。点矢量图层采用点风格设置,线矢量图层采用线风格设置,面矢量图层采用填充风格设置,文本图层采用文本风格设置,此外,通过线风格设置来进行面边界的符号化表达。

(一)点图层符号化表达

以示范数据 China. udb 数据源下的 Capital_P 数据集为例,将该数据集添加到地图窗口中,介绍点图层符号化的相关操作。

(1)在图层管理器中,选中 Capital_P 点图层。

(2)在"风格设置"选项卡的"点风格"组中,单击"点符号"下拉按钮,弹出点符号列表(见图2-39)。在符号列表中,选择一个点符号,应用于当前图层。

(3)单击"点风格"组中的"符号颜色"按钮,设置点符号的颜色(见图2-40)。

(4)在"符号大小"组合框中输入符号大小数值,或者选择下拉列表中给定的可选数值。

以上操作都将实时应用于当前图层。

此外,还可以在图层管理器中,双击 Capital_P 图层的点符号图标,在弹出"点符号选择器"对话框中(见图2-41),完成符号风格设置。

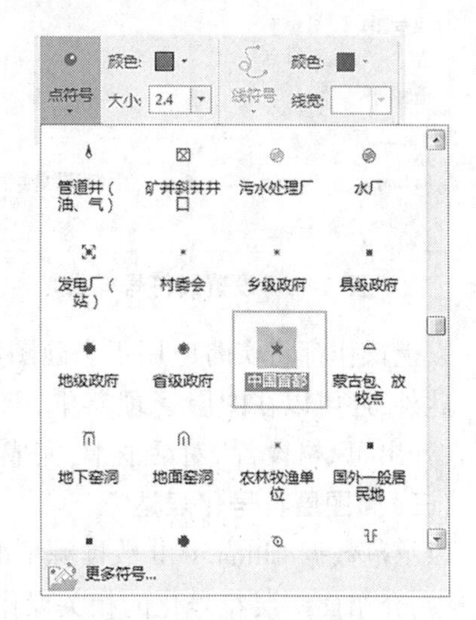

图2-39　设置点符号样式

(二)线图层符号化表达

以示范数据 China. udb 数据源下的 MainWater_L 数据集为例,将该数据集添加到地图窗口中,介绍线图层符号化的相关操作。

(1)在图层管理器中,选中 MainWater_L 线图层。

(2)在"风格设置"选项卡的"线风格"组中,单击"线符号"下拉按钮,弹出线符号列表(见

图 2-42)。在线符号列表中,选择一个线符号,应用于当前图层。

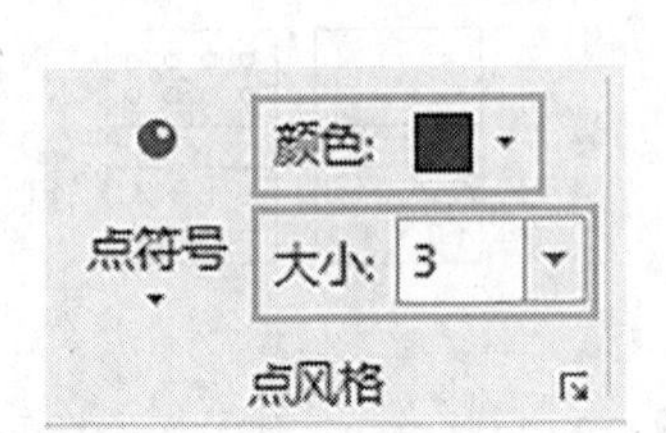

图 2-40　设置点符号颜色和大小

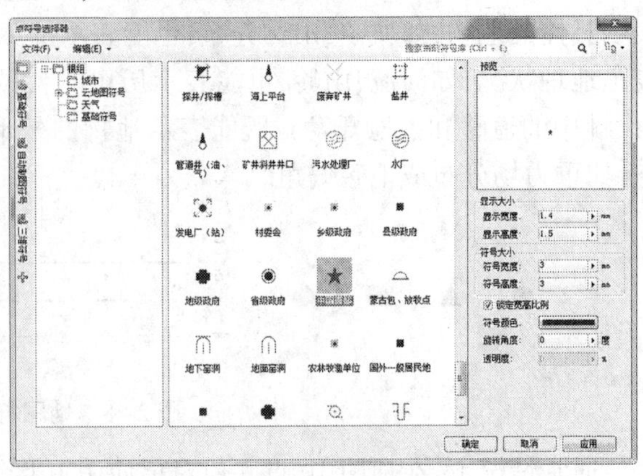

图 2-41　“点符号选择器”对话框

(3)单击“颜色”按钮,设置线符号的颜色。

在“线宽”组合框中输入线粗细的数值,或者选择下拉列表中给定的可选数值(见图 2-43)。

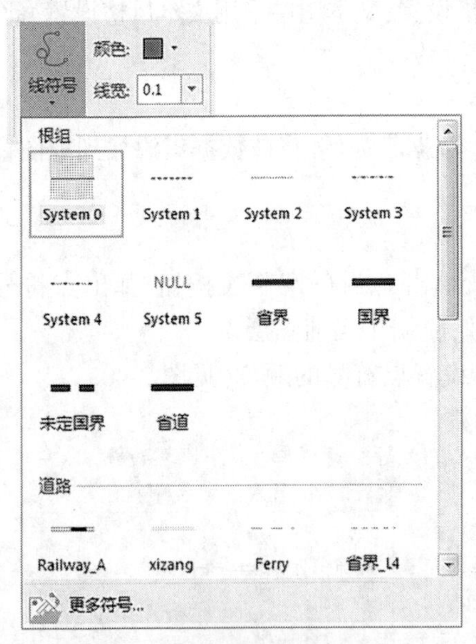

图 2-42　设置线符号样式

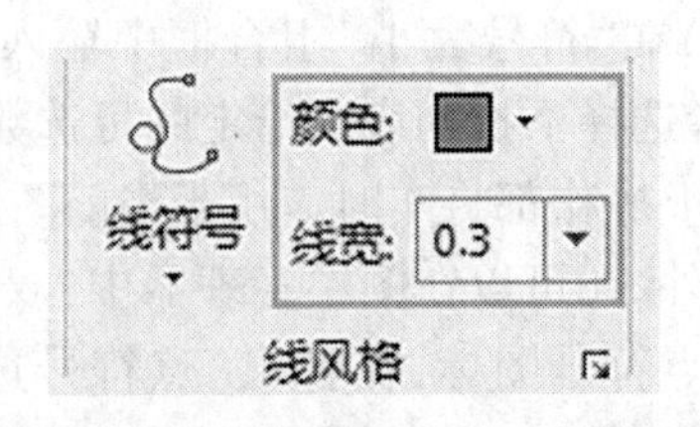

图 2-43　设置线符号的颜色和线宽

以上操作都将实时应用于当前图层。

此外,还可以在图层管理器中,双击 MainWater_L 图层的线符号图标,如图 2-44 所示,在弹出“风格设置”对话框中,完成符号风格设置。

(三)面图层符号化表达

以示范数据 China. udb 数据源下的 Provinces_R 数据集为例,将该数据集添加到地图窗口中,介绍面图层符号化的相关操作。

(1)在图层管理器中,选中 Provinces_R 面图层。

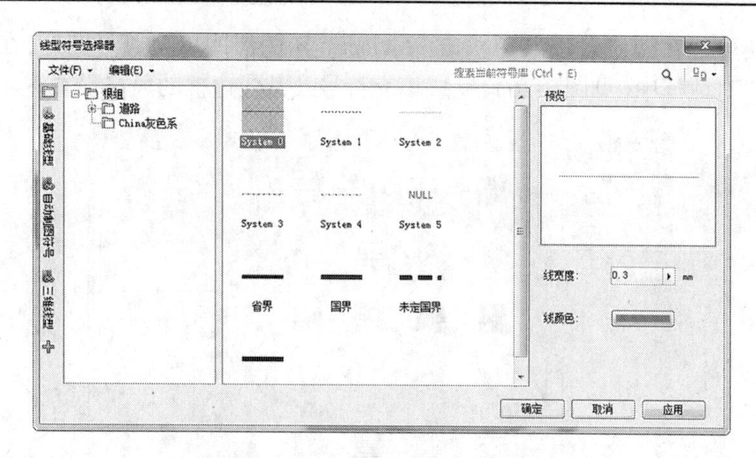

图 2-44 线型符号选择器对话框

(2)在“风格设置”选项卡的“填充风格”组中,单击“填充符号”下拉按钮,弹出填充符号列表(见图 2-45)。在填充符号列表中,选择一个填充符号,应用于当前图层。

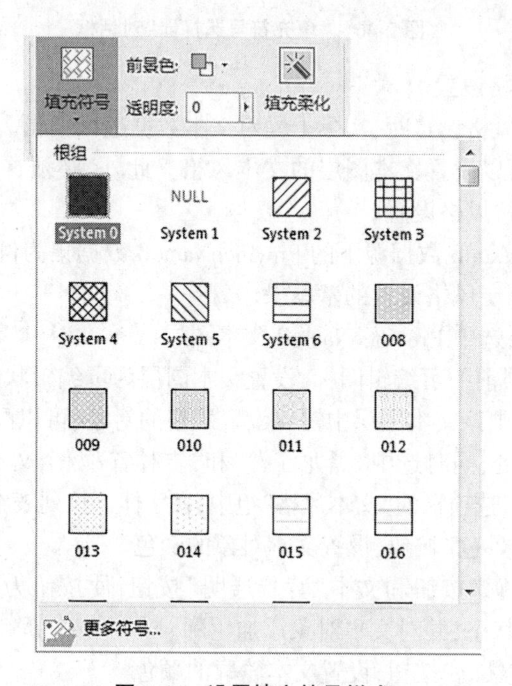

图 2-45 设置填充符号样式

(3)单击“前景色”按钮,设置填充符号的填充颜色。

(4)输入“透明度”的值或者单击右侧的下拉按钮,使用滑块调整填充符号的透明度。

若需要将填充符号设置为渐变模式填充,可在“填充符号选择器”对话框中,单击“渐变模式”下拉列表中选择渐变模式。默认渐变模式为“无渐变”。

(5)设置面对象边界的线风格,设置的方式与线图层的符号化方法相同。

以上操作都将实时应用于当前图层。

此外,还可以在图层管理器中双击 Provinces_R 图层的填充符号图标,在弹出“填充符号选择器”对话框中(见图 2-46),完成填充符号及其线边框的风格设置。

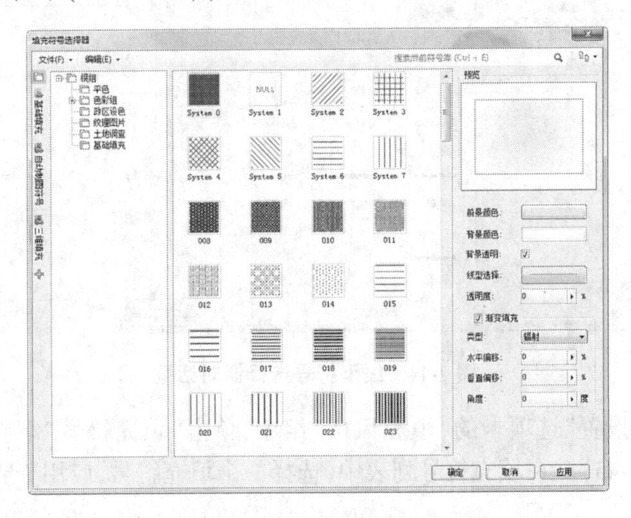

图 2-46　“填充符号选择器”对话框

(四)文本图层风格设置

对文本图层进行风格设置时,实际上是对文本数据进行编辑。因此,只有当文本图层为可编辑状态时,才可以设置文本图层的文本风格。此外,必须首先选中文本对象,才能对选中的文本对象进行风格设置。

以示范数据 China. udb 数据源下的 ProvinceNameB 数据集为例,将该数据集添加到地图窗口中,介绍文本图层风格设置的基本操作。

在图层管理器中,选中 ProvinceNameB 文本图层。

(1)单击文本图层前的可编辑图标,设置文本图层为可编辑状态。

(2)在地图中,选中该文本图层中需要设置风格的对象,可以配合 Shift 键同时单击选中多个文本对象。此处,同时选中“黑龙江省”和“吉林省”两个文本对象(见图 2-47)。

(3)在“风格设置”选项卡的“文本风格”组中,在字体下拉列表中选择一种字体风格。

(4)单击文本“前景色”按钮,设置文本对象的颜色。

(5)单击文本“轮廓”按钮和文本“背景透明”按钮,使按钮为按下的高亮状态,即可设置文本背景为透明状态,并对文本对象添加轮廓。

(6)单击文本“背景色”按钮,设置文本轮廓的颜色。

(7)单击文本“大小”,设置字体大小。

以上操作都将实时应用于当前图层,文本对象风格修改后的效果如图 2-48 所示。

此外,选中文本对象后,还可以在“风格设置”选项卡的“文本风格”组中,单击右下角的组对话框按钮 ,弹出“文本风格模板”的对话框(如图 2-49 所示),在该对话框中完成文本风格的设置。

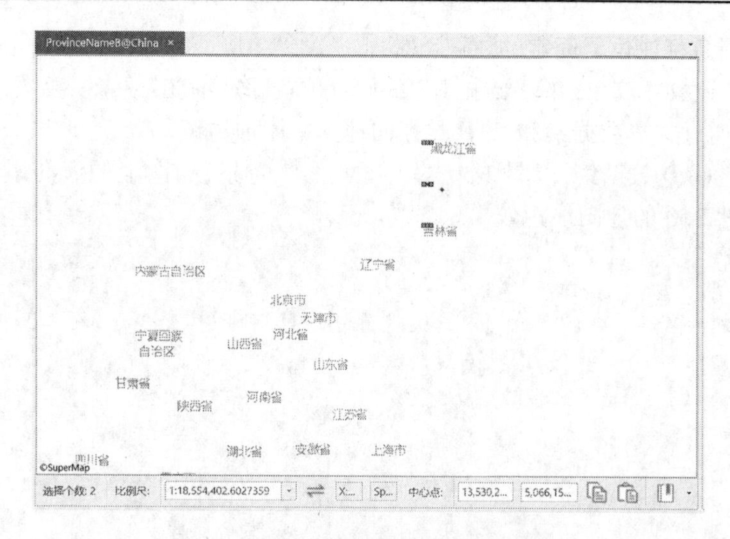

图 2-47　文本对象风格修改前的效果

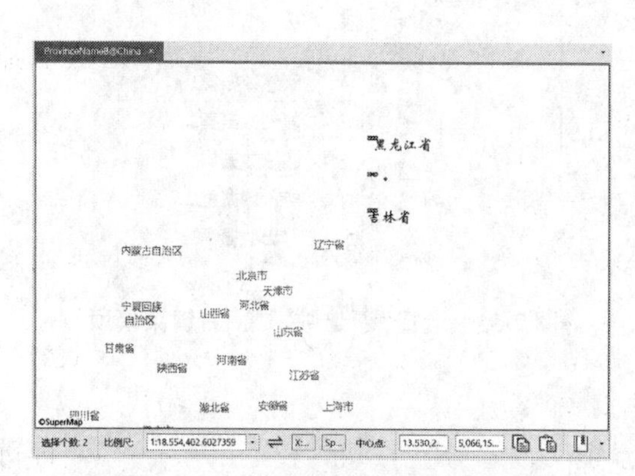

图 2-48　文本对象风格修改后的效果

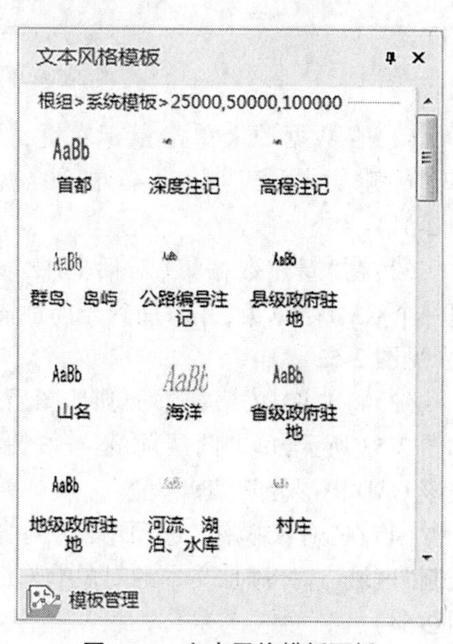

图 2-49　文本风格模板面板

二、地图注记

地图注记是地图上一种特殊的视觉元素，地图注记通过文字说明图形符号难以说明的地图内容，它与图形符号结合在一起存在于地图上。地图制作的目的是满足实用，因此文字在地图上不可或缺，并且地图上的文字在地图上覆盖度一般比较大，所以地图上文字的处理是地图制作的重点、难点，也是关乎地图构图美的关键因素之一。

SuperMap 软件可以通过文本数据集、CAD 数据集和标签专题图为地图添加文字信息—— 地图注记。在不同的应用场景下需要选择合适的方式制作地图注记。

(一) 少量且标注位置固定的注记

当地图注记数量较少,并且要求注记的放置位置固定不变,或者需要严格控制注记的放置位置时,通过文本数据集和CAD数据向地图中添加注记。

下面通过CAD数据集,以图2-50的地图底图为背景,为图上的大洲添加大洲名称,并最终获得图2-50的地图注记效果。

图2-50　需要添加大洲名称的地图

(1) 在数据源上单击鼠标右键,选择"新建数据集"右键菜单项(见图2-51)。

(2) 在"新建数据集"对话框中,新建一个CAD数据集,并添加到当前地图中(见图2-52)。

(3) 将CAD数据集添加到地图后,如图2-53所示,单击图层前的✎按钮,使该CAD图层处于编辑状态。

(4) 在"对象操作"选项卡的"对象绘制"区域,选择添加文本的对象操作(见图2-54)。

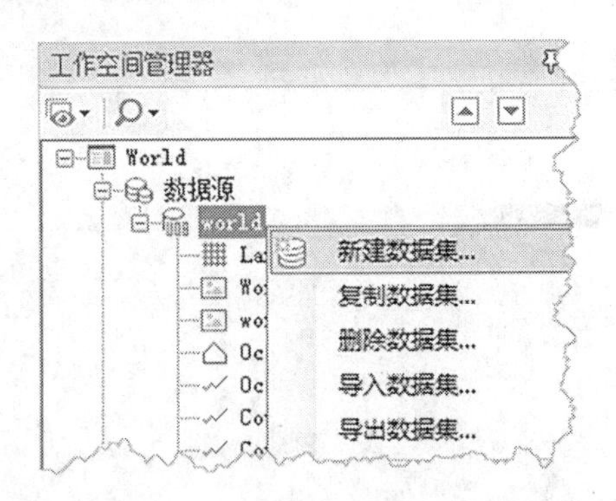

图2-51　选择"新建数据集"右键菜单项

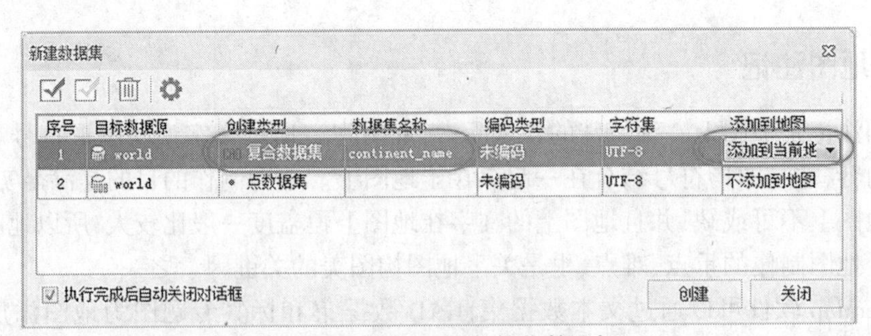

图2-52　新建CAD数据集并添加

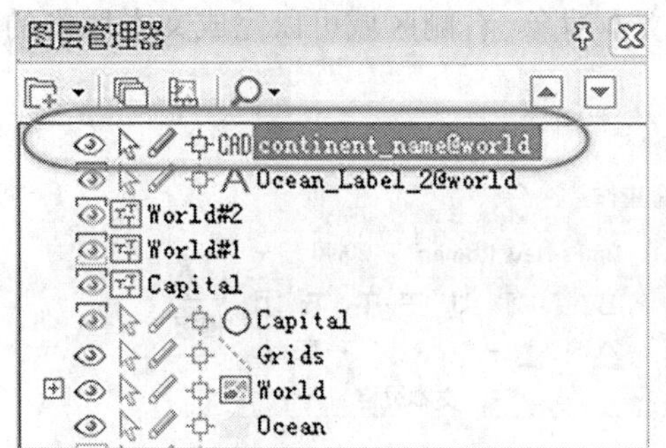

图 2-53　编辑状态的 CAD 图层

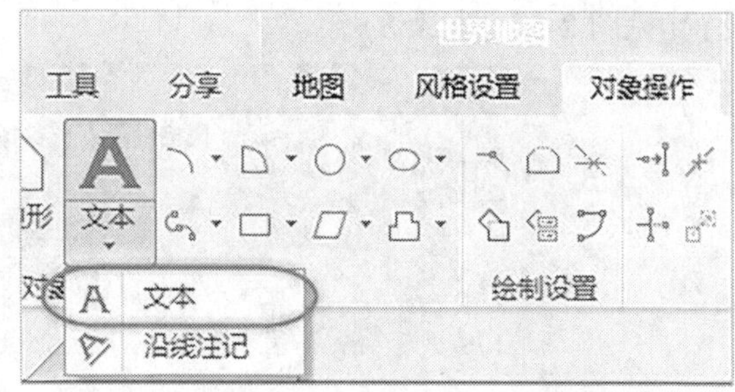

图 2-54　切换对象编辑操作为添加文本

(5)鼠标变为添加文本的状态,在亚洲地区的位置单击鼠标(见图 2-55)。

图 2-55　在亚洲地区单击鼠标

(6)在文本编辑框内输入亚洲(见图 2-56),在地图其他任意区域右键鼠标,完成文本对象的添加,此时鼠标状态切换为选择状态。

图 2-56　在文本编辑框内输入文字内容

(7)修改文本风格。选中添加的"亚洲"文本对象,此时,"风格设置"选项卡下的"文本风格"区域的功能被激活,可以进行文本对象风格的设置;也可以双击"亚洲"文本对象，打开属性对话框，在“文本信息”下选中当前文本对象，右侧区域可以完成文本风格的设置（见图 2-57、图 2-58）。

图 2-57　选中文本对象

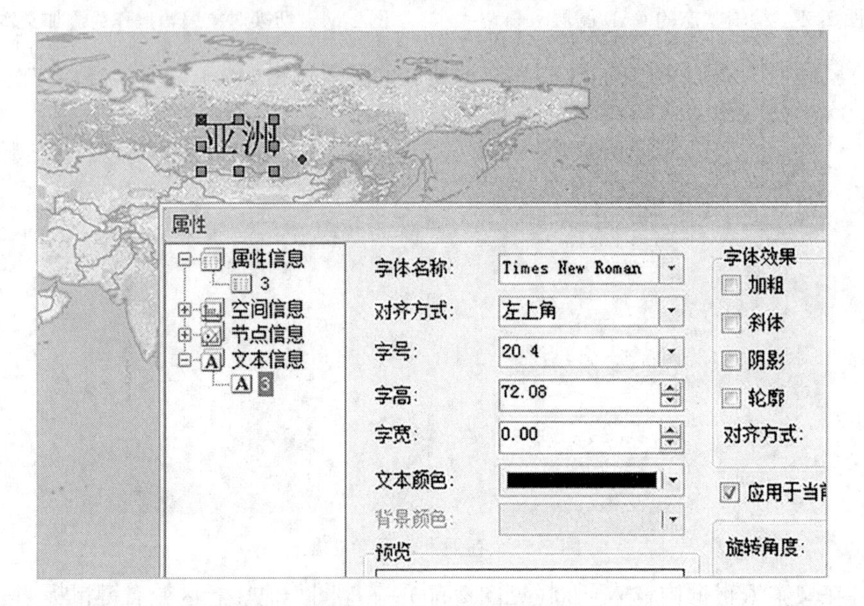

图 2-58　双击文本对象打开“属性”对话框

这里，我们设置文本风格为：

◆字体名称：文泉驿微米黑。

◆字号：16。

◆对齐方式：文本对象与其锚点的对齐方式：中心点。锚点用来控制对象的显示位置。

◆文本的颜色：RGB（127，127，127）。

◆文本使用轮廓线：首先，勾选“轮廓”复选框；然后，设置轮廓线颜色，此时，需要去掉“背景透明”复选框的勾选状态，“背景颜色”按钮才激活，这里可以指定文本轮廓的颜色，设置轮廓颜色为白色；最后，勾选“背景透明”复选框，完成文本轮廓线的风格设置（见图 2-59）。

完成文本风格设置后如图 2-60 所示。

（8）按照以上步骤添加其他大洲的名称。

（二）批量标注数量大的地图注记

相比通过 CAD 和文本数据集的方式添加地图注记，通过标签专题为地图添加注记更加智能，标签专题图将依据数据集中的某个字段，对地图要素添加注记。在数据量较大的

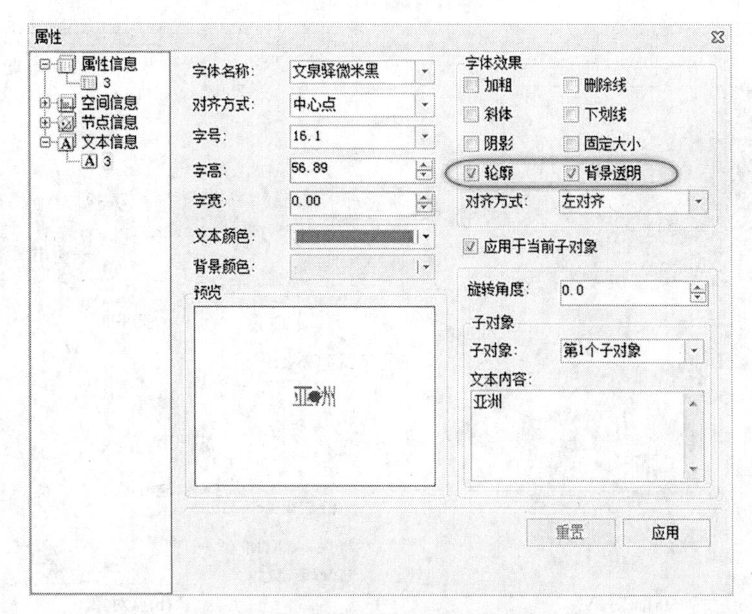

图 2-59　设置文本风格属性对话框

图 2-60　完成文本风格设置后

地图注记生产中,使用标签专题图的方式更加方便、易用(见图 2-61)。

标签专题图是这样实现地图注记的:要对某图层中的对象标注某一类信息,这类信息存储在数据属性表的某个字段内,那么标签专题图就可以根据指定的字段,取出对象对应的该字段的值,将该值标注在对象附近;标签专题图可以为点、线、面对象添加注记。这是标签专题图进行标注的一般原理,在实际操作中还可以制作更加复杂的标签专题图,如标注的内容可以是经过表达式运算后的结果;标注的形式可以自由组合和定义等(见图 2-62)。

本节主要展现通过标签专题图制作地图注记的一般原理和步骤,帮助大家更好地理

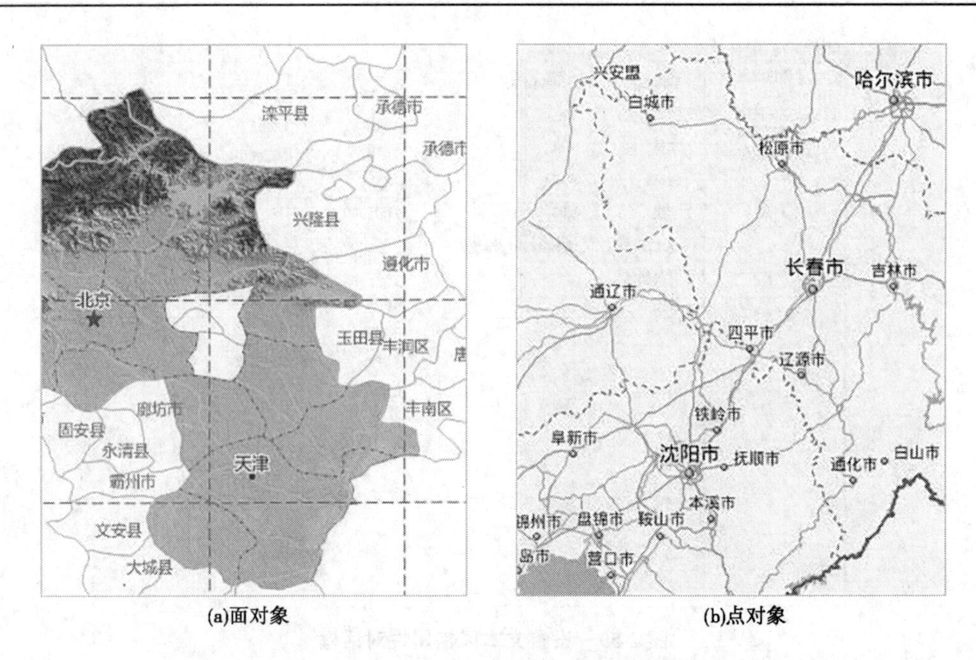

(a)面对象　　(b)点对象

图 2-61　以标签专题图的方式为面对象和点对象添加注记

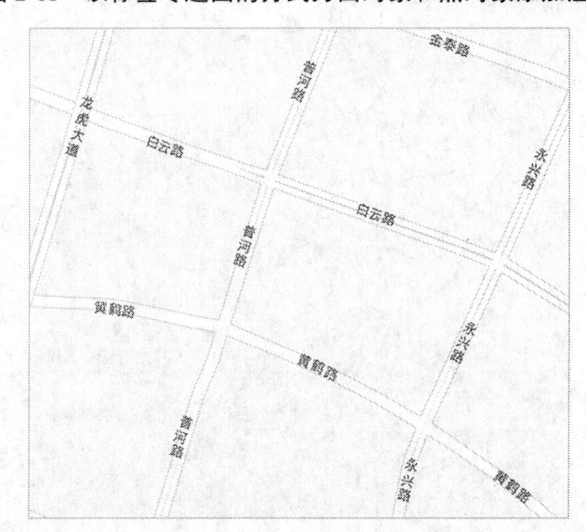

图 2-62　以标签专题图的方式为线添加沿线注记

解什么是标签专题图。下面以示范数据中的中国地图为例,为所有省份的省会点要素添加省会名称的注记,如图 2-63 所示。

省会点数据的属性表,如图 2-64 所示,采用字段 Name 字段制作标签专题图,进行注记的显示。

(1)首先,在中国地图中找到省会点的图层,在其上右键单击鼠标,选择“制作专题图”(见图 2-65)。

(2)打开“制作专题图”对话框,这里选择“标签专题图”中的“统一风格”,来制作所有注记文本风格一致的标签专题图,然后单击“确定”(见图 2-66)。

此时,地图窗口的右侧将弹出“专题图”设置对话框(见图 2-67),这里可以完成有关

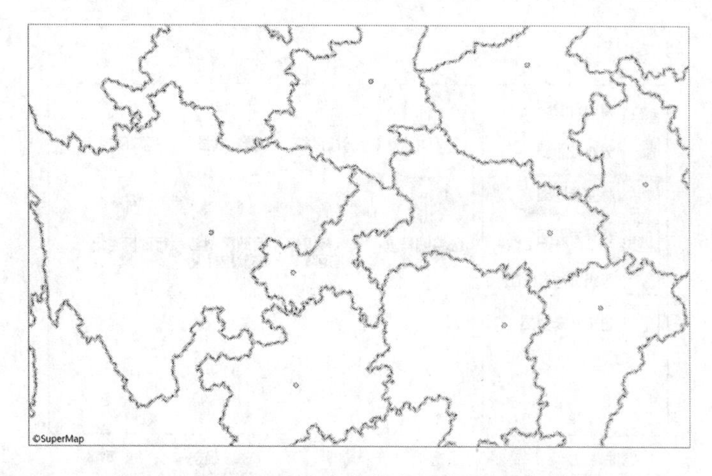

图 2-63　要添加省会名称的中国地图(局部截图)

ProvinceCapital_P@China ×

序号	SmID	SmX	SmY	SmLibTil...	SmUserID	SmGeo...	SmGeoPosition	Name
1	1	12,747,1...	4,585,52...	1	0	20	5,799,936	石家庄市
2	2	12,528,3...	4,561,15...	1	0	20	5,799,956	太原市
3	3	12,439,1...	4,989,08...	1	0	20	5,799,976	呼和浩特市
4	4	13,739,6...	5,131,86...	1	0	20	5,799,996	沈阳市
5	5	13,950,3...	5,437,06...	1	0	20	5,800,016	长春市
6	6	14,085,2...	5,748,88...	1	0	20	5,800,036	哈尔滨市
7	7	13,223,9...	3,771,75...	1	0	20	5,800,056	南京市
8	8	13,356,9...	3,532,78...	1	0	20	5,800,076	杭州市
9	9	13,049,1...	3,740,34...	1	0	20	5,800,096	合肥市
10	10	13,279,6...	3,008,64...	1	0	20	5,800,116	福州市
11	11	12,896,8...	3,335,83...	1	0	20	5,800,136	南昌市
12	12	13,023,1...	4,392,64...	1	0	20	5,800,156	济南市

□隐藏系统字段　记录数：33/33　字段类型：文本型　Name

图 2-64　省会点数据的属性表

图 2-65　选择制作专题图右键菜单项

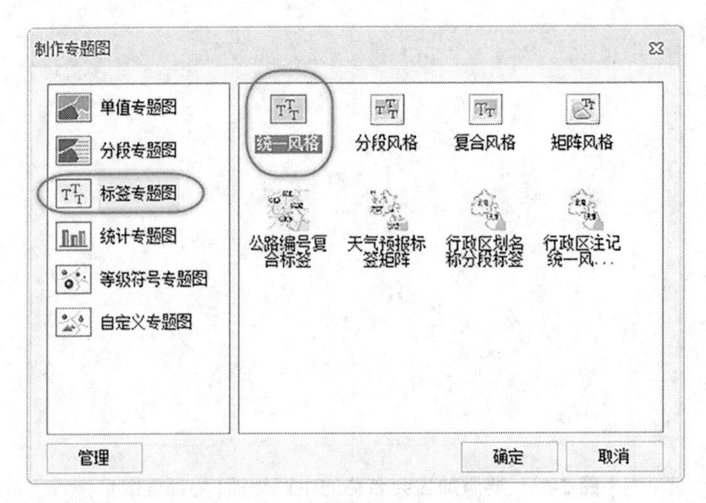

图 2-66　选择制作标签专题图

专题图所有的设置,包括要表达的注记内容、注记文本的风格、注记文本与被标注的要素的位置关系等。下文将一一进行设置。

(3)指定一个字段,该字段的值作为对象的注记内容。在“专题图”对话框的“属性”选项卡区域,“标签表达式”一项来指定用于标注的字段,这里选择存储省会名称的一个字段(见图 2-68 和见图 2-69)。

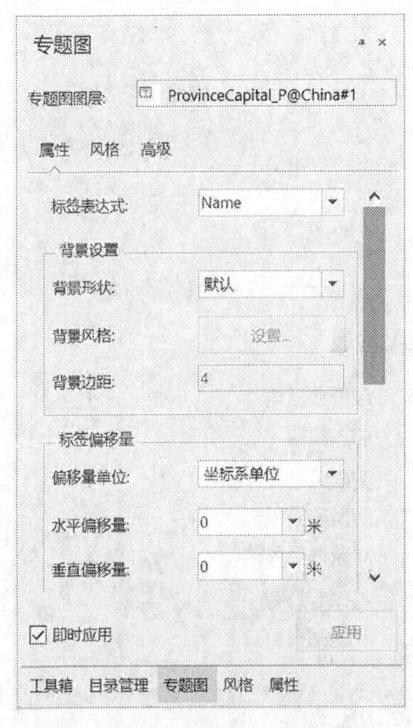

图 2-67　“专题图”对话框

图 2-68　指定制作标注专题图的字段

(4)调整标注文本与对应的点符号的位置关系。这里使标注文本位于点对象的上方并与点对象居中对齐,那么需要在“风格”选项卡区域,设置“对齐方式”为“中下点”,就可以实现这种位置关系(见图 2-70)。

(5)调整标注文本的风格,根据制图的需要和自己的审美来决定。可以调整的文本

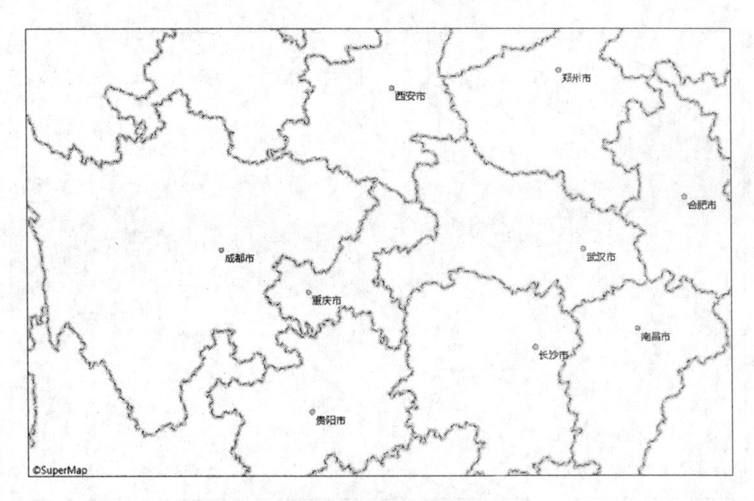

图 2-69　选择标注字段后

风格包括:使用的字体名称、字体大小、文字其他效果(如轮廓线、粗体、斜体、文字旋转等)。调整标注文字风格,在“风格”选项卡区域实现,这里调整字号为 16,使用黄色轮廓线(见图 2-71 和见图 2-72)。

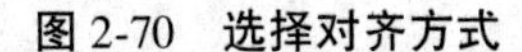

图 2-70　选择对齐方式

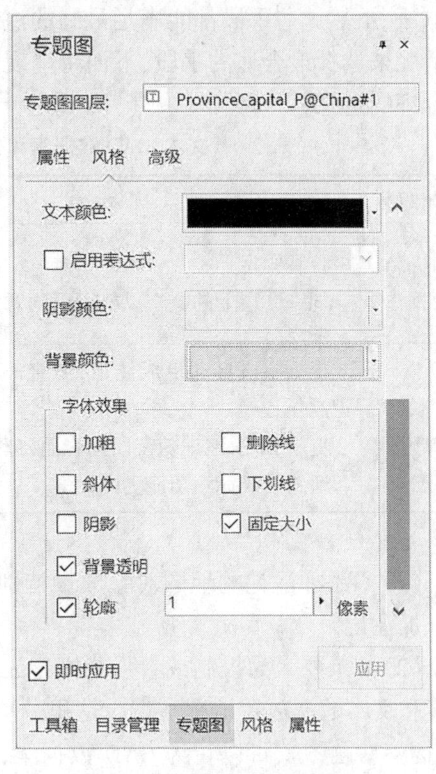

图 2-71　设置专题图风格

(6)处理以上设置内容时,在大数据量的情况下,会产生标注文本间的压盖等冲突,还需要处理关于冲突的内容。

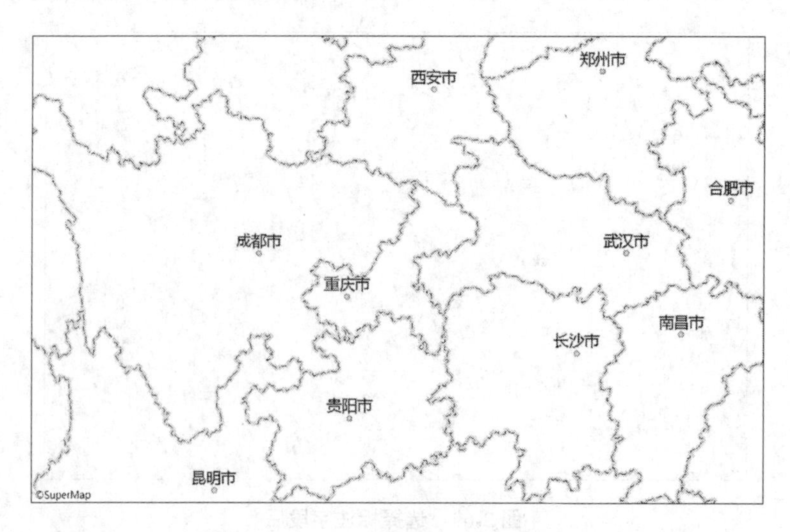

图 2-72 调整标注文字风格

(三)如何选择合适的注记手段

在项目小节中分别介绍了以文本/CAD 数据集、标签专题图两种手段制作地图注记的方法,虽然这些手段都能满足最终的注记要求,但是在实际应用中需要根据数据量等具体情况来选择最合适的手段,下面将呈现这些注记手段各自的特点(见表 2-9),以方便做出合理的选择。

表 2-9 文本/CAD 数据集和标签专题图制作地图注记优劣势分析

注记方式	优势	劣势
文本/CAD 数据集	位置固定; 同一图层上的文字风格可以随意定制	注记文本手动添加,不适宜海量地图注记生产; 不适合更新较频繁的注记文本
标签专题图	根据字段自动生成注记,适合海量地图注记制作; 更新方便,注记随字段内容而自动更新; 道路沿线标注功能更强大	位置会因地图文字避让而发生变化; 统一标签专题图上的文字风格较为统一,只能通过分段标签专题图制作文字风格相对丰富的标签

(1)当添加注记的地图对象数量特别大时,请选择标签专题图的方式,自动为地图对象添加注记。

(2)如果要人为控制或者强制固定注记与被标注对象的相对位置,需要使用 CAD 数据集和文本数据放置地图注记。这里分享一个技巧:通过标签专题图方式制作的地图注记(标签专题图),可以转为 CAD 数据集,见图 2-37,这样可以对海量注记中的个别注记进行微调整(图 2-73)。

(3)当地图注记更新速度较快时,建议使用标签专题图的方式为地图添加注记。

(4)对于需要沿线放置的注记,道路线数据建议采用标签专题图的方式添加注记,标签专题图专门针对沿线标注提供了实用的设置内容,注记可以很好地与道路的走向吻合,

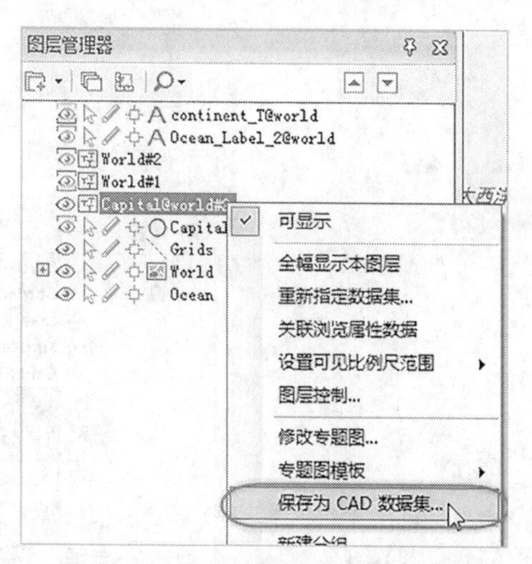

图 2-73　标签专题图另存为 CAD 数据集

并且提供了固定循环间隔标注的注记放置形式。

(5)对于面状河流数据,无法通过标签专题图的手段实现河流注记(沿河流标注),因此此时就必须使用 CAD 数据集或者文本数据集实现面状河流的沿线标注。

(6)标签专题图对地图对象进行标注时,可以通过字段表达式,通过对若干字段进行运算或者对若干字段值进行某种组合,使用其结果作为注记内容。

(7)标签专题图可以制作如图 2-74 所示的以圆角矩形为背景的注记,并且注记的背景可以是圆角矩形、矩形、椭圆、菱形,还可以用点符号作为背景。而文本数据集和 CAD 数据集添加的注记只能制作出一个矩形的背景效果,其他背景效果不支持。

三、界面配置

(一)新建地图

新建地图是通过新建地图窗口来实现的,新建地图窗口主要有两种方式:一种是新建一个空白的地图窗口,另一种是新建地图窗口的同时添加地图数据。

1. 新建空白的地图

(1)在工作空间中打开数据源,只有当前工作空间中存在数据源,"新建地图窗口"的功能才可用。此处,打开示范数据中 China. udb 数据源。

(2)在"开始"选项卡的"浏览"组中,单击"地图"下拉按钮,然后单击"新建地图窗口"项,即可新建一个包含了空白地图的地图窗口。

2. 新建加载了数据的地图

(1)在工作空间中打开数据源,只有当前工作空间中存在数据源,新建地图窗口的功能才可用。此处,打开示范数据中 China. udb 数据源。

(2)在工作空间管理器中,选中要添加到新地图中的数据集,可以按住 Ctrl 或 Shift 键,同时单击鼠标选择多个数据集(见图 2-75)。

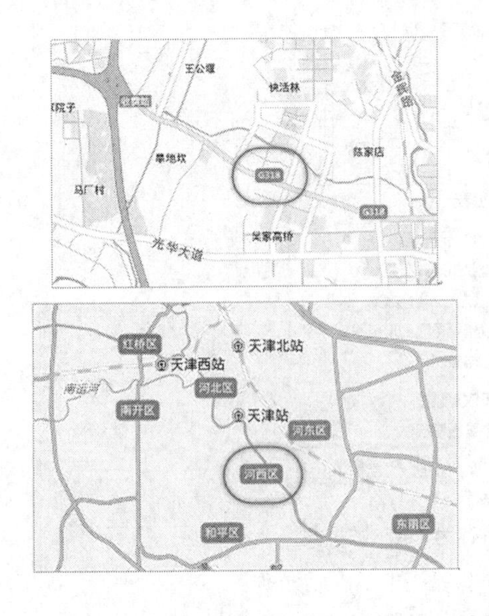

图 2-74　带背景的注记形式

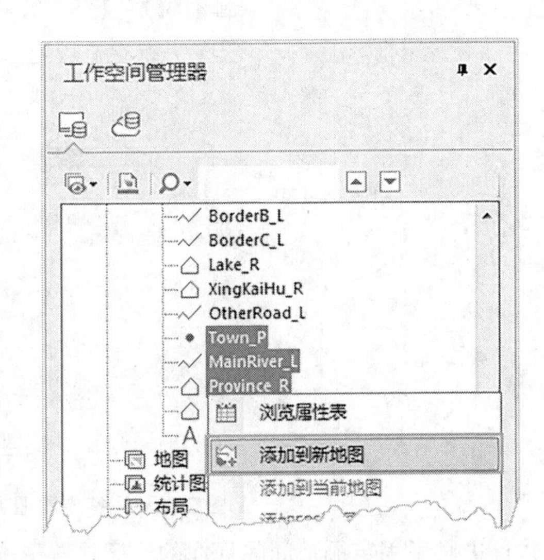

图 2-75　选中数据集

(3)在“开始”选项卡的“浏览”组中,单击“地图”下拉按钮,然后单击“在新建地图窗口打开”项,即可新建一个包含了地图数据的地图窗口,或者单击鼠标右键,选择“添加到新地图”,即可在新地图窗口中加载选中数据。

(二)加载地图数据

地图是可视化展示二维空间数据的结果,不同类型、不同来源的数据集以图层的形式添加到地图中,一幅地图可以包含多个图层,一个图层对应一个数据集;一个数据集可以被多次加载到一幅或多幅地图中,因此一个数据集可以对应多个图层,通过对各个图层进行不同的符号化表达,可以从不同角度突出显示该数据集的不同信息。

可以加载到地图中显示的数据集包括:矢量数据集、影像数据集和栅格数据集,下面详细介绍如何将数据集添加到地图中。

(1)在当前工作空间中,打开示范数据 China. udb 数据源。

(2)获得一个当前活动的地图窗口。可以单击“开始”选项卡“浏览”组的”地图“按钮,新建一个地图窗口,也可以将应用程序中已有的地图窗口激活为当前活动的窗口,此处,新建一个空白的地图窗口。

(3)在弹出的“选择”对话框中,选择 China 数据源下要添加到地图中显示的数据集。此处,同时选中名称为:ProvincesCapital_R、MainWater_L、Capital_P 的数据集。

(4)单击“选择”对话框中的“确定”按钮,即可将选中的数据集添加到当前地图窗口中(见图 2-76)。

此时,选中的数据集已添加到当前地图窗口中,每个图层对应一个数据集。图层管理器中显示了所添加的数据集对应的图层。图 2-77 为当前地图窗口中显示的地图。如果需要在地图中添加其他数据,可直接在工作空间管理器中,将选中数据集拖曳到地图窗口中。

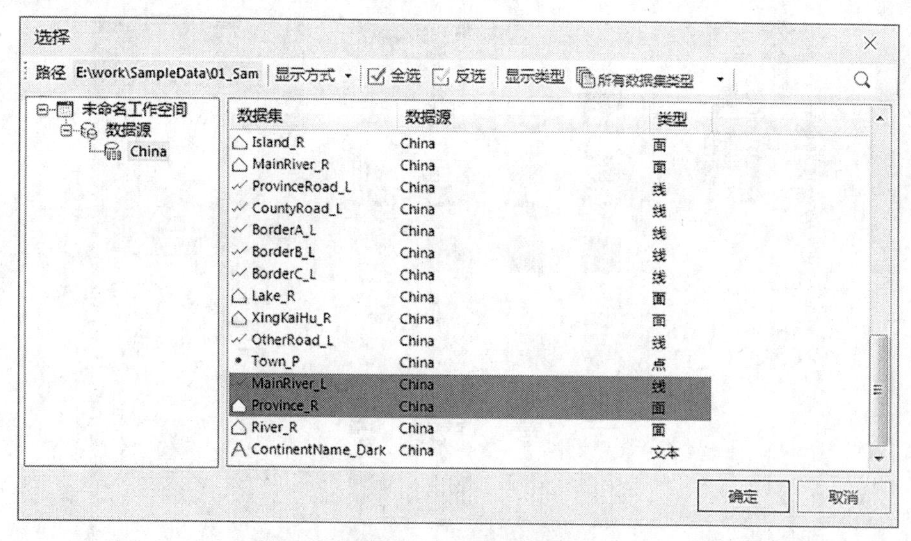

图 2-76　选择数据集

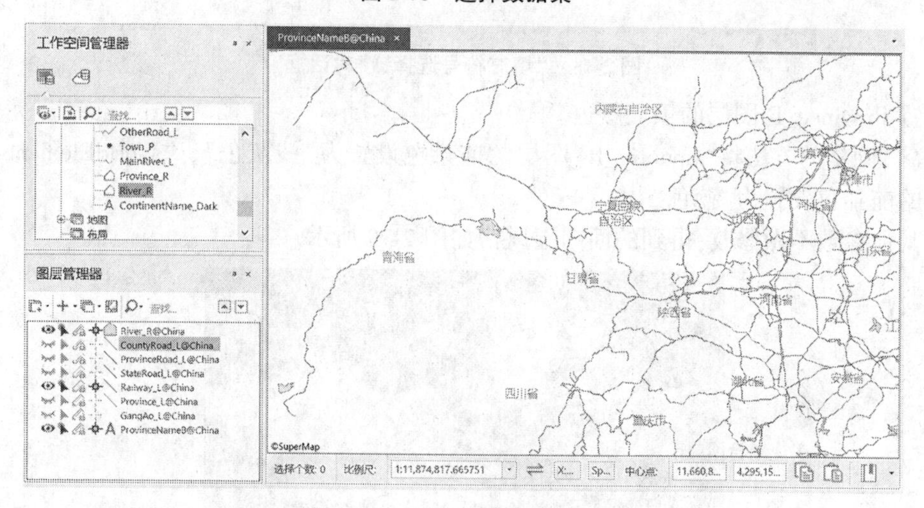

图 2-77　当前地图窗口中的地图

(三)设置图层风格

新建地图的展示方式为各图层的默认风格,用户可将图层风格进行重新设置,满足用户的显示需求。

1. 设置 Province_R 等面图层风格

Province_R 图层代表的是中国的行政区划,在本书中作为底图,所以对其进行单一设色就可以。具体操作步骤如下:

(1)在"图层管理器"中双击"Province_R@ China"图层,弹出"填充符号选择器"对话框。

(2)为了突出显示其上的道路、河流与 POI 点等,一般设置行政区划面为白色,叠加在蓝色的海域之上,在"填充符号选择器"中:将"前景色"设置为"白色";点击"线型选择",在弹出的"线型符号选择器"中,设置"线颜色"为灰色(R:127,G:127,B:127)。

(3)也可在"风格设置"选项卡的"填充风格"组中,单击"前景色"按钮,在颜色面板

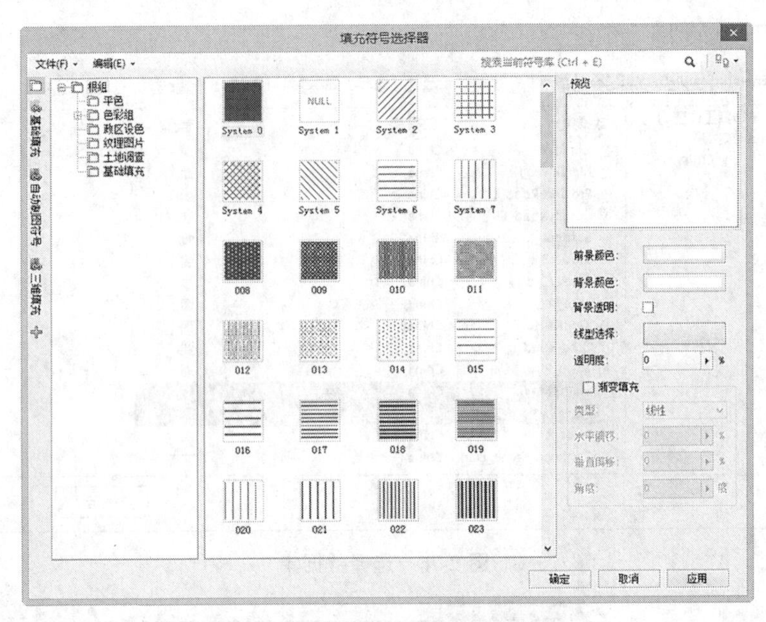

图 2-78　"填充符号选择器"对话框

中设置 Province_R 图层的填充颜色。

(4)同样的方法将"Country_R"图层的前景色设置为"浅灰色","WorldElements_R"图层的前景色设置为"蓝色"。

其他参数不做修改,得到的面图层风格如图 2-79 所示。

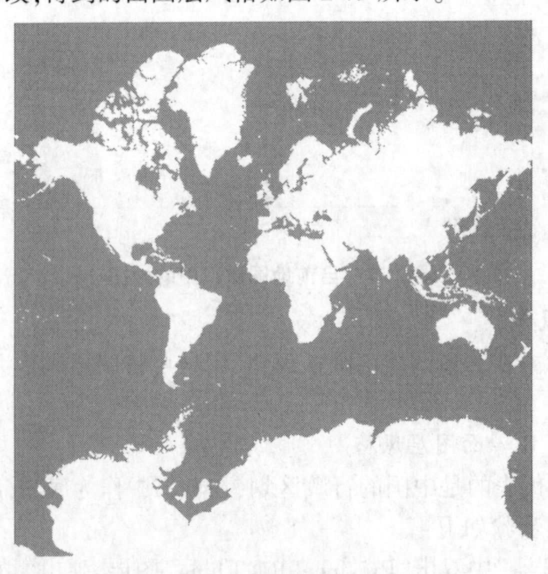

图 2-79　设置填充图层风格

2. 设置 StateRoad_L 图层风格

StateRoad_L 图层代表国道(包括高速公路),可使用相同的符号表示。在"图层管理器"中双击"StateRoad_L@ China"图层,弹出"线型符号选择器"对话框(见图 2-80)。

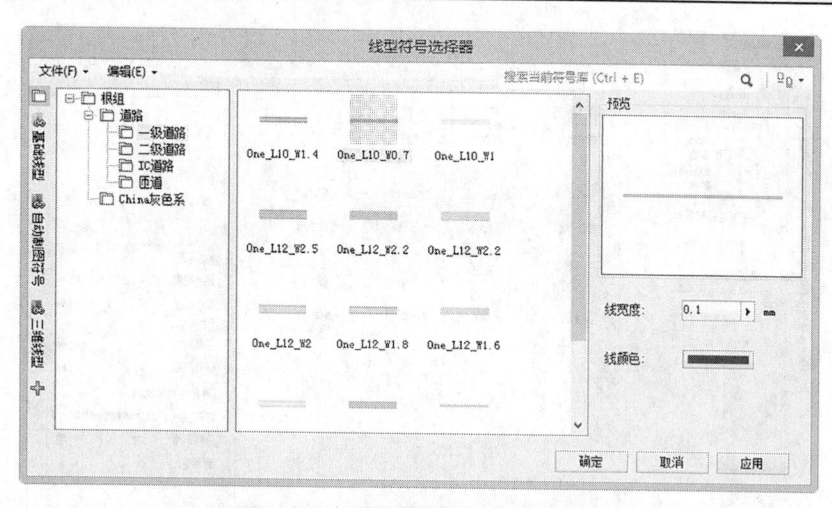

图 2-80 “线型符号选择器”对话框

(1)在“线型符号选择器”对话框上的搜索栏中输入“道路”,就可以搜索出当前根组下的所有道路的相关符号,对于国道、省道、主干道和快速路、区县级道路和乡镇小路,不同等级的道路需要采用不同粗细及不同颜色的符号来进行区分,一般来说,级别高的道路采用更宽的线状符号和更浓重的颜色,而级别低的道路采用更细的线型和更浅淡的颜色,这一点也与道路的实际情况相符合。道路的符号可以选用“资源”→“线型符号库”中提供的道路符号,也可以自己制作。

(2)单击“确定”,选择的符号就被应用在地图上。得到的效果如图 2-81 所示。

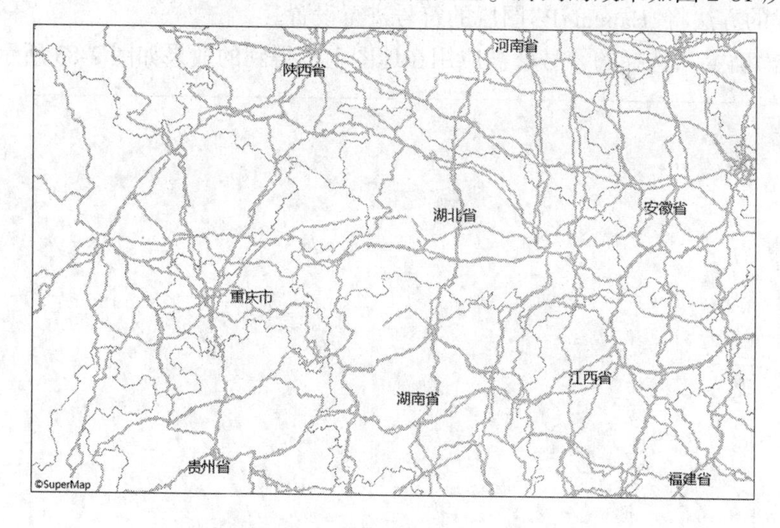

图 2-81 StateRoad_L 图层风格效果示意

3. 设置 ProvinceCapital_P 等点图层效果风格

ProvinceCapital_P 图层代表的是省会城市的点,可使用相同的符号表示。

(1)在“图层管理器”中双击“ProvinceCapital_P@ China”图层,弹出“点符号选择器”对话框(见图 2-82)。

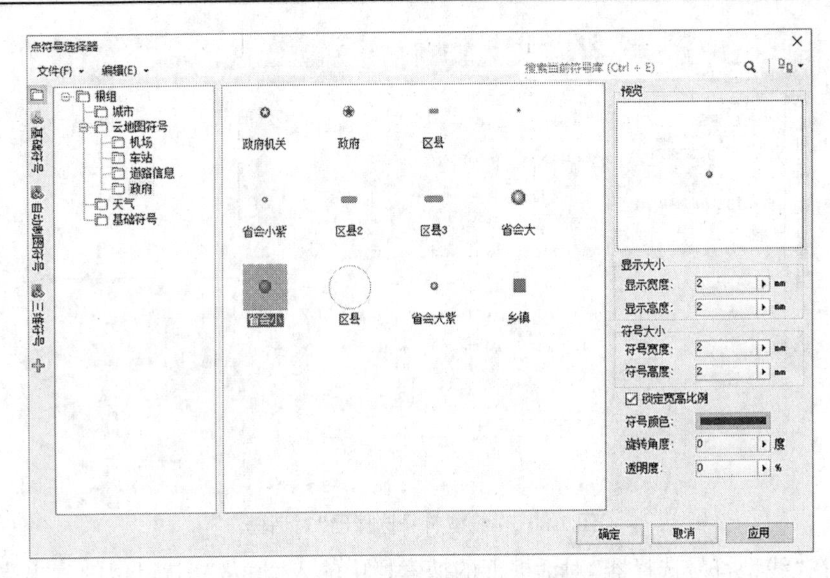

图 2-82　“点符号选择器”对话框

(2)在“点符号选择器”对话框上的搜索栏中输入“政府”,就可以搜索出当前根组下的所有政府的相关符号。

(3)选择搜索出的第一个符号,在右侧的符号属性设置中,将“显示大小”组中的“显示宽度”和“显示高度”均设置为 2,即使用符号制作时的大小。点符号的设置如图 2-82 所示。

①同样的方法将“Capital_P”图层的符号进行设置。

②单击“确定”,选择的符号就被应用在地图上。得到的效果如图 2-83 所示。

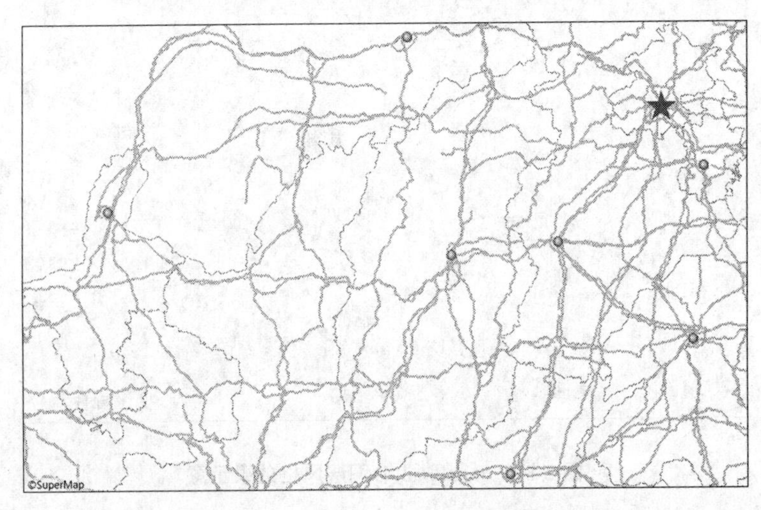

图 2-83　ProvinceCapital_P 和 CityA_P 点图层风格效果示意

(四)对图层进行标注

对地图进行标注,可以更加轻松地识别地图上的重要元素。在本例中,将对 Capital_P 图层进行标注。

(1)在“图层管理器”中“Capital_P @ China”图层上单击右键,在弹出的右键菜单中选择“制作专题图…”,弹出“制作专题图”对话框。

(2)在“制作专题图”对话框左侧选择“标签专题图”,右侧对应的列表中选择“统一风格”,单击“确定”之后弹出“专题图”对话框并停靠在应用程序界面的右侧。

(3)“专题图”对话框中分为“属性”“风格”和“高级”三个面板,在这里只介绍“属性”和“风格”面板中的参数设置。

◆在“属性”面板中,“标签表达式”设置为“Name”。

◆在“风格”面板中,设置“字体名称”为“微软雅黑”,“对齐方式”为“中下点”,“字号”为“11”,“字高”为“39”。其他参数设置见图 2-84。

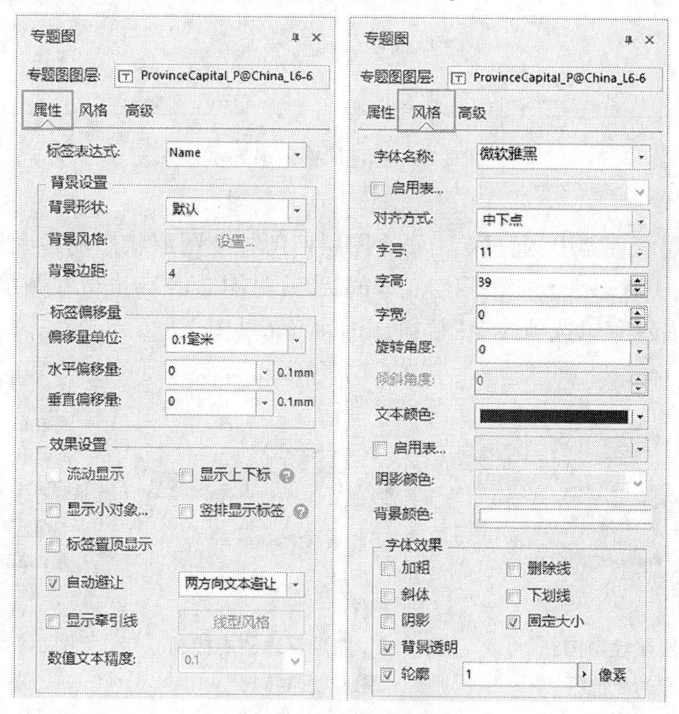

图 2-84　专题图图层设置

标注效果如图 2-85 所示。

(五)图层操作

SuperMap iDesktop 可以实现图层的显示控制、风格设置、图层符号化表达,也可通过对图层的编辑实现对数据集的编辑。

1. 控制图层状态

地图中图层的状态包括:图层是否可显示、是否可编辑,图层中的对象是否可选择、是否可捕捉。

(1)在图层管理器中选中要改变状态的图层,可以配合 Ctrl 键或 Shift 键同时单击选中多个图层。

(2)在“地图”选项卡中的“属性”组中,单击“图层属性”,在“图层属性”面板中勾选“可显示”“可选择”“可编辑”或“可捕捉”复选框可改变选中图层相应的状态(见

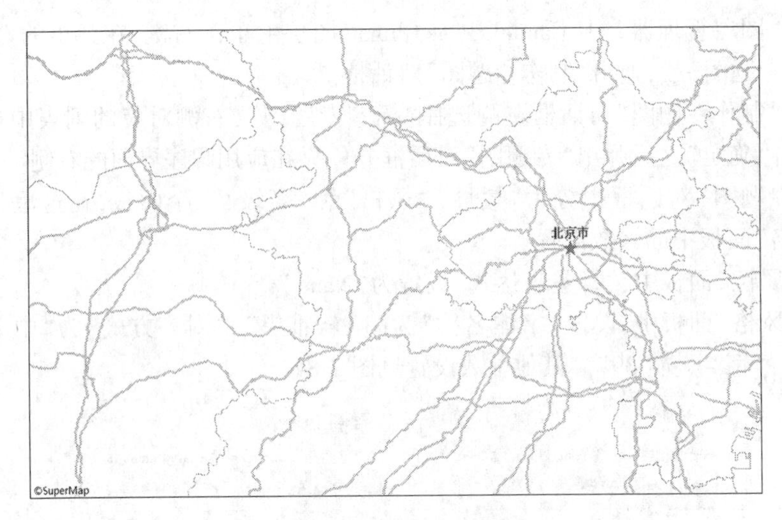

图 2-85　标注风格效果显示

图 2-86)。

此外,在图层管理器中,通过单击每个图层前的控制图层状态的各个按钮,也可以通过这些按钮的选中状态来改变该图层相应的状态(见图 2-87);也可在图层管理器中单击图层右键,通过右键菜单选项改变图层的相应状态(见图 2-88)。

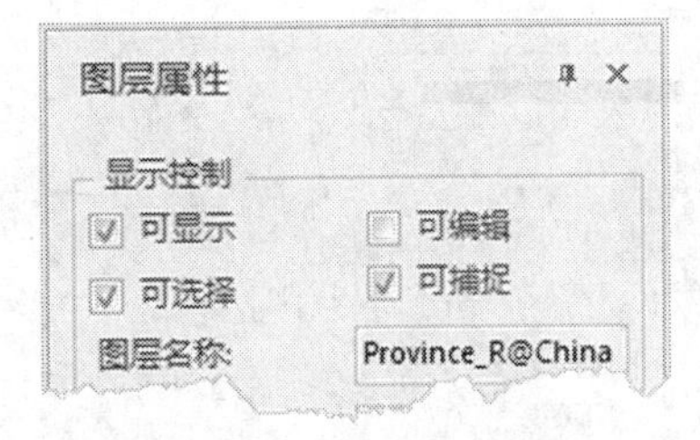

图 2-86　图层属性中控制图层状态的复选框

图 2-87　图层管理器中控制图层状态按钮

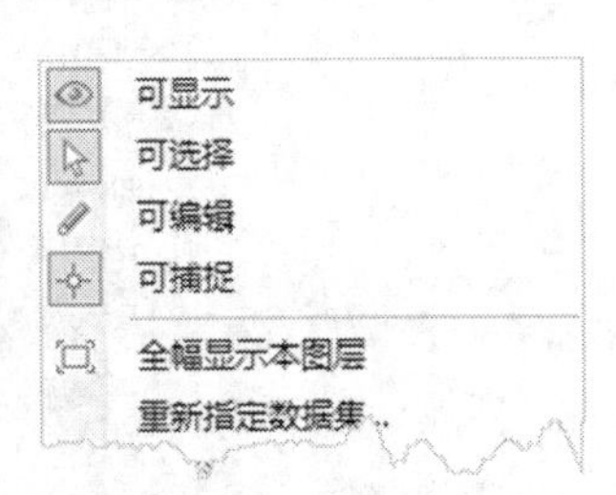

图 2-88　图层右键控制图层状态选项

默认情况下,一幅地图中只能有一个可编辑的图层。若要使地图中同时存在多个可编辑图层,首先,需要在“对象操作”选项卡的“对象操作”组中,勾选“多图层编辑”复选框,表示当前地图中可以同时存在多个可编辑图层;然后,将设置多个图层为可编辑状态即可。

2. 设置图层的关联数据

一般而言,一个图层对应一个数据集,图层记录的是添加到地图中的数据集的连接等信息,而图层对应的数据集还是存储在数据源中。需要注意的是,地图图层关联的数据集是可以改变的。也就是说,修改图层关联的数据集,图层将显示新的关联数据集的信息。具体操作为:

(1)在图层管理器中,选中需要改变关联数据的图层。这里以 China 数据为例,在不同的地图窗口中分别打开 ProvincesCapital _R 和 County_R 数据集。

(2)单击“开始”选项卡“浏览”组中的“关联浏览”按钮,选择该图层要关联的多个数据集(图),单击“确定”按钮即可(见图 2-89)。

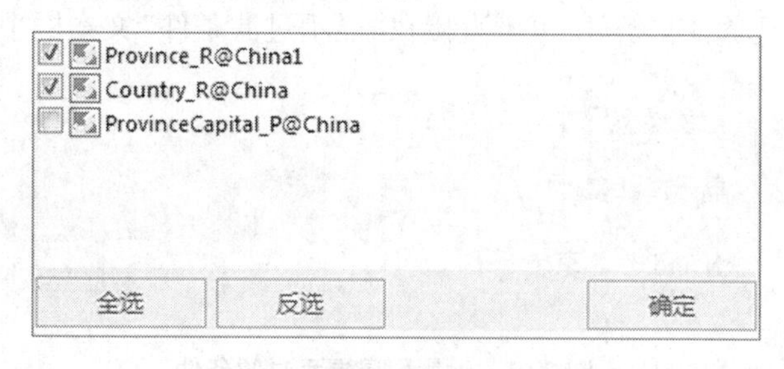

图 2-89 改变图层的关联数据集

3. 图层显示控制

图层的显示控制并非特指图层是否可显示,而是通过设置或修改参数来控制图层的显示效果和特性,例如,控制图层在特定条件下才显示、图层中对象的显示条件或者图层显示的透明程度等。

1)图层可见比例尺

若图层设置了最大可见比例尺或最小可见比例尺,地图缩放时,如果当前地图比例尺,不在图层的最大可见比例尺和最小可见比例尺范围内,那么该图层将不显示,这可以使图层仅在特定的条件下显示,以提高地图的显示效率。具体操作为:

(1)在图层管理器中,选中需设置可见比例尺的图层。

(2)在“图层属性”面板中,可在“最小可见比例尺”右侧组合框中输入比例尺的值(见图 2-90),或选择预定义的比例尺,还可直接选择“设置为当前比例尺”项,即可将当前地图比例尺设置为该图层的最小可见比例尺,当地图比例尺小于该值时,该图层不显示。

(3)以同样的方式设置图层的最大可见比例尺,当地图比例尺变化到大于所设置的最大可见比例尺时,该图层不显示。

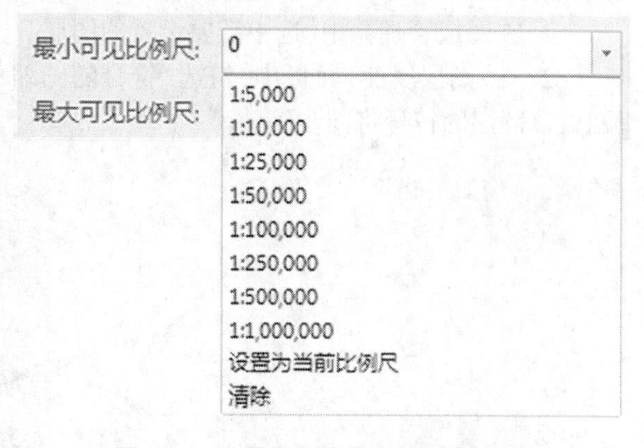

图 2-90 设置图层的最小可见比例尺

如果需要清除图层的可见比例尺的控制,首先选中该图层,然后在“图层属性”面板中,分别在“最小可见比例尺”和“最大可见比例尺”的下拉列表中选择“清除”。

2)图层中对象过滤显示

为了提高地图显示效率,可以将一定尺寸以下的对象控制为不显示。若需要显示图层中满足某种属性条件的对象,可以通过设置图层对象的显示过滤条件来控制。具体操作为:

(1)在图层管理器中,选中需要进行过滤显示设置的图层。

(2)在“图层属性”面板中,设置“对象最小尺寸”,单位为:mm(见图 2-91)。

（3）单击“显示过滤条件”组合框右侧的按钮，在弹出的“SQL 表达式”对话框中构造 SQL 表达式，设置显示过滤条件，也可直接在“显示过滤条件”文本框中输入 SQL 表达式。

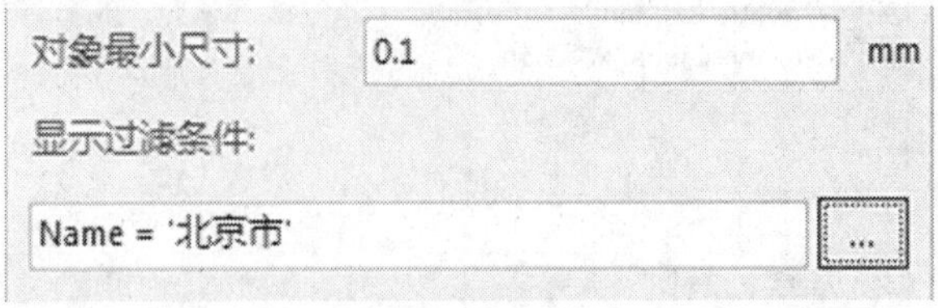

图 2-91　设置图层显示过滤条件

设置完成后，对于该图层中小于“对象最小尺寸”的对象不显示，只显示满足“显示过滤条件”的对象。

3）图层透明度设置

（1）在图层管理器中，选中要改变透明度的图层。

（2）在“图层属性”面板中，可在“透明度”文本框中直接输入数值。该数值为 0 至 100 间整数，0 表示不透明，100 表示完全透明，也可以单击“透明度”右侧的箭头，使用弹出的滑块进行调整（见图 2-92）。

4）图层中符号的缩放

默认状态下，图层中的符号不随地图的缩放而变化。若需要使符号与地图同步缩放，可以进行如下设置：

（1）在图层管理器中，选中需要设置的图层。

（2）在“图层属性”面板中，勾选“符号随图缩放”复选框（见图 2-93）。此时，地图缩放时，该图层的符号将同步缩放。

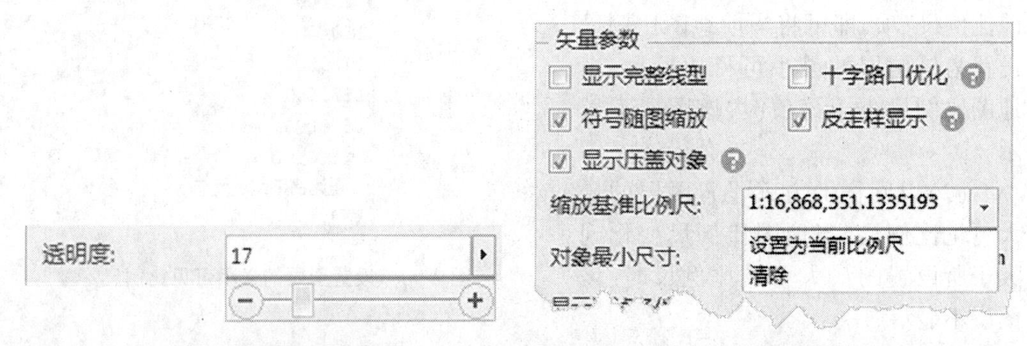

图 2-92　调整图层透明度　　图 2-93　符号缩放设置

（3）设置图层的缩放基准比例尺，以控制每一次缩放的动作，图层符号随着缩放的程度。在“缩放基准比例尺”组合框中，直接输入比例尺进行设置，或者单击其右侧的箭头，然后单击“设置为当前比例尺”项，将当前比例尺设置为“缩放基准比例尺”。

如果设置“符号随图缩放”，则执行地图缩放操作后，图层中符号的大小将由设置“符号随图缩放”时的地图比例尺、缩放基准比例尺以及缩放后的地图比例尺共同决定。例如，地图比例尺为 1∶500 000，图层符号大小为 5，此时，若将“缩放基准比例尺”设置为 1∶100 000，则符号大小将变为 25，即设置后的符号大小＝符号原始大小×缩放基准比例尺/设置时的地图比例尺；此后，若执行放大缩小操作，则图层符号大小将以 25 为基准，按照地图缩放的比例进行缩放，即若地图比例尺放大为 1:50 000，则符号大小变为 50。

如果需要取消图层的符号缩放设置，只需在“图层属性”面板中，取消“符号随图缩放”复选框的勾选状态，该图层的符号就不再随地图的缩放而缩放。

4. 影像/栅格图层显示控制

对于地图中的栅格和影像图层，还可以进行一些特有的显示控制，例如改变栅格图层的颜色表、改变栅格或影像图层的亮度和对比度、设置透明颜色等。

以示范数据 World. udb 数据源下的 LandCover 和 Image 数据集为例，将该数据集添加到地图窗口中，介绍影像/栅格图层显示控制的相关操作。

1) 改变栅格/影像图层亮度和对比度

(1) 打开 World. udb 数据集，打开 LandCover 到地图窗口中，并在图层管理器中，选中 LandCover 图层。

(2) 在“图层属性”面板的“栅格参数”组中，可在“对比度”文本框中直接输入数值。该数值为-100~100 间的整数，数值越大表示对比度越明显，也可以单击“对比度”右侧的箭头，使用弹出的滑块进行调整。

(3) “亮度”设置方式与“对比度”设置方式一样，亮度值为-100~100 间的整数，数值越大则图像越亮。

2) 改变栅格图层的颜色表

(1) 打开 World. udb 数据集，在图层管理器中，选中 LandCover 图层。

(2) 在“图层属性”面板中的“栅格参数”处，单击“颜色表”按钮，弹出“颜色表”对话框（见图 2-94）。

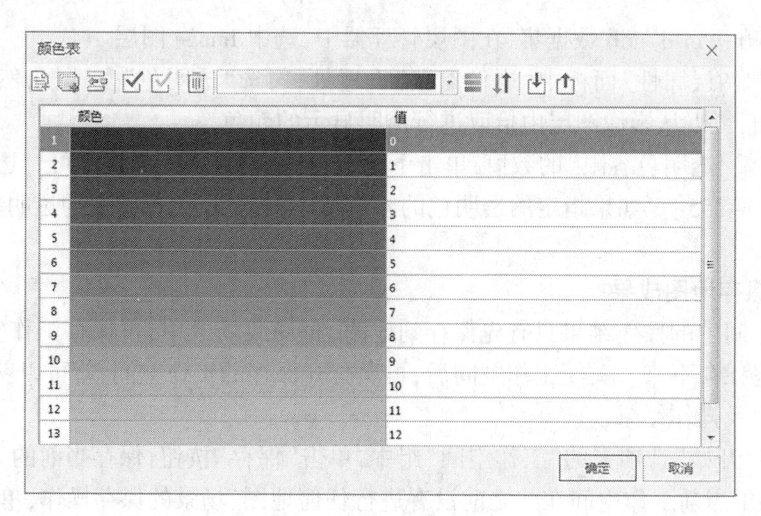

图 2-94　“颜色表”对话框

(3) 在对话框中的“颜色方案”下拉列表中选择栅格图层的颜色配置方案，也可以在对话框中栅格值的颜色列表中修改特定栅格值对应的颜色，并且在对话框中所做的修改都会实时应用，可以立即预览设置的效果。

(4) 完成颜色表的编辑后，单击对话框中的“确定”按钮，最终应用新的颜色表配置。

3) 改变栅格图层特定栅格值的颜色

对于栅格图层,可以对栅格图层中特定值的栅格进行显示控制,可以重新制定该栅格值对应的显示颜色,还可以使该栅格值对应的栅格透明。

(1)打开 World. udb 数据集,在图层管理器中,选中要 LandCover 图层。

(2)单击"分析"选项卡"栅格分析"组中的"查询栅格值"按钮,查询需设置特殊风格的栅格值,并在"图层属性"面板"栅格参数"处的"特殊值"文本框中,输入要进行显示控制的栅格值(见图 2-95),或单击"特殊值"右侧的"拾取"按钮,在地图窗口中待设置为特殊值的像元处,单击鼠标左键,将该值设置为特殊值。

(3)单击"特殊值风格"组合框右侧下拉按钮,选择该栅格值对应的颜色或设置特殊值透明显示。

4) 设置影像图层的透明色

通过设置影像图层的透明色(见图 2-96),可以将影像图层中特定颜色的像元透明化,也就是使像元的显示状态为透明。

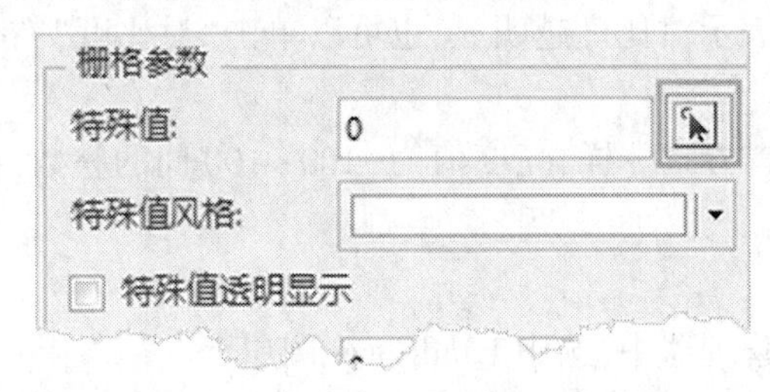

图 2-95　控制特定值的栅格显示

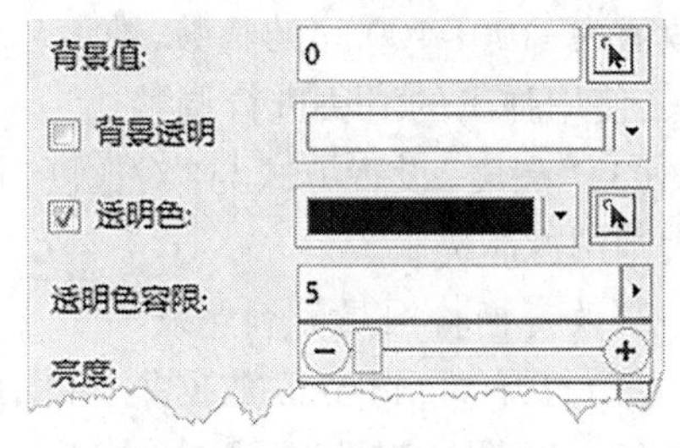

图 2-96　设置影像图层的透明色

(1)打开 World. udb 数据集,在图层管理器中,选中 Image 图层。

(2)在"图层属性"面板中"影像参数"设置处,勾选"透明色"复选框,然后单击其后的颜色按钮,可以从影像图层中拾取进行透明显示的颜色。

(3)调整"透明色容限"的数值,单击下拉按钮,拖动弹出的滑块即可。透明色容限取值范围为[0~255]。如果指定的透明色的容限范围内的颜色,都将视为透明色,将被透明显示。

(六)保存地图成果

工作空间中的操作结果只有先保存到地图、布局或场景中,再保存工作空间,这些操作才能最终保存下来。关闭工作空间后,再次打开保存的工作空间,就可以获取上一次的工作环境以及操作结果。

(1)在"开始"选项卡的"工作空间"组中,单击"保存"按钮,保存当前的工作空间。

(2)如果当前工作空间在此之前没有进行任何地图、场景的保存操作,单击"保存"按钮,将会弹出"保存"对话框,提示用户当前工作空间中尚未保存的内容。

(3)在"保存"对话框中,单击"重命名"按钮,为地图、场景等命名。

(4)单击"保存"按钮,将地图、场景等内容保存到工作空间中。

小 结

本项目主要介绍了电子地图的制作过程,包括图像的几何校正、地图的数字化、地图数据的拓扑处理及电子地图的可视化等。通过本单元的学习,能够对电子地图的制作方法有全面的了解,掌握电子地图的制作及可视化方法。

复习与思考题

1. 简述 Supermap 图像校正的过程。
2. Supermap 如何进行数字化?
3. Supermap 如何进行地图数据格式转换?
4. Supermap 如何进行拓扑检查?
5. 如何选择合适的注记手段?

项目三　电子地图分析

【项目概述】

本项目主要介绍电子地图分析的概念、基本理论、作用及分析方法，学生通过本项目的学习，能够对电子地图分析相关理论知识、技术方法具备整体的认识，能够进行常见的电子地图空间分析操作。

【学习目标】

知识目标：

1. 掌握电子地图分析的概念和基本理论；
2. 了解电子地图分析的作用和发展问题；
3. 掌握电子地图分析方法；
4. 掌握常见的电子地图空间分析的方法。

技能目标：

1. 培养地图分析的能力；
2. 掌握电子地图分析的一般方法；
3. 能够进行电子地图空间分析。

【导入】

地图分析是地图使用中的一个主要方法与过程，是把地图作为客观现象的模型，对它进行科学分析与研究的工作。通过展示电子图分析的相关案例，引发电子地图分析的作用、分析所需的必要条件等方面的讨论。

【正文】

单元一　电子地图分析概述

一、电子地图分析的概念

（一）电子地图分析的实质

1. 电子地图分析的定义

地图分析是采用一定的方法，认识和分析研究运用地图语言再现的空间地理模型，以提取所需要的有关地图信息，解决现实问题的一种手段或方法。

电子地图分析就是将电子地图作为研究对象，采用各种定量和定性的方法，对电子地图上表示的制图对象时空分布特征及相互关系规律进行研究，得出有用的结论，并指导自己的行动。

2. 电子地图分析的含义

任何自然或经济现象在地图上都有各自设计表现的特有方式,电子地图分析是电子地图使用中的一个主要方法与过程,是把电子地图作为客观现象的模型,对它进行科学分析与研究的工作。

3. 电子地图分析的精确性

电子地图分析可方便地对电子地图上各种地物方位、长度、面积、地形起伏高度等,为不同目的从定量方面进行分析、量算(见图 3-1、图 3-2),其精度主要取决于地图本身的精确性和量测技术的精度。同时,不同地图投影的地图,对量测方向、距离、面积等要素的数值也会产生不同效果。为获取正确的分析数据,应了解各种投影响性质及产生误差的规律以资订正。

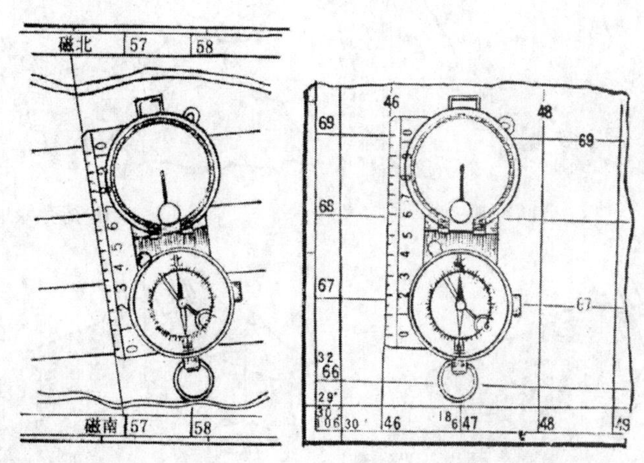

图 3-1　传统地图量测

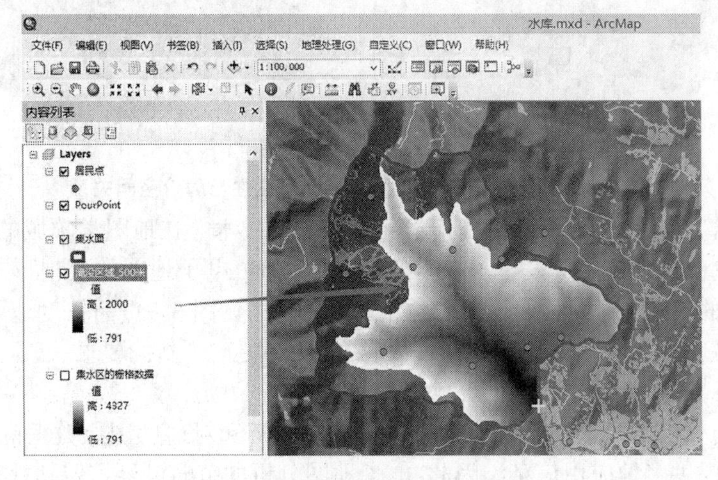

图 3-2　电子地图计算淹没区面积

(二)电子地图分析的范畴和内容

1. 电子地图分析的范畴

传统的地图分析主要是对专题地图和普通地图进行阅读及解译分析,以获取区域某种现象要素分布的状况、规律或几种现象要素的相关关系。

随着科技的发展,电子地图已成为现代地图的主要表现形式,它使地图的应用几乎遍及自然、社会、经济等所有的领域和学科(见图 3-3),尤其是经济地图、人口地图、环境地图、城市地图、资源地图等(见图 3-4),为电子地图分析应用提供了丰富的内容,开拓了广阔的领域。

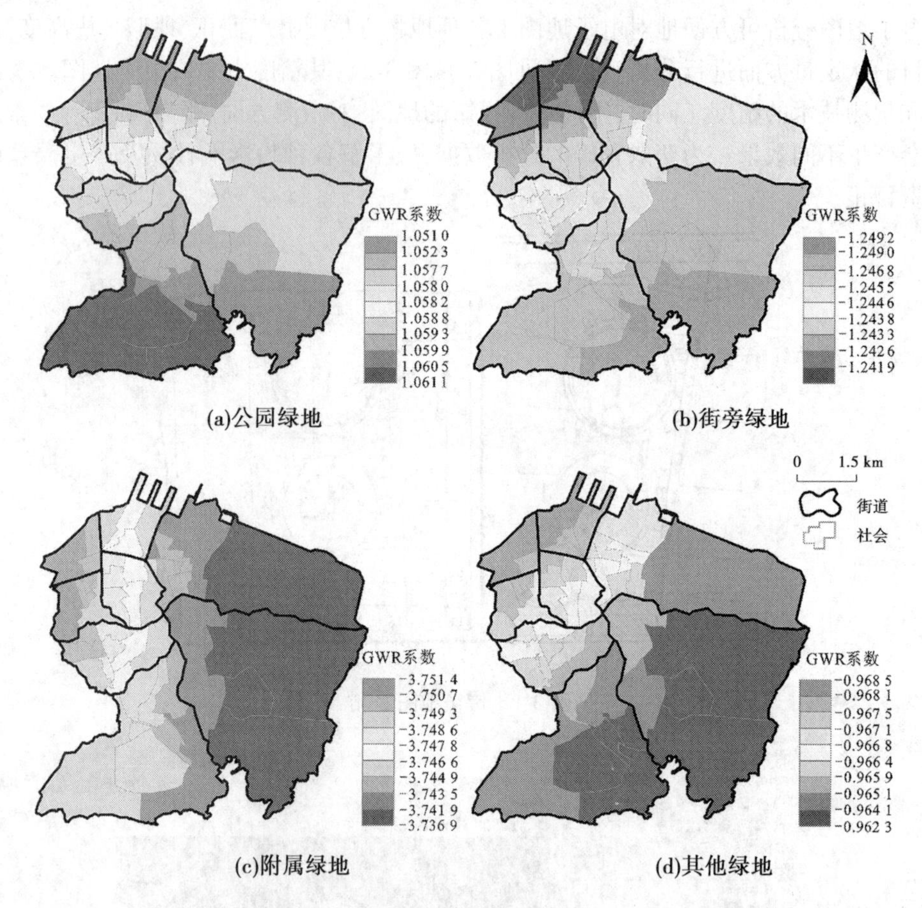

图 3-3　大连市中山区不同类型绿地可达性与房价空间关系❶

遥感技术、WEB 技术、三维仿真技术和虚拟现实技术等在地图学领域的应用,使传统地图学的理论、方法、技术等发生了根本的变化。同时,电子地图的表现形式也出现了多样化,除传统的二维电子地图外,影像地图、三维地图(见图 3-5)、高精度地图等新型地图的出现和发展,对电子地图分析的范畴、内容、方法等提出了新的要求。

2. 电子地图分析的内容

电子地图分析主要是对数字地图的空间信息分析和对遥感图像数据的分析,并为多学科、多部门提供多种应用信息。因此,电子地图分析的范畴已经扩展到社会经济发展和决策管理,区域和城市规划(见图 3-6),自然和社会经济发展预测及环境科学、生态学等

❶ 杨俊,鲍雅君,金翠,等. 大连城市绿地可达性对房价影响的差异性分析[J]. 地理科学,2018,38(12):1952-1960.

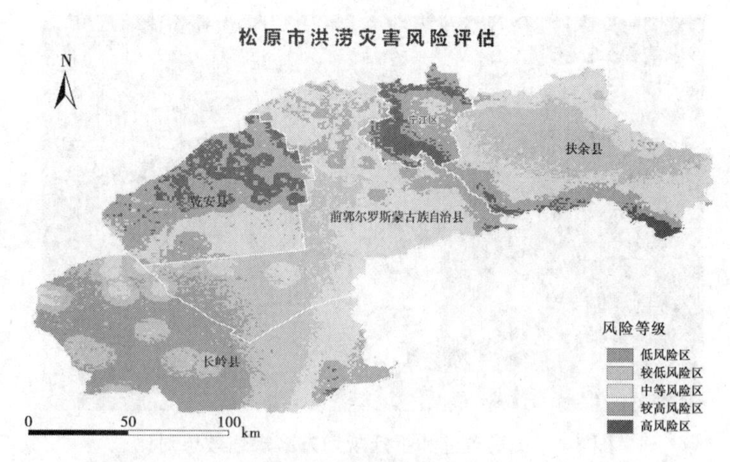

图 3-4　电子地图分析

图 3-5　辽宁卫星三维地图

各个领域，电子地图分析的内容也将从传统的地理基本要素逐渐发展到对地理环境空间信息及其组合的分析。

(三)电子地图分析的技术方法

1. 传统地图分析技术方法

传统的地图分析基本上是由手工作业来完成的，如对地图的阅读、图解(见图 3-7)，对某种要素或多种要素的分析及分析结果的地理解释等一系列过程都由专业人员手工完成。这种传统的分析手段不仅效率低，而且与现代制图新技术的发展也不相适应。

2. 电子地图分析技术方法

现代地图学新技术，尤其是计算机科学的发展和应用，为实现自动化的电子地图分析提供了必要的技术条件。电子地图分析发展的根本任务就是要研究在人工监控下，借助于计算机技术实现对地图和地理环境空间信息的自动化、智能化分析，评价、解译和传输(见图 3-8)。因此，电子地图分析发展的主要技术方法就是计算机及其软件系统。

图 3-6　旧房改造和拆迁规划方案规划效果对比

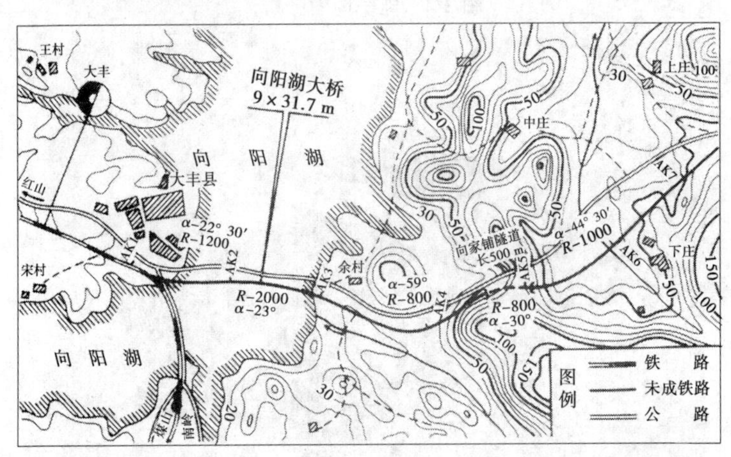

(a)线路平面

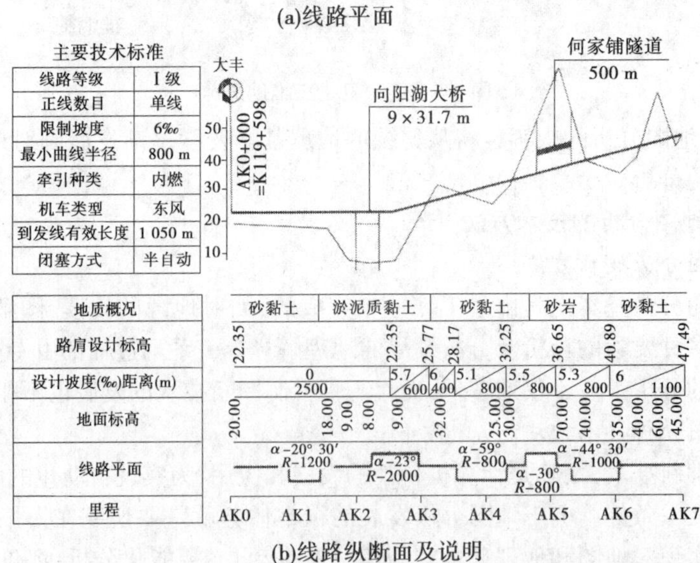

(b)线路纵断面及说明

图 3-7　铁路线路平面和纵断面图

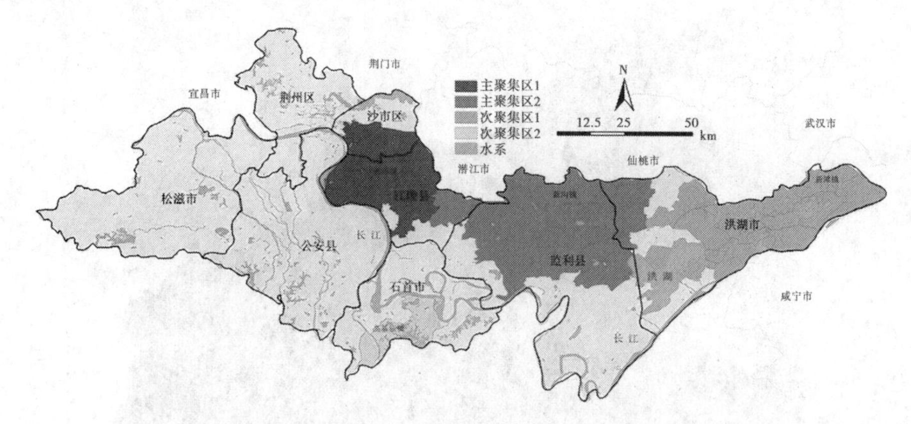

图 3-8　2005~2017 年荆州市肾综合征出血热发病率时空扫描分布

二、电子地图分析的基本理论

(一)地图信息论

1. 电子地图分析基本理论概述

现代地图学的发展,使其学科体系和理论日趋成熟和完善,尤其是近 20 年来,国内外地图学者对地图学理论做了深入的探讨和研究,制图综合理论、地图信息论、地图感受论、地图模型论、地图符号学等已逐渐构成了现代理论地图学的基本内容,见图 3-9。

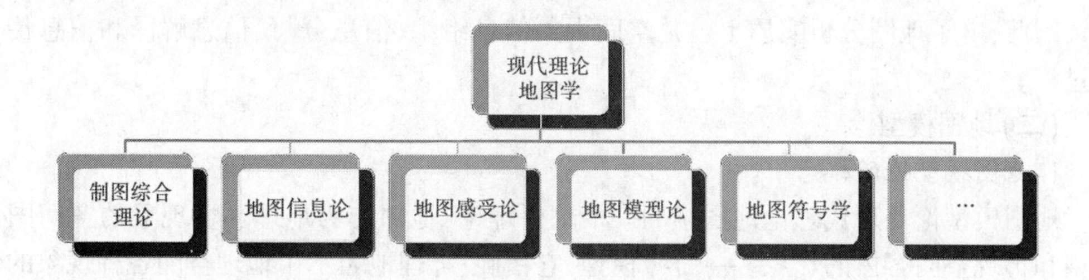

图 3-9　现代理论地图学的基本内容

电子地图分析应用作为现代地图学的一个重要组成部分,也有相应的理论基础。从现代地图分析的特征和发展趋势来看,我们认为可以把地图信息论和地图模型论作为电子地图分析及其发展的基本理论。

2. 地图信息论

地图信息论是把地图作为空间客体信息的载体,着重研究空间客体信息的表示、采集、组织、存储、转换、分析、传输、利用等技术和理论问题,可以用数量、质量、位置和时间因素等四个主要特征来描述任何一种空间客体现象或多种现象的相关关系。

从地图信息论的观点来看,地图作为空间客体信息表达的一种重要形式,它不仅能精确、合理地描述空间客体的基本特征,而且便于对空间客体现象信息进行认识和理解。

地图分析作为空间客体信息分析的重要手段,它是以表示了时空信息特征的地图作为分析对象,通过对地图进行信息提取或解译,获取空间现象的分布位置、分布规律及相关关系等多方面的信息(见图 3-10)。

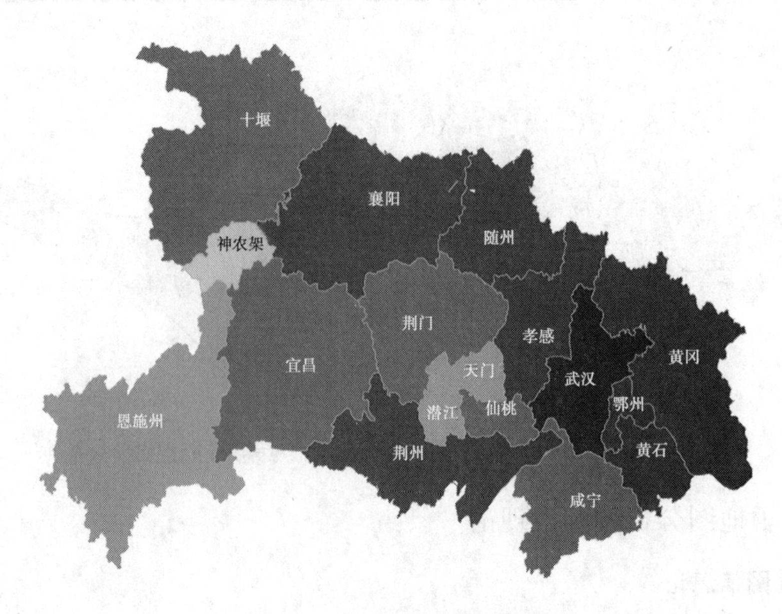

图 3-10　新型冠状肺炎疫情地图

地图上表达的空间信息可分为直接信息和间接信息。对于电子地图,直接信息主要表现为位置、类型、范围、数量、符号含义、注记等。间接信息则表现为相对位置、相互关系等。因此,电子地图分析实质上就是空间现象信息组织、信息分析、信息解译和信息传输的过程。

(二)地图模型论

1. 地图模型论的概念

地图模型论是现代理论地图学的一个重要理论,地图作为地理环境现象的空间图像模型和再现空间客体的形象——符号模型,它精确、合理地表示了地理空间各种现象的位置、类型、数量、分布等,通过对地图进行分析、解译、归纳,可以获取各种现象的数量、质量特征,分布特点、规律以及各种现象间的结构、合成、相关关系等多种信息依据。

2. 地图模型论的内涵

用数学方法描述空间客体的分布,建立再现地理环境现象分布的数学模型和数字模型,是实现地图分析标准化、定量化的根本前提,也是提高地图分析精确性,充分利用地图传输功能的有效途径。

空间客体现象的多样性及各种现象间关系的复杂性,仅用定性的方法难以从地图图形上准确地认识、把握客观世界。借助于数学语言来研究、分析地图,能深入、准确地揭示空间客体间的联系、规律和本质。

根据地图数学模型建立空间客体与计算机存储之间的对应关系,才能将各种地理环境现象转换为数字形式存储于计算机内,并根据分析评价模型编制相应软件,从而实现图形信息的自动分析。

三、电子地图分析的作用

(一)获取各要素的分布规律

通过地图分析可以认识和揭示各种地理信息的分布位置、范围、分布密度和分布规律。进行地图分析时,首先要通过符号识别,认识地图内容的分类、分级以及数量、质量特征与符号的关系。接着要从符号形状、尺寸、颜色(或晕线、内部结构)的变化着手分析各要素的分布位置、范围、形状特征、面积大小及数量、质量特征,进而阐明分布规律并解释形成规律的原因(见图 3-11)。

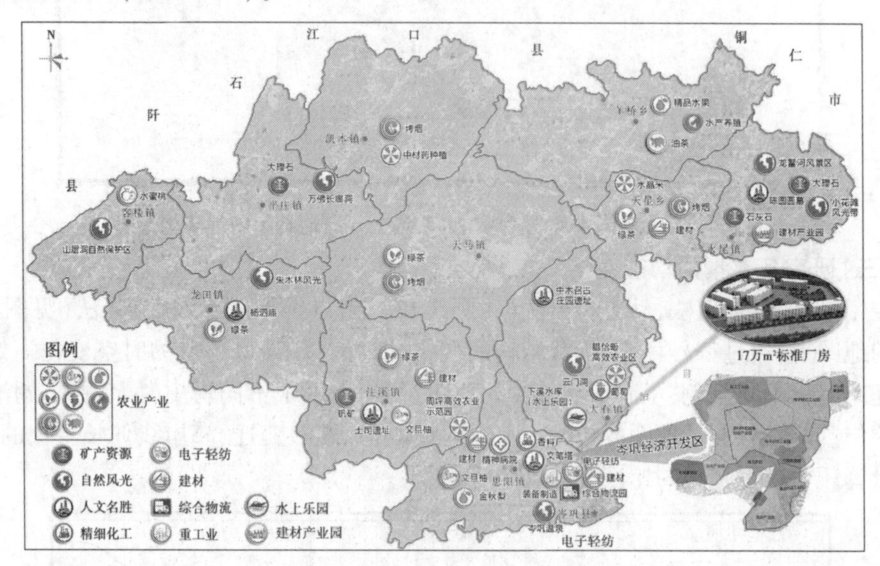

图 3-11　岑巩县产业资源分布

(二)揭示各要素的相互联系

通过普通地图分析,可以直接获得居民地与地形、水系、交通网的联系与制约关系;获得土地利用状况与地形,与各类资源的分布及数量、质量特征,与交通能源等各项基础设施水平的关系等。普通地图与相关专题地图的深入分析,更能揭示地理环境各组成要素相互依存、相互作用和相互制约的关系。如分析我国地震图和大地构造图,可以发现断裂构造带与地震多发区密切相关,强烈地震多发在活动断裂带的特殊部位(见图 3-12)。

从地图上获取数据、绘制剖面图、玫瑰图等相关图表,亦可揭示各要素的相互关系。如在地形剖面图上填绘相应的土地利用类型符号,揭示土地利用类型与地面坡度及海拔高度的关系。又如在水系图上量算不同流向的径流长度并绘制方向玫瑰图,同时在地质图上量算不同方向断层线长度并绘制方向玫瑰图,将两种玫瑰图叠置分析,即可获得河流分布与地质断层线之间的相互关系。

各要素的相互关系还可通过地图量算获得同一点位相互相关要素的数量大小(如人口密度、地面高程、坡度、气温、降水等),通过计算比较相关系数大小,分析相关程度。还可应用量算数据,建立数学模型,揭示相关规律。

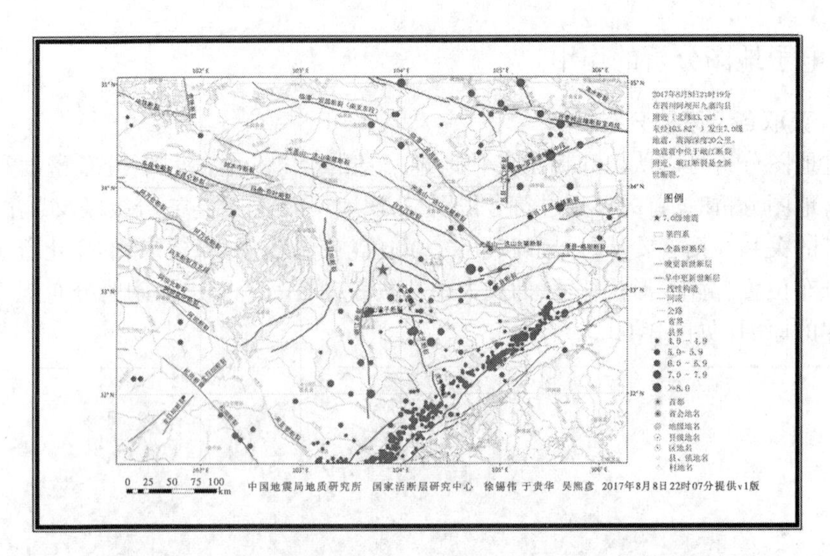

图 3-12　2017 年 8 月 8 日四川九寨沟 7.0 级地震区域地震构造图

(三)研究各要素的动态变化

在用范围法、点值法、动态符号法(见图 3-13)、定点符号法、线状符号法(见图 3-14)表示的地图上,通过符号色彩、形状结构的变化,即可获得某一要素的时空变化。如在水系变迁图上用不同颜色、不同形状结构的地图符号,表示了不同历史时期河流、湖泊及海岸线的位置、范围,通过地图分析则可获得河流改道、湖泊变迁、海岸线伸长变化的规律,经过量算还可求得变化的速度和移动的距离。

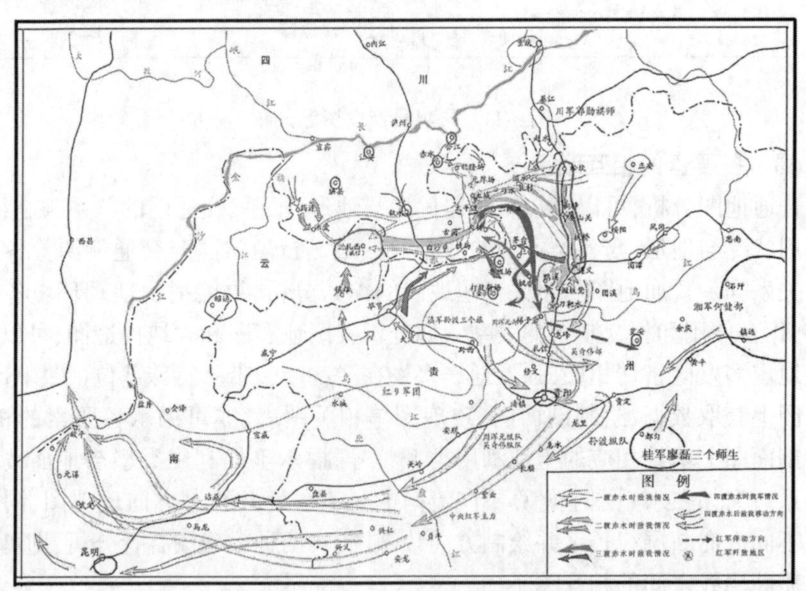

图 3-13　“四渡赤水”示意图

利用不同时期出版的同地区、同类型的地图进行比较分析,可以认识相同要素在分布位置、范围、形状、数量、质量上的变化(见图 3-15)。如比较不同时期的地形图,则可了解居民地的发展和变化;了解道路的改建、扩建和新建;了解河流的改道、三角洲的伸长(见

图 3-14　黄河下游河道变迁详图

图 3-16)、湖泊的变迁、水库及渠道的新建;认识地貌形态的变化,土地利用类型、结构、布局的变化,进而分析区域环境及人类利用、改造自然的综合变化。

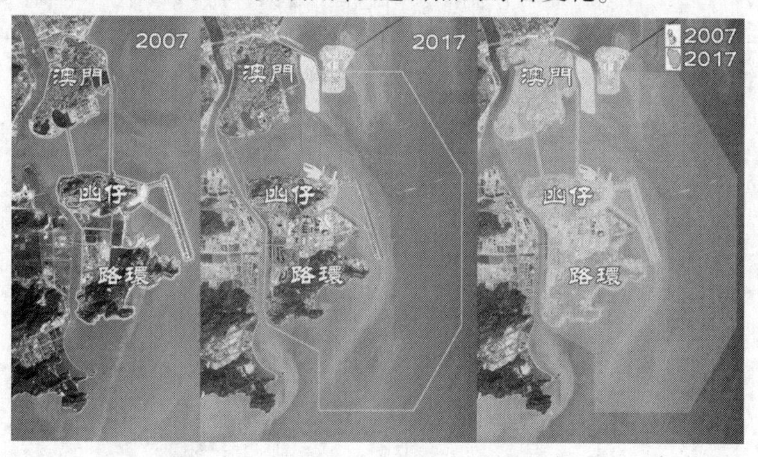

图 3-15　澳门 2007 年和 2017 年影像对比

(四)利用地图分析进行综合评价

综合评价就是采用定量、定性方法,根据特定目的对与评价目标有关的各种因素进行分析,并根据分析结果评价出优劣等级(见图 3-17)。如评价稻田农业生产的自然条件,可选择对农作物生长起主导影响的热量、水分、土壤、地貌等因素,分析其区域差异,评价出不同等级。

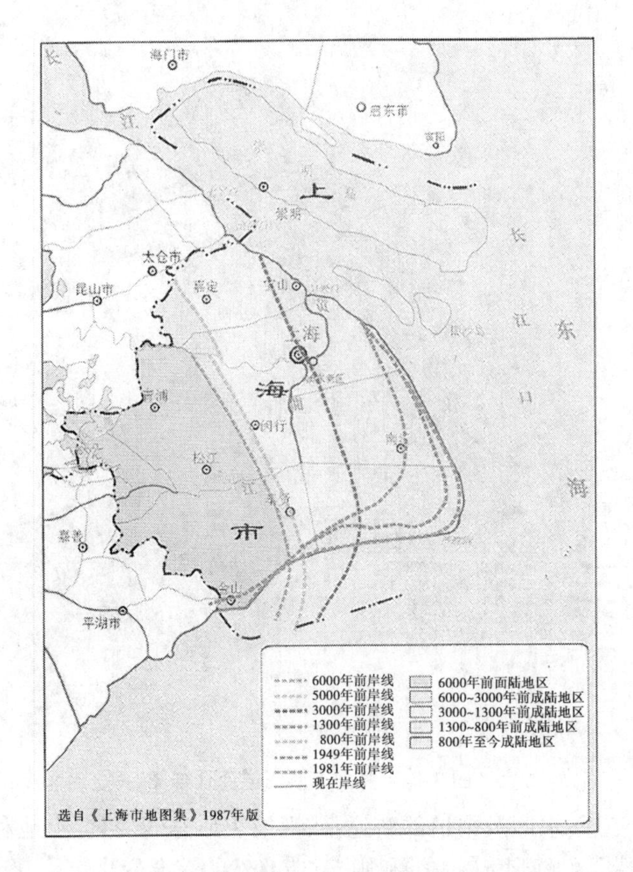

图 3-16　上海陆地演变

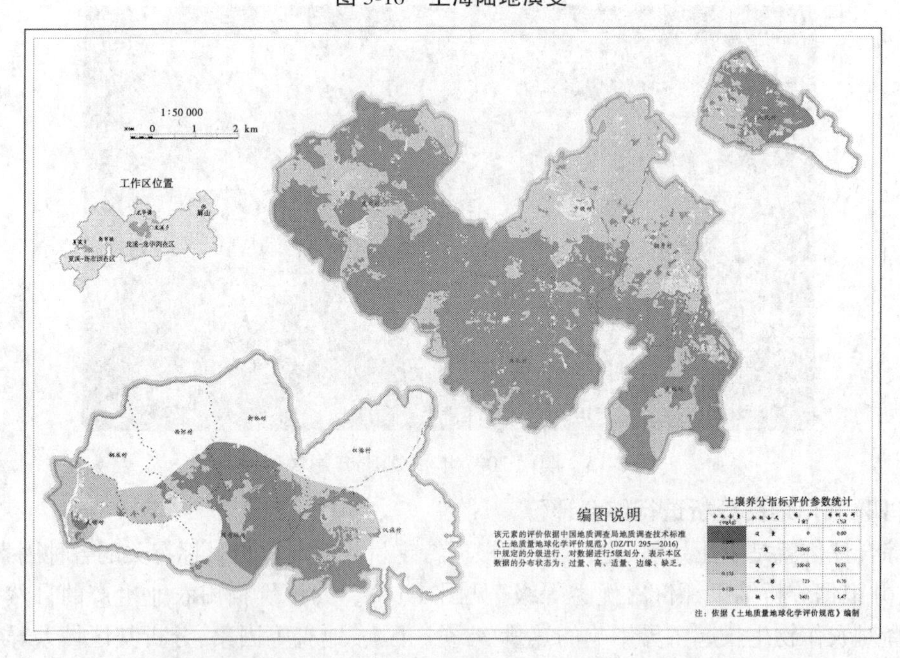

图 3-17　四川乌蒙山区 1:1万土地质量地球化学调查评价(屏山)硒元素分级评价

(五)利用地图分析进行区划和规划

区划是根据某现象内部的一致性和外部的差异性所进行的空间地域的划分。规划是根据人们的需要对未来的发展提出设想和战略性部署。地图分析既是区划和规划的基础,又是区划和规划成果的体现。

各类地图资料、图像资料、文字、数字资料的综合分析研究是确定分区指标、建立区划等级系统、绘制分区指标图的基础。进一步分析普通地图和分区指标图,则可分别采用地图叠置分析或数学模型分析法,获得区划方案及确定分区界线,据此编制区划成果图。在各类综合规划、部门规划中,也必须利用各类地图、图像、文字、数字资料的综合分析了解规划区内部差异,分析当前各类资源在数量、质量、结构上的地域差异、分布特点及动态变化。在对各类资源进行综合评价、潜力分析及需求预测的基础上,根据经济发展需要制定分区指标,划定功能分区,规划生产、建设布局,在地图上确定各类分区界线,编制总体规划及分项规划图(见图3-18)。

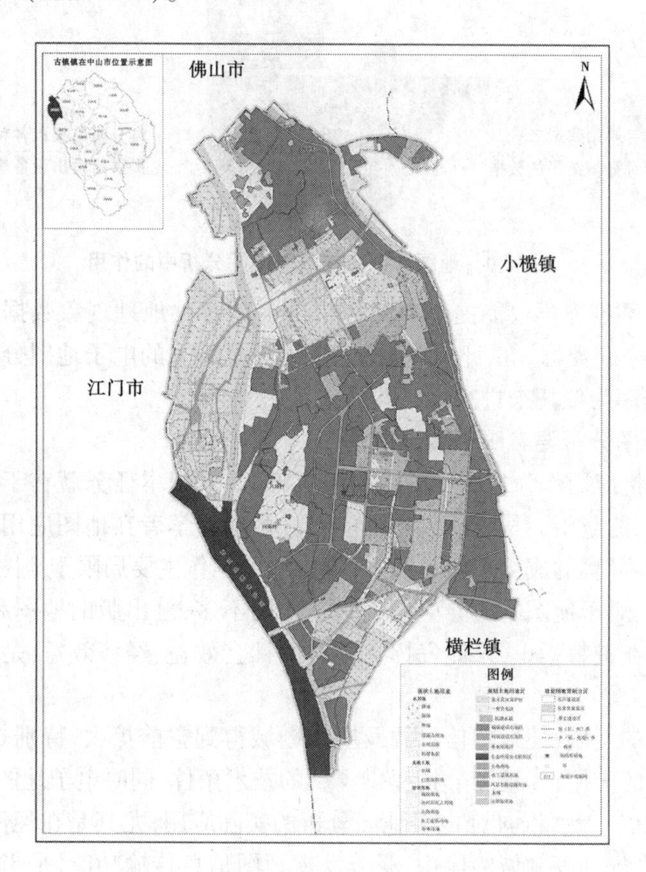

图3-18　古镇镇土地利用总体规划示意图

通过地形图量算分析,可以计算和预算工程规划的工程量、工作日、资金、物资和完成时间,协助解决建设项目选址、交通路线选线、土地开发定点、定量等一系列设计问题。

四、电子地图分析的发展问题

(一)地图数据库在电子地图分析中的作用

地图数据库是地图或地理数据存储、组织、管理的有效手段,任何地理环境现象都可以通过模数转换,以数字形式存储于地图(地理)数据库系统中。从地图传输的观点来看,整个地图生产即是数据获取、组织、存储、管理、分析、处理、输出的过程,因此地图数据库被作为机助制图系统的核心。电子地图分析实质上就是地理信息提取、分析和分析结果的重新组织、管理等一系列过程(见图 3-19)。要实现电子地图分析自动化,首先必须解决的问题是动态数据源,其要求如下。

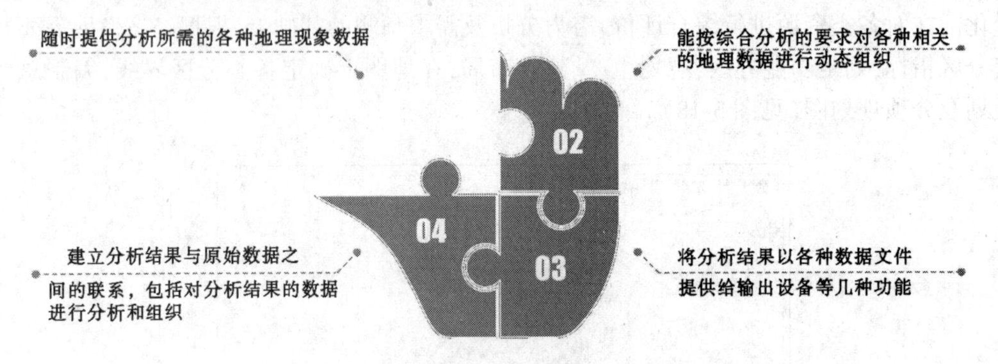

图 3-19　地图数据库在电子地图分析中的作用

地图(地理)数据库不仅能提供地图分析所需的各种地理现象数据,而且能方便、快速地组织和管理空间数据。由此可以看出,现代乃至将来的电子地图分析应用活动将以地图(地理)数据库为依托来进行。

(二)电子地图分析要着眼于实际应用

电子地图分析应用作为地图学的重要组成部分,其根本任务就在于促进和推动地图在各行业、各部门的应用。尽管近年来国内外许多地图学者在地图应用研究方面做了许多努力,也取得了可喜的成果。但总的来说,以往的工作主要局限于地图分析的方法和技术等问题的研究,对于地图的实际应用做的工作则不多,已出版的地图利用率很低,大量的地图作品积压在资料柜里,未能发挥它应有的社会效益、经济效益,是国民经济中一种很大的资源浪费。

现代地图学的发展,使地图信息源及应用领域得到空前扩大,特别是计算机、遥感技术在地图学领域的应用,为地图分析提供了新的技术条件,同时电子地图分析的方法也日趋完善(见图 3-20)。因此,加强电子地图分析的实际应用,尤其是在经济决策,资源开发及社会发展、城乡规划等领域的应用,充分发挥地图信息传输功能,是当前地图分析应用亟待解决的主要任务。

(三)研制地图分析系统软件势在必行

设计研制电子地图分析系统软件是实现电子地图分析自动化的中心任务。电子地图分析自动化实际上就是借助于计算机和一系列地图分析软件实现对地理信息的自动获取、组织、管理,按使用目的和要求对某种或多种地理现象数据进行合成运算和定量、定性

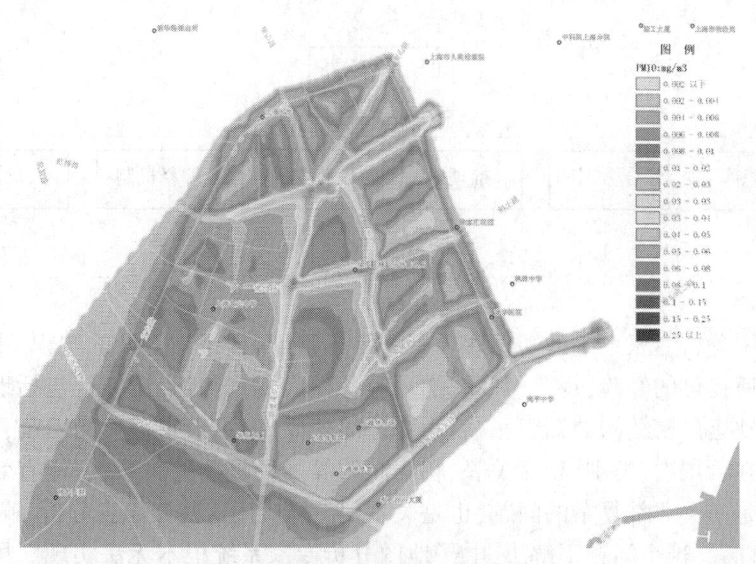

图 3-20　上海市 PM_{10} 分级图

分析,并将分析的结果以图形、图表等多种形式自动输出,以满足不同用户的多种需要。

电子地图分析系统软件的设计应包括以下几个方面的功能:

(1)地图(地理)信息的获取功能,主要是将地图图形、观测统计数据和遥感图像数据转换为计算机能够接受的形式存入计算机,作为空间信息分析的数据源。

(2)空间地理信息数据组织、管理功能,主要是对反映地理现象状况的数据进行有效的组织和管理,尤其是做多元信息合成分析所需的空间信息多重数据的组织与分解。

(3)地理信息分析功能是地图信息分析系统软件的核心,它应包括地图分析的所有方法和功能,如图解分析、相关分析、聚类分析、回归分析、模糊回归分析、多元回归分析、模糊综合评判等,构成一个功能完善的空间信息分析软件包。

(4)分析结果数据的重新组织功能,主要是对栅格分析的结果进行边界拟构及对碎部边界的综合处理,也包括对分析结果数据的重新分解及数据类型的转换处理等。

(5)机助制图及图形输出功能,主要是利用分析处理后的数据制作分类、分区、分级图形、图表或派生出新的地图,并将其打印、输出到图纸上直接提供用户使用或输出到胶片上供制片印刷之用。

(四)电子地图分析专家系统是重要趋势

专家系统是人工智能的应用领域,从应用的角度来看,由于专家系统技术具有特定领域专家解决实际问题的能力,近年来在医学、地质勘探、语音识别等许多领域都开始了广泛的研究,并取得了许多可喜的成果。20 世纪 80 年代初,人工智能被引进了地图学界,很快在地图设计、专题地图、制图综合等方面展开了研究,并取得了较大进展。从专家系统的基本原理和专家系统在地图领域研究已取得的成果来看,发展地图分析专家系统是完全可行的。

一个完整的地图分析专家系统应由 6 个部分组成,见图 3-21。

当然设计电子地图分析专家系统也存在一些非常难以解决的问题,尤其是知识的获取和知识的应用。

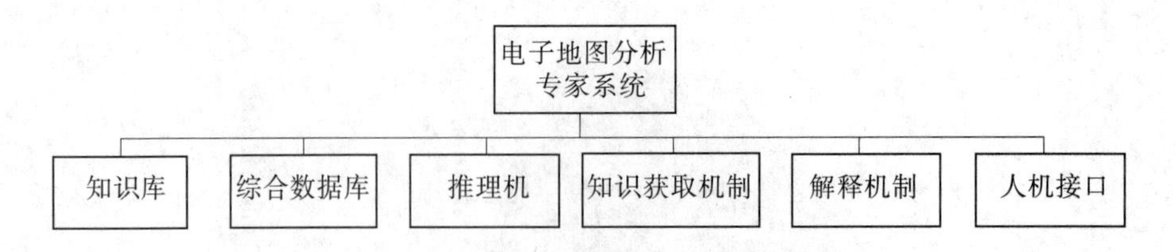

图 3-21　电子地图分析专家系统

电子地图分析专家系统的知识库含有非常丰富,而且相当复杂的知识。它既包括地图分析专家所提供的经验、规律、判断、推理等各种启发式知识,还必须包括地图、地理方面广泛而又缺乏严密结构的知识,这就为知识的获取、表示带来很大的困难,而且这些知识之间还存在着层次、类别、相互关联、相互制约等多种复杂的关系,怎样有效地组织、管理这些知识是一个非常复杂的问题,也是关系到怎样应用这些知识去分析、解译地理现象的核心技术问题,这个问题不解决,电子地图分析专家系统根本无法实现。尽管如此,发展电子地图分析专家系统仍然是现代地图分析所面临的重要课题,在研制地图分析系统软件的基础上进一步发展电子地图分析专家系统是电子地图分析研究的必然趋势。

单元二　电子地图分析方法

现有的电子地图分析方法可以归纳为以下几种:目视分析法、地图量算法、图解分析法、数理统计分析法、数学模型分析法。

一、目视分析法

地图目视分析法是基本的地图分析方法。地图是空间信息的图形表达形式,是一种视觉语言,制图者通过形象直观的图形符号传递地理信息,用图者也是通过读图和目视分析来认识制图对象。目视分析是用图者视觉感受与思维活动相结合的分析方法,可以获得对制图对象空间结构特征和时间系列变化的认识,包括分布范围、分布规律、区域差异、形状结构、质量特征和数量差异。

利用同一地区相关地图的对比分析,可以找出各要素或各现象之间的相互联系。利用同一地区不同时期地图的对比分析,可以找出同一要素或同一现象在空间与时间中的动态变化。通过综合系列地图或综合地图集的分析,可以全面系统地了解和认识制图区域的全貌和各项特征。

(一)地图分解法

地图分解法是将单幅地图的制图对象分解成若干单个因素或指标逐一进行分析,分别研究各要素的外部形状、内部结构、分布规律、相互联系等(见图 3-22)。

(二)地图综合法

地图综合法是把制图对象多因素和指标归纳在一起进行综合系统分析。

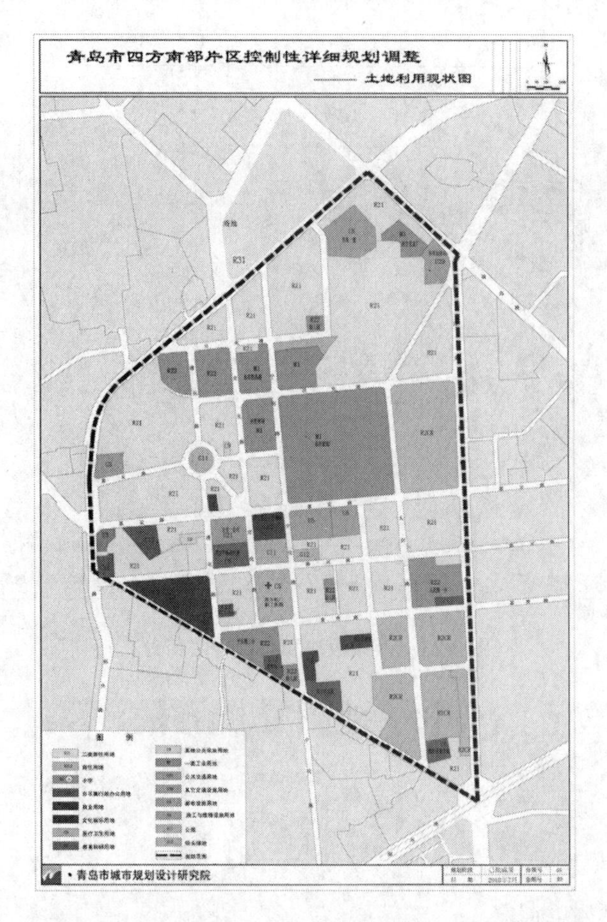

图 3-22　青岛市四方南部片区控制性详细规划调整

可对一副普通地图上的多种要素或专题地图上的多种要素进行综合分析——研究各要素之间相互联系和制约关系(见图 3-23),也可对多幅地图或地图集进行综合分析——全面认识自然经济综合体或旅游区的总体特征及其结构体系。

(三)地图对比法

地图对比法是研究同一要素或现象在空间或时间上的动态变化,也可对不同地区同一要素或现象对比分析,研究其在空间上分布的差异或规律。

二、地图量算法

(一)电子地图量算的概念

为了获得地面事物的空间位置和数量大小,在地图上进行量测和计算,称为地图量算。地图量算的内容包括点位坐标、点位高程、坡度、角度、长度、面积、体积等的量算。其中,以长度和面积的量算应用最广。

电子地图量算是测绘地理研究中获取信息的一个重要手段,是电子地图分析的基础,相较传统纸质地图而言,电子地图中各种要素的量算更加方便快捷,呈现形式更加丰富多样(见图 3-24)。

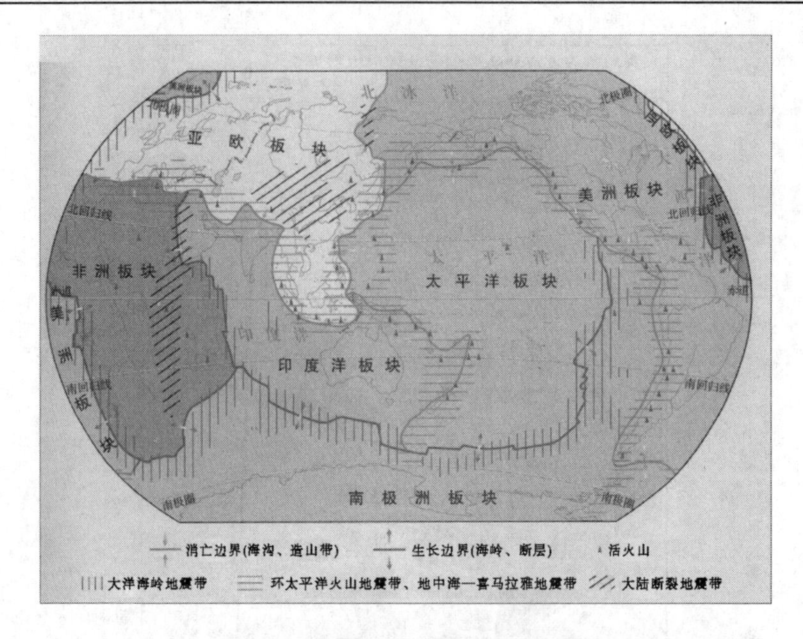

图 3-23　六大板块和火山地震带分布

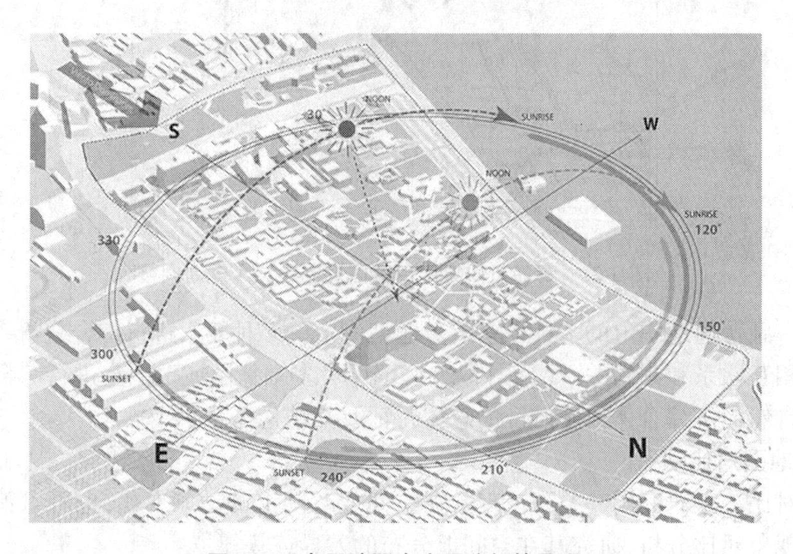

图 3-24　电子地图中光照分析的呈现

(二)电子地图量算的内容

地图量算的内容在图上有点、线、面的方位、长度、高度、坡度,地表的自然面积和体积等。具体如下:

(1)测量点位的地理坐标、平面直角坐标和高程(见图 3-25)。

(2)量算线状要素的长度、方向、曲率、挠率等(见图 3-26、图 3-27)。

(3)量算地表面积、坡度、坡向等地形参数(见图 3-28、图 3-29)。

(4)量算指定范围的体积或容积(见图 3-30)。

(5)根据地图投影计算加密经纬网,确定大圆航线和等角航线的位置(见图 3-31)。

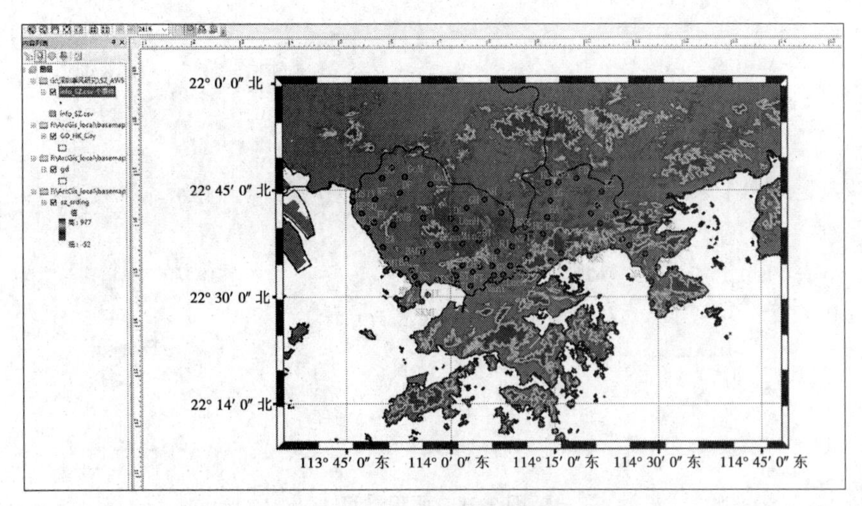

图 3-25　ArcGIS 测量高程

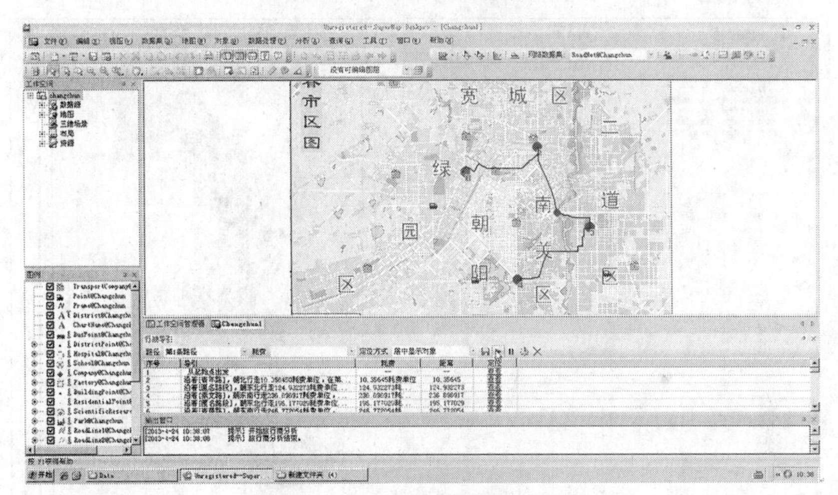

图 3-26　SuperMap 量测路线长度

图 3-27　角度量算

图 3-28　面积量算

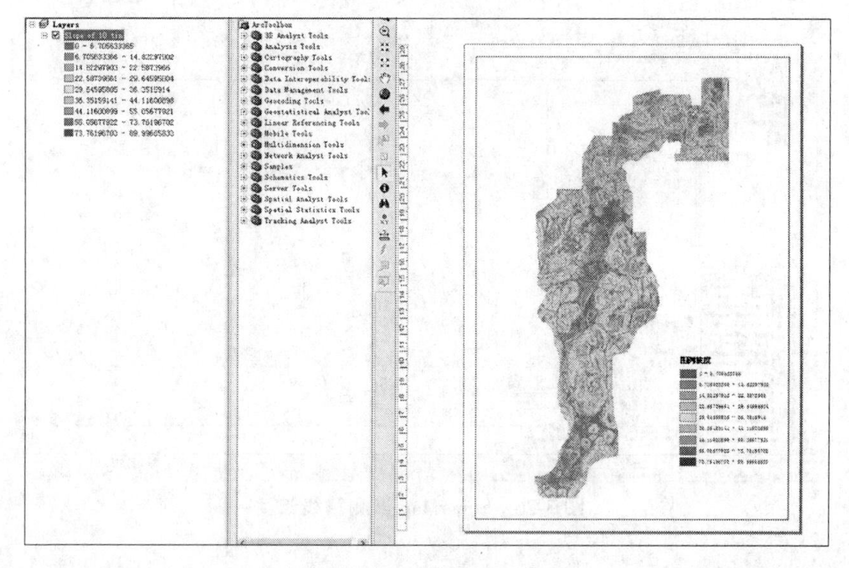

图 3-29　坡度分析

通过这些量算可获得国家和各级行政区域、各类土地、水域的面积，水库或湖泊的容积，国界、海洋线、河流和道路的长度，地面的倾斜度，平均高度，沟谷的切割密度，以及水网、交通网、居民点的密度等。

在出现电子地图量算之前，无论应用几何的还是机械的量测工具进行量算，都是一项繁重的操作，且精度不高。电子计算机的应用为地图量算开辟了一个新的途径，例如用数字地形模型可以方便地测算蓄水量、土方，较精确地量测领土面积、流域面积的大小等。

（三）影响电子地图量算精度的因素

影响电子地图量算精度的因素主要有以下几个方面。

1. 地图几何精度

地图几何精度是地图本身的精度受到测量时控制点的精度、实地测量精度（见图 3-32）、编绘过程中主观性、纸质地图数字化（见图 3-33）过程误差等影响。

图 3-30 挖填方测算

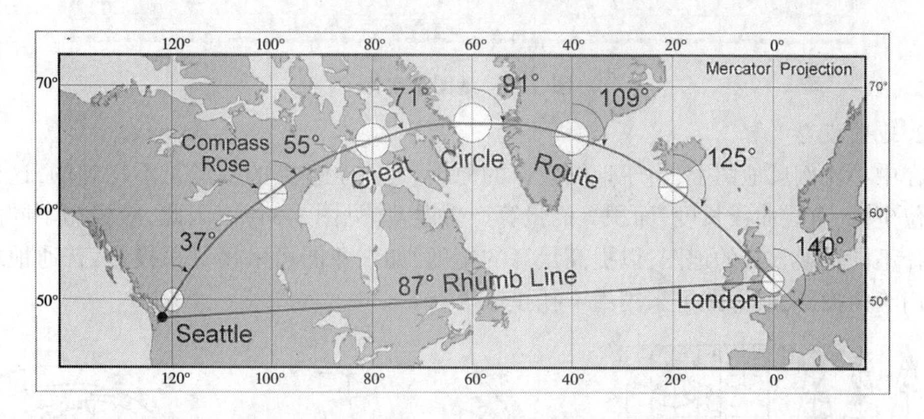

图 3-31 大圆航线的确定

图 3-32 地籍测绘

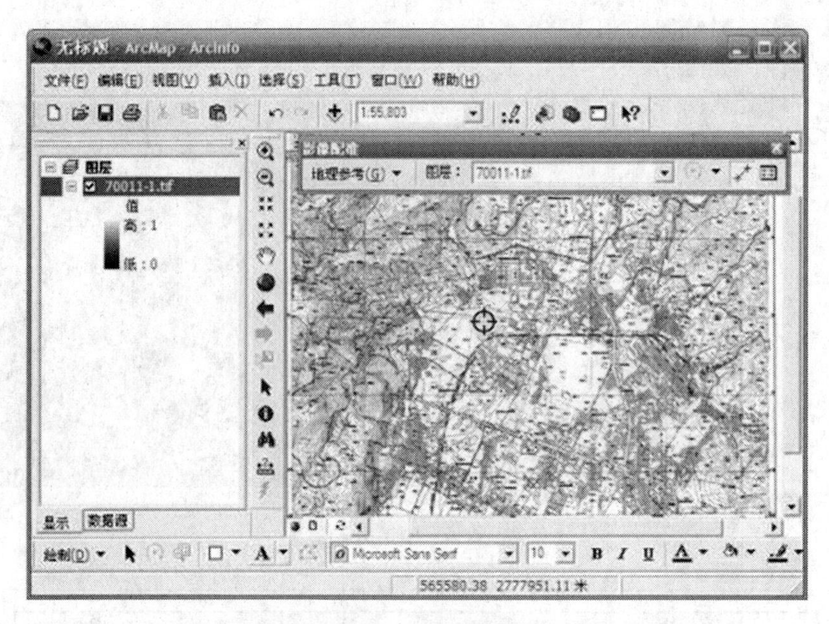

图 3-33　地图数字化

2. 地图投影

在中小比例尺地图上，由于地图投影的原因，地图上各点的变形是不均匀的，这会导致点位坐标、直线曲线长度、面积等的量算产生误差（见图 3-34）。因此，应根据不同的用途选择不同投影方式的地图，以提高量算的精度，如农业图可采用等积投影，普通地理图可采用等角投影，航海图可采用墨卡托投影等。

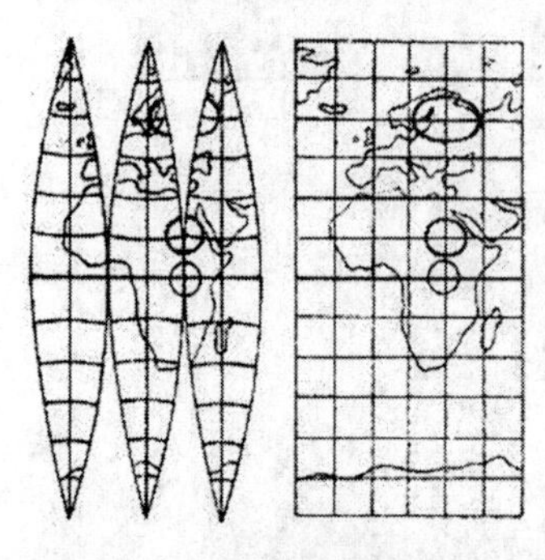

地球表面位于同一经线上的两个微分圆，投影到地图上后成为两个微分椭圆

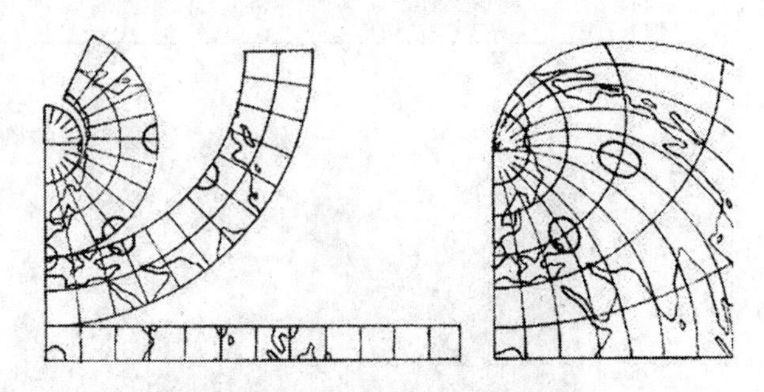

地球表面位于同一纬线上的两个微分圆，投影到地图上后成为两个微分椭圆

图 3-34　地图投影

3. 制图综合

制图综合（见图 3-35）的主要方法是取舍和化简，这两者对地图内容的精度都是有影响的。形状化简改变原来的图形结构，在长度、方向和轮廓形状上都产生变化。长度、方向和轮廓形状的改变，无疑都会对地图的几何精度产生影响。

在小比例尺地图上，很多事物（线状的和点状的）是用符号夸大表示的，夸大的结果是超出了事物本身应占有的位置，扩大到附近的空间。如果事物彼此不是靠近的，夸大并

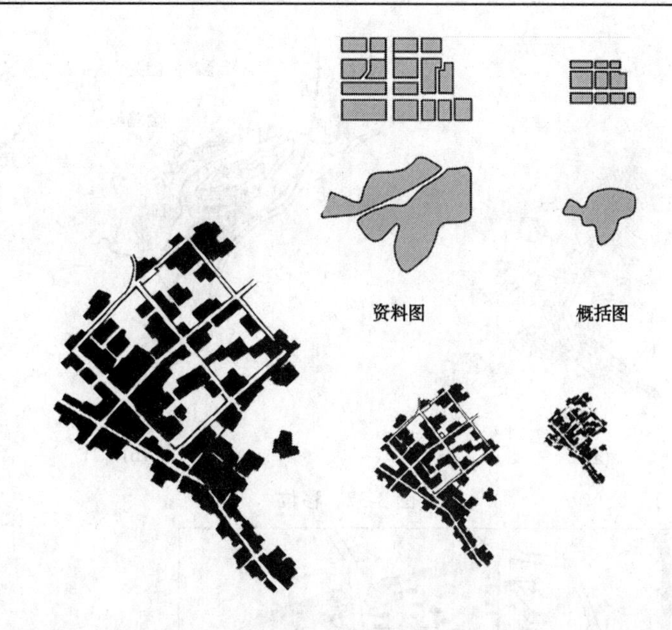

图 3-35 制图综合

不影响地图内容的其余部分(见图 3-36)。但若选取的几个事物彼此相邻很近,为了分辨清楚,正确地表达各事物之间的关系,它们中的一个或几个需要从正确位置上移动,这种移位使得有些事物的绝对位置发生了改变(见图 3-37)。

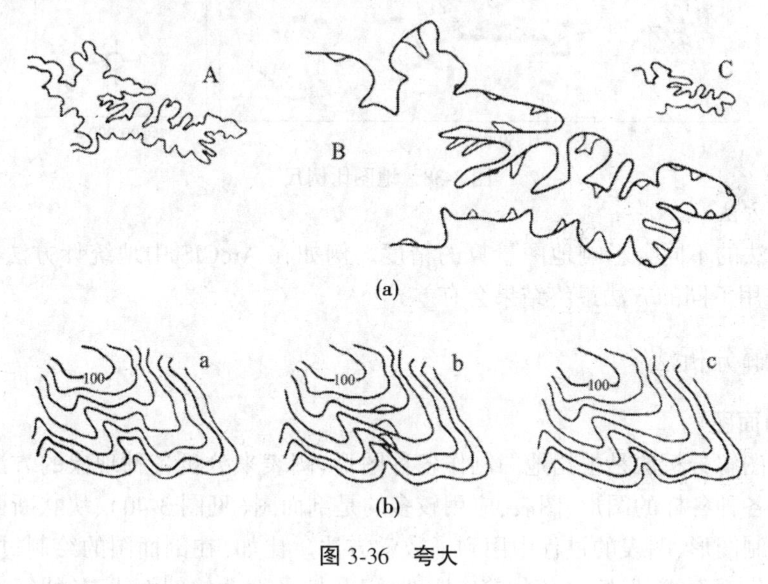

图 3-36 夸大

4. 地图比例尺

地图比例尺(见图 3-38)的大小,决定着图上量测的精度和表示地形的详略程度。比例尺越大,图上量测的精度越高,表示的地形情况就越详细。反之,比例尺越小,图上量测的精度越低,表示的地形情况就越简略。

比例尺是地图大小、内容详略、精度高低的标准,也是量算的尺码。

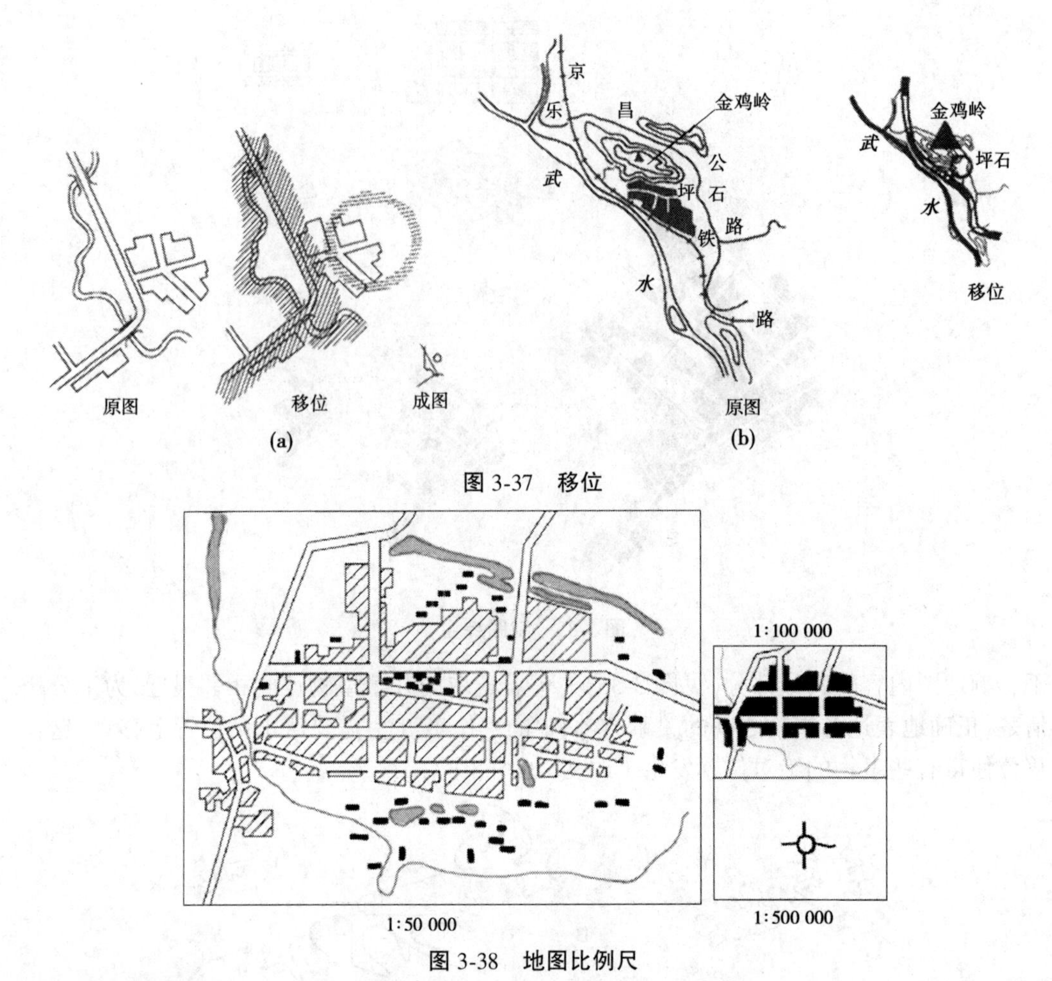

图 3-37　移位

图 3-38　地图比例尺

5. 测量方法

测量方法的不同会影响地图量算的精度。例如在 ArcGIS 中地统计方法有多种(见图 3-39),采用不同的方法最终结果会有差异。

三、图解分析法

(一)剖面图

地图的图解分析法是根据地图制作各种图形、图表来分析各种现象的方法。利用地图能够制作各种各样的图形、图表,应用较多的是剖面图(见图 3-40)、块状断面图及玫瑰图等。在绘制图形、图表的过程中用到了数学方法。比如,在剖面图的绘制过程中,要根据比例尺制作剖面线、坐标 Z 值的等间距线,以及把平面上的剖面线、各特征点展绘到剖面上等都使用了数学方法。

剖面图的作用是反映各种现象的立体分布和垂直结构。根据地形图或地势图制作地形剖面图可显示地形的起伏变化。在地形图的基础上,再增加一些专题内容,可制作土壤、植被、地质等垂直分布剖面(见图 3-41)。

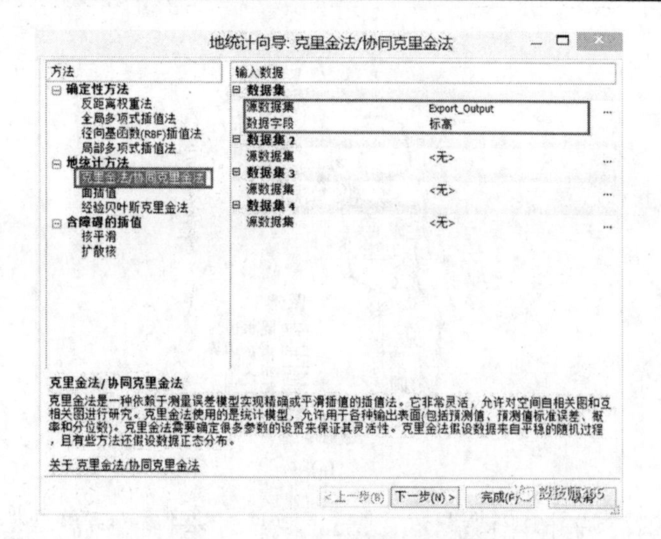

图 3-39　ArcGIS 中地统计方法

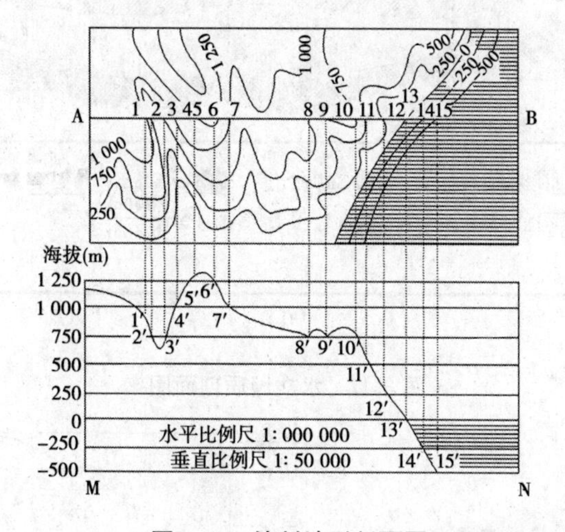

图 3-40　绘制地形剖面图

(二) 块状断面图

块状断面图是在倾斜视线条件下的地表图形(见图 3-42、图 3-43),同时表示地壳剖面,是一种显示三度空间的透视图形。

(三) 玫瑰图

玫瑰图表示从一点向四周八个方向伸展的图形(见图 3-44),可以按方位角获得某种现象(风向、断裂构造方向)分布的直观概念。方向玫瑰图上的辐射长度与所绘现象的强度(或重复率)成正比。

(四) 三角形图

三角形图(见图 3-45、图 3-46)是一种反映主题要素空间结构和变化趋势的图表。

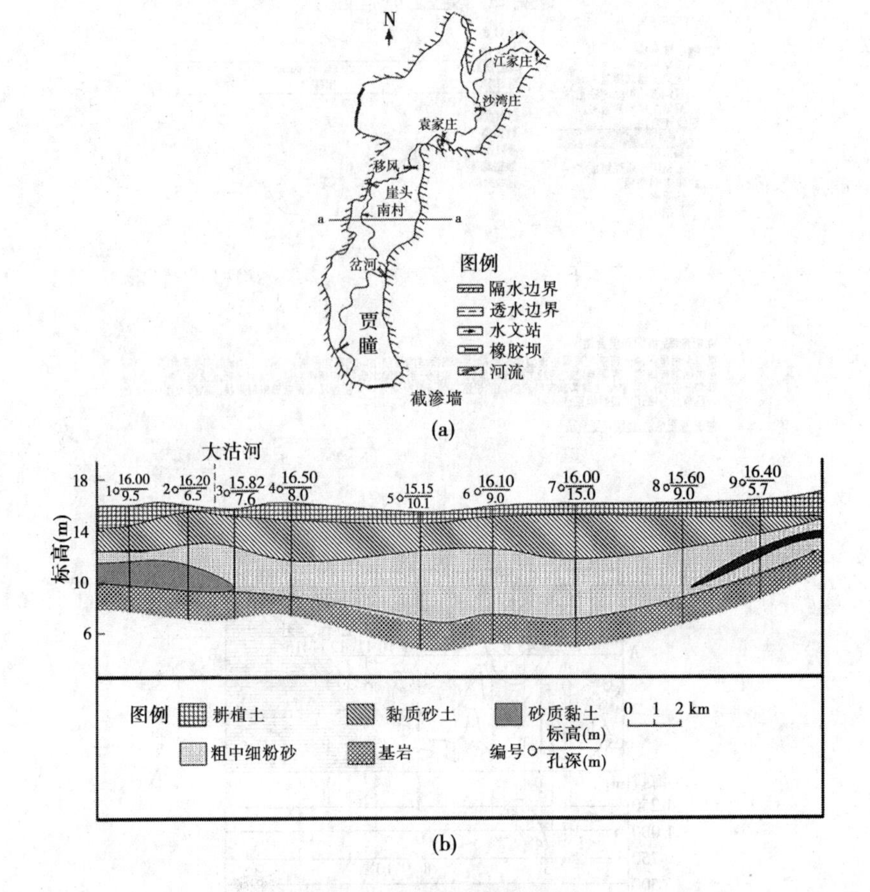

图 3-41　水文地质剖面图

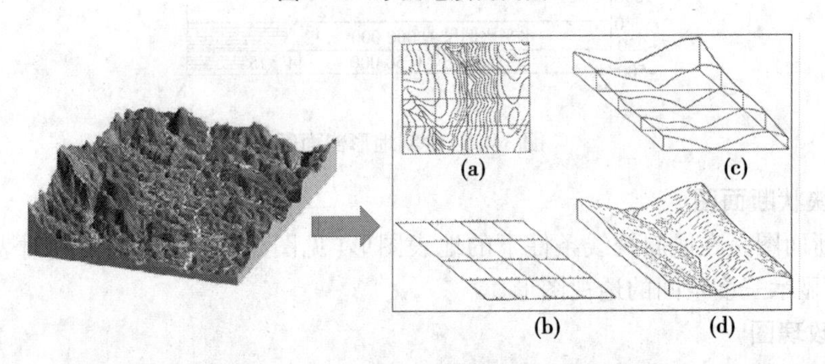

图 3-42　块状图绘制过程与步骤图解

(五)相对位置图

相对位置图又称拓扑图或畸变图,见图 3-47、图 3-48。由规则几何图形构成,图形之间相对位置与实际空间相对位置保持一致,图形面积则与某种数量指标相关联,具有很强的对比性。

非面积型是指地图中区域单元面状特征的变化与其面积无关的面状拓扑地图(见图 3-49)。

河流的发育

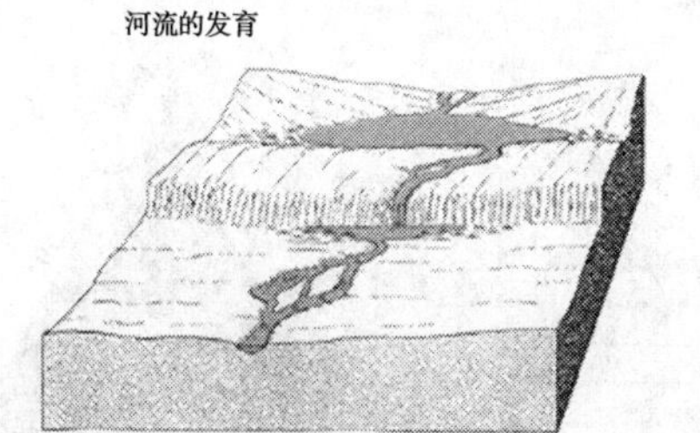

(a)在新的构造运动作用下形成地表河流

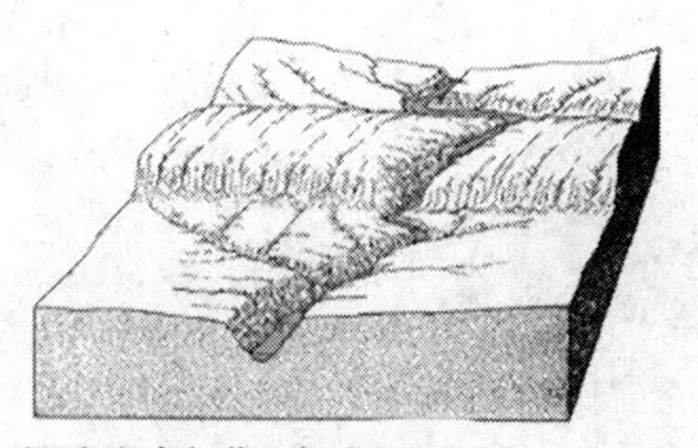

(b)河流发育初期，湖泊和沼泽消失，河谷加深，支流延伸

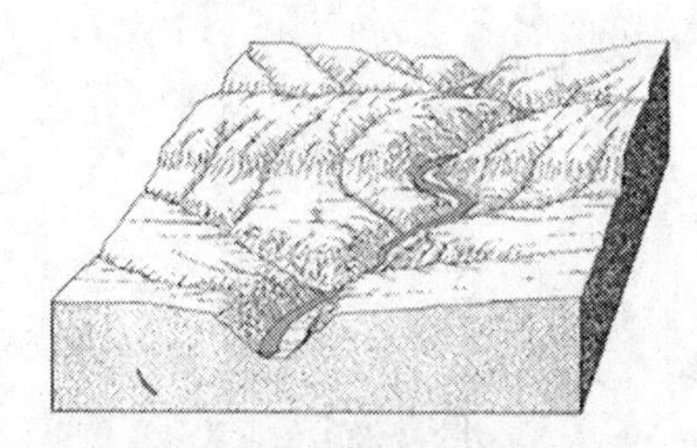

(c)河流发育中期，河漫滩开始形成：河谷拓宽

(d)河流发育成熟，河道变曲折，河漫滩加宽并向支流发育

图 3-43　块状图表示的河流发育过程图解

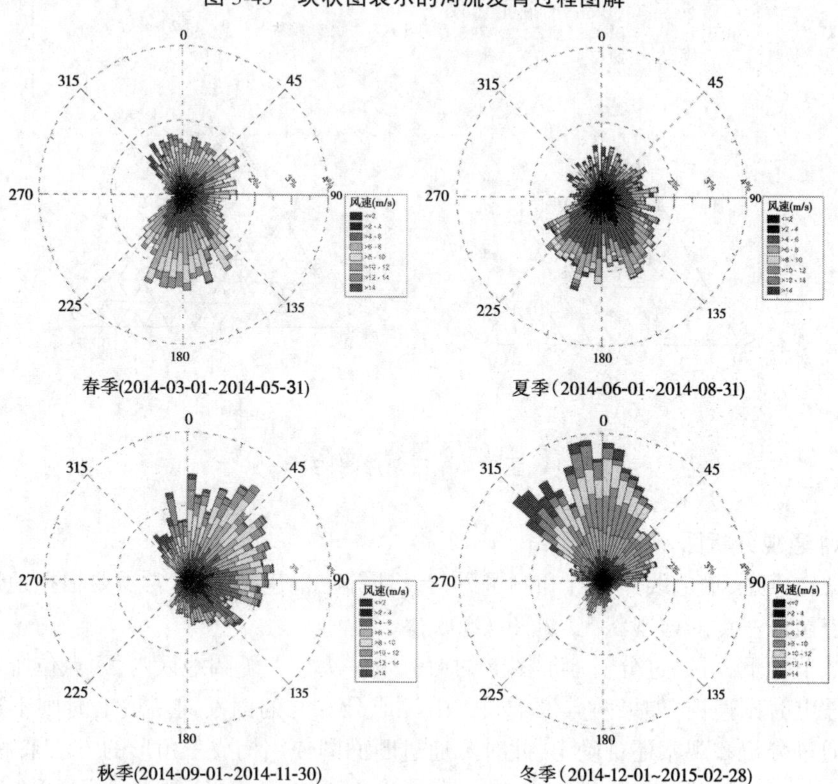

图 3-44　2014 年长江口 06 号浮标风速风向玫瑰图

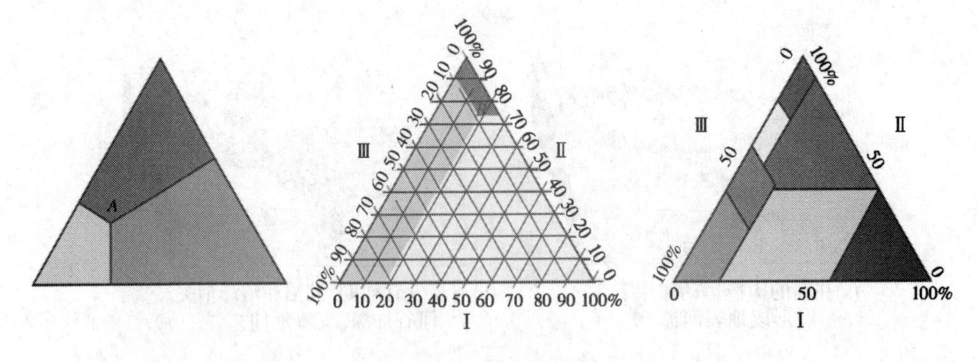

图 3-45　三角形图(1)

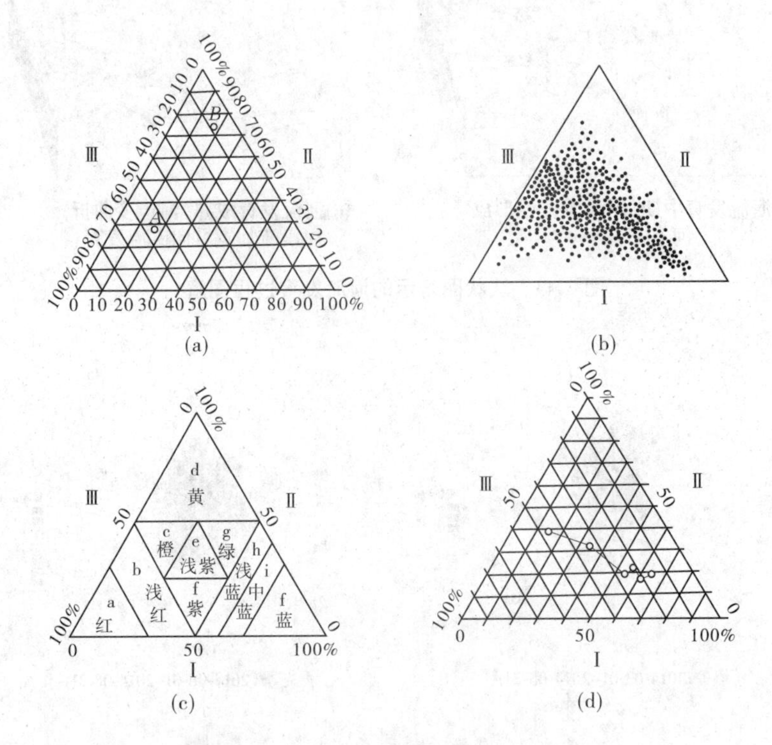

图 3-46　三角形图(2)

(六)通视分析图

在架空索道、输电线路设计和测量方案设计等工程建设中,常常需要根据地形图确定自观测点至任一点的通视状况(见图 3-50)。

多数情况下,可通过分析地形图上的地势来解决。在开阔地区内,两点位于两反向山谷的斜坡上时则通视;如果两点位于同一山岭或分水岭的两反向斜坡上时则不通视。有时候仅通过分析和观察还难确定,此时可通过断面图或用构成三角形的方法来解决。

为了判定 A、B 两点(由图 3-51 知 A 点高程小于 B 点高程)是否通视,可在地形图上用直线连接 A、B 两点。然后观察 AB 线上的地形起伏情况,分析可能影响通视的障碍点,设为在 AB 线上的 C 点,并标明其点位于图中。再自点 B、C 分别作 AB 的垂线,并按图求

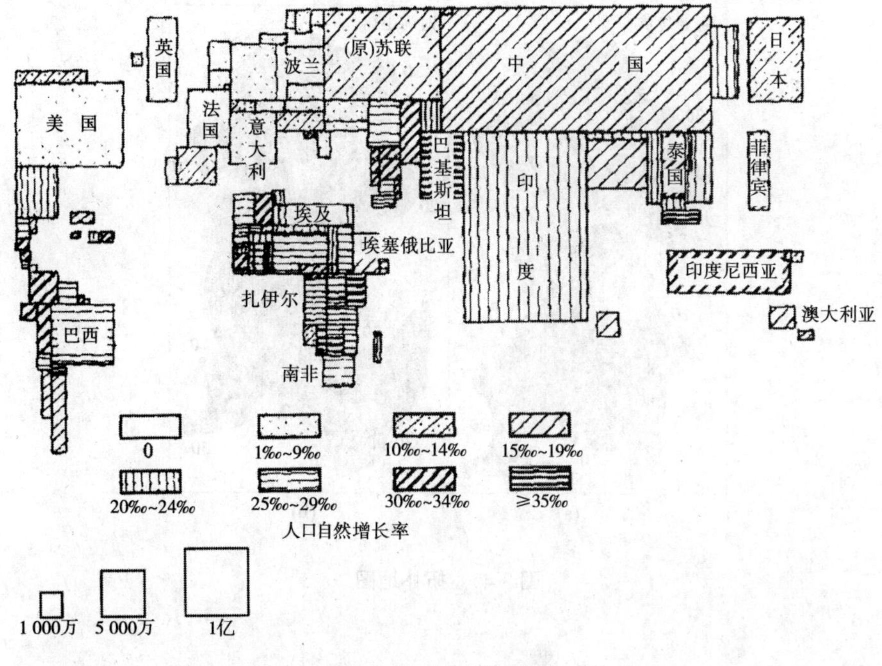

图 3-47　相对位置图

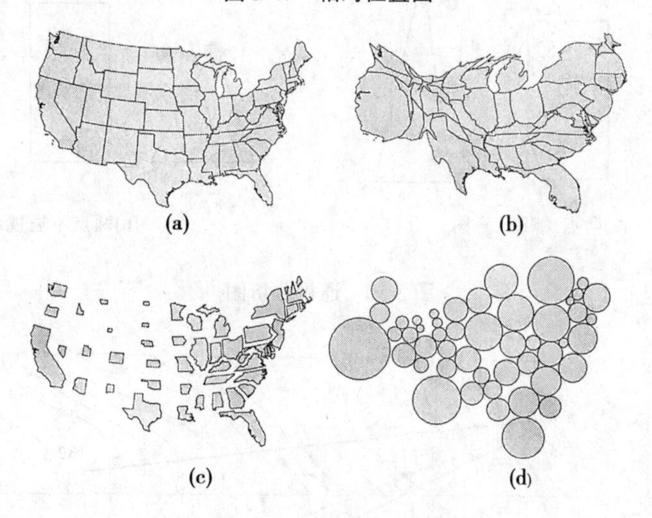

图 3-48　面状拓扑地图(面积型)

得 B、C 点对 A 点的高差 h_{AB}、h_{BC}，用同一比例缩小在两垂线上截取相应长的线段 BD、CE。最后，连接 A、D 两点，则直线 AD 相当于 A、B 两点实地上的倾斜线。由此可见：若 AD 与垂线 CE 相交，则 A、B 两点不通视；若不相交则通视。本例为不通视情况。注意：应用此方法时，准确地判明障碍点所在位置至关重要。用构成三角形法确定 AB 两点间的通视情况。

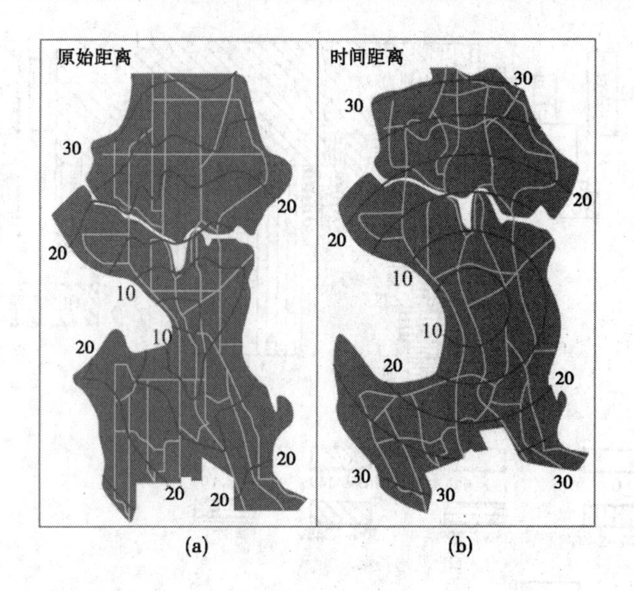

图 3-49　**拓扑地图**

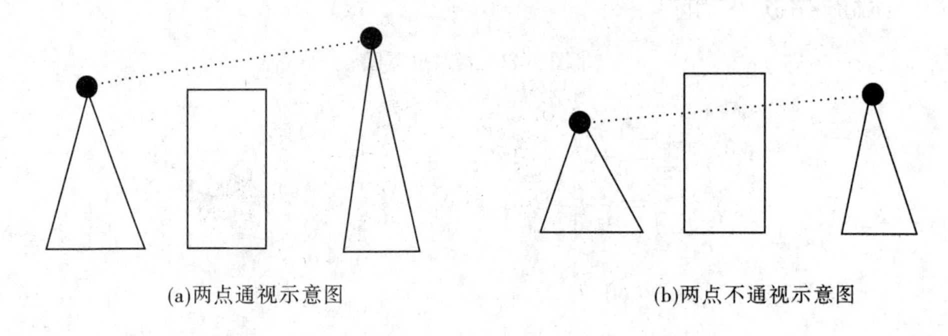

图 3-50　**通视分析图**

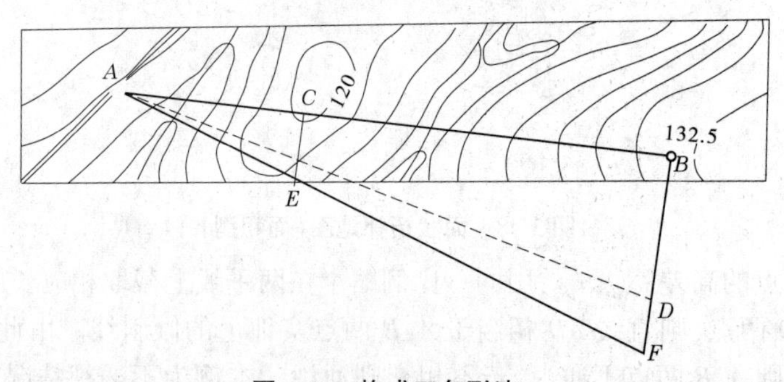

图 3-51　**构成三角形法**

四、数理统计分析法

(一) 概念定义

数理统计分析法以地图上表示现象的统计数量特征进行分析,通过一定数量等分析观察,透过众多偶然因素来阐明客观存在的普遍规律,主要研究它们在空间分布或一定时间范围内存在的变异,从中找出事物内在规律性的地图分析方法(图 3-52、图 3-53、图 3-54)。

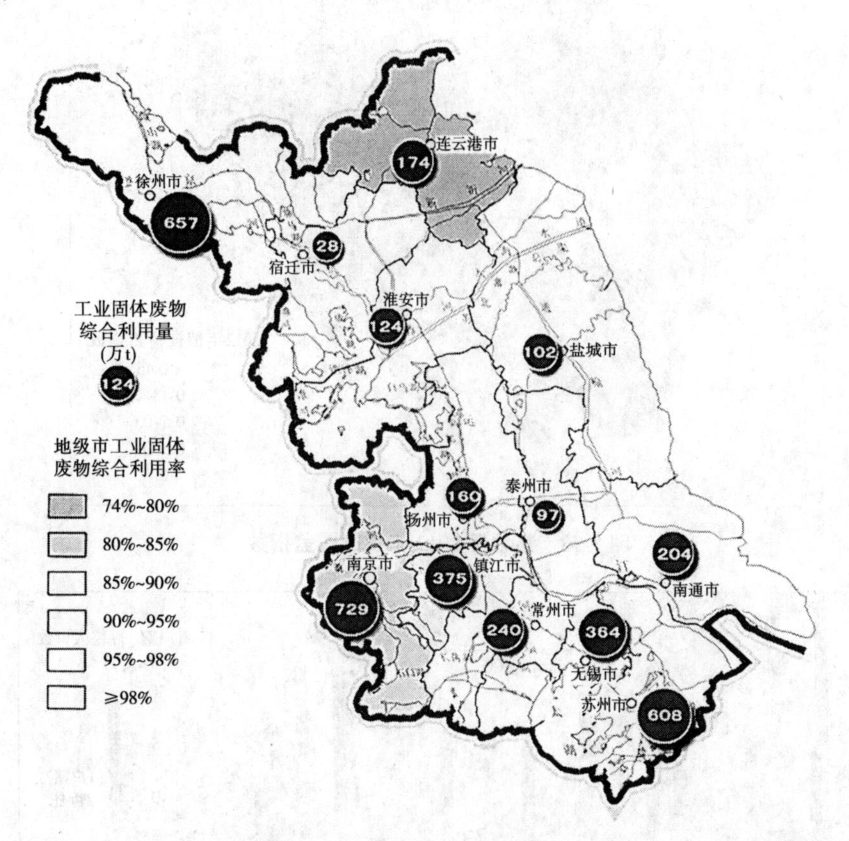

图 3-52　工业固体废物排放及利用

(二)数理统计分析法的作用

地图的数理统计分析法主要用在以下几个方面。

1. 地图要素分布的统计特征和分布密度

地图上表示的某种现象可以看成是在不同空间或时间范围内存在的总体,而总体是由无数相同性质的个体组成的,我们可以从总体中选取若干个体,称为样本。从地图上获得样本的观测值组成该现象的统计数列。从统计数列中进一步分析现象的数量特征,用样本推测总体(见图 3-55)。

2. 制图现象相互关系密切性的分析

为了利用地图研究现象间相互关系的密切性,通常采用数理统计中计算相关系数的方法。为此,首先要确定两种或两种以上现象的不同数量指标,最好是利用等值线图或分级统计图获取数量指标的观测值,然后计算其相关系数,以判断现象间相互关系的密切性(见图 3-56)。

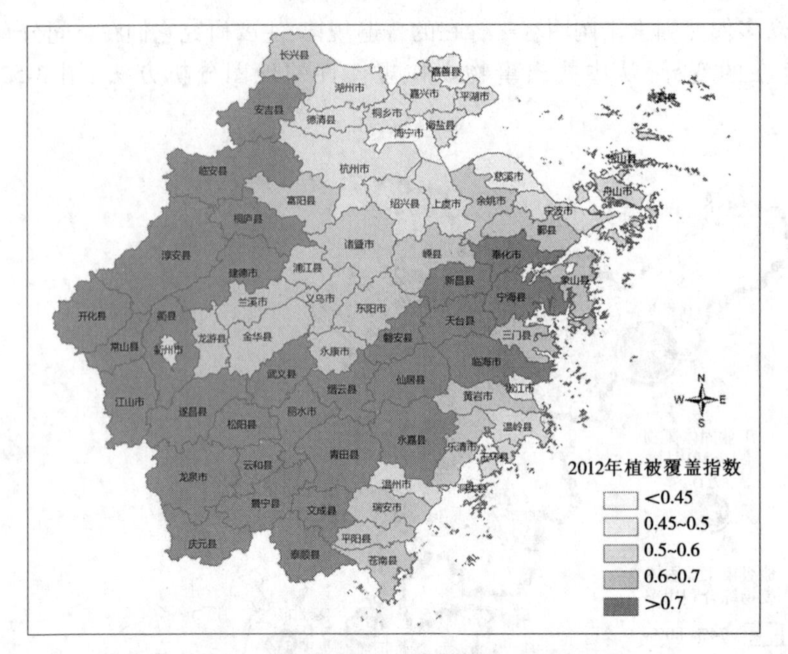

图 3-53 某地区 2012 年植被覆盖指数

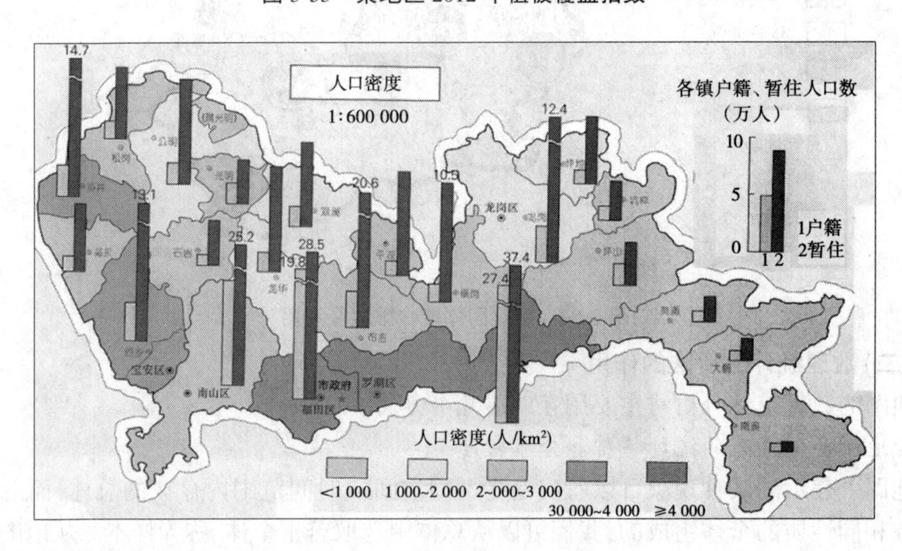

图 3-54 某地区人口密度

(三)数理统计分析法分类

1. 基本统计分析法

基本统计分析法是计算分析平均值、中位数、众数值、百分位数等集中趋势的统计特征值,以及计算分析极差、四分位偏差、标准差、方差等离散程度的统计特征值的方法。重庆市 2017 年 8 月下旬降水距平率(%)分布图见图 3-57。

2. 地理相关分析法

地理相关分析法是研究各地理现象之间相互关系和联系强度度量指标相关性的一种方法(见图 3-58)。在多元统计分析中,主成分分析是主要分析方法。

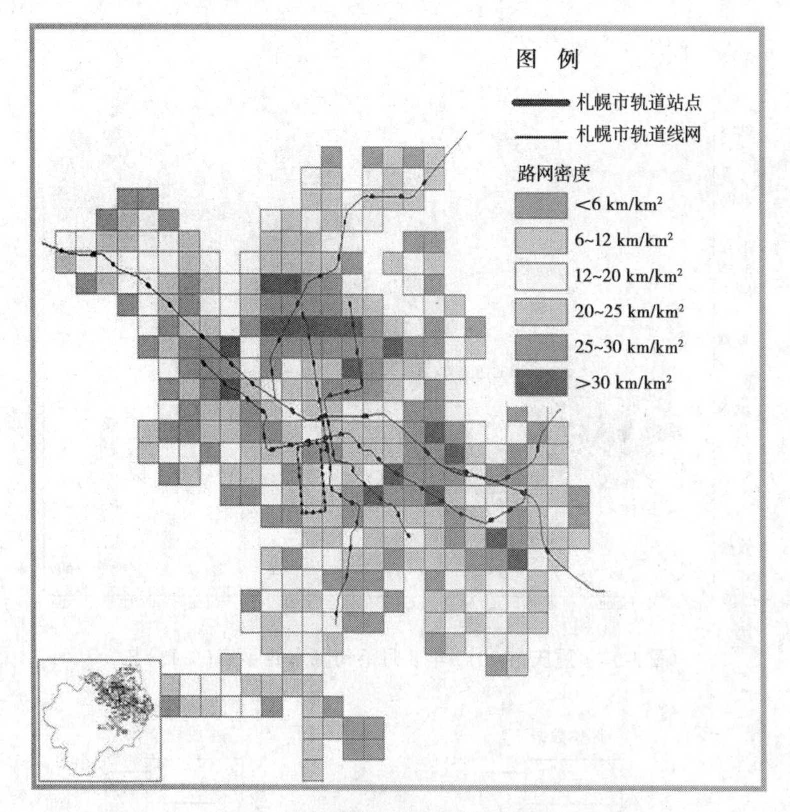

图 3-55　札幌市建成区路网密度分布

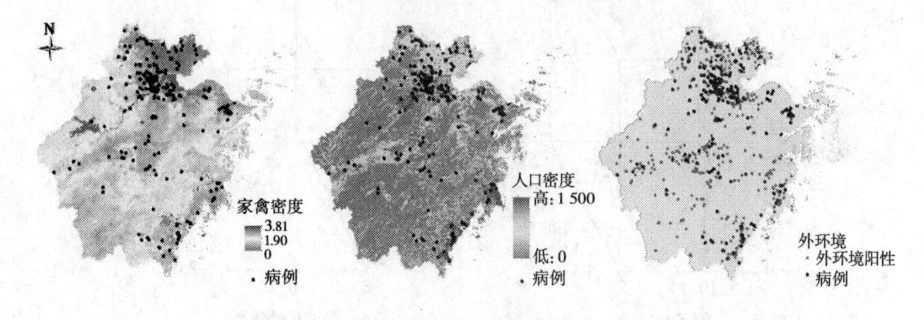

图 3-56　2013~2016 年浙江省人感染 H7N9 禽流感病例分布与家禽、人口密度及病毒阳性监测点分布关系对比结果

五、数学模型分析法

(一)数学模型分析法概念

地图的数学模型分析法是在地图获得的原始数据上建立各种现象或过程的空间数学模型,以此来对各种现象和过程进行分析,这种方法称为地图的数学模型分析法。因为地图上表示的各种现象或过程相互之间存在着一定的函数关系,表现为空间或时间的函数,这就决定了可以用数学模型法分析各种现象和过程。

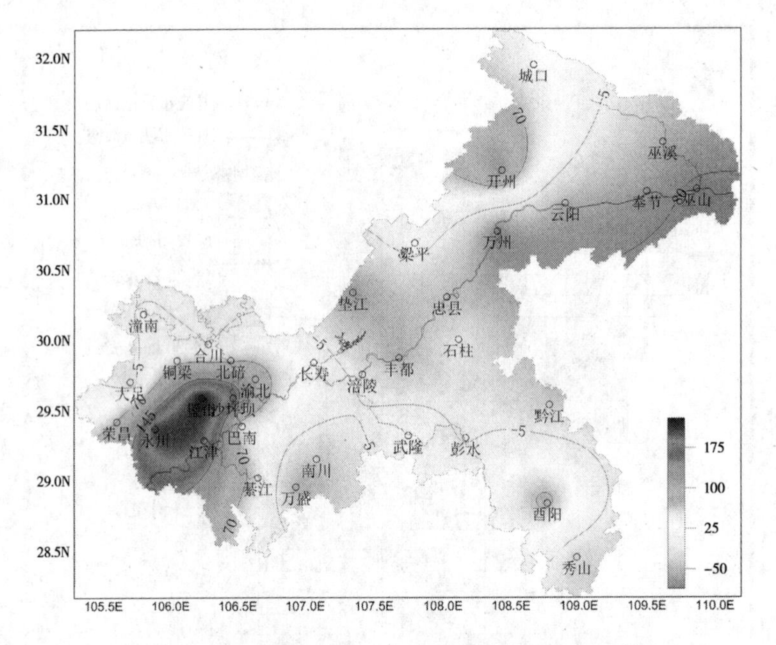

图 3-57　重庆市 2017 年 8 月下旬降水距平率(%)分布

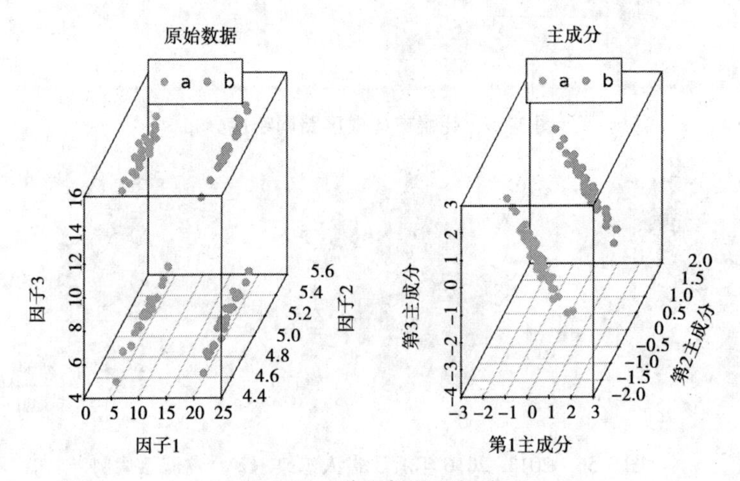

图 3-58　地理相关分析法

(二)模型分析实例

1. 数字高程模型

数字高程模型(digital elevation model,简称 DEM),是通过有限的地形高程数据实现对地面地形的数字化模拟(地形表面形态的数字化表达),它是用一组有序数值阵列形式表示地面高程的一种实体地面模型(见图 3-59),是数字地形模型的一个分支,其他各种地形特征值均可由此派生。

2. 趋势面分析模型

趋势面分析模型(见图 3-60)是用一定的函数对制图现象的空间分布特征进行分析,用函数所代表的数学表面来逼近或拟合现象的实际表面,这种数学表面称为趋势面。

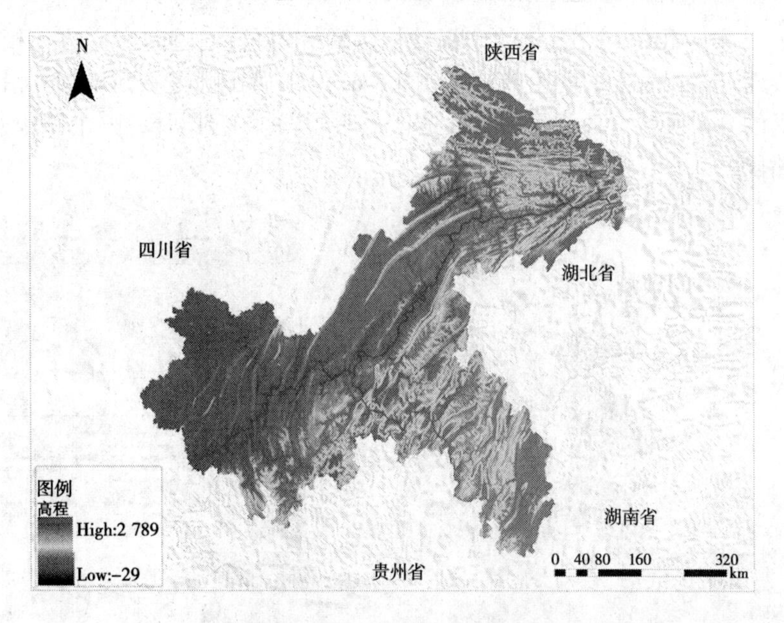

图 3-59　重庆市数字高程模型(DEM)

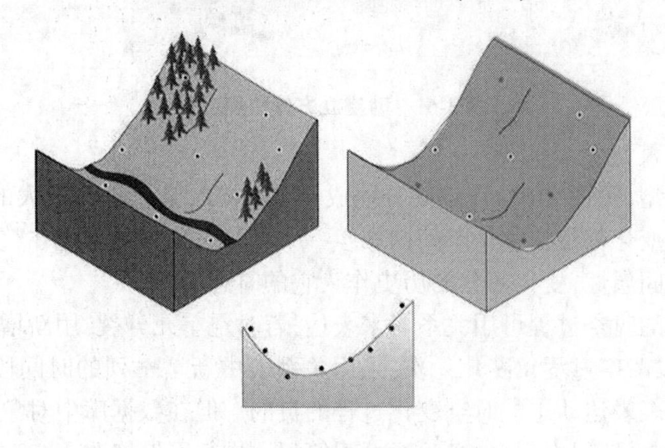

图 3-60　趋势面分析模型

趋势面分析模型常被用来模拟资源、环境、人口及经济要素在空间上的分布规律,在空间分析方面具有重要的应用价值。

3. 时空立方体模型

时空立方体模型最早是由 Hagerstrand 于 1970 年提出的,后来 Rucker、Szego 等进一步对其进行了探讨(Langran,1989)。时空立方体模型用二维坐标轴来表示现实世界的平面空间,用一维的时间轴来表示平面位置沿时间的变化。这样,由二维的几何位置和一维的时间就组成了一个三维的立方体。任意给定一个时间点,就可从三维的立方体中获取相应的截面,即现实世界的平面几何状态。时间立方体模型也可以扩展用以表达三维空间的时间变化过程。该模型的优点是对时间语义的表达非常直观,缺点是随着数据量的增加,对立方体的操作会变得越来越复杂,以至于最终变得无法处理。

以布雷沃德县2010~2015年的车祸数据为研究对象,通过时空立方体模型、热点分析工具初步建立车祸发生的时空模式(见图3-61):车祸在哪里不断增加?沿着道路网,哪里是车祸的高发区域?最危险的时段是什么时候?哪个时间段、哪个路段是车祸常年发生问题路段?

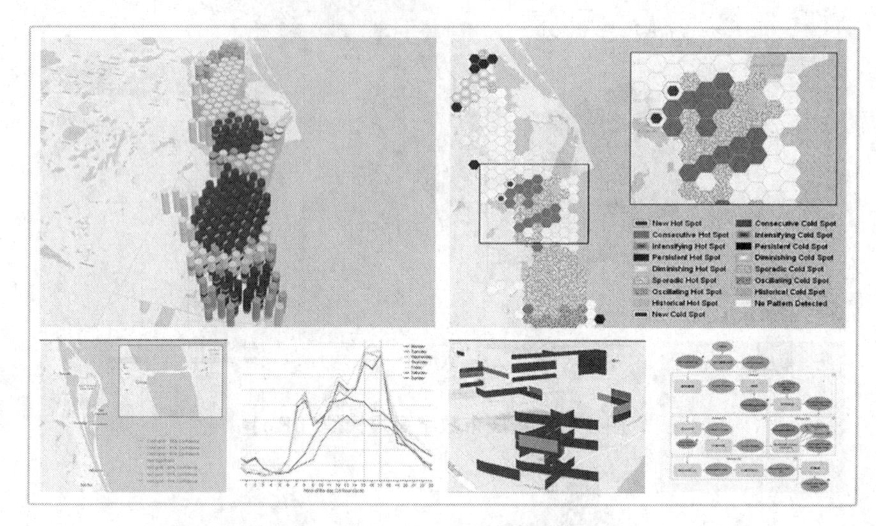

图3-61　时空立方体模型应用

4. 时空复合模型

时空复合模型(见图3-62)将空间分隔成具有相同时空过程的最大的公共时空单元,每次时空对象的变化都将在整个空间内产生一个新的对象。对象把在整个空间内的变化部分作为它的空间属性,变化部分的历史作为它的时态属性。

时空单元中的时空过程可用关系表来表达,若时空单元分裂,用新增的单元组来反映新增的空间单元,时空过程每变化一次,采用关系表中新增一列的时间段来表达,从而达到用静态的属性表表达动态的时空变化过程的目的。但在数据库中对象标识符的修改比较复杂,涉及的关系链层次很多,必须对标识符逐一进行回退修改。

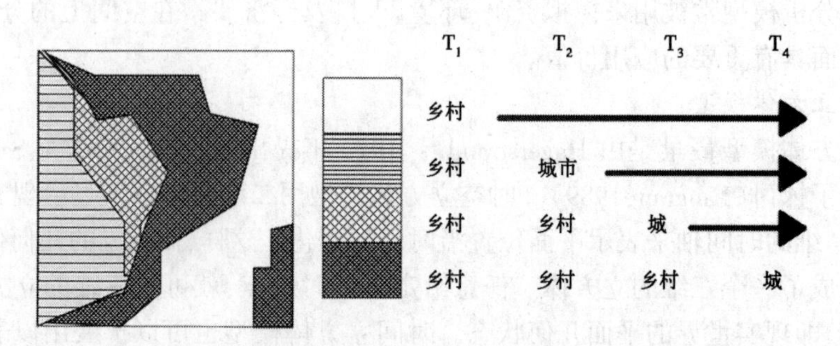

图3-62　时空复合模型

单元三　电子地图的空间分析

一、电子地图空间分析概述

(一)电子地图空间分析的概念

空间分析源于20世纪60年代地理和区域科学的计量革命,在开始阶段,主要是应用定量(主要是统计)分析手段,用于分析点、线、面的空间分布模式。后来更多的是强调地理空间本身的特征、空间决策过程和复杂空间系统对空间演化过程的分析。实际上自有地图以来,人们就始终在自觉或不自觉地进行着各种类型的空间分析。如在地图上量测地理要素之间的距离、方位、面积乃至利用地图进行战术研究和战略决策等,都是人们利用地图进行空间分析的实例,而后者实质上已属较高层次上的空间分析。

电子地图集成了地理学、地图学、计算机科学等多学科,为空间分析提供了强大理论基础和工具,使得过去复杂困难的高级空间分析任务变得简单易行。目前,绝大多数电子地图系统软件都有空间分析功能。空间分析早已成为电子地图的核心功能之一。它特有的对地图信息(特别是隐含信息)的提取、表现、分析和传输功能,是电子地图空间分析的主要功能特征。

电子地图空间分析是对分析电子地图空间数据有关技术的统称。电子地图的空间分析不同于地理信息系统的空间分析。

首先,两者对分析结果的表达方式不同,电子地图的空间分析更强调可视化,其结果必须以图形图像清楚易懂地显示出来,它的表达更明了、更大众化;而地理信息系统空间分析的结果形式多样、更专业化,可以是图形、图表,甚至可以是文字。

其次,两者的应用范围也不同,电子地图主要面向大众,服务于大众,因此操作简单,不需要具备一定的专业知识;而地理信息系统则主要应用于专业领域的分析研究,需要用户具备一定的专业知识。

再次,两者的数据来源也不同,电子地图的空间分析,一般是基于专题数据的分析;地理信息系统的空间分析主要是基于基础地理数据及专题数据的分析。

(二)基本空间分析方法

电子地图是地图结合新技术发展的产物,因此地图分析是电子地图空间分析的基础。地图分析中的距离、面积、角度、形状量算、统计分类等方法已成为电子地图基本空间分析方法。在电子地图中,这些基本空间分析方法按照类型划分为空间统计分析、空间查询、空间量算。

查询和定位空间对象,并对空间对象进行量算是电子地图系统的基本功能之一,它是进行高层次分析的基础。在电子地图中,为进行高层次分析,往往需要查询定位空间对象,并用一些简单的量测值对地理分布或现象进行描述,如长度、面积、距离、形状等。实际上,空间分析首先始于空间查询与量算,它是空间分析的定量基础(邹伦等,2001)。

二、空间查询分析

(一)基于属性的查询

空间查询是对空间数据进行操作的有关技术的统称。根据操作的数据性质不同,可以分为基于属性的查询、空间定位查询和基于空间关系查询。

属性查询是通过逻辑表达式在图层中查找出符合查找条件的对象。例如,找出行政区划图层中特征名称为河南的省份,查询结果为代表河南的多边形高亮显示。

属性查询是对矢量图层进行的,如果当前图层不是矢量图层,或当前矢量图层没有连接属性数据时,该查询无效。

(二)空间定位查询

空间定位查询是指给定一个点或一个几何图形,检索出该图形范围的空间对象以及相应的属性。主要包括按点查询、按矩形查询、按圆形查询和按多边形查询等。

1. 按点查询

给定一个鼠标点位,检索出离它最近的空间对象,并显示它的属性,得到它是什么、它的属性是什么的查询结果。

2. 按矩形查询

给定一个矩形窗口,查询出该窗口内某一类地物的所有对象,如果需要,显示出每个对象的属性表。在这种查询中,往往需要考虑检索是包含在该窗口内的地物,还是只要该窗口涉及的无论是被包含的还是穿过的地物都被检索出来。这种检索过程异常复杂,它首先需要根据空间索引,检索到哪些空间对象可能位于该窗口内,然后根据点在矩形内、线在矩形内、多边形在矩形内的判断计算,检索出所有落在检索窗口内的目标。

3. 按圆形查询

给定一个圆或椭圆,检索出该圆或椭圆范围内的某一类或某一层的空间对象,其实现方法与按矩形查询类似。

4. 按多边形查询

用鼠标给定一个多边形,或者在图上选定一个多边形对象,检索出位于该多边形内的某一类或某一层的空间地物。这一操作其原理与按矩形查询相似,但是它比前者要复杂得多。它涉及点在多边形内、线在多边形内、多边形在多边形内的判别计算。这一操作也非常有用,用户需要经常查询某一面状地物,特别是行政区所涉及的某类地物,例如查询通过江苏省的主要公路。

(三)基于空间关系查询

空间关系查询是基于矢量图层之间的空间关系查询目标,在查询时还可以使用属性查询进行地物的筛选和过滤。空间实体间存在着多种空间关系,包括拓扑、顺序、距离、方位等关系。电子地图中空间关系查询主要功能见图 3-1。

表 3-1　电子地图中空间关系查询主要功能

当前目标	查询目标		
	点	线	面
点	查询到目标点的距离小于 d 的所有点	最近个数和距离查询	查询包含选中点的所有面状目标
线	查询到线的距离小于 d 的所有点	查询到线的距离小于 d 的线目标	查询穿过线目标的面状目标
面	查询面状目标中的所有点	查询面状目标中包含的线状目标	查询被面状目标包含或相交的面状目标

(四)技能练习:空间查询分析

查询即数据选择,在整个要素类中选择满足条件的要素。在 ArcMap 中提供了 4 种方式进行要素选择:交互式、根据属性选择、根据位置选择和基于图形选择。

(1)打开 ArcMap →选择空白文档。

(2)在 ArcCatalog 中定位到数据文件,并将文件加载至地图视图中(见图 3-63)。

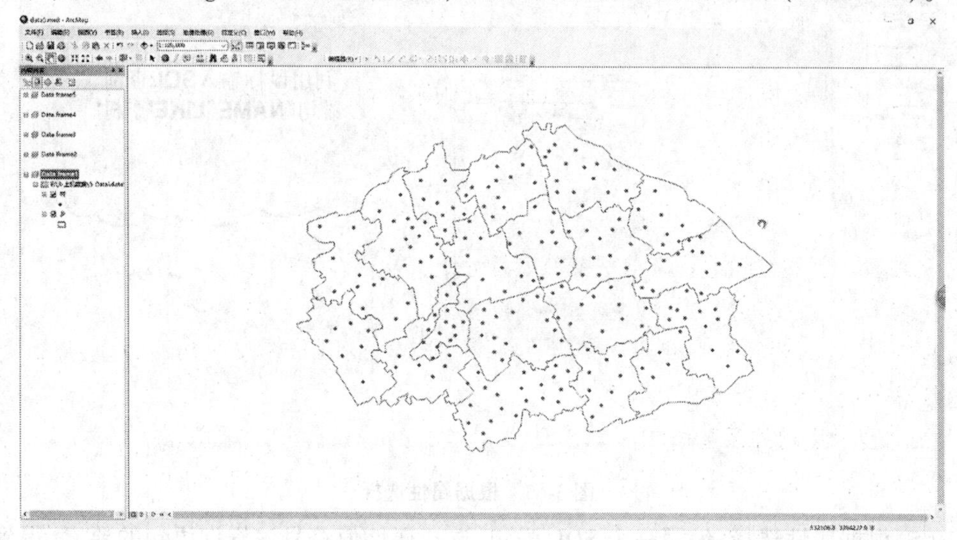

图 3-63　打开 ArcMap

(3)交互式选择(见图 3-64),即用 Tools 工具条上的要素选择工具,在右边的显示区域选取要素,选中的要素显示为高亮颜色。

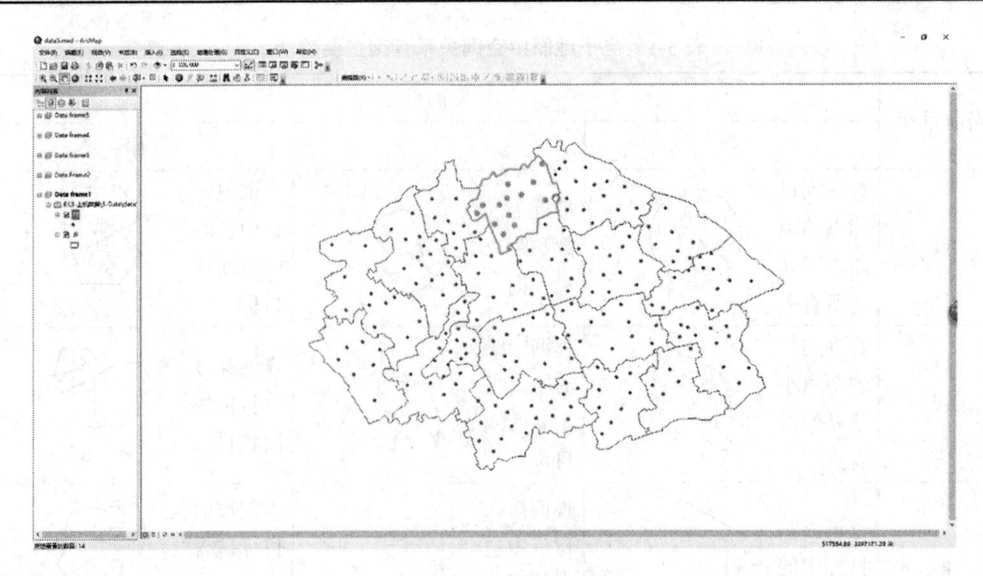

图 3-64　交互式选择

(4)根据属性选择(见图 3-65),编写一个 SQL 语句,选择属性值符号该查询语句的要素。

菜单栏中→选择→按属性选择→选择“NAME”字段,获取唯一值,在语句中输入“NAME” LiKE‘李村’。

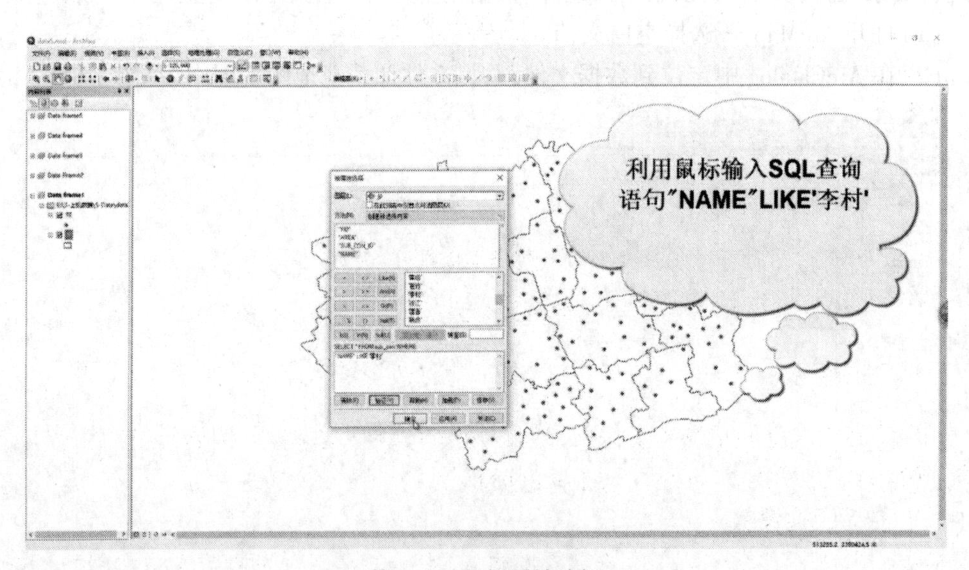

图 3-65　根据属性选择

(5)根据属性选择,编写一个 SQL 语句,选择属性值符号该查询语句的要素,得到查询结果(见图 3-66)。

(6)根据位置选择和要素之间的空间关系来选择要素菜单栏中→选择→按位置选择(见图 3-67)。

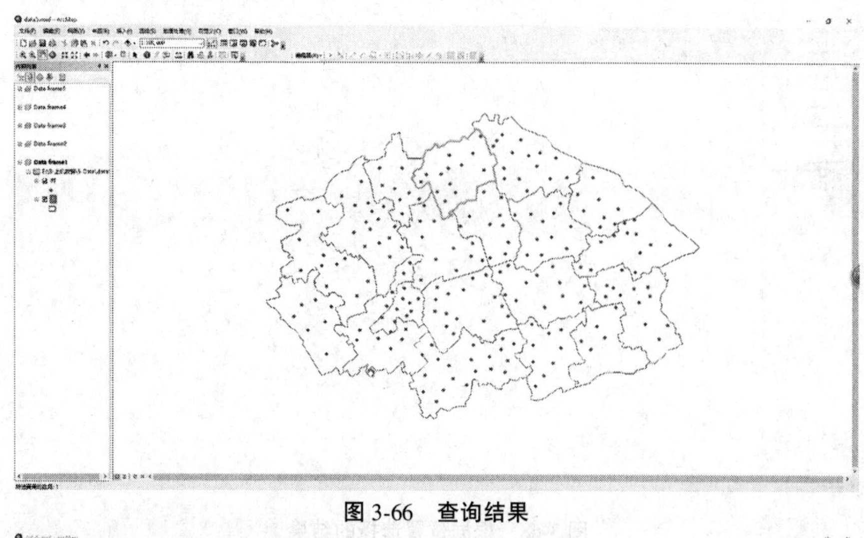

图 3-66 查询结果

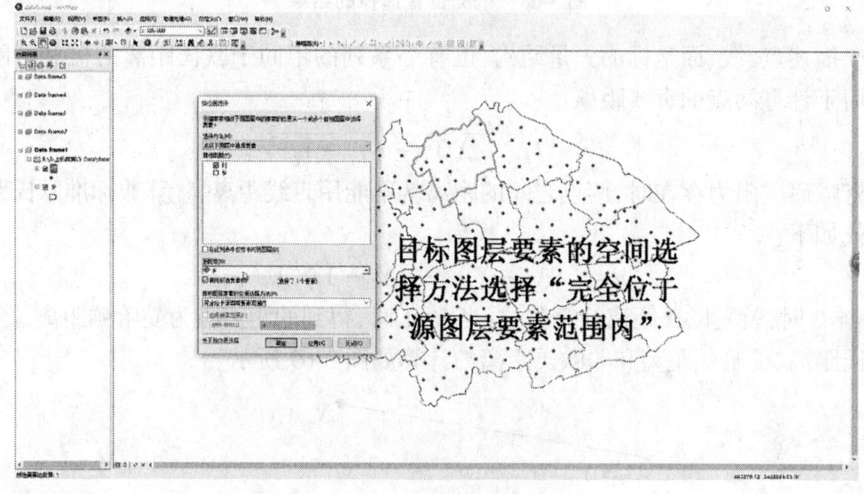

图 3-67 根据位置选择要素

(7)根据位置选择和要素之间的空间关系来选择要素,查询结果见图 3-68。

三、空间量算分析

在电子地图中空间量算主要包括空间距离量算和面积量算。例如,量算两点的直线距离、求得最短路径距离、某个居民小区的面积等。

(一)空间距离量算

“距离”是人们日常生活中经常涉及的概念,它描述了两个事物或实体之间的远近程度。最常用的距离概念是欧氏距离,无论是矢量结构,还是栅格结构都很容易实现。考虑阻力影响的计算距离称为耗费距离。物质在空间中移动总要花费一些代价,如资金、时间等。阻力越大耗费也越大。相应地通过耗费距离得到的距离表面称为阻力表面或耗费表面,其属性值代表耗费或阻力大小,可以根据阻力表面计算最小耗费距离。

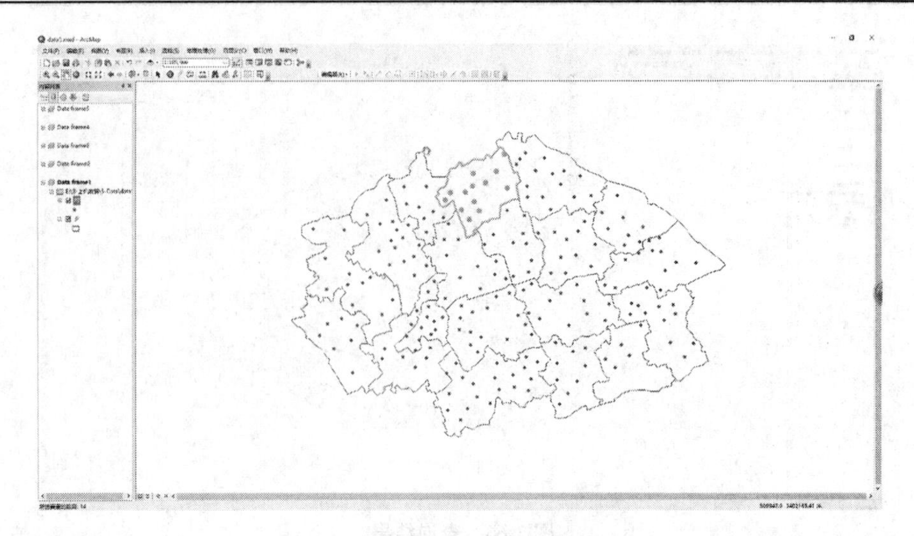

图 3-68　根据位置选择的结果

对于描述点、线、面坐标的矢量结构,也有一系列的不同于欧氏距离的概念。欧氏距离通常用于计算两点的直线距离:

$$d = \sqrt{(X_i - X_j)^2 + (Y_i - Y_j)^2}$$

当有障碍或阻力存在时,两点之间的距离就不能用直线距离,计算非标准欧氏距离的一般公式如下:

$$d = [(X_i - X_j)^k + (Y_i - Y_j)^k]^{1/k}$$

当 $k=2$ 时,就是欧氏距离计算公式;当 $k=1$ 时,得到的距离称为曼哈顿距离。

欧氏距离、曼哈顿距离和非欧氏距离的计算如图 3-69 所示。

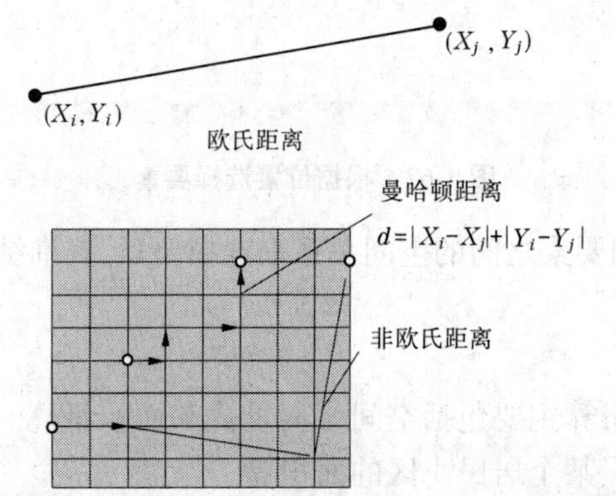

图 3-69　欧氏距离、曼哈顿距离和一种非欧氏距离

(二)面积量算

面积是面状地物最基本的参数。在矢量结构下,面状地物是以其轮廓边界弧段构成的多边形表示的(见图 3-70)。对于没有空洞的简单多边形,假设有 N 个顶点,其面积计算公式如下:

$$S = \frac{1}{2}\left[\sum_{i=1}^{N-2}(X_i Y_{i-1} - X_{i+1} Y_i) + (X_N Y_1 - X_1 Y_N)\right]$$

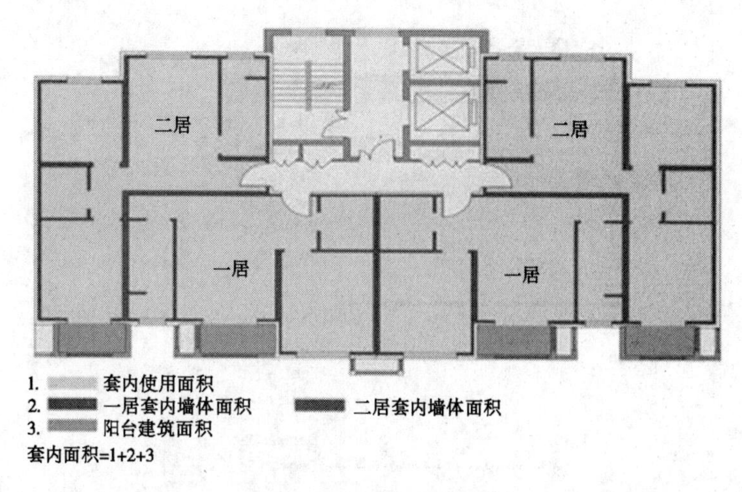

图 3-70　计算住宅面积

所采用的是几何交叉处理方法，即沿多边形的每个顶点作垂直于 X 轴的垂线，然后计算每条边，它的两条垂线及这两条垂线所截得 X 轴部分所包围的面积，所求出的面积的代数和，即为多边形面积。对于有孔或内岛的多边形，可分别计算外多边形与内岛面积，其差值为原多边形面积。

对于栅格结构，多边形面积计算就是统计具有相同属性值的格网数目，但对计算破碎多边形的面积有些特殊，可能需要计算某一个待定多边形的面积，必须进行再分类，将每个多边形进行分割赋予单独的属性值，之后再进行统计。

（三）技能练习：空间量算分析

1. 用量算工具进行量算

ArcGIS 当中进行距离量算的前提是数据有空间参考信息（有的是地理坐标，有的是经过投影的投影坐标）。有了空间参考之后，矢量文件每个点都有自己的（X，Y）坐标，进行距离量算的时候，ArcGIS 就是根据这些坐标计算距离的，但所查询的两点没有坐标的时候，由于有了空间参考，因此可以估算查询点的坐标，进而计算距离。

栅格数据（例如遥感影像）也要有空间参考，由于栅格数据记录该栅格数据的范围并且记录每个栅格的大小（这些在 properties 中可以看到），因此也是可以进行距离量算的。所以只要有了空间参考和坐标，不需要比例尺也可以进行距离量算。

如果对一张没有坐标系的. jpg 图片进行空间量算，就需要根据同一地方的参考数据进行 Georeferencing 的几何校正操作之后，将其纠正到在此坐标系下正确的位置、大小之后也是可以进行距离量算。ArcGIS 中进行距离量算的工具就是这个小尺子，它可以以不同的单位进行距离量算（见图 3-71）。

2. 计算几何空间进行量算

计算几何空间量算可量算几何要素的面积、周长、中心点等。

（1）加载数据。在图层名上单击右键，弹出菜单，选择 open attribute table 打开. shp 文件的属性表。

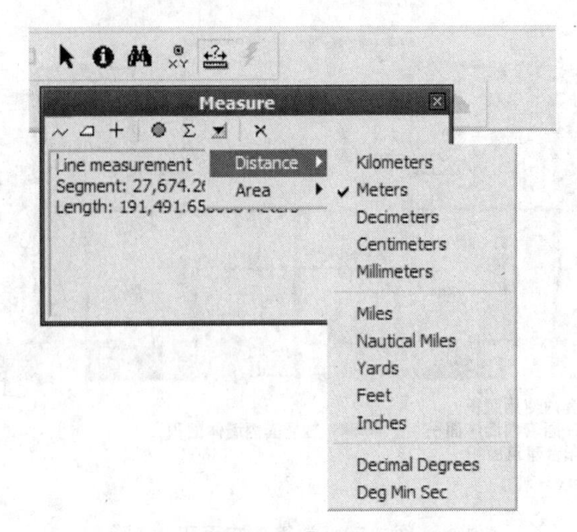

图 3-71 用量算工具进行距离量算

(2)单击属性表右下部 option,在弹出菜单中选择 Add Field,在 Add Field 对话框中添加 Area 字段,Float 类型,同样方式添加 Length 字段。

(3)选择 Editor 编辑工具中 Start Editing 命令(这一步可要可不要)。

(4)在属性表中选择 Area,右键单击弹出菜单选择 Field Calculator, 在"Field Calculator"对话框中选中 Advanced,在 Pre-logic VBA Script Code 文本框中输入:

```
Dim pArea as Iarea
Set pArea=[shape]
```

在 Area=下面的文本框输入 pArea. area,然后 OK,即可完成 Area 字段的属性值计算。

(5)计算 Length 字段:属性表中选择 Length,右键单击弹出菜单选择 Field Calculator。

在"Field Calculator"对话框中选中 Advanced,在 Prelogic VBA Script Code 文本框中输入:

```
Dim pCurve as Icurve
Set pCurve=[shape]
```

在 Length=下面的文本框输入 pCurve. Length,然后 OK,即可完成 Length 字段的属性值计算。

上述内容为面积和长度的量算(计算)方法,计算中心点坐标,步骤相同。

空间量算要注意检查数据的空间参照和坐标系统,只有在投影方式正确的情况下,所得到的空间量算结果才是正确的。

四、空间统计分类分析

(一)主成分分析

地理问题往往涉及大量相互关联的自然要素和社会要素,众多的要素常常给模型的构造带来很大困难,同时也增加了运算的复杂性,为使用户易于理解和解决现有存储容量不足的问题,必要减少某些数据而保留最必要的信息。由于地理变量中许多变量通常都是相互关联的,就有可能按这些关联关系进行数学处理达到简化数据的目的。主成分分析是通过数理统计分析，求得各要素间线性无关的实质上有意义的表达式，将众多要素的信息压缩表达为若干具有代表性的合成变量，这就克服了变量选择时的冗余和相关，然后选择信息最丰富的少数因子进行各种聚类分析，构造应用模型。

设有 n 个样本，p 个变量。将原始数据转换成一组新的特征值——主成分，主成分是原变量的线性组合且具有正交特征，即将 $X_1,X_2,\cdots,X_p$ 综合成 $m(m<p)$ 个指标 $Z_1,Z_2,\cdots,Z_m$，即

$$Z_1 = l_1 \times X_1 + l_{12} \times X_2 + \cdots + l_{1p} \times X_p$$
$$Z_2 = l_{21} \times X_1 + l_{22} \times X_2 + \cdots + l_{2p} \times X_p$$
$$\vdots$$
$$Z_m = l_{m1} \times X_1 + l_{m2} \times X_p + \cdots + l_{mp} \times X_p$$

这样决定的综合指标在 $Z_1,Z_2,\cdots,Z_m$ 分别称作原指标的第一，第二，…，第 m 主成分。其中，Z_1 在总方差中占的比例最大，其余主成分：$Z_2,Z_3,\cdots,Z_m$ 的方差依次递减。在实际工作中常挑选前几个方差比例最大的主成分，这样既减少了指标的数目，又抓住了主要矛盾，简化了指标间的关系。

很显然，主成分分析这一数据分析技术是把数据减少到易于管理的程度，也是将复杂数据变成简单类别便于存储和管理的有力工具（郭伦等，2001）。

（二）层次分析

层次分析（analytic hierarchy process，AHP）法是系统分析的数学工具之一（见图 3-72），它把人的思维过程层次化、数量化，并用数学方法为分析、决策、预报或控制提供定量的依据，事实上这是一种定性和定量分析相结合的方法。在模型涉及大量相互关联、相互制约的复杂因素的情况下，各因素对问题的分析有着不同的重要性，决定它们对目标重要性的序列，对建立模型十分重要。

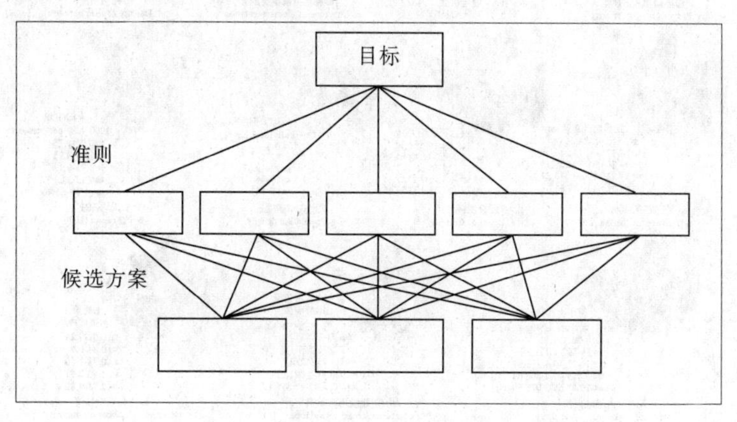

图 3-72　层次分析法

AHP 法把相互关联的要素按隶属关系分为若干层次，请有经验的专家对各层次各因素的相对重要性给出定量指标。利用数学方法综合专家意见给出各层次各要素的相对重要性权值，作为综合分析的基础。

（三）系统聚类分析

系统聚类是根据多种地学要素对地理实体进行划分类别的方法，对不同的要素划分

类别往往反映不同目标的等级序列,如土地分等定级、水土流失强度分级等。它是分类数据处理中用得最多的一种方法。其基本思想是:首先是 n 个样本各自成一类,然后根据样本间的相似程度规定类与类之间的距离(其相似程度由距离或者相似系数决定),选择距离最小的两个类合成一个新类,计算新类与其他类的距离,再将距离最小的两个类进行合并,这样每次减少一类,直到所需的分类数或所有的样本都归为一类(见图 3-73)。

(四)判别分析

判别分析与聚类分析同属分类问题,所不同的是,判别分析是预先根据理论与实践确定等级序列的因子标准,再将待分析的地理实体安排到序列的合理位置上的方法,对于诸如水土流失评价、土地适宜性评价等有一定理论根据的分类系统定级问题比较适用。

判别分析依其判别类型的多少与方法的不同,可分为两类判别、多类判别和逐步判别等。

通常在两类判别分析中,要求根据已知的地理特征值进行线性组合,构成一个线性判别函数 Y,即

$$Y = c_1 \times X_1 + c_2 \times X_2 + \cdots + c_m \times X_p$$

其中,$c_k(k=1,2,\cdots,m)$ 是判别系数,它可反映各要素或特征值作用方向、分辨能力和贡献率的大小,只要确定了 c_k,判别函数 Y 也就确定了。在确定判别函数后,根据每个样本计算判别函数数值,可以将其归并到相应的类别中。

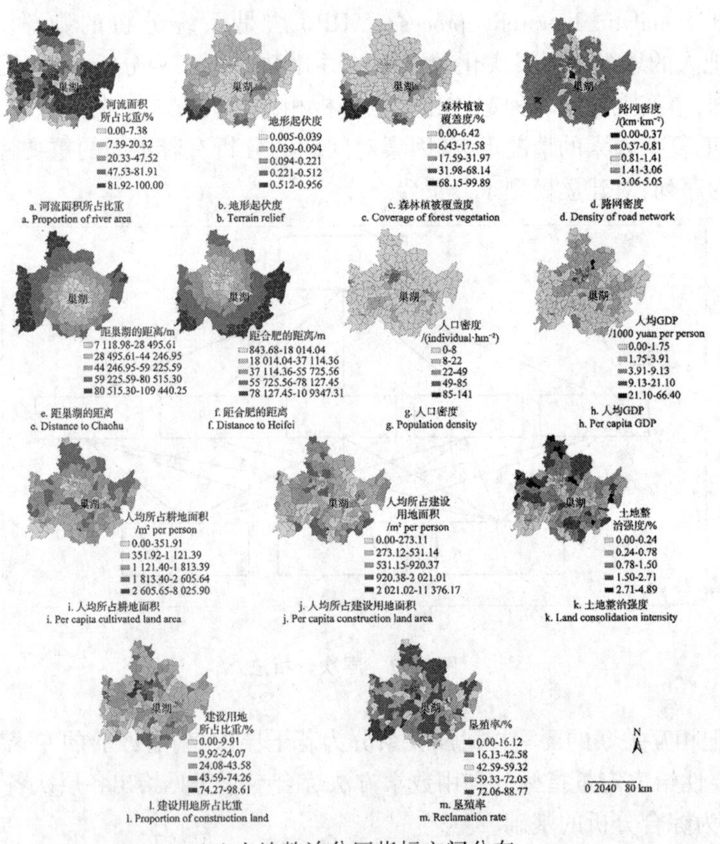

(a)土地整治分区指标空间分布

图 3-73 地理信息系统结合灰色星座聚类法分析巢湖流域土地整治分区

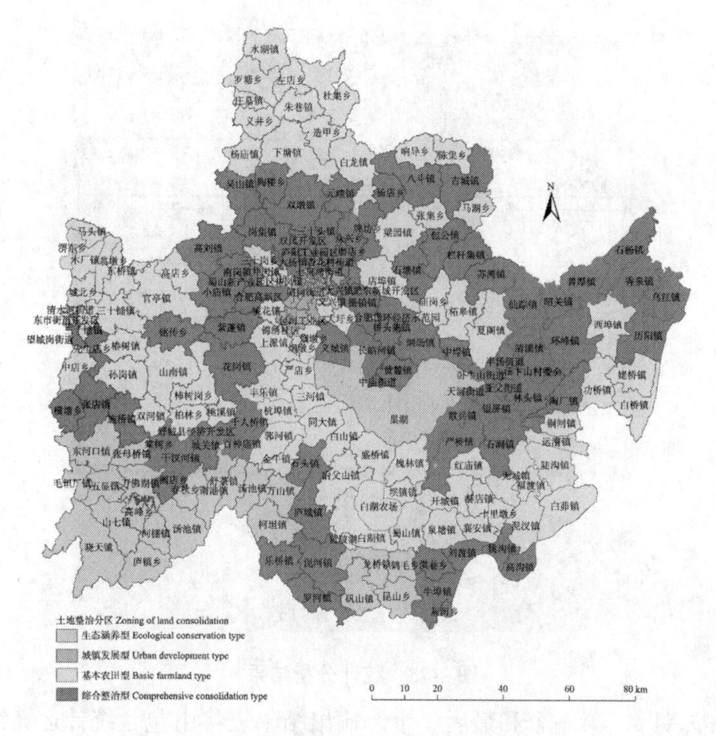

(b)巢湖流域土地综合整治分区图

续图 3-73

常用的判别分析方法有距离判别法、Bayes 最小风险判别法、费歇准则判别法等。

(五)技能练习:空间统计分类分析

统计分析:

如图 3-74 所示,在空间分析工具箱和分析工具箱中,均有相关的统计分析工具,使能够对已有数据进行统计分析。其中,面积制表、汇总统计数据、分区统计等都是常用的工具。

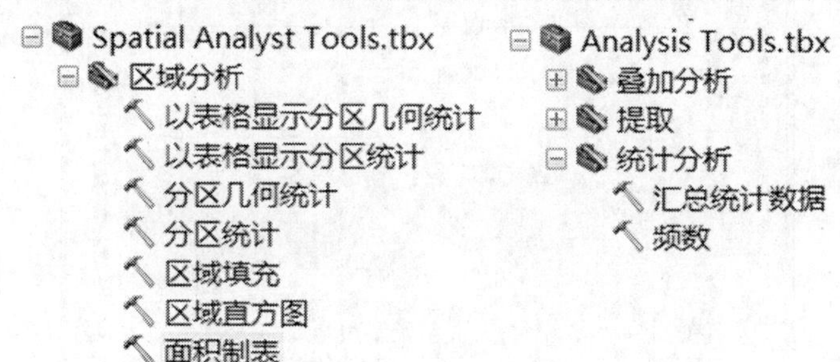

图 3-74　统计分析工具

现有一植被覆盖图,包含"归属者"(Owner)、"植被类型"(VEG_DESC)、"面积"(area)等字段。需要统计的是,按照归属者统计出每类用地的面积,也就是说,需要统计不同的人所拥有的每种植被覆盖类型的面积是多少,见图 3-75。

根据上述要求,利用 ArcGIS 工具箱中的汇总统计数据、频数及面积制表工具均可实现上述统计要求。汇总统计数据工具可实现如下统计运算:总和、平均值、最大值、最小

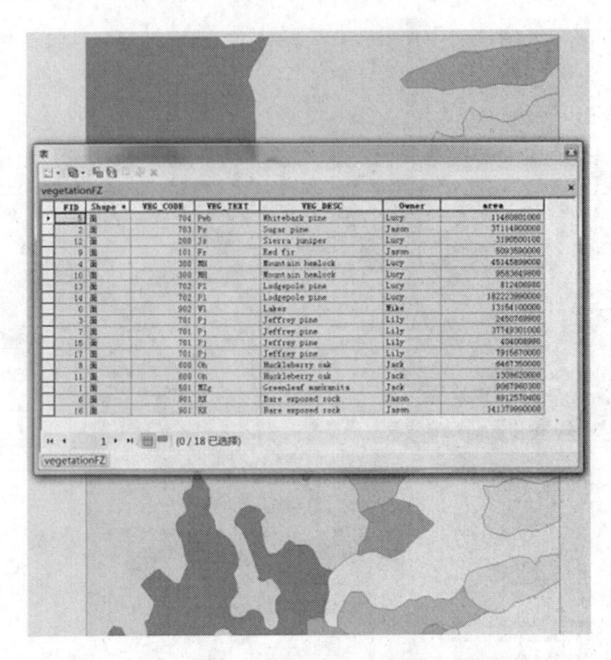

图 3-75 统计分析结果

值、范围、标准差、计数、第一个和最后一个。输出结果表将由包含统计运算结果的字段组成，将使用以下命名约定为每种统计类型创建字段：SUM _ FIELD、MAX _ FIELD、MIN_FIELD、RANGE_FIELD、STD_FIELD、FIRST_FIELD、LAST_FIELD 和 COUNT_FIELD，同时，还可以指定案例分组字段，将单独为每个唯一属性值计算统计数据，则每个案例分组字段值均有一条对应的记录。如图 3-76 所示，对 area 字段进行总和统计，案例分组字段设置为 Owner、VEG_DESC，进而可以得到不同归属者对应的植被类型的面积总数（见图 3-77）。

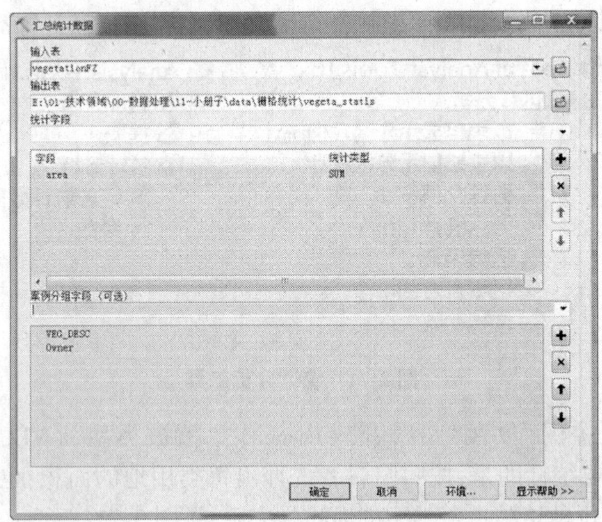

图 3-76 汇总统计

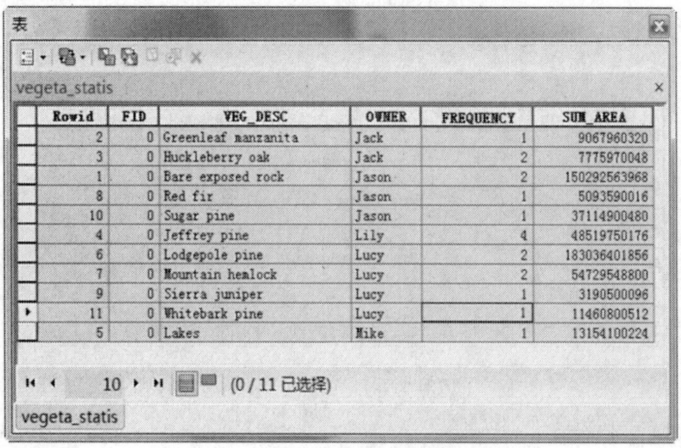

表

vegeta_statis

Rowid	FID	VEG_DESC	OWNER	FREQUENCY	SUM_AREA
2	0	Greenleaf manzanita	Jack	1	9067960320
3	0	Huckleberry oak	Jack	2	7775970048
1	0	Bare exposed rock	Jason	2	150292563968
8	0	Red fir	Jason	1	5093590016
10	0	Sugar pine	Jason	1	37114900480
4	0	Jeffrey pine	Lily	4	48519750176
6	0	Lodgepole pine	Lucy	2	183036401856
7	0	Mountain hemlock	Lucy	2	54729548800
9	0	Sierra juniper	Lucy	1	3190500096
11	0	Whitebark pine	Lucy	1	11460800512
5	0	Lakes	Mike	1	13154100224

10　(0/11 已选择)

vegeta_statis

图 3-77　汇总统计结果

频数工具读取表和一组字段，并创建一个包含唯一字段值和每个唯一字段值的出现次数的新表。输出表将包含频率字段和指定的频率字段及汇总字段。汇总字段参数是可选项，选中后则频率计算的唯一属性值将由每个汇总字段的数字属性值进行汇总。Owner、VEG_DESC 设置为频数字段，area 字段设置为汇总字段，则可获得想要的结果，如图 3-78、图 3-79 所示。

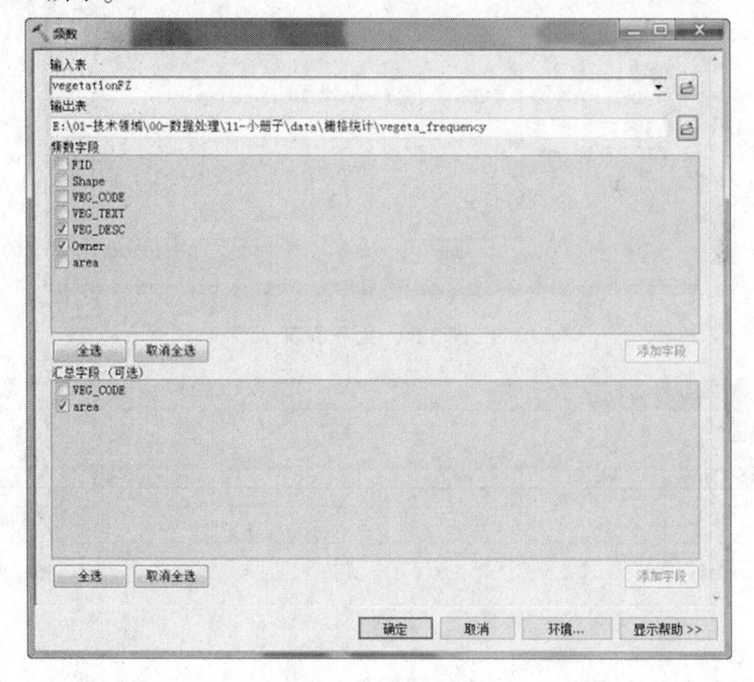

图 3-78　频数统计

面积制表工具用来计算两个数据集之间交叉制表的区域并输出表。针对上述需求，选择同一数据集即可。选择对应的区域字段：Owner、类字段：VEG_DESC 即可。如图 3-80、图 3-81 所示。

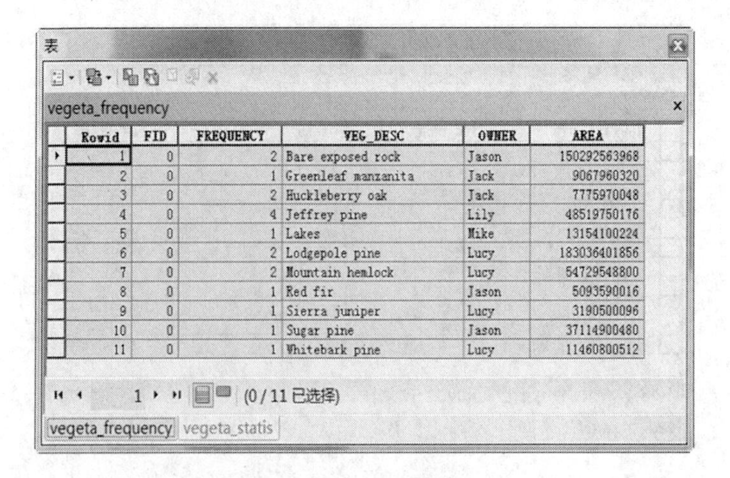

表

vegeta_frequency

Rowid	FID	FREQUENCY	VEG_DESC	OWNER	AREA
1	0	2	Bare exposed rock	Jason	150292563968
2	0	1	Greenleaf manzanita	Jack	9067960320
3	0	2	Huckleberry oak	Jack	7775970048
4	0	4	Jeffrey pine	Lily	48519750176
5	0	1	Lakes	Mike	13154100224
6	0	2	Lodgepole pine	Lucy	183036401856
7	0	2	Mountain hemlock	Lucy	54729548800
8	0	1	Red fir	Jason	5093590016
9	0	1	Sierra juniper	Lucy	3190500096
10	0	1	Sugar pine	Jason	37114900480
11	0	1	Whitebark pine	Lucy	11460800512

(0 / 11 已选择)

vegeta_frequency　vegeta_statis

图 3-79　频数统计结果

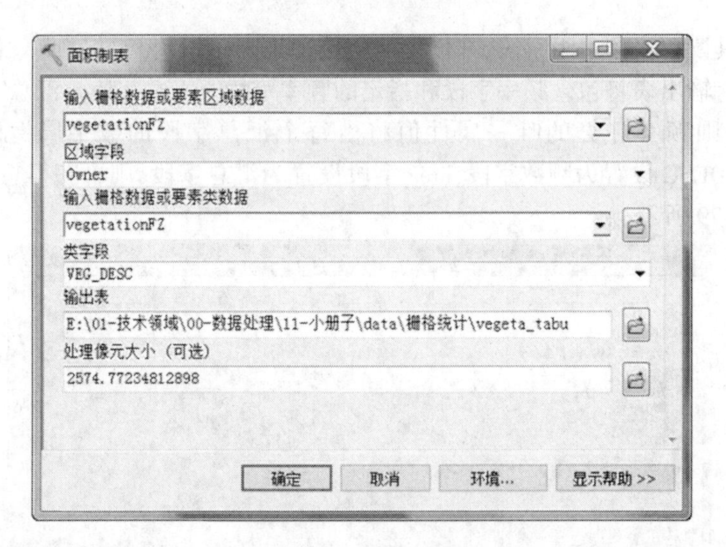

图 3-80　面积制表

表

vegeta_tabu

Rowid	OWNER	VEG_C_1	VEG_C_2	VEG_C_3	VEG_C_4	VEG_C_5
1	Mike	13159463499.7089	0	0	0	0
2	Jack	0	16905104243.9586	0	0	0
3	Jason	0	0	192605487686.168	0	0
4	Lily	0	0	0	48454669380.0365	0
5	Lucy	0	0	0	0	252602034120.609

(0 / 5 已选择)

vegeta_tabu　vegeta_frequency

图 3-81　面积制表结果

通过面积制表的对话框不难发现,其可针对两个数据集进行处理。此处再增加一个专门针对面积制表工具的应用示例。数据为不同植被覆盖度的栅格图和不同区域归属者的矢量图,现需要统计不同归属者所拥有的不同植被覆盖面积是多少。栅格数据如图 3-82 所示。

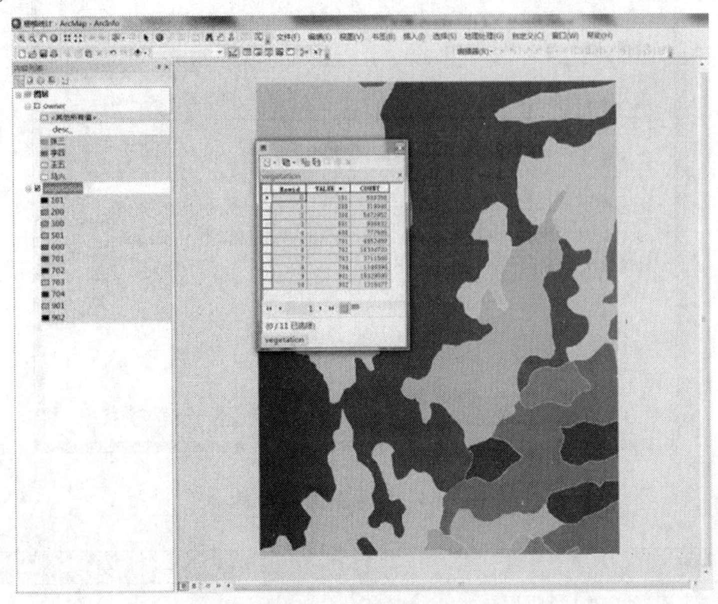

图 3-82　栅格图

矢量数据如图 3-83 所示:desc_字段记录归属者信息。

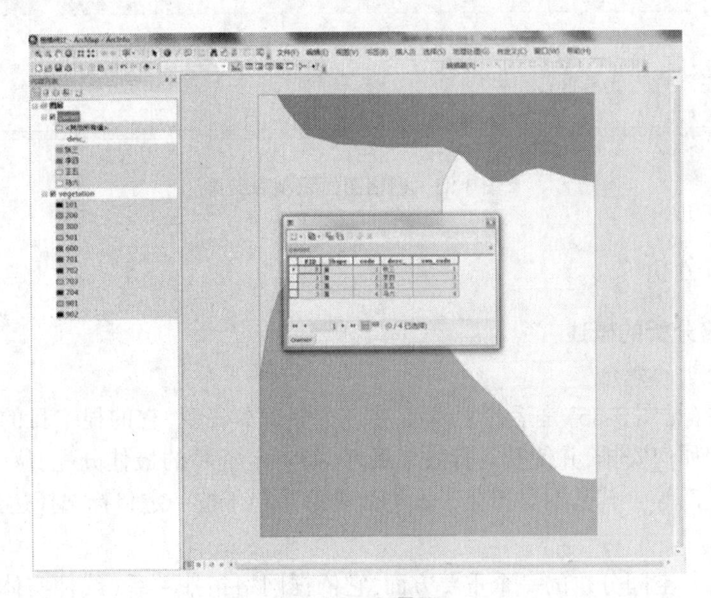

图 3-83　矢量图

利用面积制表工具,输入对应的区域矢量数据和对应的区域字段 desc_,输入对应的栅格数据和对应的类字段,如图 3-84、图 3-85 所示。

确定后,即可得到不同的归属者所拥有的不同植被覆盖的总数二维表。

面积制表
输入栅格数据或要素区域数据
owner
区域字段
desc_
输入栅格数据或要素类数据
vegetation
类字段
VALUE
输出表
E:\01-技术领域\00-数据处理\11-小册子\data\栅格统计\tabu.gdb
处理像元大小（可选）
100
确定
取消
环境...
显示帮助 >>

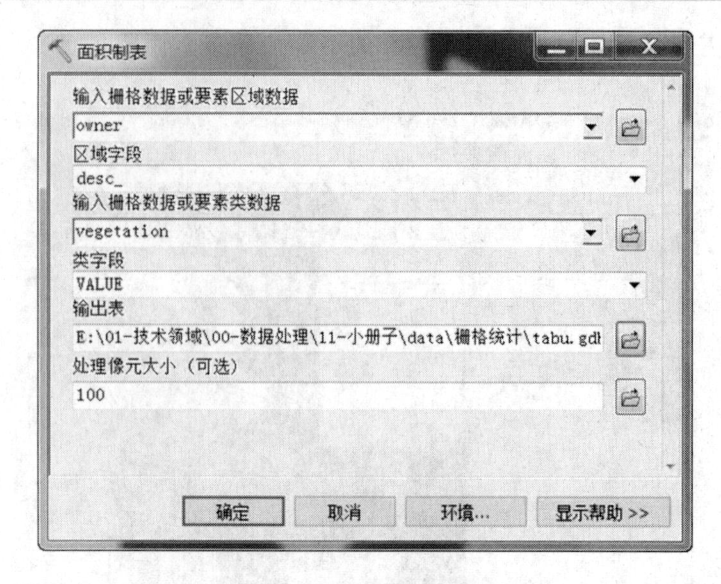

图 3-84　栅格图面积制表

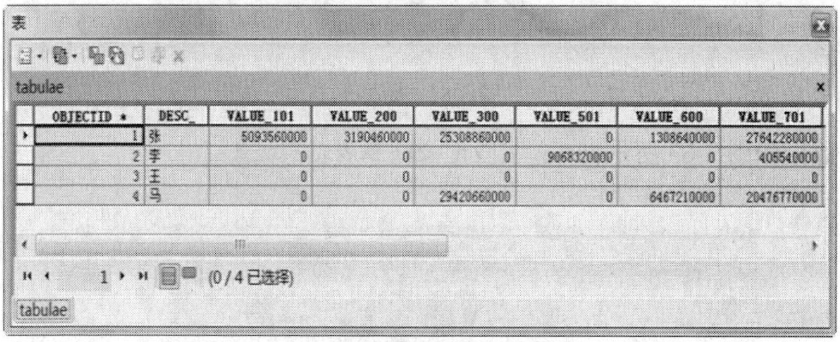

表
tabulae
OBJECTID *
DESC_
VALUE_101
VALUE_200
VALUE_300
VALUE_501
VALUE_600
VALUE_701
1 张 5093560000 3190460000 25308860000 0 1308640000 27642280000
2 李 0 0 0 9068320000 0 405540000
3 王 0 0 0 0 0 0
4 马 0 0 29420660000 0 6467210000 20476770000
(0 / 4 已选择)
tabulae

图 3-85　栅格图面积制表结果

五、网络分析

(一)网络分析的概述

1. 网络分析的概念

网络分析(见图 3-86)是运筹学模型中的一个基本模型,它的根本目的是研究、筹划一项网络工程如何安排,并使其运行效果最好,如一定资源的最佳分配,从一地到另一地的运输费用最低等。其基本思想在于人类活动总是趋于按一定目标选择达到最佳效果的空间位置。

网络分析是空间分析的一个重要方面,它依据网络拓扑关系(线性实体之间,线性实体与节点之间,节点与节点之间的联结、联通关系),通过考查网络元素的空间和属性数据,对网络的性能特征进行多方面的分析计算。

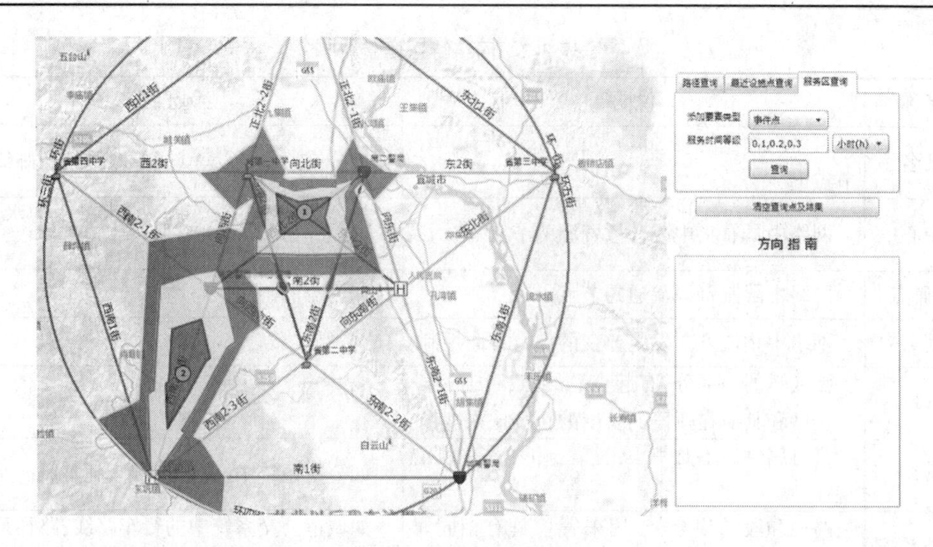

图 3-86　网络分析

2. 网络数据结构的基本组成

1) 网络数据结构的层次

(1) 精细尺度网络，如街道网络。

(2) 中尺度网络，如交通规划。

(3) 粗尺度网络，如高速公路网。

2) 网络分析基本要素

链(Link)：网络中流动的管线，如街道、河流、水管等，其状态属性包括阻力和需求。

节点(Node)：网络中链的节点，如港口、车站、电站等，其状态属性包括阻力和需求等(见图 3-87)。

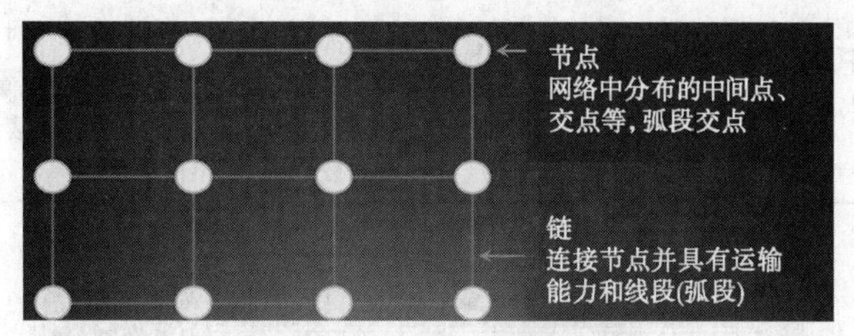

图 3-87　节点和链

3) 网络特殊要素

网络特殊要素主要有站点、中心、障碍点、拐点、段、路径、路径系统、阻强、资源需求量、资源容量、事件等，见表 3-2、图 3-88。

4) 网络分析的基础

一个完整的网络必须首先加入多层点文件和线文件，由这些文件建立一个空的空间图形网络。

表 3-2　网络特殊要素

名称	说明	例子
站名	网络中物流的装、卸位置,但不一定在网络节点上	如公交路线的汽车站、邮政网络的邮筒等
中心	网络中具有集中或分散资源的节点	如公交系统的汽车总站、水系中的水库、街道网络中的学校、小区等
障碍点	网络中限制资源流通的节点	如河流的闸门
拐点	网络中物流方向发生改变的点有方向控制	
段	弧或弧的一部分,有起点和终点,可通过段的长度和其所在弧段的长度的百分比来度量	
路径	具有属性的有序弧段的集合,表示一线型特征	如公交系统中,亚东新城区到丹凤街路线
路径系统	路径和段的集合,常用来管理具有相同属性的多个线形特征	如城市公交系统中的行车路线;路径系统要使用统一的度量标准
阻强	资源在网络中运动的阻力大小,用时间、成本等衡量;与链的长度、方向、属性、节点类型有关;不同类型的阻抗要具有统一的量纲;适用对象链(弧段、段)和节点(拐点)	
资源需求量	网络链或节点能收集的或可提供给某一中心的资源量弧段、节点	如水网中水管的供水量,沿街道学生分布
资源容量	中心为满足各弧段要求而提供的资源总量,或从一中心流向(接收)另一中心的资源总量	如水库容量、学校最大学生数等 中心点:最大容量、服务范围等;站点:资源需求量(上、下)
事件	路径系统中某一路径的分段属性;属性由用户定义,用路径的度量表示	【类型】 1. 点事件:与一个位置对应,一个度量 2. 线事件:区段,两个度量 3. 连续事件:一个度量表示一个区段的开始和下一个区段的开始

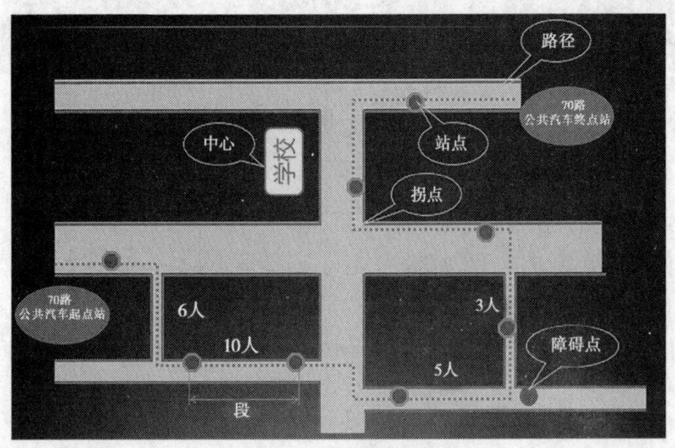

图 3-88　网络特殊要素

5)网络分析的相关设置

对点和线文件建立起拓扑关系,加入其各个网络属性特征值,如根据网络实际的需要,设置不同阻强值、网络中链的连通性、中心点的资源容量、资源需求量等。

(二)网络分析的主要功能

1. 路径分析

在电子地图中,路径分析是指:在指定的网络中,按照指定的要求,求出给定两点之间符合要求的路径。路径分析作为网络分析的重点,有着广泛的应用领域。例如在城市规划中,通信线路的铺设、交通管理线路的确定、车辆导航等。

路径分析一般包括静态求最佳路径、N 条最佳路径分析、最短路径或最低耗费路径、动态最佳路径分析。

(1)静态求最佳路径。在给定每条链上的属性后,求最佳路径。

(2)N 条最佳路径分析。确定起点或终点,求代价最小的 N 条路径,因为在实践中最佳路径的选择只是理想情况,由于种种因素而要选择近似最优路径。

(3)最短路径或最低耗费路径。确定起点、终点和要经过的中间点、中间连线,求最短路径或最小耗费路径。

(4)动态最佳路径分析。实际网络中权值是随权值关系式变化的,并且可能会出现一些障碍点,需要动态地计算最佳路径。

路径分析的核心是对最佳路径求解,最佳路径中的这个"佳"包括很多含义,它不仅可以指一般地理意义上的距离最短,还可以是时间最短、费用最少、线路利用率最高等标准。但是无论引申为何种判断标准,其核心实现方法都是最短路径算法。例如,通信网络中的最可靠线路问题、最大容量问题,游客要在很复杂的公交线路中找出耗时最少或转车次数最少的乘车方案问题,都可以化为求最短路径问题。最短路径分析是根据网络的拓扑性质,在图数据结构中,求取从一个顶点出发到其他各顶点之间的最短路径(见图 3-89),或求每对顶点之间的最短路径。

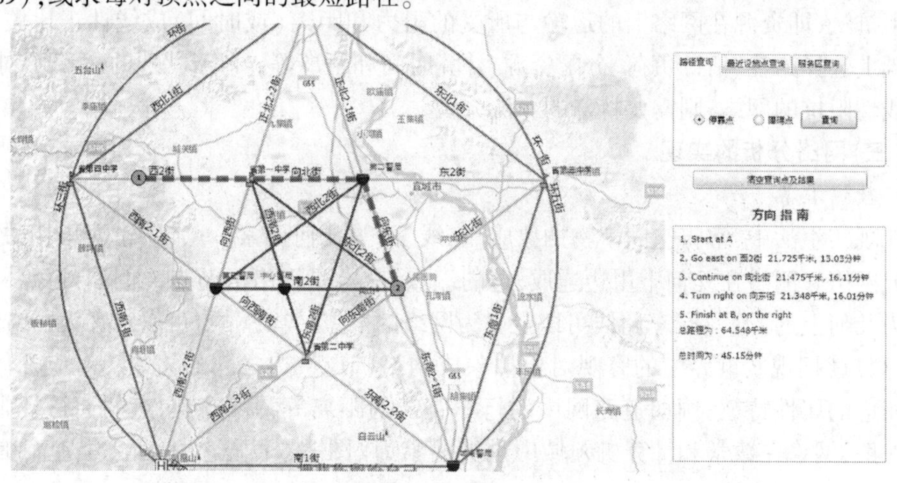

图 3-89　路经查询

2. 资源分配

资源分配网络模型由中心点(分配中心或收集中心)及其属性和网络组成(见图 3-90)。分配有两种形式:一种是由分配中心向四周分配,另一种是由四周向收集中心聚集。资源分配的应用包括消防站点分布和求援区划分、学校选址、垃圾收集站点分布、停水停电对区域的社会、经济影响估计等。

1) 负荷设计

负荷设计可用于估计排水系统在暴雨期间是否溢流、输电系统是否超载等。

2) 时间和距离估算

时间和距离估算除用于交通时间和交通距离分析外,还可模拟水、电等资源或能量在网络上的距离损耗。

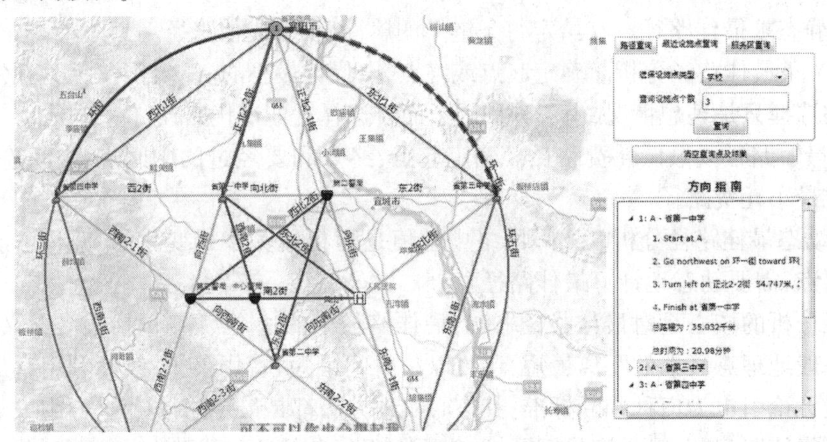

图 3-90　最近设施点查询

网络分析的具体门类、对象、要求变化非常多,一般的 GIS 软件往往只能提供一些常用的分析方法,或提供描述网络的数据模型和存储信息的数据库。其中,最常用的方法是线性阻抗法,即资源在网络上的运输与所受的阻力和距离(或时间)成线性正比关系,在这基础上选择路径、估计负荷、分配资源、计算时间和距离等。对于特殊的、精度要求极高的非线性阻抗的网络,则需要特殊的算法分析。

(三)网络分析的实现

1. 数据准备

在现实生活中,常将空间事物抽象成点、线、面等几何要素。点、线建立拓扑关系,可以组成网络。网络在几何上由边连成,边的端点、交点是网络的节点。例如,道路网可以定义为几何上的"网",行车路线可以定义为网络的"边",车站站点可以定义为网络的"节点",这样就把现实世界中的客观对象抽象成网络、节点、边之间的关系。对应几何特征又有相应的属性特征,例如道路网中的行车路线的距离等特征,转向点的通行规则等特征。一般,网络在数学和计算机领域中是被抽象为"图"这个概念的,所以其基础是图的存储表示。

网络分析是建立在拓扑关系基础上的,因此要进行网络分析就要建立相应拓扑关系,这就决定了需要什么样的数据,应该怎么组织。以交通道路网为例,要对其进行网络分析，就必须构建交通道路拓扑网络，见图 3-91。

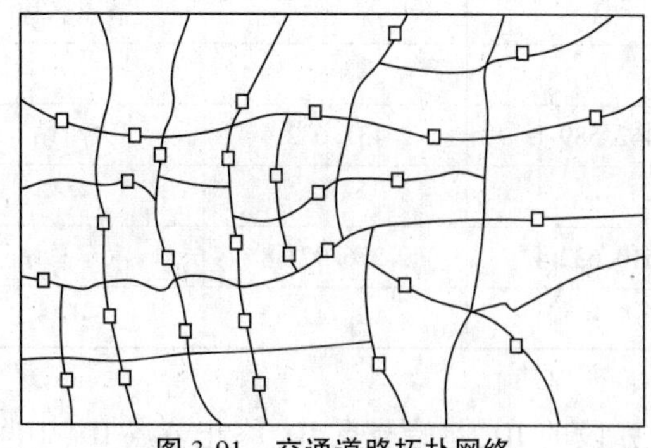

图 3-91　交通道路拓扑网络

本次内容以城市交通道路网为基础，以求最短路径为实例，说明在电子地图中网络分析功能的实现。

1) 数据分类

对于给定的城市交通道路网，要在其基础上进行最短路径分析、最佳乘车方案分析，就必须构建道路拓扑网络，这才能进行最基本的分析。从而就决定了我们所需要的数据，为了更好地组织数据，我们需要对数据进行分类。

以城市公交网络为例，数据分类如下：

(1) 公交路线线段：是公交网络中的最小线单元，以公交连接点为端点。

(2) 公交连接点：是公交路线线段端点。

(3) 公交路线：是一组公交路线线段的有序排列，为公交车辆行驶构建一个物理路径。其定义了公交网络中的一个有向路径。

(4) 公交线路：是复杂要素，指一组具有共同名称或编号的公交路线。大多数情况下，公交线路包含两个公交路线，每个代表不同的方向。

(5) 公交车站：是乘客上下公交车辆的地点。

(6) 公交换乘区：由一个或多个邻近的公交车站所构成。是乘客可在步行距离内换乘公交线路的公交车站的集合。

(7) 公交点：是公交网络中可设定地址的位置。该点可以有明确的物理意义，如景观点。

2) 数据组织

假设图 3-91 为一个公交网络。图中的每个小方块表示一个车站站点，边表示各站点之间的距离。如何用一定的数据结构来存储该网络图呢？可以采用“节点—弧段（可有多条弧段）—节点”的数据组织方式，按照公共汽车线路选择所经过的“站点—路线—站点”形成路径分析中的有向线。

一般网络都是由节点、弧段两大基本要素组成。为了便于分析我们把这些信息组织成最基本的三类文件，即节点文件、弧段文件、目标文件。

节点文件主要记录每个属于节点集的点，其数据项包括点的 ID、点的地理坐标、点的名称、类型标识码等（见表 3-3）。

表3-3　节点文件结构

点的ID号	*X*	*Y*	节点名称	类型标识码
⋮	…	…	…	…
Node_IDi	462.589 1	2 431.632 4	火车站	1
⋮	…	…	…	…
Node_IDj	510.632 4	2 276.971 8	汽车总站	0
⋮	…	…	…	…

弧段文件主要记录弧段的ID、起始节点ID、终止节点ID、中间点串及弧段权值(见表3-4,可描述弧段各种属性信息,一般主要用来描述距离信息)。

表3-4　弧段文件结构

弧段的ID	起始节点ID	终止节点ID	中间点串	权值
⋮	⋮	⋮	…	…
Arc_IDi	Node_IDi	Node_IDi	…	110
⋮	⋮	⋮	…	…

目标文件主要记录以点目标为端点,在两个端点之间加入若干点目标和弧段目标形成一种有方向的线(如公交线路),如果考虑到现实生活中线路的有向性,还可以由已经存在的有向线目标反向形成。对于每条有向线,记录其ID、几何类型、点数、点集、弧段数、弧段集、弧段名称等,见表3-5。

表3-5　目标文件结构

目标ID	几何类型	点数	点集	弧段数	弧段集	弧段名称
⋮	…	…	…	…	…	…
Obj_IDi	1	*n*	…Node_IDi…	*n*	…Arc_IDi…	XX
⋮	…	…	…	…	…	…

节点文件、弧段文件、目标文件构成了网络的基本信息,而它们之间的相互关系则构成了完整的网络拓扑关系,见图3-92。

这种拓扑关系数据将在数据采集时构造,并以文件形式保存下来,直至网络数据发生变化。若数据未发生变化,每次运算就直接从文件中读取所需的拓扑关系,这样有利于检索和分析速度的提高。

2.算法思想

在电子地图中一般采用Dijkstra算法来实现最短路径求解问题。原始Dijkstra算法将网络节点分为未标记节点、临时标记节点和永久标记节点3种类型。首先要将网络中所有节点初始化为未标记节点,在搜索过程中和最短路径节点相连通的节点为临时标记

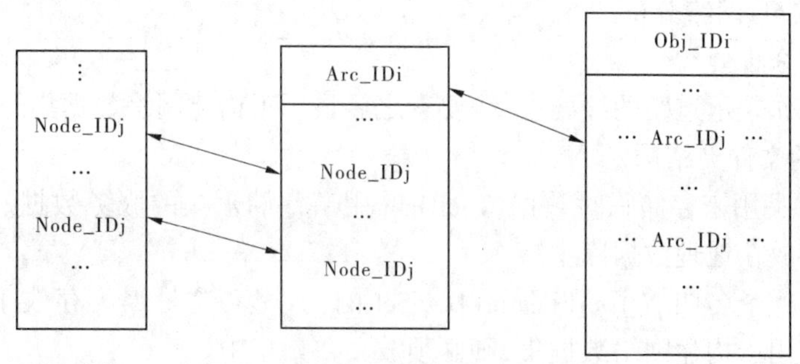

图 3-92　文件结构及相互之间的关系

节点,每一次循环都是从临时标记节点中搜索距源点路径长度最短的节点作为永久标记节点,直至找到目标节点或者所有节点都成为永久标记节点才结束算法。而在原始 Dijkstra 算法中,临时标记节点无序地存储在无序表中,这无疑成为 Dijkstra 算法的瓶颈,因为每次在临时标记点中搜索路径最短的节点时,都要遍历所有的临时标记节点。因此,要保证算法执行效率就必须对原始 Dijkstra 算法进行改进和优化。

目前,在实际应用中,空间存储问题已不是要考虑的主要问题,因此可以用空间换时间来提高最短路径算法的效率。邻接点优化算法已经被广泛的应用于电子地图的路径分析中,算法效率也优于其他优化算法。下面将介绍邻接点优化算法的思想。

Dijkstra 算法的数据组织基础是构造 $N \times N$ 的邻接矩阵,N 是网络的节点数。当网络的节点数很大时,而各节点的邻接节点数又不多的情况下,有大量的 ∞ 元素存在,尤其是对于以真实的地图为对象的实际应用问题,这样将占用大量的存储空间,并且运算也很浪费时间。下面具体阐述在 Dijkstra 算法的基础上,采用邻接点算法,来提高运算速度。

一个网络中,各节点的邻接节点的最大值称为该网络的最大邻接节点数。取网络的最大邻接节点数作为矩阵的列,网络的节点总数作为矩阵的行,构造邻接节点矩阵来描述网络结构。邻接节点矩阵的行按节点号从小到大顺序排列与节点 i 邻接的节点号写在矩阵的第 i 行,如果节点 i 的邻接节点数小于最大邻接节点数,则以零填充,直到填满矩阵。对照邻接节点矩阵,把邻接节点矩阵中各元素邻接关系对应的边的权值填在同一位置上(∞ 对应零元素),构造相应的初始判断矩阵。

邻接节点矩阵节省了存储空间,为在计算机实现过程中进一步提高了运算速度,提供了更加有效的网络结构组织方式。

值得注意的是,在实际应用中,网络特征可能时刻会发生变化,这就需要在算法设计时考虑实时性等因素。例如,在城市交通网络中,交通特征的实时变化(如发生堵车或临时特定的路口不能转弯等)都是电子地图网络分析所需要考虑的因素。而动态网络是一个与实际应用结合紧密、发展前景广阔的研究领域,随着研究的不断深入,其理论成果不仅可以在物流、供应链优化、通信线路设计等相关领域得到广泛应用,还可以促进智能交通系统的发展,有助于物流配送与发达的交通系统相结合,对于节约能源、提高运输效率、优化交通资源、改善城市交通状况也将起到十分重要的作用。

(四)技能练习:网络分析

1. 准备网络分析的数据

首先我们制作表示道路的线要素,线要素之后将用于构建网络数据集。第一步,建立如图 3-93 所示的文件夹结构。

Scratch 文件夹用来存储临时数据,ToolData 用于存储永久的服务数据。一般将地理要素及要素集存放在地理数据库中。

这里新建了一个名叫 NetworkFeatureDataSet 的要素集,这是因为存放于地理数据库中的线要素如果用于构建网络数据集,则必须放在要素集中。

第二步,新建各种要素(表示设施点的点要素,以及表示道路的线要素),并添加相关的属性(见图 3-94)。

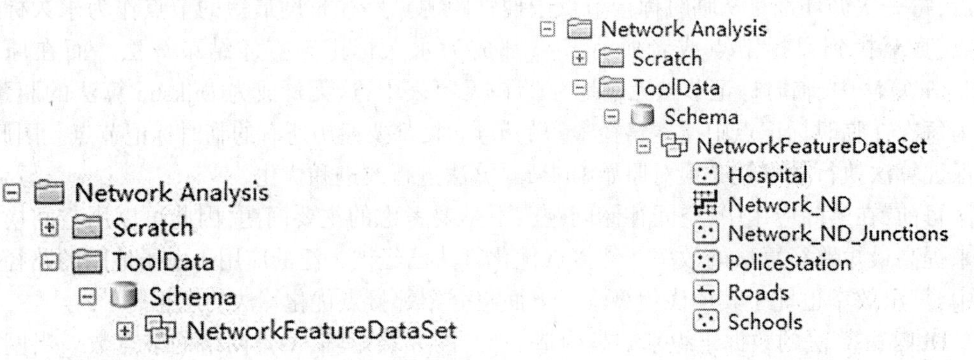

图 3-93　网络分析数据　　　　图 3-94　新建各种要素

Network_ND 和 Network_ND_Junctions 是之前已构建好的网络数据集和节点。在此只需要新建三个点要素和一个线要素即可,分别配置以下属性(见图 3-95)。

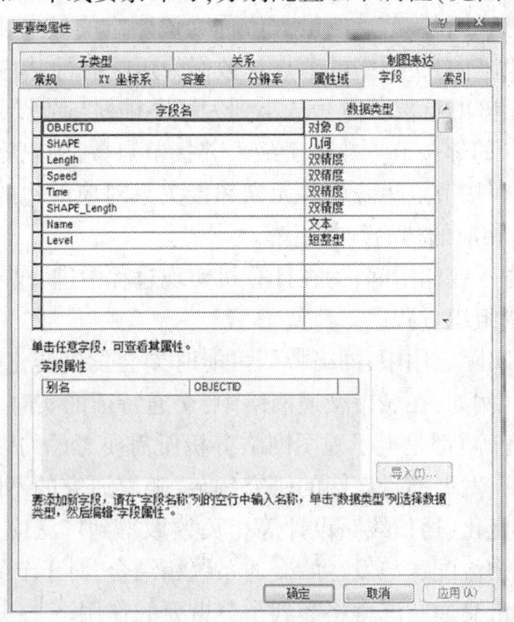

图 3-95　要素类属性

线要素：

SHAPE_Length：新建要素时默认生成的属性，表示线要素的长度，其值和单位与选择的坐标系有关，由于考虑到之后的 Web 开发，因此这里采用 Web Mecator 坐标系。

Length：表示道路的长度，这里的值就等于 SHAPE_Length。（其实这里直接用 SHAPE_Length 这个属性就可以，可以不添加该属性。）

Level：表示道路的等级，不同的等级所允许的行驶速度不同，这里设置的等级和速度的对应关系如图 3-96 所示。

等级	速度的最大值
1	130 km/h
2	120 km/h
3	80 km/h
4	60 km/h

图 3-96　道路等级

Speed：表示该公路行驶的最大速度，按照如图 3-96 所示的表格进行设置。

Time：表示行驶时间，这里没有添加任何数据。

Name：表示公路的名称，注意线要素一定要有类型为文本类型的属性，这样才能够在构建网络数据集时添加方向设置，否则构建的网络数据集中将不包含方向指南。因此，这里添加了道路的名称，目的在于之后生成方向指南。

点要素（以表示学校的点要素为例，其他点要素雷同，见图 3-97）。

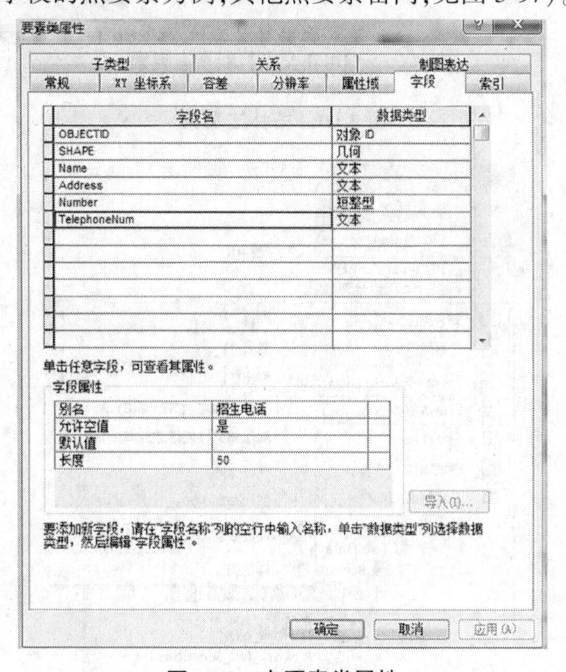

图 3-97　点要素类属性

第三步，编辑要素，构建具体的地图，这里制作了一个简单的如图 3-98 所示的地图。

需要注意的是：由于道路是连通的，所以需要将所有相交的线要素进行打断处理。在此可以用拓扑工具进行批处理（见图 3-99）。

2. 构建网络数据集

再次强调，构建网络数据集的线要素必须位于要素集中，否则无法构建。右键单击"要素集—新建—网络数据集"。单击将出现如图 3-100 所示的界面。

图 3-98　网络分析地图

在编辑要素模式下。选中所有线要素。点击改工具，即可在交点打断所有要素

图 3-99　拓扑工具条

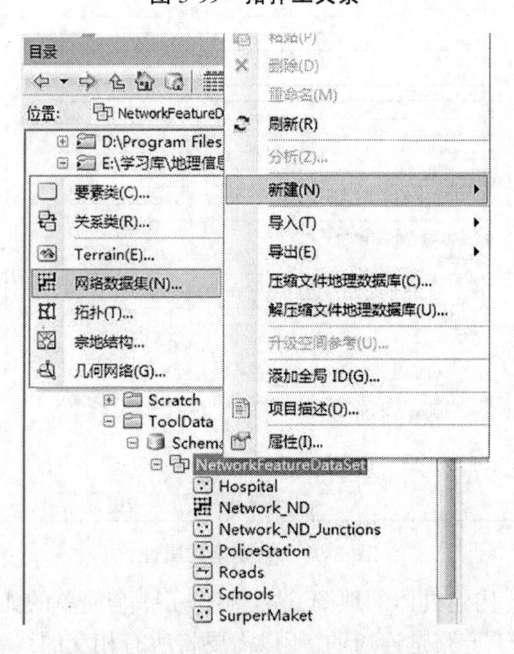

图 3-100　构建网络数据集

设置网络数据集的名称见图 3-101，单击“下一步”。

设置连通性，这里有节点和端点两种，默认情况下为端点，这里我们选择默认即可，然

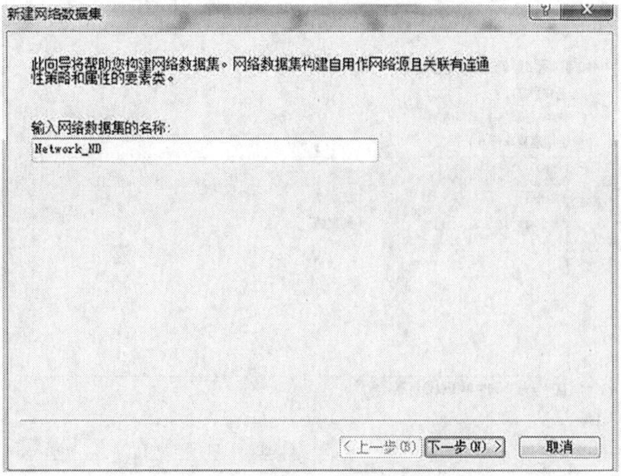

图 3-101　设置网络数据集名称

后单击“下一步”(见图 3-102)。

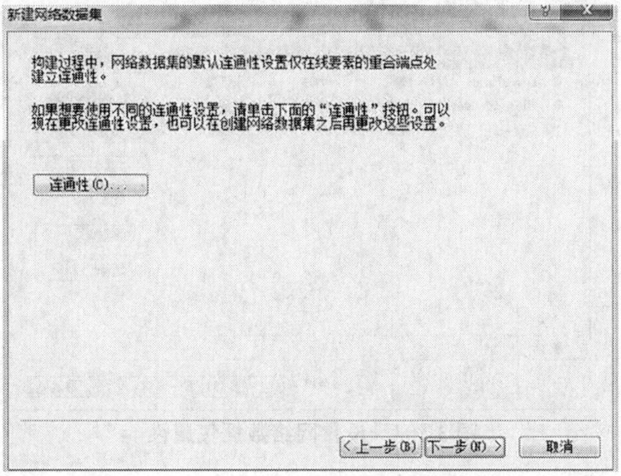

图 3-102　设置连通性

设置高程字段,当涉及高程时,在此设置,本文没有涉及,所以选择“无”。然后单击“下一步”(见图 3-103)。

设置网络数据集的属性,我们指定了如图 3-104 所示的属性。具体的添加过程为:

单击“添加”,然后设置名称、用法和单位,然后点击赋值器,可以指定该属性是字段、函数、常量及 VB 脚本。

这里设置 Distance 属性为字段,对应线要素的 Length 属性(也可以用表达式,将单位换成 km,即 Length/1 000,默认的长度单位是 m)。

Speed 属性对于线要素的 Speed 属性如图 3-105 所示。

DriverTime 属性表示行驶时间。这里需要注意的是 DriveTime 属性采用的是表达式,而不是直接将线要素的 Time 属性赋给它,见图 3-106。(因为之前在新建要素时,没有给 Time 属性赋值,这里想根据线要素的长度和最大行驶速度来设置通过该要素所需最小时间。)

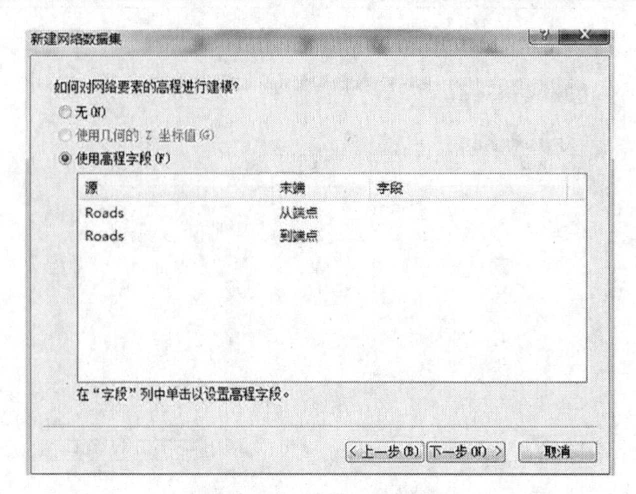

图 3-103　设置高程字段

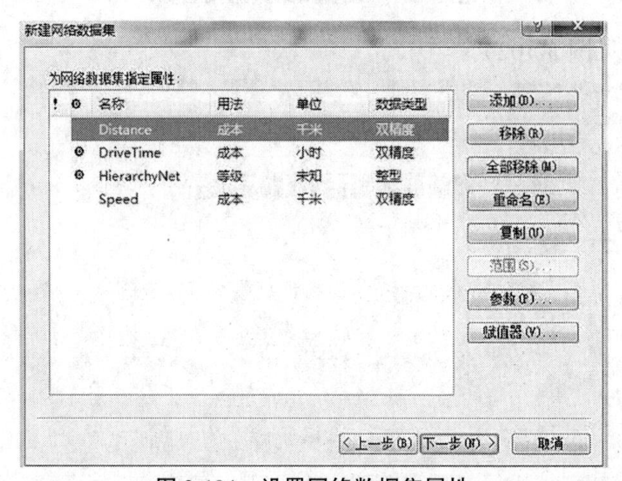

图 3-104　设置网络数据集属性

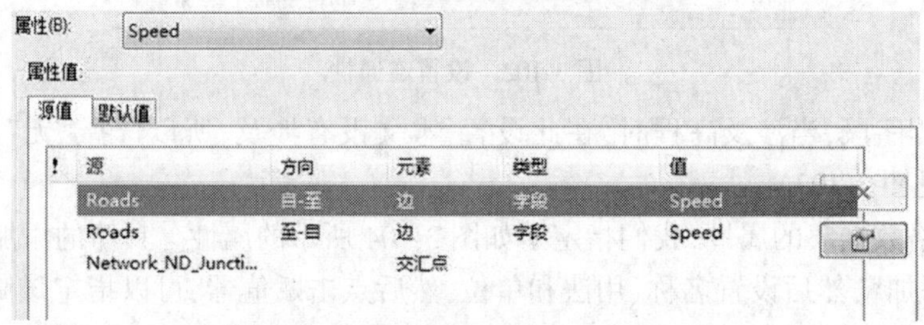

图 3-105　设置 Speed 属性

因为速度是 km/h,默认长度单位是 m,所以将要素长度除以 1 000(见图 3-107)。

以上属性设置好以后,单击“下一步”,设置网络方向属性。

这里设置长度属性为 Distance,并设置单位及时间属性,如图 3-108 所示,在街道名称中设置名称为 Name 字段。然后单击完成。

3. 验证网络数据集

单击自定义调出网络分析工具条,见图 3-109。

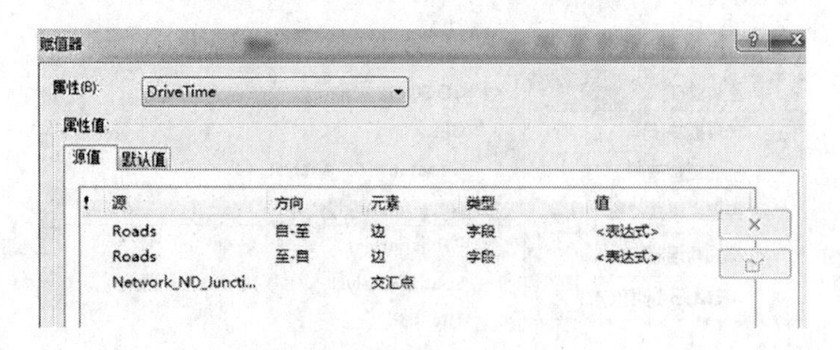

图 3-106　设置 DriverTime 属性

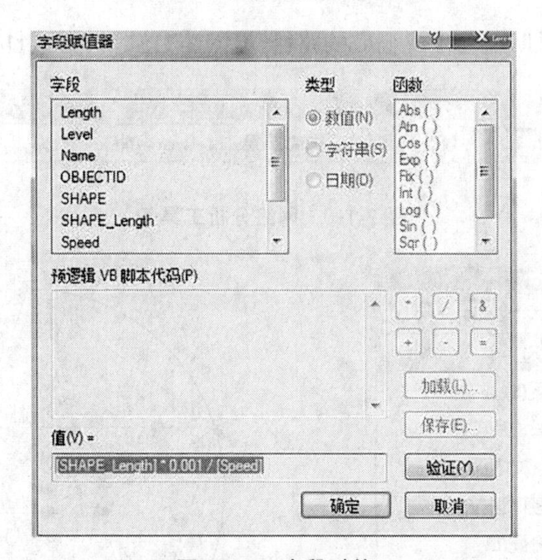

图 3-107　字段赋值

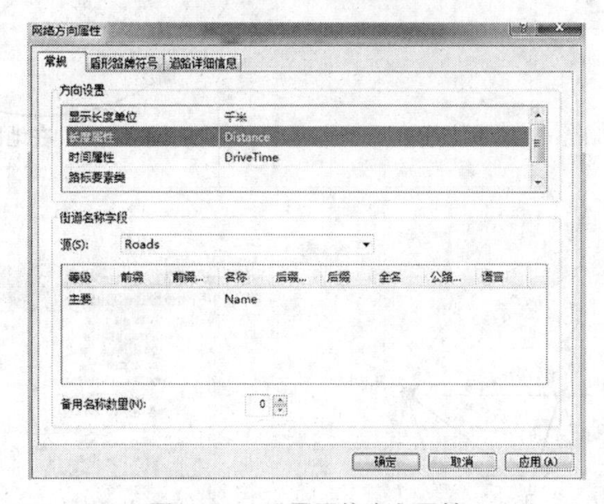

图 3-108　设置网络方向属性

单击 NetworkAnalyst（见图 3-110），可以选择分析项。

最短路径查询：

点击新建路径（见图 3-111），然后单击网络分析工具条中带有+号的按钮。在地图中添加两个点或者更多，如图 3-112 所示添加了四个点。

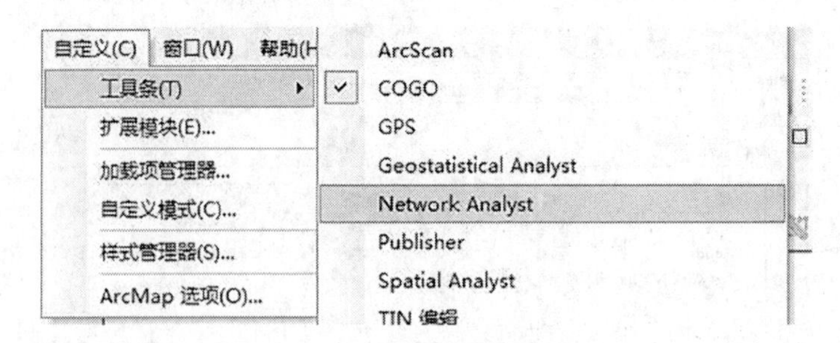

图 3-109　调出网络分析工具条

然后点击求解工具，则会生成相应的路径，见图 3-113。如图 3-114 是生成的方向指南。

图 3-110　网络分析工具条

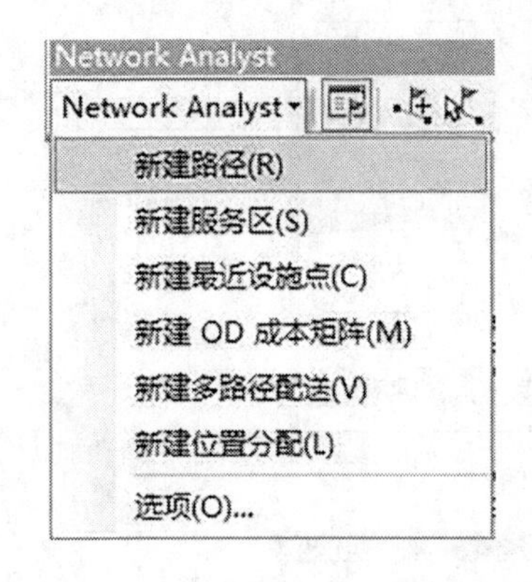

图 3-111　NetworkAnalyst 下拉菜单

图 3-112　在地图中添加点

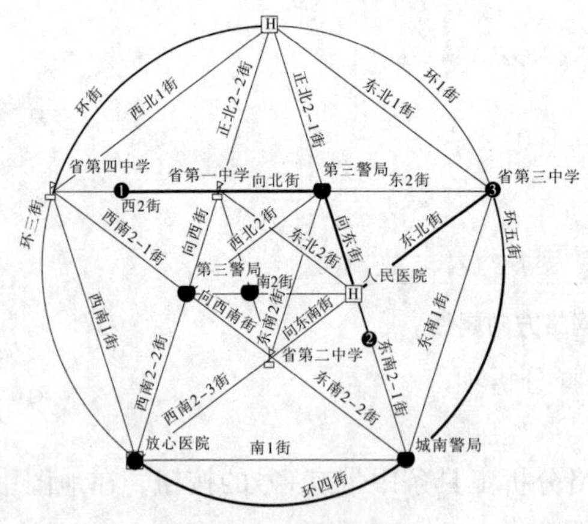

图 3-113　生成路径

图 3-114　路径方向指南

六、缓冲区分析

(一)缓冲区分析分类

1. 缓冲区的概念

缓冲区分析是根据分析地理目标或工程规划目标的点、线、面实体,自动建立它们周围一定距离的带状区,用以识别这些实体或主体对邻近对象的服务范围或影响度,以便为复杂的规划和决策问题提供参考依据的数字地图分析方法。

缓冲区分析是各种数字地图分析方法中使用非常频繁的一种,其基本思想是给定一个空间物体或者集合,确定其邻域,邻域的大小由邻域半径 R 决定。因此,物体 O_i 缓冲区的定义如下(郭仁忠,2001):

$$B_i = \{x : d(x, O_i) \leqslant R\}$$

亦即 O_i 的半径为 R 的缓冲区是全部 O_i 的距离 d 小于或等于 R 的点的集合,d 一般是指最小欧几里得距离。对于物体的集合 $O = \{O_i : i = 1, 3, \cdots, n\}$,其半径为 R 的缓冲区是单个物体的缓冲区的并集,即

$$\bigcup_{i=1}^{n} B_i$$

随着缓冲区分析应用的推广(见图 3-115),现在普遍认为缓冲区就是地理目标在一定条件下的服务范围或影响度,它决定半径 R 的大小变化。

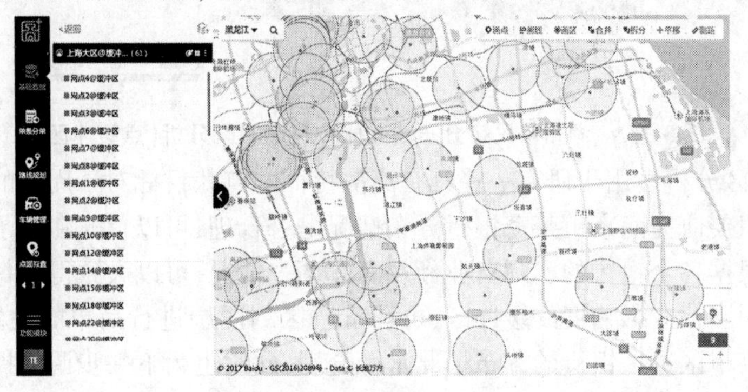

图 3-115　缓冲区分析应用

2. 矢量数据的缓冲区

缓冲区分析需要考虑分析的对象与数据,根据分析对象的几何特性可以划分为点缓冲区分析、线缓冲区分析和面缓冲区分析;根据对象是否为单一目标或者目标集合又可分为简单缓冲区分析和复合缓冲区分析,复合缓冲区的建立不是若干简单缓冲区的简单叠加,而涉及多个多边形的合并处理;地图空间数据是电子地图表达、分析的数据基础,根据空间数据的结构形式又可划分为矢量数据与栅格数据的缓冲区分析,从方法的角度出发,数据结构成为缓冲区分析考虑的关键。

按照缓冲区建立的参照目标的形状特征,一般可分为点缓冲区、线缓冲区、面缓冲区等三种类型,见图 3-116。

1)点缓冲区

点缓冲区是一组点状地物、一类点状地物或一层点状地物,根据给定的缓冲区距离,

图 3-116　缓冲区类型

形成缓冲区多边形图形，如图 3-117 所示。

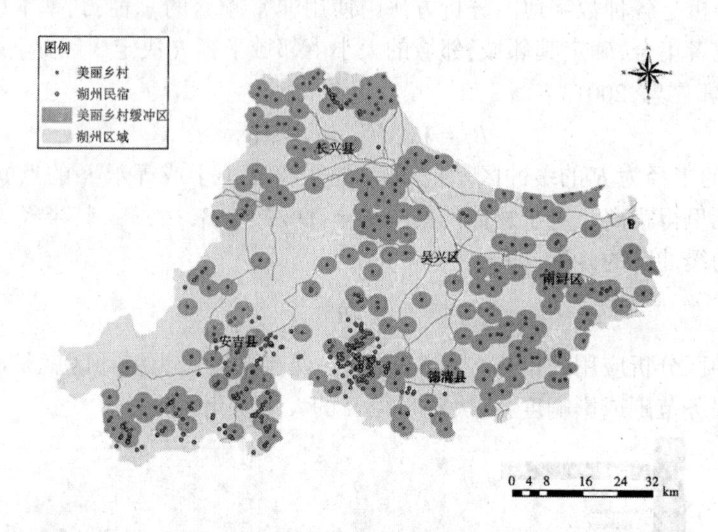

图 3-117　湖州市民宿分布的美丽乡村缓冲区分析(点缓冲区)

此类缓冲区分析多用于研究一些具有离散特征的点状目标对于周围的影响度或服务范围。比如，想要研究南京市某家银行分布情况是否合理，可以首先在电子地图上调出银行这一图层，根据各个银行的实际营业额及实际调查情况，可以大致得到每个银行的影响距离，对这一图层建立影响度的缓冲区，再和行政区划图层进行简单的叠置，就可以得出结论，整个南京市区这一银行的分布情况是否合理，同时也为下一步调整提供了决策的依据。

2）线缓冲区

线缓冲区是指一类或一层的线状空间地物，按给定的缓冲距离，形成线缓冲区多边形。线缓冲区生成的方法一般为：以线目标 L 为轴线，以缓冲距 E 为平移量向两侧作平行曲(折)线。在轴线两端构造两个半圆弧，最后形成圆头(蚕形)缓冲区。在某些应用中，如在河系树结构中自动建立的圆头缓冲区，在查找某河流的左、右两侧支流时，会带来多余的信息，干扰正常的查找。因此，为了更方便地适应多方面的需要，可容易地生成另一种线目标缓冲区——方头缓冲区，即在轴线的两端不用半圆弧，而是用直线把平行于轴线的左、右两条边线的端点连起来，形成方头缓冲区。另外，当线状目标首尾相接时，会生成环状缓冲区，见图 3-118。

3）面缓冲区

面缓冲区是指一类或一层面状地物，按给定的缓冲区距离，形成的面缓冲区多边形。

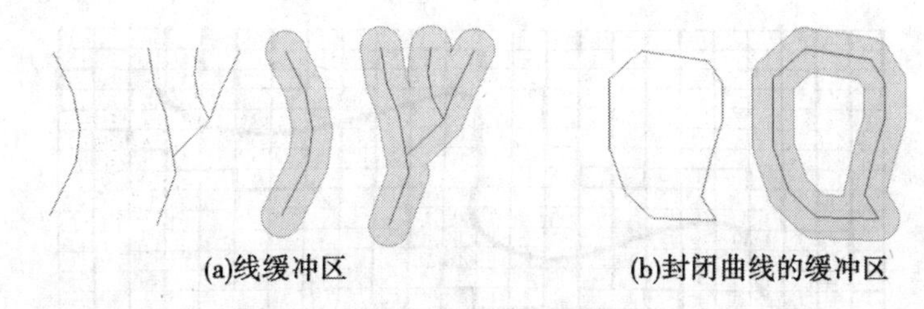

图 3-118　线缓冲区

面缓冲区应用的范围较为广泛,比如,研究湖泊群对周围环境的影响等。这时由于研究的目标主体具有面状特征,在进行研究时,必须按照面缓冲区的建立来考虑问题。

随着缓冲区分析应用的范围不断扩大,缓冲区的定义也不断地被扩充,有些文献还进一步指出对点状物体而言,还可以生成三角形、矩形、正六边形等特殊形态的缓冲区;对于线状物体,还可以生成双侧对称、双侧不对称或单侧缓冲区,根据不同的应用,轴线端点区可能是圆头缓冲区,也可能为平头缓冲区;对于面状物体,则可以生成内侧和外侧缓冲区。这些适合不同应用要求的缓冲区,尽管其形态各异,基本原理是一致的。

3. 栅格数据的缓冲区

基于栅格结构的地理数据同样可以做缓冲区分析,栅格方法又叫点阵法,它是将点、线、面等栅格数据,进行像元加粗,然后做边缘提取的方法,通常称为推移或扩散(speed)。推移或扩散实际上是模拟主体对邻近对象的作用过程,物体在主体的作用下在一阻力表面移动,离主体越远作用力越弱。例如,可以将地形、障碍物和空气作为阻力表面,影响源作为主体,用推移或扩散的方法计算噪声离开主体后在阻力表面上的移动,得到一定范围内每个栅格单元的影响强度。

根据主体对象的形状特征不同,一般也分为点、线、面缓冲区。

(1)点目标 P 的缓冲区:以 P 为点生成元,借助缓冲距 E 计算出像元加粗次数,然后进行像元加粗。

(2)线目标 L 的缓冲区:以 L 为线生成元,借助缓冲距 E 计算出像元加粗次数,然后进行像元加粗。

(3)面目标 A 的缓冲区:以 A 的边界线 LA 为轴线,借助缓冲距 E 计算出加粗次数并进行像元加粗。如果仅把缓冲区作为信息检索手段,即作为一种临时的栅格索引,则对生成元作必要的加粗后,任务便完成。若要形成相应的缓冲区实体,则需在完成上述加粗后,还要做边缘提取。与矢量方法比较,栅格方法的算法原理与操作实现要简易得多,见图 3-119。

(二)缓冲区分析模型

1. 缓冲区分析模型概述

缓冲区模型建立的成功与否和分析的结果有着密切关系,因而缓冲区模型的建立是缓冲区分析的一个重要前提,在模型建立中需要考虑的主要因素有地理目标、影响条件和影响对象。

地理目标是我们研究的主体,所谓缓冲区,也就是地理目标的影响范围或者服务度,根据研究的目的即地理目标的形状特征,一般分为点源、线源、面源三种类型。

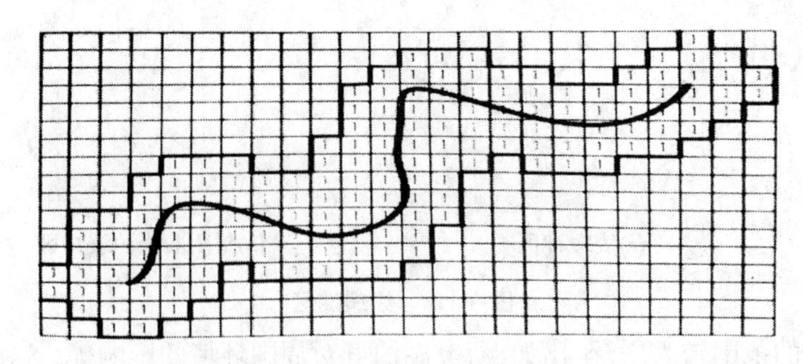

图 3-119　线目标的栅格缓冲区

影响对象表示受主体影响的客体,例如在进行道路拓宽工程的分析时,两侧的建筑物、行政界线变更时所涉及的居民区、森林遭砍伐时所影响的水土流失范围等。

影响条件表示地理目标对影响对象施加作用的影响条件或强度。

2. 常见的分析模型

根据地理目标对影响对象作用性质的不同,可以采用不同的分析模型来进行研究,一般常见的分析模型有以下几种(黄杏元,1990)。

1) 线性模型

用于当地理目标对影响对象的影响度(F_i)随距离(r_i)的增大而呈线性形式衰减时,其表达式为

$$F_i = f_0(1 - r_i)$$

其中,$r_i = \dfrac{d_i}{d_0}$, $0 \leqslant r_i \leqslant 1$。

2) 二次模型

用于当地理目标对影响对象的影响度(F_i)随距离(r_i)的增大而呈二次形式衰减时,其表达式为

$$F_i = f_0(1 - r_i)^2$$

其中,$r_i = \dfrac{d_i}{d_0}$, $0 \leqslant r_i \leqslant 1$。

3) 指数模型

用于当地理目标对影响对象的影响度(F_i)随距离(r_i)的增大而呈指数形式衰减时,其表达式为

$$F_i = f_0^{(1 - r_i)}$$

式中:F_i 为地理目标对邻近对象的实际影响度;f_0 为地理目标对自身的综合规模指数;d_i 为影响对象相对地理目标实体的实际距离;d_0 为地理目标对影响对象的最大影响距离。

对于静态缓冲区,只要根据实际情况确定缓冲区宽度,在目标对象周围建立特定宽度的带状区,则区内任何一点都具有相同的固定影响度:$F_i = f_0$,对于动态缓冲区,可根据物体对周围空间影响度的变化性质采用不同的分析模型:当缓冲区内各处随距离变化影响度变化速度相等时,可以采用线性模型来建立;当离空间物体近的地方比离空间物体远的地方影响度变化快时,可以采用二次模型来建立;当离空间物体近的地方比离空间物体远

的地方影响度变化更快时,可以采用指数模型来建立。

在动态缓冲区生成模型中,影响度随距离的变化而连续变化,对每一个距离值 d_i 都有一个不同的 F_i,这在实际应用中是不现实的,往往把 F_i 根据实际情况分成几个典型等级,并根据 F_i 确定 d_i 的等级,也就是把连续变化的缓冲区转化成阶段性变化的缓冲区,在每一个等级取一个平均影响度(吕妙儿等,2000)。

(三)缓冲区分析的实现

1. 数据准备

电子地图的数据主要是满足地图表达的需要,因此在地图目标的数据采集中无法保证目标的完整性与地理特征性,如等高线被高程注记、冲沟等分割,道路遇桥梁、村庄等产生分段,境界线沿着单线河流两侧间断性地跳绘,一个行政单位的面状区域边界没有封闭等,都将导致分析对象的局部空间缺失,直接影响到缓冲区分析的结果。此外,如果分析对象集合的内部属性不一致,也常常会造成分析结果的混乱。为了实现电子地图中的缓冲区分析功能,我们必须重新组织数据,也就是说,电子地图中表达出来的专题数据和进行缓冲区分析的数据,实际上并不是同一数据,而是需要区别对待,完成前期的数据处理准备。

为了能够有效实现缓冲区分析的功能,我们必须解决好电子地图表达图层和数据准备图层的矛盾。具体组织数据的时候,根据分析的需要,把地图数据组织为点、线、面的类别,如果电子地图表达图层的数据能满足数字地图分析的需要,可以直接利用表达图层来进行缓冲区操作,如果电子地图表达图层的数据不能满足数字地图分析的需要,应该先从电子地图表达图层进行提取,如建立辅助连接线,或者断点自动匹配连接等,得到分析需要的数据,然后进行缓冲区操作,最后可以将操作结果和电子地图的表达图层叠加显示,见图 3-120。

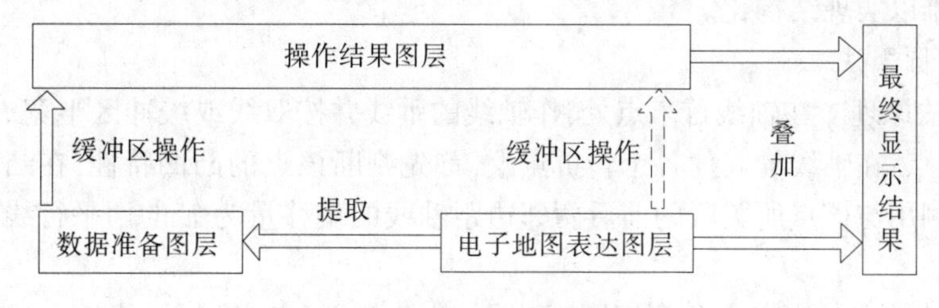

图 3-120　电子地图系统中的缓冲区分析

2. 算法简介

分析数据准备好以后,所需要面对的问题就是如何确定缓冲区生成的条件。对于点缓冲区来讲,缓冲区的生成方法相对来说比较简单,就是以地理目标为中心点,向外推移一定的距离。但对于线和面缓冲区的生成情况,则复杂得多。由于面缓冲区生成的情况实际上和线缓冲区类似,因此都可以抽象为线缓冲区的生成。

1)平行双线算法(角分线法)

(1)算法说明。

在轴线首末点处,作轴线的垂线并按双线或缓冲区半宽 E 截出左、右边线的起讫点;在轴线的其他各个转折点上,用与该点所关联的前后两邻边距轴线的偏移量为 E 的两平行线的交点来生成两平行边线的对应顶点。因此,这个方法也可以叫作“简单平行线法”(见图 3-121)。

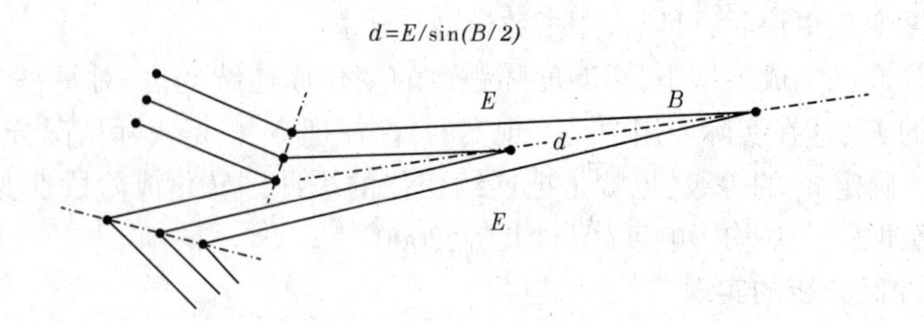

图 3-121 用角分线法生成折线序列的平行线

(2)算法特点。

①沿角分线远离轴线顶点。

公式表明,当偏移量 E 不变时,d 随着张角 B 的减小而增大,因而在尖角处平行线之间的宽度遭到破坏,通过这种方法建立的缓冲区,在尖角处会出现严重的误差,到张角 B 小到一定程度时,会出现 d 非常大的情况。

②校正过程复杂。

为克服角分线法的缺点,众多学者对此进行了深刻的分析研究,提出了多准则的判别方案,较好地解决了所出现的异常情况。

③算法模型欠结构化。

算法模型应包括平行线的几何生成和异常情况处理。首先,几何生成算法欠合理,而大部分异常情况正是由于算法欠合理引起的(若采用其他算法,那些异常情况可能全部消失)。由于异常情况不胜枚举,因而校正措施必然繁杂,模型的逻辑构思不易做到条理清晰,从而难以实现结构化。

2)凸角圆弧法

(1)算法原理。在轴线首末点处,作轴线的垂线并按双线或缓冲区半宽 E 截出左、右边线的起讫点;在轴线的其他各个转折点上,首先判断该点的凸凹特性,在凸侧用圆弧弥合,而在凹侧用与该点所关联的前后两邻边距轴线的偏移量为 E 的两平行线的交点来生成对应顶点。

(2)算法特点。由于在凸侧用圆弧弥合,使凸侧平行边线与轴线等宽,而在凹侧,平行边线相交在角分线上。交点距轴对称顶点的距离如图 3-122 所示。由此可见,该方法能最大限度地保证平行曲线的等宽性,排除了角分线法所带来的众多异常情况。

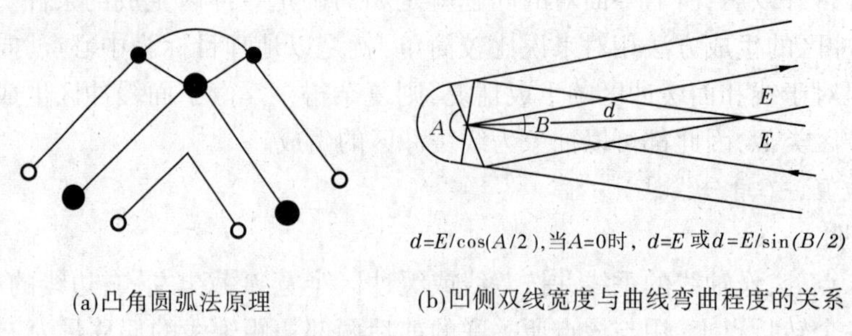

(a)凸角圆弧法原理　　(b)凹侧双线宽度与曲线弯曲程度的关系

图 3-122 凸角圆弧法

3. 边线相交与自相交处理

当主体轴线的弯曲空间不能容许双线的边线无压盖地通过时,会产生边线自相交问题,形成若干个自相交多边形。

消除这种彼此相交的现象,一种方法是可以在作参考线的平行线时,考虑各种情况,自动切断彼此相交的弧段;另一种方法是通过叠置的缓冲区多边形进行合并,并消除缓冲区内的相交弧段。

自相交多边形分为两种情况:岛屿多边形与重叠区多边形(见图3-123)。

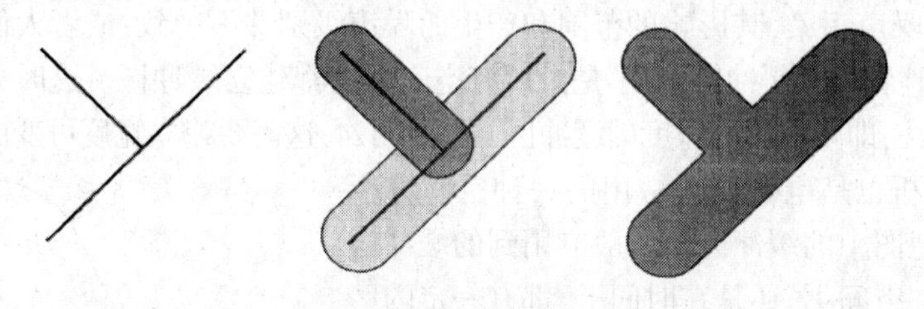

图3-123 自相交多边形

1)岛屿多边形及其自动识别

岛屿多边形的边线矢量呈离心辐射状。但这个特征不便于作为判别标志,可作为判别标志的是其封闭多边形的点序方向。对于左边线,岛屿多边形呈反时针方向;对于右边线,岛屿多边形呈顺时针方向。这个特点具有对称性(毋河海,1997)。

2)重叠区多边形及其自动识别

(1)重叠区多边形的形式定义。重叠区多边形的边线矢量呈向心汇集状。其判别标志是:对于左边线,重叠区多边形呈顺时针方向;对于右边线,重叠区多边形呈逆时针方向。这个特点也具有对称性。

(2)重叠区多边形的自动识别。显然,重叠区多边形的自动识别也在于多边形方向性的识别。重叠区多边形不是双线(缓冲区)边线的有效组成部分,不参与双线(或缓冲区)有效边线的最终重构。

3)边线的最终形成

在最简单的情况下,两条边线各由一条折(曲)线构成。在一般情况下,即当存在岛屿和重叠区时,最初所计算的边线在此被分割为几个部分:外部边线和若干个岛屿。这就要求用复合(复杂)目标的结构来组织与管理它。对于绘制双线来说,只要把最外围边线和岛屿轮廓绘出即成。对于缓冲区检索来说,在按最外围边线所形成的圆头或方头缓冲区检索之后,要扣除按所有岛屿所检索的结果。

4. 缓冲区的建立

电子地图系统中的缓冲区应用主要有两大部分内容,即缓冲区查询和缓冲区分析,但这两者的概念有一定的区别。缓冲区查询是不破坏原有空间目标的关系,只是检索得到该缓冲区范围内涉及的空间目标。缓冲区分析则不同,它是对一组或一类地物按缓冲的距离条件,建立缓冲区多边形图,然后将这个图层与需要进行缓冲区分析的图层进行叠置分析,得到所需要的结果。所以实际上缓冲区分析涉及两步操作,第一步是建立缓冲区图,第二步是进行叠置分析。

从原理上讲,一般缓冲区的建立相当简单,比如,建立点状地物的缓冲区只需要以点状地物为圆心,以缓冲区距离为半径,创建一个圆形区域即可;线状地物和面状地物缓冲区的建立也是以线状地物或面状地物的边线为参考线,作参考线的平行线,再考虑端点圆弧,即可建立缓冲区。对于形状比较简单的对象,其缓冲区是一个简单多边形,但对形状比较复杂的对象或多个对象集合,缓冲区则复杂得多。

在建立缓冲区时,有时需要根据空间地物的特性不同,建立不同距离的缓冲区。例如,沿河流给出的环境敏感区的宽度应根据河流的类型而定。不同的工厂、飞机场和其他设施所产生的噪声污染,其影响的范围和产生的噪声级别并不一致;或者人们可能只是想对选出的某些地物建立缓冲区,而不是对所有空间地物都建立缓冲区。这时人们需要扩展缓冲区建立方法,即生成可变宽度的缓冲区,见图 3-124,这需要建立宽度可变的属性条件。

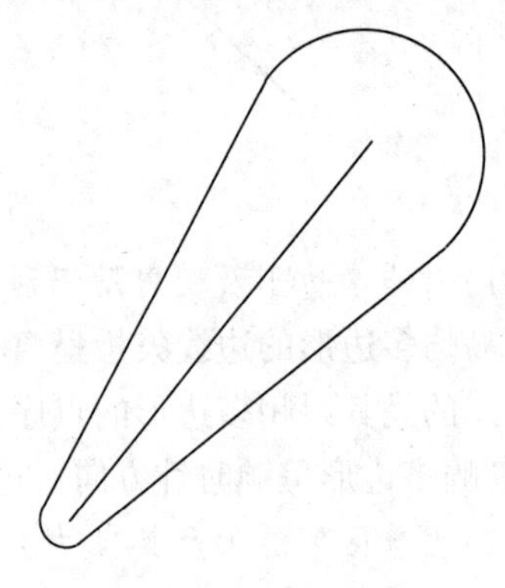

图 3-124　可变宽度的缓冲区

缓冲区分析也是电子地图常用的一种空间分析方法,但电子地图中的缓冲区和一般应用到的缓冲区分析,无论是在空间上,还是在时间上,都有一定的区别。从空间范畴上来看,缓冲区分析在电子地图中的应用主要体现在小范围、大比例尺的数据;从时间范围上看,电子地图中的缓冲区分析时效性要求较高,一般要求快速地解决实际问题。而一般的缓冲区应用,特别是体现在地理信息系统中,往往针对大范围、小比例尺的数据,对时间要求不是非常严格,可能为了解决一个应用问题会耗费大量的时间,并且往往和其他空间分析功能,例如叠置分析结合使用。

(四)技能练习:缓冲区分析

1. 点要素缓冲区分析

1)相互独立的缓冲区

启用地图文档,激活 Data frame1,看到两个图层,点状图层“公园”,有 9 个点;线状图层“道路”,仅用于显示。

本练习要求产生离开公园 1 000 m 同心圆式的服务范围(见图 3-125)。

初始设置,确认“地图”和“显示”单位为“米”。

设置地理处理环境:

工作空间>当前工作空间>\Data\temp;

工作空间>临时工作空间>\Data\temp;

输出坐标系:与输入相同;

处理范围:与图层边界相同;

启动 ArcToolbox,ArcToolbox>分析工具>邻域分析>缓冲区。

ArcToolbox 按上述要求计算,产生离开公园 1 000 m 缓冲区多边形(见图 3-126),自动加载,图层取名为 buffer1,相互独立,有交叉、重叠。

2)重叠部分合并的缓冲区

到 ArcToolbox 窗口双击“缓冲区”,产生单环状缓冲区对话框(见图 3-127)。

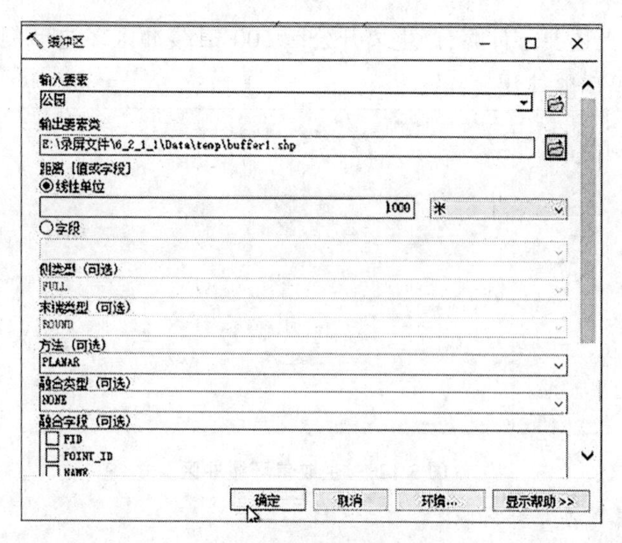

图 3-125　设置缓冲区参数

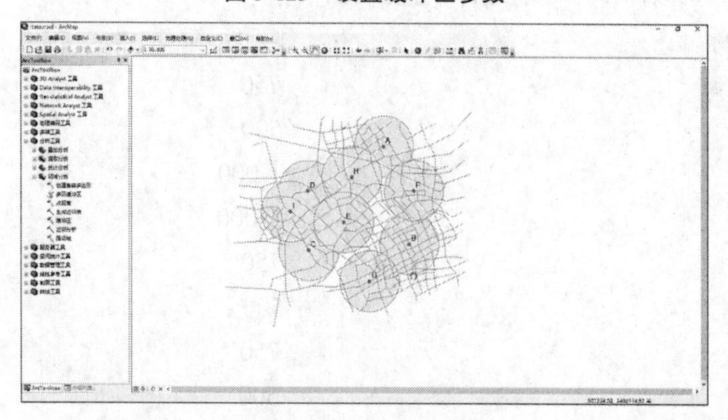

图 3-126　生成缓冲区

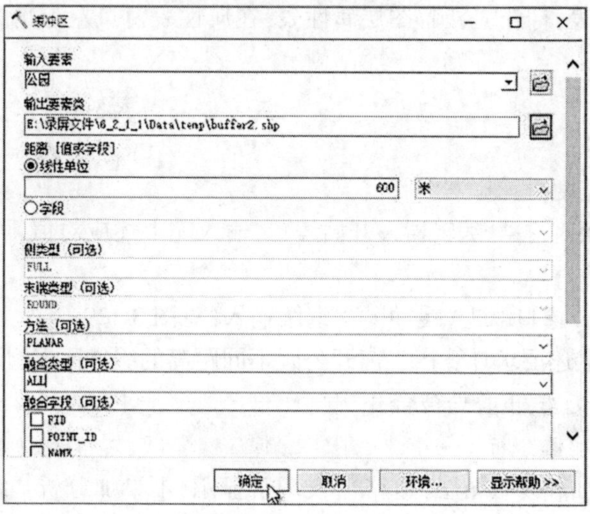

图 3-127　单环缓冲区

ArcToolbox 按上述要求计算,产生离开公园 600 m 缓冲区多边形(见图 3-128),共有 8 个,交叉重叠的位置被合并。

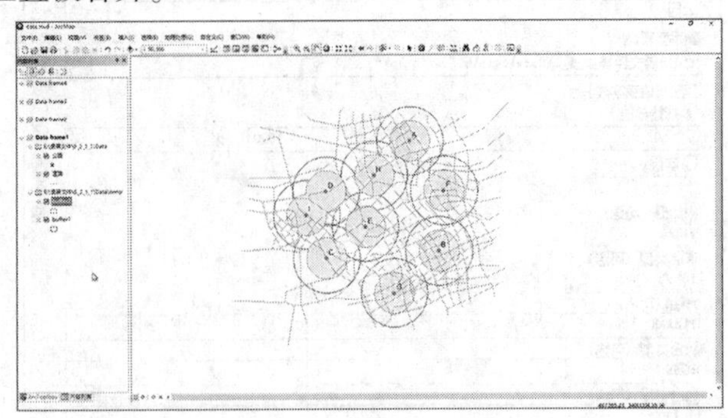

图 3-128　生成单环缓冲区

3)按要素的属性产生缓冲区

不同的公园可以产生不同的缓冲区,要求如下:

公园名称	邻近距离
A	750
B	500
C	1 000
D	1 000
E	750
F	500
G	750
H	500
I	750

切换到内容列表,打开"公园"图层属性表,在属性表窗口左上角"表选项",选用"添加字段",继续输入:

名称:Distn;

类型:短整型;

精度:4(字段宽度)。

为 Distn 字段赋值,打开编辑器→开始编辑,输入完上述应对值,可停止编辑,保存编辑内容。

再到 ArcToolbox 窗口双击"缓冲区",继续输入(见图 3-129)。

ArcToolbox 按上述要求计算产生离开公园不同距离的缓冲区多边形(见图 3-130),有大有小,远近不同,交叉、重叠处被合并。

2. 线要素的缓冲区分析

打开 ArcMap,加载线状图层"道路",仅用于显示,不参加分析。线状图层"铁路"为缓冲区对象。

假设根据当地的要求,沿铁路两侧 20 m、40 m 范围内,进行环境整治、植树,需要提供

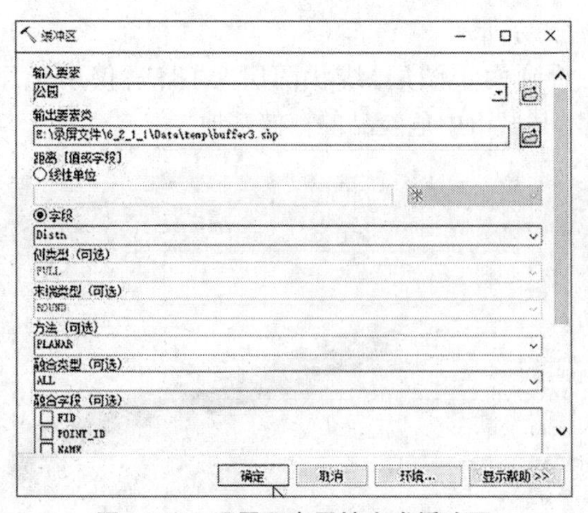

图 3-129　设置要素属性生成缓冲区

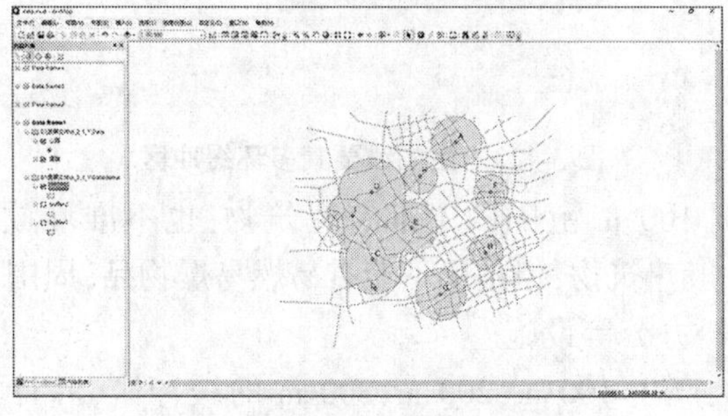

图 3-130　按要素的属性生成缓冲区

专题地图。

进入数据框,初始设置,确认“地图”和“显示”单位为“米”。

启动 ArcToolbox,ArcToolbox→分析工具→邻域分析→多环缓冲区。

ArcToolbox 按上述要求计算产生离开铁路线 20 m、40 m 两圈边界组成的两个多边形,图层名为 buffer4,见图 3-131。

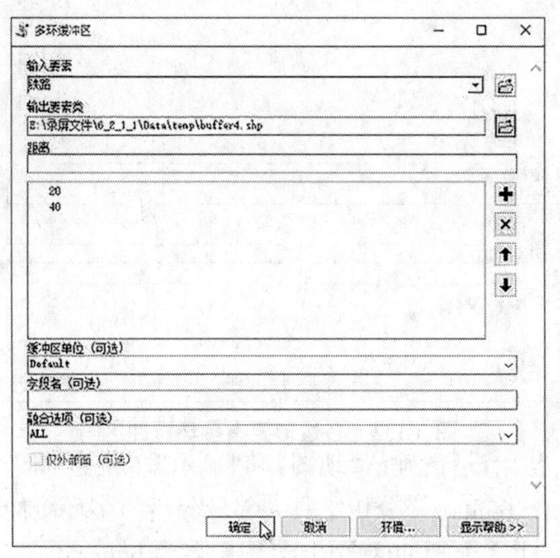

图 3-131　设置多环缓冲区参数

3. 多边形要素缓冲区分析

激活 Data frame3，看到两个图层，线状图层“道路”，仅用于显示，不参加分析（见图 3-132）。“仓库”表示某城市中危险品的存储基地。

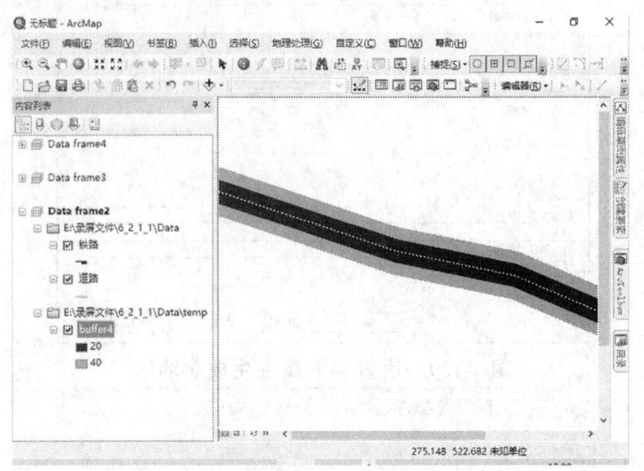

图 3-132　生成线要素多环缓冲区

假设储存基地周围 100 m 范围内不准有建筑物，也不准堆放易燃易爆物品，周围 200 m 范围内可以有一般建筑物，但是仍不能有易燃易爆物品，周围 300 m 范围内不准建设住宅，以及商业、学校、办公等设施。

为此需要在地图上产生 100 m、200 m、300 m 的缓冲区，并计算缓冲区的面积（见图 3-133）。

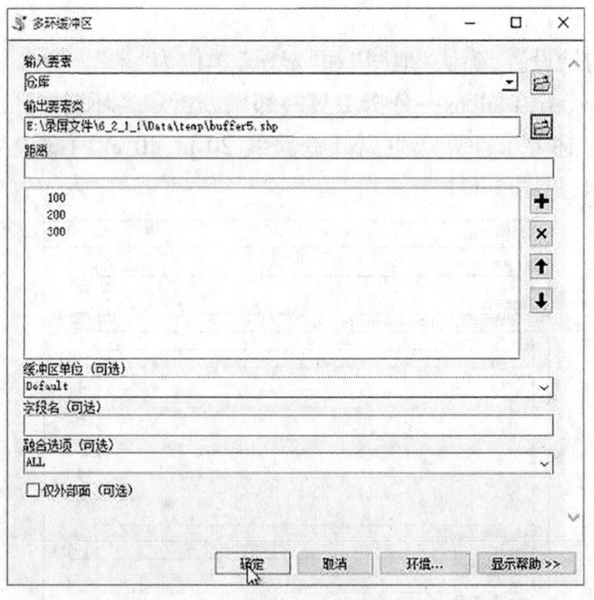

图 3-133　多边形要素多环缓冲区

进入 Data frame3，初始设置，确认“地图”和“显示”单位为“米”

启动 ArcToolbox，ArcToolbox→分析工具→邻域分析→多环缓冲区。

按上述要求计算产生 3 个缓冲区多边形，图层名为 buffer5。

下一步,为每个缓冲区计算面积,用鼠标右键打开缓冲区 buffer5 的图层属性表,单击属性表窗口左上角“表选项”→添加字段,继续输入:

名称:B_area;

类型:双精度;

精度:10(字段宽度);

小数位数:2。

属性表增加了字段 B_area ,右键点击字段 B_area,在快捷菜单中选择“计算几何”,见图 3-134。

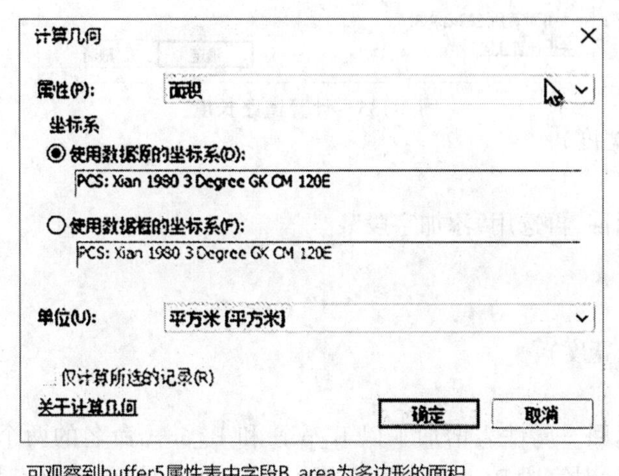

可观察到buffer5属性表中字段B_area为多边形的面积

FID (内部标识)	Shape (几何形状)	distance (邻近距离)	B_area (面积)
0	面	100	230174.93
1	面	200	214332.95
2	面	300	277144.28

图 3-134 多环缓冲区面积统计

4. 利用缓冲区计算道路网密度

1)计算道路长度、多边形周长、多边形面积

右击图层“道路”,打开属性表,单击“表选项”,选用“添加字段”:

名称:R_length;

类型:双精度;

精度:9(字段宽度);

小数位数:2。

属性表添加字段 R_length。右键单击字段 R_length,在快捷菜单中选择“计算几何”,见图 3-135。

按“确定”键,可以观察到属性表中字段 R_length 的取值为每条路段的长度,关闭属性表窗口。鼠标右键打开“区界”的图层属性表,单击“表选项”,选用“添加字段”:

名称:B_peri;

类型:双精度;

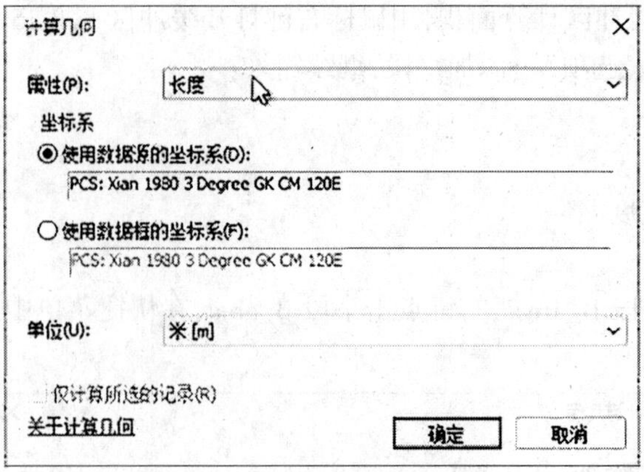

计算几何
属性(P):
长度
坐标系
使用数据源的坐标系(D):
PCS: Xian 1980 3 Degree GK CM 120E
使用数据框的坐标系(F):
PCS: Xian 1980 3 Degree GK CM 120E
单位(U):
米 [m]
仅计算所选的记录(R)
关于计算几何
确定
取消

图 3-135　计算道路长度

精度:9(字段宽度);

小数位数:2;

按“确定”键返回,再选用“添加字段”;

名称:B_area;

类型:双精度;

精度:10(字段宽度);

小数位数:2。

按“确定”键返回。属性表增加了以 B_peri 和 B_area 命名的两个字段。分别利用“计算几何”功能,针对字段 B_peri 计算多边形周长,单位为米(m),针对字段 B_area 计算多边形面积,单位为平方米(m^2),关闭属性表。

2)产生离开某个区界多边形的缓冲区

内容列表中,鼠标右键点击图层名“区界”(见图 3-136),选用快捷菜单“选择→将此图层设为唯一可选图层”,基本工具条中单击“选择要素”,在地图窗口点选一个多边形,边界改变颜色,进入选择集。

缓冲区
输入要素
区界
输出要素类
距离 [值或字段]
线性单位
-50
米
字段
侧类型(可选)
FULL
末端类型(可选)
ROUND
方法(可选)
PLANAR
融合类型(可选)
ALL
融合字段(可选)
FID
ROUND_ID
B_peri
B_area
确定
取消
环境...
显示帮助 >>

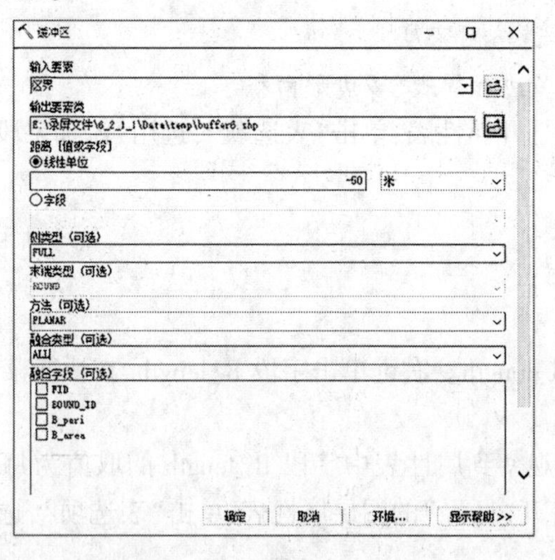

图 3-136　设置缓冲区参数

启动 ArcToolbox,ArcToolbox→分析工具→邻域分析→缓冲区。

按“确定”键返回,被选择区界多边形产生 50 m 缓冲区,图层名为 buffer6,因距离值小于零,缓冲区在多边形的内侧(见图 3-137)。

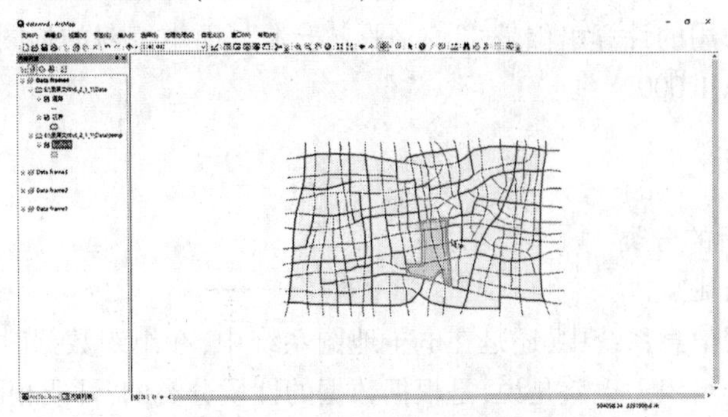

图 3-137　生成多边形要素缓冲区

3)选择指定多边形内的道路,计算道路网密度

选择主菜单“选择→清除所选要素”,切换到内容列表,鼠标右键单击图层 buffer6,选择快菜单“选择→全选”,刚才生成的缓冲区进入选择集。选用主菜单“选择→按位置选择”。

按“确定”键,可以看到和选定多边形交叉(含包围)的道路进入选择集,改变了显示颜色。

打开“道路”的图层属性表,可以看到,585 条记录中,16 条记录进入了选择集。鼠标右键单击字段名 R_length(每段道路的长度),选择菜单“统计”,属性 R_length 的统计结果文本框显示如下:

计数:16

……

总和:4 134.58

……

关闭统计结果文本框,关闭属性表“道路”,返回内容列表。暂时关闭“道路”和 buffer6 的显示(见图 3-138),基本工具条中点击“识别”,在地图窗口中点击最初选择的那个多边形内部,出现该要素的属性:

字段	值
FID	16
Shape	面
BOUND_ID	2010
B_peri	5 354.69
B_area	991 566.26

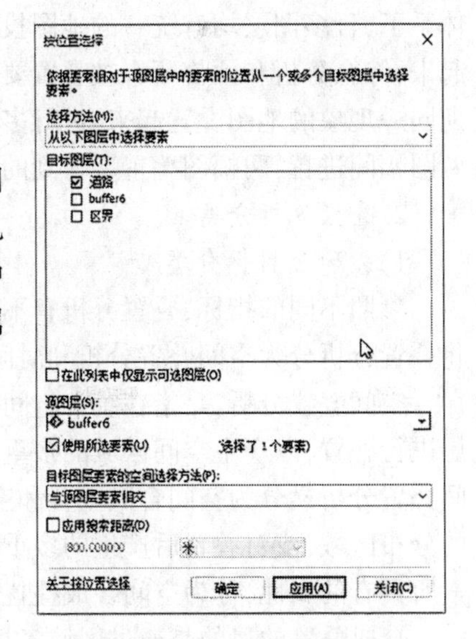

图 3-138　按位置选择道路要素

需要计算道路网密度的边界既是多边形自己,也是周围其他多边形的边界。在几何上,边界线由两侧多变形共享,而且周边道路重合,

因此计算道路网密度时,与边界重合的道路长度应对半分,分别计入两侧多边形,该多边形范围内道路网密度如下:

(4 134.58+5 364.69/2)/991 566.26×1 000=6.87

道路网密度常用的计算单位是“千米/平方千米”,而本练习的地图单位是米,因此上述计算式中要乘以1 000。

七、叠置分析

(一)叠置分析的分类

1. 叠置分析概述

无论是在地理信息系统中,还是在电子地图系统中,在组织数据时,一般把空间数据按层的方式来进行组织。也就是说,是根据数据的性质分类的,性质相同的或相近的归并到一起,形成一个数据层。同时,数据层面既可以用矢量结构的点、线、面层文件方式来表达,也可以用栅格结构的图层文件格式来表达。例如,对一个地形图数据库来说,可以将所有建筑物归为一个数据层,所有道路作为一个数据层,地下管线井则作为另一个数据层等。这就为空间数据的叠置分析奠定了数据分层基础。

叠置分析是用户经常用以处理数据的手段之一。该方法源于传统的透明材料叠置,即将来自不同数据源的图纸绘于透明纸上,在透光桌上将图纸叠放在一起,然后用笔勾绘出感兴趣的部分(提取感兴趣的数据)。地图的叠置,按直观概念就是将两幅或多幅地图重叠在一起,产生新数据层以及新数据层上的属性。新数据层或新空间位置上的属性就是各叠置地图上相应位置处各属性的函数。

叠置分析实际上是多种要素的合成,合成的前提是多图层均建立在统一的空间参照体系下,且多图层均有统一的地图投影。将同一地区同一比例尺的多种单要素地图叠置起来,综合分析和评价所有被叠置要素在地域上或结构上的相互关系,或是将反映不同时期同一现象的地图叠置起来,进行多时相的综合分析,反映现象的动态变化。叠置一般在两图幅间进行,两幅图叠置后得到的叠置图再视需要与其他图幅叠置。

2. 叠置分析分类

1)按研究目标分类

参照不同的指标,叠置分析有不同的分类方法。按照叠置分析的研究目标来分,可以将叠置分析分为空间叠置分析和时间叠置分析。

空间叠置分析,是指在统一空间参照系统条件下每次将同一地区两个地理对象的图层进行叠置,以产生空间区域的多重属性特征,或建立地理对象之间的空间对应关系。空间叠置分析又分为空间合成叠置和空间统计叠置。前者用于搜索同时具有几种地理属性的分布区域,或对叠置后产生的多重属性进行新的分类,其结果综合了原来两层或多层要素所具有的属性,称为空间合成叠置。

合成叠置的目的是通过区域多重属性的模拟,寻找和确定同时具有几种地理属性的区域,或者按照确定的地理指标,对叠置后产生的具有不同属性级的多边形进行重新分类或分级。合成叠置的结果形成新的多边形。后者用于提取某个区域范围内某些专题内容的数据特征,称为空间统计叠置。统计叠置的目的是精确地计算一种要素(例如土地利用)在另一种要素(例如行政区域)的某个区域多边形内的分布状况和数量特征(包括拥有的类型数、各类型的面积及其所占总面积的百分比等),或提取某个区域范围内某种专题内容的数据。统计叠置的结果为统计报表或列表输出。

时间叠置分析,是指将同一地区不同时期的地图图层进行叠置分析的一种分析方法。

2)按数据来源分类

按照数据的来源进行分类,电子地图系统中的叠置分析主要有以下几种方法:矢量数据的叠置和栅格数据的叠置。

矢量方法中,根据数据结构的不同又可以分为,基于简单数据结构的和基于拓扑数据结构的叠置分析。叠置分析的栅格方法是对两个栅格图像的栅格数据进行叠置,一般是将两个栅格图像逐行扫描,对相应栅格的像素值作逻辑运算。对二值化图像重叠区的选择实际上是集合求交运算,对非二值图像的叠置运算是相应栅格单元像素值的求并集运算。

3)按产生数据层面分类

按照是否有新的数据层面产生,可以分为视觉信息的叠置和非视觉信息的叠置。视觉信息的叠置是将不同层面的信息叠置显示在结果图件或屏幕上,它不产生新的数据层面,只是将多层信息复合显示,以便研究者判断其相互关系,获得更为丰富的空间关系。

(二)叠置分析的实现

1.视觉信息叠加

视觉信息叠加是将不同侧面的信息内容叠加显示在结果图件或屏幕上,以便研究者判断其相互空间关系,获得更为丰富的空间信息。地理信息系统中视觉信息叠加包括以下几类:

点状图、线状图和面状图之间的叠加显示。

面状图区域边界之间或一个面状图与其他专题区域边界之间的叠加。

遥感影象与专题地图的叠加。

专题地图与数字高程模型(DEM)叠加显示立体专题图。

视觉信息叠加不产生新的数据层面,只是将多层信息复合显示,便于分析。

2.点与多边形叠加

点与多边形叠加,实际上是计算多边形对点的包含关系。矢量结构的GIS能够通过计算每个点相对于多边形线段的位置,进行点是否在一个多边形中的空间关系判断。

在完成点与多边形的几何关系计算后,还要进行属性信息处理。最简单的方式是将多边形属性信息叠加到其中的点上。当然,也可以将点的属性叠加到多边形上,用于标识该多边形,如果有多个点分布在一个多边形内的情形时,则要采用一些特殊规则,如将点的数目或各点属性的总和等信息叠加到多边形上。

通过点与多边形叠加,可以计算出每个多边形类型里有多少个点,不但要区分点是否在多边形内,还要描述在多边形内部的点的属性信息。通常不直接产生新的数据层面,只是把属性信息叠加到原图层中,然后通过属性查询间接获得点与多边形叠加的需要信息。例如,一个中国政区图(多边形)和一个全国矿产分布图(点)经叠加分析后,并且将与政区图多边形有关的属性信息加到矿产的属性数据表中,然后通过属性查询,可以查询指定省有多少种矿产、产量有多少,而且可以查询指定类型的矿产在哪些省有分布等信息。点与多边形叠置过程见图 3-139。

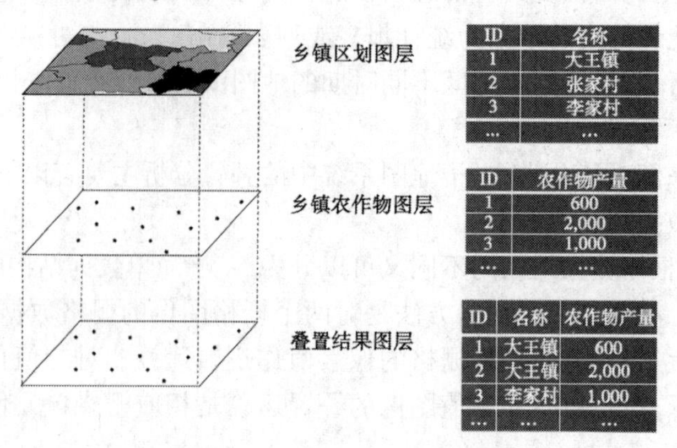

ID	名称
1	大王镇
2	张家村
3	李家村
...	...

ID	农作物产量
1	600
2	2,000
3	1,000
...	...

ID	名称	农作物产量
1	大王镇	600
2	大王镇	2,000
3	李家村	1,000
...	...	...

图 3-139　点与多边形叠置过程

3. 线与多边形叠加

线与多边形的叠加,是比较线上坐标与多边形坐标的关系,判断线是否落在多边形内(见图 3-140)。计算过程通常是计算线与多边形的交点,只要相交,就产生一个节点,将原线打断成一条条弧段,并将原线和多边形的属性信息一起赋给新弧段。叠加的结果产生了一个新的数据层面,每条线被它穿过的多边形打断成新弧段图层,同时产生一个相应的属性数据表记录原线和多边形的属性信息。根据叠加的结果可以确定每条弧段落在哪个多边形内,可以查询指定多边形内指定线穿过的长度。

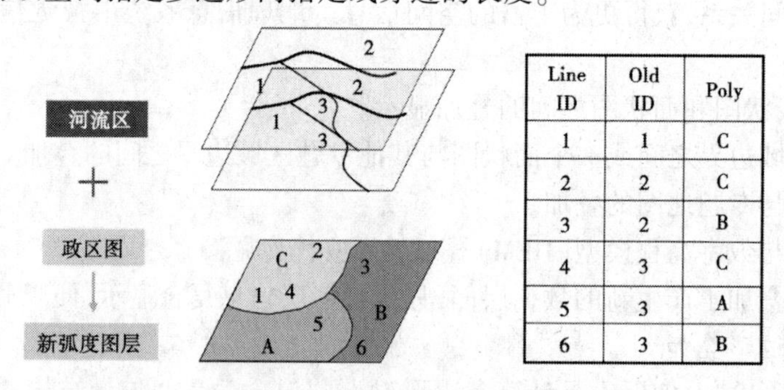

Line ID	Old ID	Poly
1	1	C
2	2	C
3	2	B
4	3	C
5	3	A
6	3	B

图 3-140　线与多边形叠置过程

如果线状图层为河流,叠加的结果是多边形将穿过它的所有河流打断成弧段,可以查询任意多边形内的河流长度,进而计算它的河流密度等;如果线状图层为道路网,叠加的结果可以得到每个多边形内的道路网密度,内部的交通流量,进入、离开各个多边形的交通量,相邻多边形之间的相互交通量。

4. 多边形叠加

多边形叠加是 GIS 最常用的功能之一。多边形叠加将两个或多个多边形图层进行叠加产生一个新多边形图层的操作,其结果将原来多边形要素分割成新要素,新要素综合了原来两层或多层的属性。

进行多个多边形的叠加运算,在参与运算多边形所构成的属性空间(就图 3-141 而言,为宗地 ID,宗地号,土壤 ID,稳定性)内,每个结果多边形内部的属性值是一致的,可以称为最小公共地理单元(Least Common Geographic Unit,LCGU)。

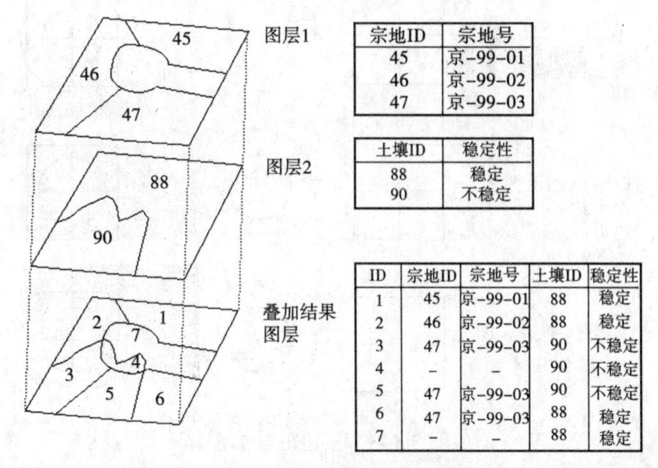

宗地ID	宗地号
45	京-99-01
46	京-99-02
47	京-99-03

土壤ID	稳定性
88	稳定
90	不稳定

ID	宗地ID	宗地号	土壤ID	稳定性
1	45	京-99-01	88	稳定
2	46	京-99-02	88	稳定
3	47	京-99-03	90	不稳定
4	–	–	90	不稳定
5	47	京-99-03	90	不稳定
6	47	京-99-03	88	稳定
7	–	–	88	稳定

图 3-141　多边形叠加中的属性

叠加过程可分为几何求交过程和属性分配过程两步。几何求交过程首先求出所有多边形边界线的交点,再根据这些交点重新进行多边形拓扑运算,对新生成的拓扑多边形图层的每个对象赋一多边形唯一标识码,同时生成一个与新多边形对象一一对应的属性表。由于矢量结构的有限精度原因,几何对象不可能完全匹配,叠加结果可能会出现一些碎屑多边形(Silver Polygon,见图 3-142),通常可以设定一模糊容限以消除它。

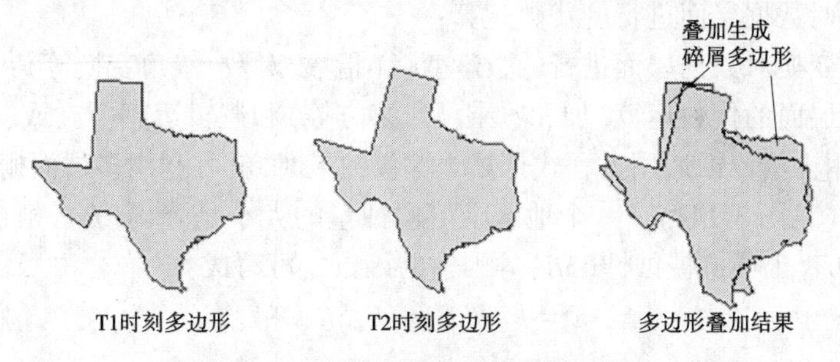

图 3-142　多边形叠加产生碎屑多边形

多边形叠加结果通常把一个多边形分割成多个多边形,属性分配过程最典型的方法是将输入图层对象的属性拷贝到新对象的属性表中,或把输入图层对象的标识作为外键,直接关联到输入图层的属性表。这种属性分配方法的理论假设是多边形对象内属性是均质的,将它们分割后,属性不变,也可以结合多种统计方法为新多边形赋属性值。

多边形叠加完成后,根据新图层的属性表可以查询原图层的属性信息,新生成的图层和其他图层一样可以进行各种空间分析和查询操作。

根据叠加结果最后欲保留空间特征的不同要求,一般的 GIS 软件都提供了三种类型的多边形叠加操作(见图 3-143)。

5. 栅格图层叠加

栅格数据结构空间信息隐含属性信息明显的特点,可以看作是最典型的数据层面,通过数学关系建立不同数据层面之间的联系是 GIS 提供的典型功能。空间模拟尤其需要通

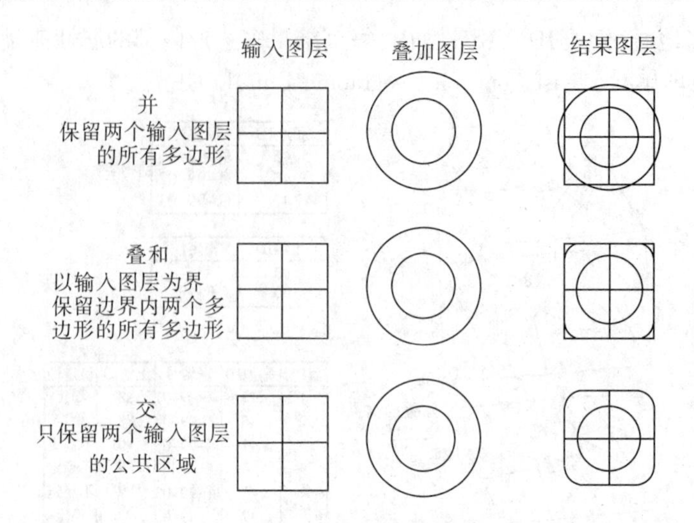

图 3-143　多边形叠加操作

过各种各样的方程将不同数据层面进行叠加运算,以揭示某种空间现象或空间过程。例如,土壤侵蚀强度与土壤可蚀性、坡度、降雨侵蚀力等因素有关,可以根据多年统计的经验方程,把土壤可蚀性、坡度、降雨侵蚀力作为数据层面输入,通过数学运算得到土壤侵蚀强度分布图。这种作用于不同数据层面上的基于数学运算的叠加运算,在地理信息系统中称为地图代数。

地图代数功能有三种不同的类型:

基于常数对数据层面进行的代数运算;

基于数学变换对数据层面进行的数学变换(指数、对数、三角变换等);

多个数据层面的代数运算(加、减、乘、除、乘方等)和逻辑运算(与、或、非、异或等)。

例如,利用土壤侵蚀通用方程式计算土壤侵蚀量时,就可利用多层面栅格数据的代数运算进行处理(见图 3-144)。一个地区土壤侵蚀量的大小是降雨(R)、植被覆盖(C)、坡度(S)、坡长(L)、土壤抗侵蚀性(SR)等因素的函数。可写成:

$$E = F(R, C, S, L, SR, \cdots)$$

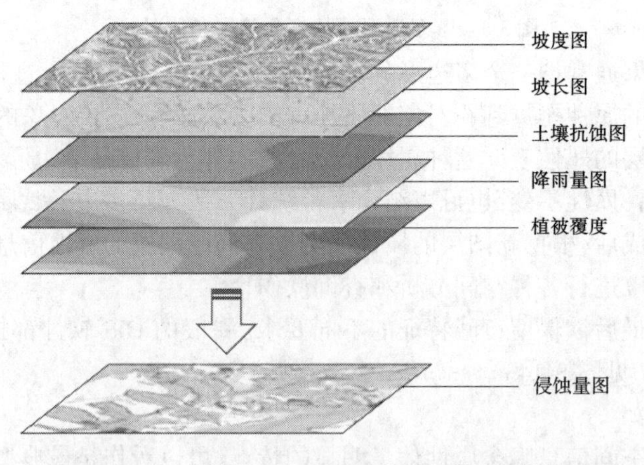

图 3-144　土壤侵蚀多层面栅格数据叠加运算示意图

(三)技能练习:叠置分析

1. 线和面的叠合

激活 Data frame1:

Data frame1→数据框属性→常规,初始设置,确认“地图”和“显示”单位为“米”,

设置地理处理环境:

工作空间→当前工作空间→\Data\temp;工作空间→临时工作空间→\Data\temp;输出坐标系:与输入相同;处理范围:默认;展开 ArcToolbox →分析工具→叠加分析→相交,设置相交分析相关参数;输入要素:\Data\temp\intersect1. shp;连接属性(可选):ALL;XY 容差(可选):;输出类型(可选):LINE;右键单击 intersect1 图层,打开属性表,表选项→添加字段;名称:R_length;类型:浮点型;精度:8(字段宽度);小数位数:2;单击 R_length 字段,计算几何;属性:长度;坐标系:使用数据源坐标系;单位:米(m);

右键单击 R_length 字段,快捷菜单中选择“统计…”,可以看到叠合处理后有 55 个路段,长度总和为 11 169.67,该范围的道路密度网如下:

11 169.67/1 579 952.9×1 000=7.07(km/km^2)

2. 属性运算

激活 Data frame2:添加数据→独立属性表 found. dbf。

本练习是一个假设的洪水淹没的分析,考虑因素和分析要求如下:

(1)洪水水位的高程为 505 m,淹没范围按等高线考虑。

(2)住宅用地为财产损失的估计对象。

(3)淹没引起的损失除了与居民的财产有关,也与场地的稳定性有关。

(4)计算被淹没的面积,估计损失的财产。

多边形叠加过程:

(1)计算地块财产密度。右键打开“地块”图层属性表,表选项→添加字段;名称:V_A;类型:浮点型;精度:7(字段宽度);小数位数:5;右键点击 V_A,选用字段计算器;[VALUE]/[P_area]。

(2)多边形叠合。展开 ArcToolbox→分析工具→叠加分析→联合,设置参数;输入要素:分两次利用下拉箭头分别选择“高程”“地块”;输出类要素:\Data\temp\union1. shp;连接属性(可选):ALL;XY 容差(可选):;勾选允许间隙存在。

(3)计算叠合后的多边形面积。右键打开 union1 的图层属性表,单击表选项→添加字段;名称:New_Area;类型:双精度;精度:10(字段宽度);小数位数:2;右键点击 New_Area,快捷菜单中选择“计算几何”;属性:面积;坐标系:使用源数据的坐标;单位:平方米可以看到字段 New_Area 的取值为叠合后的多边形面积。

(4)计算地块损失、损失密度。在属性表 union1 窗口的左上角单击表选项→添加字段;名称:Estloss(地块的估计损失);类型:双精度;精度:10(字段宽度);小数位数:2;在选择表选项→添加字段;名称:Lossden(单位面积的损失密度);类型:浮点型;精度:7(字段宽度);小数位数:5。

3. 多边形叠加

将地基类型-损失系数表连接到叠合多边形属性表。如果地基类型-损失系数表未加载,单击添加数据→found. dbf。内容列表中鼠标右键单击图层 union1,选用快捷菜单“连接和关联→连接…”

要将哪些内容连接到该图层?某一表的属性:

(1)选择该图层中连接将基于的字段:CLASS。

(2)选择要连接到此图层的表,或从磁盘加载表:found;勾选“显示此列表中的图层属性表”。

(3)选择此表中要作为连接基础的字段:CLASS;连接选项,点选“保留所有记录”。

打开 union1 的属性表,可以看到多了 PARA,即损失系数。鼠标右键单击字段名 Estloss,选用“字段计算器…”,对话框下侧提示:“union1. Estloss =”,借助鼠标在文本框内输入:[union1. New_Area] * [union1. V_A] * [found. PARA]。

字段 Estloss 被赋值,即地块估计损失=地块财产密度×叠合后的多边形面积×损失系数。再用鼠标右键单击字段名 Lossden,选用“字段计算器…”,对话框下侧提示:“union1. Lossden =”,借助鼠标在文本框内输入:[union1. V_A] * [found. PARA]。

字段 Lossden 被赋值,即地块的损失密度=地块财产密度×损失系数

4. 结果表达、汇总

1)显示损失密度

内容列表双击图层 union1,调出“图层属性”对话框,进入“定义查询”选项,点击“查询构建器…”“union1. HEIGHT”<= 505 AND “union1. LANDUSE” LIKE ‘R%’,union1 的数据源只有高程小于或等于 505,并且土地使用为住宅的要素(LANDUSE 的属性值以“R”开头的字符串)才进入选择集,按“确定”键关闭“图层属性”对话框,可以看到 union1 中的要素被过滤,要素明显减少(关闭图层“地块”后可以看得清楚)。

再打开 union1 的“图层属性”对话框,进入“符号系统”选项,定义损失密度图的显示符号。左侧显示框内,展开并选择“数量→分级色彩”,中部字段框内,下拉选择“值”:Lossden;“归一化”:无;右侧分类框内下拉选择“类”:3;色带下拉表中选择由浅到深的色带,下侧图例表中“范围”列,分别为 0. 03、0. 06、0. 09,标注列分别输入:“低”“中”“高”。

符号	范围	标注
对应的颜色符号	0. 00496~0. 03000	低(键盘输入汉字)
对应的颜色符号	0. 03001~0. 06000	中(键盘输入汉字)
对应的颜色符号	0. 06001~0. 09000	高(键盘输入汉字)

2)汇总损失值

鼠标右键打开 union1 的图层属性表,鼠标右键单击该表的字段名 LAND_ID,选用“汇总…”

(1)选择汇总字段:union1. LAND_ID。

(2)选择一个或多个要包括在输出表中的汇总统计信息:

展开 union1. P_area,勾选“平均”。

展开 union1. New_Area,勾选“总和”。

展开 union1. Estloss,勾选“总和”。

(3)指定输出表:\Data\temp\Sum_Output.dbf。

右键"打开"Sum_Output 表。再右键单击表中的字段名 Average_P_area,选用"字段计算器…"在"Average_P_area="的提示下,利用鼠标双击字段名,在文本框内实现输入:

[Sum_New_Ar]/[Ave_P_area] * 100

Average_P_area 原来的值是地块的原始面积,经计算后,变成该地块的淹没比例。

小　结

本项目主要介绍了电子地图分析的概念、基本理论和分析方法,以及电子地图空间分析的方法。通过本项目的学习,可以认识电子地图分析的基本概念及理论基础,掌握电子地图空间分析的方法,为后续课程的学习奠定基础。

复习与思考题

1. 什么是电子地图分析?
2. 简述电子地图分析的作用。
3. 常见的电子地图分析的方法有哪些?
4. 简述电子地图空间分析的概念。
5. 简述缓冲区分析和叠置分析。
6. 简述通视分析的原理。

项目四 导航与导航电子地图认识

【项目概述】

本项目主要介绍导航电子地图的概念、特点、现状及发展趋势,导航原理与导航系统构成,学生通过本项目的学习,能够对导航与导航电子地图具备整体的认识,能够掌握导航电子地图的概念、导航原理、导航系统的构成。

【学习目标】

知识目标:

1. 掌握导航电子地图的基本概念及特点;
2. 掌握导航定位原理;
3. 了解导航系统的构成;
4. 能够理解导航电子地图的核心功能。

技能目标:

1. 培养学生认识电子地图要素的能力;
2. 掌握学习新知识的一般方法;
3. 学会利用知识制作简单电子地图。

【导入】

随着现代社会信息化进程的推进和机算机、网络技术的应用普及,电子地图和导航电子地图应运而生,并广泛运用于军事、外交、计划、国土、建设、金融、工业、农业、商业、交通、旅游、环保、人口、教育、文化等方面。因此,掌握导航电子地图及其制作过程是一项重要的技能。

【正文】

单元一 导航电子地图认识

一、导航电子地图的基本概念

导航电子地图与我们的衣食住行联系紧密,在人们的生活中扮演了重要的角色。电子地图(electronic map)通常是指应用电子学和计算机技术建立起来的视屏显示地图。而导航电子地图(navigable electronic map)则是含有空间位置地理坐标,能够与空间定位系统结合,准确引导人或交通工具从出发地到达目的地的电子地图及数据集。

对于导航电子地图的概念,我们可以从以下几个方面理解:

(1)导航电子地图是满足人们驾车出行需要的专题地图。

(2)导航电子地图是以卫星导航系统、嵌入式移动电子设备和计算机网络为物质基础的数字地图。

(3)导航电子地图的核心是道路和交通实体信息。

(4)导航电子地图的重要内容是与道路相关的 POI 兴趣点信息。

(5)导航电子地图隐藏有大量的非显示的道路属性信息。

(6)导航电子地图以易于人们操作和便于移动存储的结构进行组织。

(7)导航电子地图追求更强的现势性,其使用价值取决于更新速度。

(8)导航电子地图还可以扩展成行人导航、LBS 位置服务、移动物联网、Telematics 汽车信息服务等新领域的应用地图。

导航电子地图实例见图 4-1。

图 4-1　导航电子地图示例

二、导航电子地图的特点

导航电子地图的特点是比例尺大、精度高、道路属性全、POI 信息丰富、带有交通管制信息。国外的导航电子地图一般都带有门址信息,日本的导航电子地图甚至带有户主名称和电话号码,而且做成三维图形。导航电子地图的主要应用对象是车载导航仪和各种手持导航设备(包括 PNDs、PDAs、带 GPS 功能的手机和智能手机等),这两项硬件合计超过 GPS 硬件批发市场的 50%以上。

三、导航电子地图现状与发展趋势

(一)导航电子地图国内外现状

国际上导航电子地图产生于 20 世纪 90 年代初。由于那个时代无论在我国还是在欧美和日本,卫星导航技术和汽车导航市场都处于初级阶段。导航电子地图技术和产品还处于萌芽状态。日本当时在推动发展导航电子地图技术、产品和标准化方面处于世界领先地位。

我国导航电子地图行业作为地理信息产业的一个重要分支,在 2004 年出台法律规范后获得了空前的发展,目前取得导航电子地图甲级测绘资质的企业已经达到 11 家,其中能够提供覆盖全国范围的可商用的导航电子地图的企业有 5 家,包括取得国际汽车行业质量管理体系认证(ISO/TS16949 认证),主要在车厂导航市场发展的四维图新、易图通和高德,以及主要在后装市场发展的长地友好和凯立德。

目前,各种尺度的导航电子地图已经覆盖全国所有省、市、县,有的导航地图已经覆盖到乡村一级。导航电子地图加工生产和更新已经基本形成产业。当前导航电子地图产品,已经从简单、基础的二维导航电子地图,全面向直观、真实的三维实景导航电子地图发展,导航产品呈现新的发展趋势,作为产业升级的信号,将直接改变竞争格局。

导航电子地图在车载导航领域的应用从全球范围来看已经发展了20多年,可以说已经成为传统应用。导航电子地图新一代的应用正在随着下一代通信网络的建立,以及移动互联网和物联网的发展而到来,我们也将迎来大众化和多元化地图应用的时代。互联网、3G等技术的快速发展为导航位置信息的收集和发布提供了更多技术手段。通过Web/WAP互联网提供的实时导航与位置服务信息,因其快捷和海量数据而受到广大用户的喜爱。诸如谷歌地图、百度地图、搜狗等导航网站开始大量涌现。在原有的兴趣点查询、公交查询、自驾车查询等基本服务的基础上,发展了企业位置、个人位置信息查询及实时动态交通信息发布等服务。实现导航与位置信息实时服务,优先解决的是高质量的资源集成,包括带宽及各类通信接口的Web/WAP电信资源,地图、兴趣点及各类实时资讯的内容资源,基础云计算平台、基础SOA平台和完善的服务运营框架等运算类资源,以在线PND终端为基础的导航,LBS、监控业务三位一体的终端资源等。

总体来说,国外导航电子地图有统一的标准,覆盖范围广,信息丰富;而国内导航电子地图无统一的标准,不能共享,存在保密、版权、著作权等问题。

(二)导航电子地图发展趋势

目前,欧美发达国家电子地图产业已经比较成熟,形成了较为完善的产业链。在技术领域,当前研究的热点有以下几个方面。随着汽车导航应用的普及,行人导航、智能交通系统(ITS)、高级驾驶辅助系统(ADAS)等应用的发展,国际导航技术水平最先进的日本、欧美市场面临的课题主要有:实现增量更新,提高现势性;合产业链,降低成本;开发高精度、精细化导航电子地图,满足ADAS、ITS领域的高级应用需求。为此,欧洲智能交通协会(ERTICO)组织实施的一系列的相关技术研究项目中,最具代表性的项目ActMap和FeedMap,其核心思想是:通过整合产业链,构建实时信息反馈与增量更新体系,来提高数据的现势性及降低生产和应用成本。

1. 支持高级驾驶辅助系统

交通安全是当今社会的一大焦点问题,受到社会的关注,也是智能交通系统要致力解决的重大问题。目前,各国政府和驾车者都认识到,必须降低汽车事故的频率和严重性,因此ADAS市场的需求日益增长。ADAS是基于传感器的系统与技术,这些传感器可以探测周围环境、光、热、压力或其他用于监测汽车状态的变量,进而传感器向驾车者提供建议,以引起注意和提高安全性。这些传感器采用摄像头、雷达、激光和超声波等形式,可以布置在汽车上的任何一个位置,包括前后保险杠万侧视镜、驾驶杆内部或者挡风玻璃。而在ADAS应用中,高精度导航地图起到了汽车传感器的作用,在汽车行驶过程中,它的有效范围更广、更远,是任何物理传感器所无法替代的。

有市场报告指出,在今后几年中,ADAS不仅会广泛用于高端汽车,而且会用于更普通的中低端汽车。为了满足ADAS的需求,导航电子地图在高端属性方面提出了更高的要求,也只有摒弃传统模式、改变生产作业水平、生产出支持ADAS功能的高精度地图数据才能在市场竞争中胜出。

在导航地图数据中需包含支持 ADAS 功能的道路形状、拓扑和其他高级属性,如道路坡度信息、弯道曲率、警告标示、车道级属性信息,包括车道级速度限制和连接关系等。通过把汽车当前位置与地图中汽车即将驶入的路段甚至车道匹配,分析前面公路的状况,提供重要的公路信息预报,在潜在的危险状况发生之前通知或辅助驾驶员操作,让驾驶具有更加优异的安全性和便利性。

2. 三维实景技术

我国导航电子地图还是以二维为主,导航画面无一例外的全由点、线、面组成,但近年来我国道路发展极其迅速,高架桥、高速路平地拔起,复杂的交叉口、出入口等为驾驶安全带来很多隐患。易图通于 2008 年在国内率先推出三维路口实景图,并在全球首创将三维路口实景图应用到便携式终端上,受到了市场的热烈欢迎。如今,静态的三维路口实景图成为各家图商导航地图的标准内容。2012 年作为国内专业导航地图提供商的易图通又推出"真三维"导航地图。"真三维"导航电子地图可将道路及其两侧的真实场景三维数字化,同时标注引导箭头、进行直观流畅的路随车转的动态方向诱导,真正实现了"人、车、路、景"的自然结合。

这种"真三维"导航电子地图,可在普通配置的导航硬件上实现道路及其两侧真实场景的三维动态显示,可对三维模型进行任意的平移、放大、缩小、旋转等变换,解决了以前因为数据量过大而无法实现大范围高仿真的 3D 实境导航的问题,运行速度也更加流畅,把用户的体验提升到一个全新的境界。加之明显的诱导信息指引,避免了复杂路段驾驶时因辨识道路而发生的意外事故。同时,三维实景导航画面出现的时间长短也根据驾驶习惯做了科学的处理,并配以丰富的语音诱导信息,将安全隐患扼杀在摇篮里。

"真三维"导航电子地图的出现并不仅是追赶潮流,更体现了地图厂商对用户驾车安全的承诺。"真三维"导航地图以其高科技实用性成为了导航地图的主流,成为发展趋势,吸引着众多的企业纷纷从二维转向三维。但是,三维实景导航地图有着较高的技术门槛,需要较强的实景数据支撑,目前市场上销售的所谓三维导航地图其实都是准三维导航地图,并不是"真三维"导航地图。

准三维导航地图也是采用三维模型呈现道路两侧建筑的情况,但其建筑表现和建筑形状并不真实。准三维导航地图事先制作了少数几个三维建筑模形,在交叉路口或者道路两侧根据建筑物占地形状随机地将事先制作的几个三维建筑模型匹配到地图上,这就使得准三维导航地图显示的建筑与实际情况不一致,会误导驾乘者。真三维导航地图则是根据每一栋建筑的实际形状建造三维模型,真三维导航地图不仅与实际建筑的外形相近,而且实际建筑使用的材料、颜色、标牌,甚至广告也真实地体现出来。另外,真三维导航地图的道路也是用三维形式表达的,呈现出与实际道路特征相符的多样化的路面及附属设施,便于驾乘者辨识行走的道路。准三维导航地图的道路仍是基于二维的地图,没有道路形状,也没有附属设施。

3. 快速增量在线更新技术

2006 年,由欧美和亚洲数家主要汽车厂商、系统供应商及数据供应商为主导成立了导航数据标准协会(navigation data standard association, NDS),旨在通过多方的共同努力,制定出新的适合汽车制造商、系统供应商及地图供应商未来发展的标准导航电子地图数据格式(NDS)规格。NDS 数据标准是面向未来的一种数据标准格式,有很多的创新和前瞻性,其一个重要目的就是实现在线式增量更新。有了增量更新技术,未来车厂将要求图商提供导航地图的月更新服务,这个要求必将对图商带来非常大的挑战。

目前,欧洲众多的汽车生产商,如宝马、梅赛德斯及大众集团等已明确表示,希望在未来全球的新产品中应用 NDS 作为导航数据的标准格式,并都有相应的项目不断陆续推出,如戴姆勒的 NTG 项目、大众的 MIB2 项目及宝马后续的 NaviEntry 项目等。而阿尔派、博世、Garmin、Harman 等众多的系统供应商也都已经致力于并完成了基于 NDS 标准格式的操作系统,在 2012 年中国上市的宝马新车上已经开始使用。在未来几年内,NDS 将成为众多欧美及亚洲汽车厂商、系统供应商及地图供应商主要要求的一个导航数据标准格式。据了解,目前国内已经有四维图新、易图通、高德三家图商加人到 NDS 协会,并开始进行 NDS 数据的生产和编译工作。

4. 深度 POI 信息

在移动互联网时代,手机地图、互联网地图、车载信息服务(Telematics)产品的应用范围已经大大超出了人们的预想,在这些新兴的地图应用中,导航地图早已不是查找位置和规划线路的一个简单工具了,实际上已经将现实的商家店铺及场所搬至虚拟的地图上,租户信息、热点商圈、酒店信息、景点信息等众多深度 POI 点已经在悄然走进我们的导航地图,导航地图呈现的将不再是一张标有地理位置的图片,而是一个虚拟的现实世界。

面对移动互联网时代的迅速到来,新一代导航电子地图厂商应致力于生产集成各类与位置服务相关信息,如社会生活娱乐信息、实时交通信息和汽车安全维护信息、行人导航、公交数据、风景路线、旅游路数等,为客户提供更为丰富、更为全面、更有深度的立体化信息服务,即在导航电子地图数据的基础上集成如下信息:

(1)广度信息。指采集融合覆盖各个领域的兴趣点信息,如地标、地名、餐饮、旅游、酒店等。

(2)深度信息。指在广度信息的基础上挖掘、融合与之相关的深度信息,如餐馆的特色、菜系、消费水平等。其出发点为:客户在享用 LBS 服务时往往不仅是为了查询定位 POI,更希望在查询定位基础上能够了解其更深度信息,如查询某电影院的同时希望了解该影院放映影片的信息等,查询某餐馆的同时希望了解餐馆菜系等。

(3)动态信息。除广度、深度信息外,用户还希望及时、准确地了解某些当前正在发生的动态信息,如动态交通信息、停车场当前停车位等,从而为下一步行动提供最直接、准确的决策依据。

(4)立体化信息的形成,也必然影响和推动与之相匹配的服务方式产生巨大转变,即传统服务方式(仅向车厂提供导航电子地图数据库)已无法满足未来市场与客户需求,必然要求其向基于立体化信息的综合服务平台转变。

(5)门址数据库。据统计,经济社会信息中 80%的资料都与空间地理信息有关,其主要联系方式就是通过地址名称等信息进行联系。导航地图中建立门址数据库将地名、路名、楼名和门牌等数据融合为统一的数据库(包括地名的标准名称、地名的空间坐标、地名的唯一编码等信息内容),对空间信息可以进行简单的查询和检索分析,以支持与位置相关的服务,如 LBS、智能交通、移动梦网、影像数据库的查询等;对非空间部门的信息可以进行分析、统计、管理、制图和可视化表示,以支持政府的管理和决策,如通过对工商税务管理的各类企事业数据库进行分析，就可以生成各类空间专题信息系统——餐饮分布图、商业分布图、商业银行分布图；对企事业单位评估，可以生成各类点位分布图，如医疗卫生分布图、学校分布图；对房地产的评估，可以生成各类专业房地产信息分布图，如小区分布图、已有预售许可房产分布图等。

另外，门址数据库的建立解决了长期困扰互联网公司和内容提供商的定位难题，为互联网公司和内容提供商的海量信息提供了关联位置信息，从而为基于位置的服务（LBS）奠定了坚实的基础。门址数据库还可以广泛应用到物流服务中，是支撑现代化物流配送不可或缺的基础数据平台。在国家“十二五”规划中，智慧城市、物联网等新兴产业和市场将迎来爆发式发展，门址数据库也将发挥更大的作用。

（6）室内位置服务。随着位置服务的蓬勃发展与大型建筑的日益增多，人们对室内位置服务的需求不断增加。大型商场、医院、展厅、写字楼、仓库、地下停车场等都需要使用准确的室内定位信息，特别是在应对紧急情况时，如紧急援救、救灾应急指挥调度等特殊应用场景下，室内位置服务更是显得尤为重要。

室内位置服务方面国内还处于初始阶段，目前还没有形成标准规划。而在国外，谷歌手机地图 6.0 版的时候已经在一些地区加入了室内导航功能，此方案主要依靠 GPS（一般也能搜索到 2~3 颗卫星）、WiFi 信号、手机基站，以及根据一些“盲点”（室内无 GPS、WiFi 或基站信号的地方）的具体位置完成室内的定位。目前此方案的精度还不是很满意，所以谷歌后来又发布了一个叫“Google Maps Floor Plan Marker”的手机应用，号召用户按照一定的步骤来提高室内导航的精度。谷歌一直在努力解决两个问题：①获取更多的建筑平面图；②提高室内导航的精度。建筑平面图是室内导航的基础，就如同 GPS 车用导航需要电子导航地图一样。谷歌目前想通过“众包”的方式解决数据源的问题，就是鼓励用户上传建筑平面图。另外，用户在使用谷歌的室内导航时，谷歌会收集一些 GPS、WiFi、基站等信息，通过服务器进行处理分析之后为用户提供更准确的定位服务。

室内位置服务的商业化必将带来一波创新高潮，各种基于此技术的应用将出现在我们的面前，其影响和规模绝不会亚于传统的导航服务。我们可以想象一些比较常见的应用场景，例如在大型商场里面借助室内导航快速找到出口、电梯，家长用来跟踪小孩的位置避免小孩在超市中走丢，房屋根据你的位置打开或关闭电灯，商店根据用户的具体位置向用户推送更多关于商品的介绍等。

单元二　导航原理与导航系统构成

导航一词最早源于 16 世纪 30 年代，它是由拉丁语 mavematio 而来。大家都知道当时的 16 世纪是欧洲文艺复兴时期，也是欧洲新兴资产阶级的第一次爆发。在这个时期越来越多的国家选择开发新大陆，扩张领土。可是开发新大陆就必须坐船，而坐船就必须用到指南针。就在这个时候，导航出现了。

众所周知，导航是我们生活中一种必不可少的东西，如果想短途旅行或去很远的地方，那就必须用导航来帮助。随着科技的发展，导航也越来越先进。在汽车中、手机上，我们不难发现它的影子，它能很方便地帮我们找寻目的地。

要了解导航,我们得先来知道它的定义。首先,导航并不是特指某一个东西,我们平常所说的手机导航和汽车导航(见图 4-2),只是导航领域的一个类别。导航是一个研究领域,重点是监测和控制工艺或车辆从一个地方移动到另一个地方的过程。

一般除我们所说的手机导航和汽车导航外,导航一共分为四个种类,分别是陆地导航、海洋导航、航空导航和空间导航。我们平常所说的手机导航和汽车导航都是陆地导航。

一、导航原理

导航的原理是什么呢?要想实现导航,首先需要定位。导航指的是规划路线,引导我们到达目的地,而定位则是指确定我们的位置。只有定位准了,导航规划的路线才有意义。那谈起手机是如何定位的,就不得不提到全球定位系统。

图 4-2　汽车导航

全球定位系统(global positioning system,GPS)是由美国政府和军方研发的全球卫星导航定位系统,1994 年建成并投入使用。GPS 系统由空间段、地面段和用户段三大部分组成。建成之初,空间段包括 24 颗卫星,均匀分布在 6 个不同的轨道面上。地面段是整个系统的管理中心,用户段即各种接收机,能接收 GPS 卫星的信号。

GPS 信号能够给出卫星的位置信息以及信号传播用的时间,两者相乘便能测量出距离。理论上来讲,一个观测点同时测量出到任意三颗星的距离,列出一个三元二次方程便可以求解出观测点的位置坐标。这就像以每一颗卫星为原点,以测量到的距离为半径画球,两个球面相交形成的是一个圆,三个球面相交形成的是一个点,这个点就是我们的观测点了。

实际上,因为有钟差,3 颗卫星定位不准,我们需要观测 4 颗星才能准确定位。测量传输时间需要两台高精度原子钟,一台在卫星上,另一台在接收机内部。由于两台钟很难完全对准,很容易使测量的距离有误差。卫星钟差可以应用 GPS 信号所给出的参数加以修正,而接收机的钟差,一般难以预先准确确定,需要把它作为一个未知参数。因此,在一个观测点,为了实时求解 4 个未知参数(观测点的 3 个位置坐标及 1 个钟差参数),至少需要同时观测 4 颗卫星。基于这个原理,只要我们在智能手机上安装好 GPS 芯片,芯片能够接收卫星信号以及解算信息,就能够确定位置了。导航原理示意图如图 4-3 所示。

二、导航系统构成

导航系统一般采用 GPS 与航位推算法(传感器+电子陀螺仪)组合方式实现定位,通过触摸显示屏或者遥控器进行交互操作,能够实现实时定位、目的地检索、路线规划、画面和语音引导等功能,帮助驾驶者准确、快捷地到达目的地。

导航系统一般由四部分构成,包括定位系统、硬件系统、软件系统和导航电子地图。

目前,主要的定位系统是以航天技术为基础,以高速运动的卫星瞬间位置作为已知数据,采用空间距离后方交会的方法,计算待测点位置的系统。通常由空间部分、控制部分和客户端三部分组成。

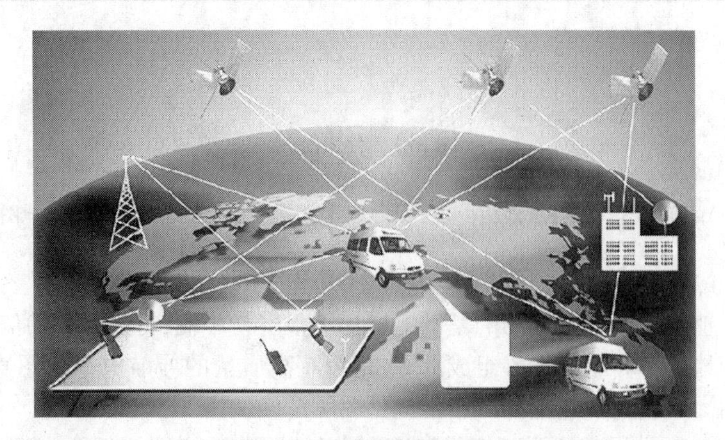

图 4-3　导航原理示意图

除美国的全球定位系统 GPS 外，目前世界上的卫星导航定位系统还有俄罗斯的 GLONASS、欧盟伽利略及我国北斗。此外，还有日本 QZSS 和印度 IRNSS 区域卫星导航系统（见图 4-4）。

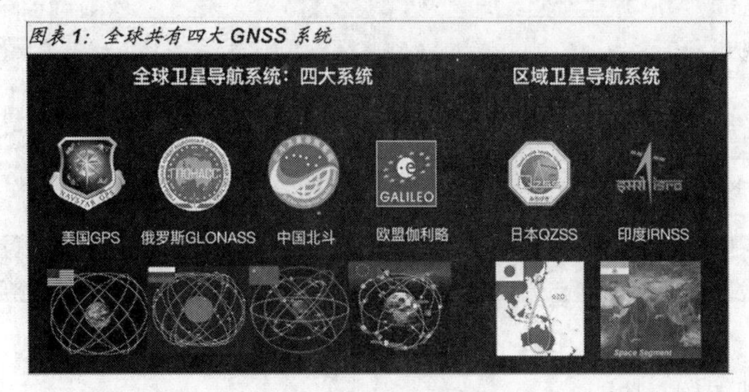

图 4-4　卫星导航系统

导航硬件平台包括车载主机、显示器、定位系统和其他控制模块，车载主机是整个 GPS 车载导航系统的心脏，车载主机由若干个电子控制单元（electric control unit，ECU）构成，它们可以独立完成特定的功能，并与其他单元模块协同工作。这些模块中最重要的是由 GPS 接收机、航位推算（deadreckoning，DR）微处理器、车速传感器、陀螺传感器构成的定位模块。

GPS 系统和 DR 系统组合构成的定位导航模块可以很好地解决短时间内丢失 GPS 卫星信号的问题，又可以避免 DR 系统的误差随时间积累。目前，普通民用 GPS 和 DR 组合定位设备（GPS 惯性设备）已经可以达到 1 000 m 无 GPS 信号的情况下的航向精度和 10 m 的距离精度。

GPS 要实现导航，除硬件外，还需要软件的支持，软件系统由系统软件和导航应用软件组成。

系统软件包括操作系统和设备驱动两部分。操作系统一般采用嵌入式实时操作系统（rtos），如国外的 vx-work、qnx、palmos、windowsce 和国内的 hopenos 等。

导航应用软件就是通过在终端硬件上利用卫星进行定位、引导等一系列服务的软件（见图 4-5）。

(a)百度地图　(b)谷歌地图　(c)凯立德导航　(d)高德地图　(e)腾讯地图

图 4-5　常用的导航应用软件

导航电子地图是在电子地图的基础上增加了很多与车辆、行人相关的信息。

导航电子地图是导航的核心组成部分,是否有高质量的导航电子地图直接影响到整个导航的应用。导航电子地图测试版示例见图 4-6。

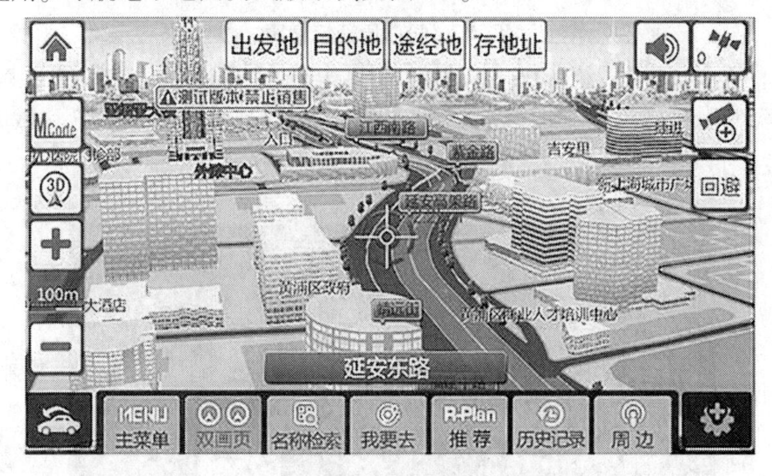

图 4-6　导航电子地图测试版示例

导航电子地图核心功能:

(1)地图查询。

①可以在操作终端上搜索要去的目的地位置。

②可以记录常去的地方的位置信息,并保留下来,也可以和别人共享这些位置信息。

③模糊的查询附近或某个位置附近的加油站、宾馆、取款机等信息。

(2)路线规划。

①GPS 导航系统会根据设定的起始点和目的地,自动规划一条线路。

②规划线路可以设定是否要经过某些途径点。

③规划线路可以设定是否避开高速等功能。

(3)自动导航。

①语音导航:用语音提前向驾驶者提供路口转向,导航系统状况等行车信息,就像一个懂路的向导告诉你如何驾车去目的地一样。导航中最重要的一个功能,使无需观看操作终端,通过语音提示就可以安全到达目的地。

②画面导航:在操作终端上,会显示地图,以及车子所在的位置、行车速度、目的地的距离、规划的路线提示、路口转向提示的行车信息。

③重新规划线路:当没有按规划的线路行驶,或者走错路口时,GPS 导航系统会根据

用户现在的位置,重新规划一条新的到达目的地的线路。

三、空间坐标关系

(一)导航坐标系

在三维空间中,无约束的物体具有六个自由度,即三个方向的位置和三个欧拉角。故在导航中,明确坐标系的定义是基础。三维坐标系是描述空间中物体位置的基础。在不同领域内,坐标的定义大相径庭,体现在坐标原点和三轴指向的定义中。

导航中,最重要的两个坐标系是载体坐标系和导航坐标系。载体坐标系是以载体为中心,主要作用是处理与传感器直接测得的物理量。导航坐标系可以是地固坐标系、地理坐标系等,通常使用的是当地水平坐标系,俗称有"东北天""北东地"坐标系。

当确定了坐标系的两个轴的方向,第三个轴由右手定则确定,构成右手坐标系。不同坐标系之间具有确定的联系的。一个坐标系通过一系列旋转和平移变换,能够变换成另一个坐标系。常用的描述变换的方法有欧拉角法、方向余弦矩阵法、四元素法和旋转矢量法。

(二)常用的坐标系

1. 惯性坐标系

惯性坐标系用 $O\text{-}X_iY_iZ_i$ 表示。原点是地球中心;X_i 与 Y_i 在地球赤道平面内相互垂直,分别指向相应的恒星,OZ_i 是地球的自转轴。惯性器件(陀螺仪和加速度计)测量得到的物理量是相对于惯性系的。例如,陀螺输出的是载体坐标系系相对于惯性系(i 系)的角速度。如图 4-7 所示的 $O\text{-}XYZ$ 空间直角坐标系。

2. 地球坐标系

地球坐标系用 $O\text{-}X_eY_eZ_e$ 表示,也称地固坐标系。原点是地球中心;OX_e 与 OY_e 在地球赤道平面内相互垂直,OZ_e 指向格林威治子午线(本初子午线 / 0°经线),是地球的自转轴。e 系和地球固连,随着地球自转以角速度 7. 292 115 146 7×e^{-5} 相对 i 系旋转。在实际使用中,通过变换,用经度、纬度和海拔高度表示载体在地球中的位置。如图 4-8 所示的 $O\text{-}X_iY_iZ_i$ 空间直角坐标系。

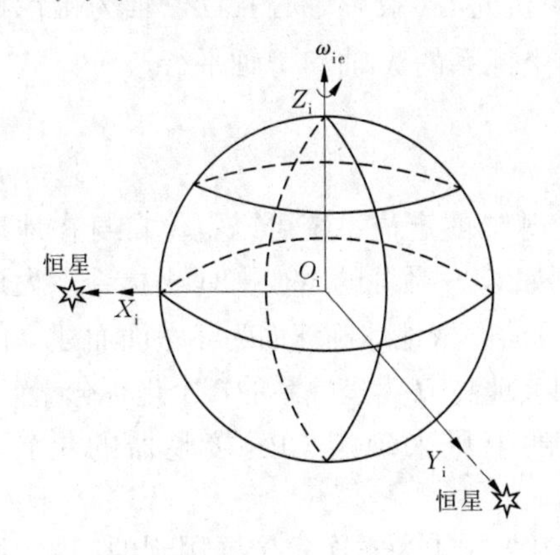

图 4-7　惯性坐标系

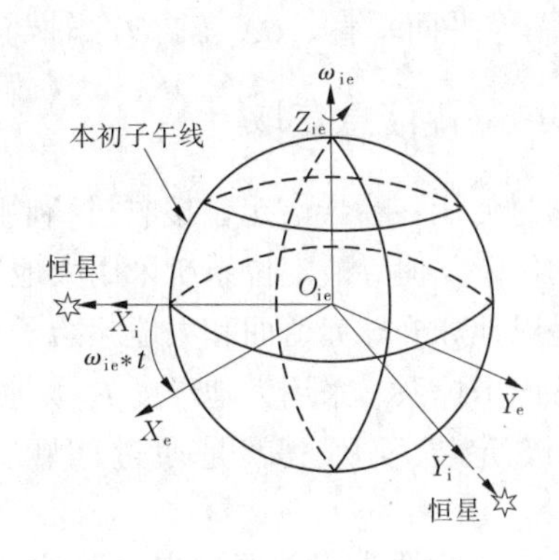

图 4-8　地球坐标系

3. 地理坐标系

地理坐标系用 $O\text{-}X_gY_gZ_g$ 表示。地理坐标系也称当地水平坐标系,通常使用的有“东北天”坐标系和“北东地”坐标系。“北东地”坐标系的原点是载体重心,OX_g 指向北方,OY_g 指向东方,OZ_g 指向是铅锤方向。一般地,载体的姿态描述是横滚角、俯仰角和偏航角。它们均定义在地理坐标系下。如图 4-9 所示的 $O\text{-}X_gY_gZ_g$ 空间直角坐标系。

4. 载体坐标系

载体坐标系用 $O\text{-}X_bY_bZ_b$ 表示。载体坐标系与载体固连,坐标原点是载体重心。OX_b 轴沿载体横轴向右,OY_b 轴沿载体纵轴向前,OZ_b 轴沿载体立轴向上(见图 4-10)。

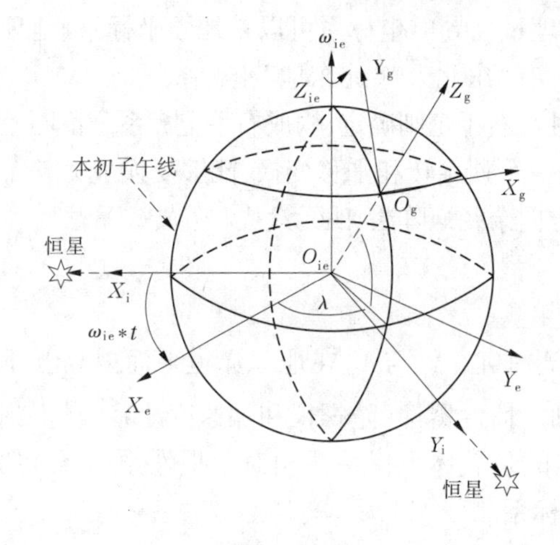

图 4-9 地理坐标系

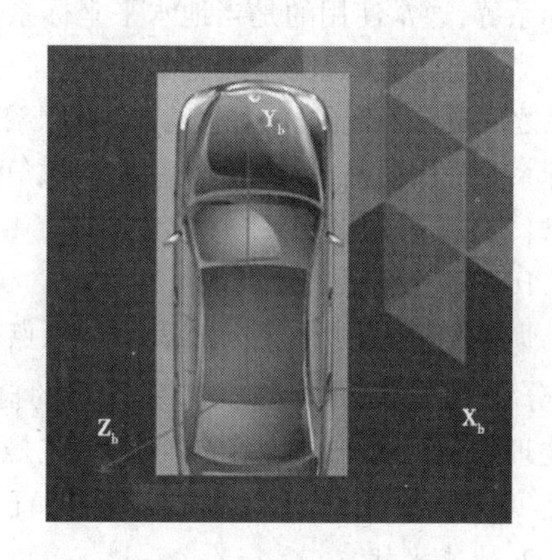

图 4-10 载体坐标系

5. 导航坐标系

导航坐标系用 $O\text{-}X_nY_nZ_n$ 表示,用来确定载体导航参数的参考坐标系。在惯导和组合导航中,导航坐标系通常选用地理坐标系,例如“东北天”坐标系。

6. 相机坐标系

相机坐标系用 $O\text{-}X_cY_cZ_c$ 表示,其原点为摄像机光心(投影中心),OZ_c 轴为摄像机光轴,与图像平面垂直。OX_c 轴、OY_c 轴与成像平面坐标系的 X 轴和 Y 轴平行。

四、位置信息获取

通过使用一台导航定位接收机,利用 GNSS 全球导航定位系统可以定位自身在地球空间中的位置。但导航定位系统采用大地坐标系,例如 GPS 系统的 WGS-84 坐标系。大地坐标系是以地球椭球赤道面和大地起始子午面为起算面并依地球椭球面为参考面而建立的地球椭球面坐标系。采用大地经度 L、大地纬度 B 和大地高 H 为坐标系的 3 个坐标分量。

GPS 定位,实际上就是通过四颗已知位置的卫星来确定 GPS 接收器的位置(见图 4-12)。

GPS 接收器为当前要确定位置的设备,卫星 1、2、3、4 为本次定位要用到的四颗卫星:

(1)已知 Position1、Position2、Position3、Position4 分别为四颗卫星的当前位置(空间坐标)。

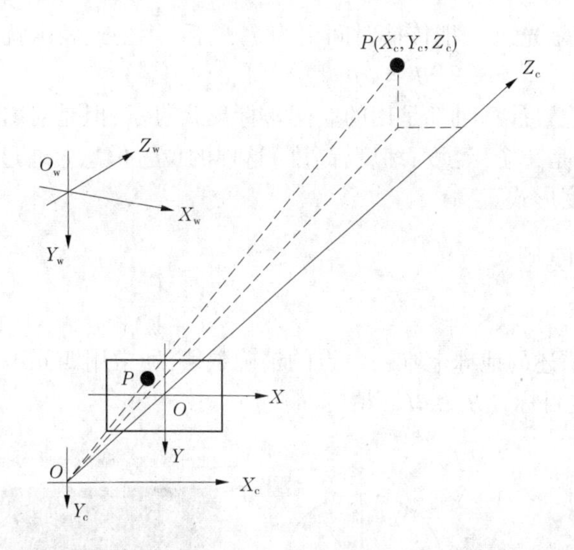

图 4-11　相机坐标系

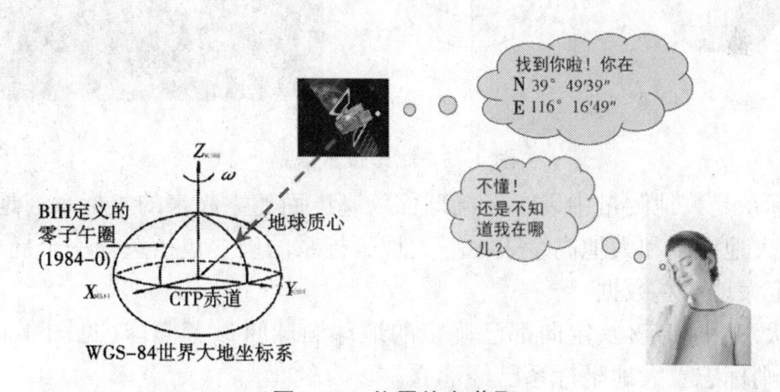

图 4-12　位置信息获取

(2)已知 d_1、d_2、d_3、d_4 分别为四颗卫星到要定位的 GPS 接收器的距离。

(3)Location 为要定位的卫星接收器的位置。

那么定位的过程,简单来讲就是通过已知空间坐标和距离求得卫星接收器的位置。

可表示为:

Location = GetLocation([Position1, d1], [Position2, d2], [Position3, d3], [Position4, d4])

Position1、Position2、Position3、Position4 这些位置信息的来源:运行于宇宙空间的 GPS 卫星,每一个都在时刻不停地通过卫星信号向全世界广播自己的当前位置坐标信息。任何一个 GPS 接收器都可以通过天线很轻松地接收到这些信息,并且能够读懂这些信息(这其实也是每一个 GPS 芯片的核心功能之一)。

我们已经知道每一个 GPS 卫星都在不辞辛劳地广播自己的位置,那么在发送位置信息的同时,也会附加上该数据包发出时的时间戳。GPS 接收器收到数据包后,用当前时间(当前时间当然只能由 GPS 接收器自己来确定了)减去时间戳上的时间,就是数据包在空中传输所用的时间了。知道了数据包在空中的传输时间,那么乘以传输速度,就是数据包在空中传输的距离,也就是该卫星到 GPS 接收器的距离了。数据包是通过无线电波传送

的,那么理想速度就是光速 c,把传播时间记为 T_i 的话,用公式表示就是:

$$d_i = cT_i \quad (i = 1,2,3,4)$$

前面说在进行位置计算时都是用的空间坐标形式表示,但是对 GPS 设备及应用程序而言,通常需要用的是一个(经度,纬度,高度)这样的位置信息。通过 GPS 设备将空间坐标形式转换到经纬度形式。

五、位置信息模型

(一)物理位置

大地坐标系下描述的地球上唯一一点的精确数值,通常用四元组表达(见图 4-13)。

Location=[定位目标,(B,L,H),精度,时间]

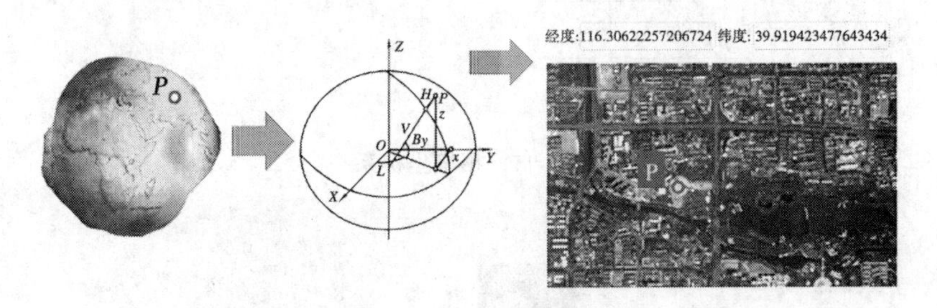

图 4-13　物理位置信息

大地坐标系是大地测量中以参考椭球面为基准面建立起来的坐标系。地面点的位置用大地经度、大地纬度和大地高度表示。大地坐标系的确立包括选择一个椭球、对椭球进行定位和确定大地起算数据。

一个形状、大小和定位、定向都已确定的地球椭球叫参考椭球(见图 4-14)。参考椭球一旦确定,则标志着大地坐标系已经建立。

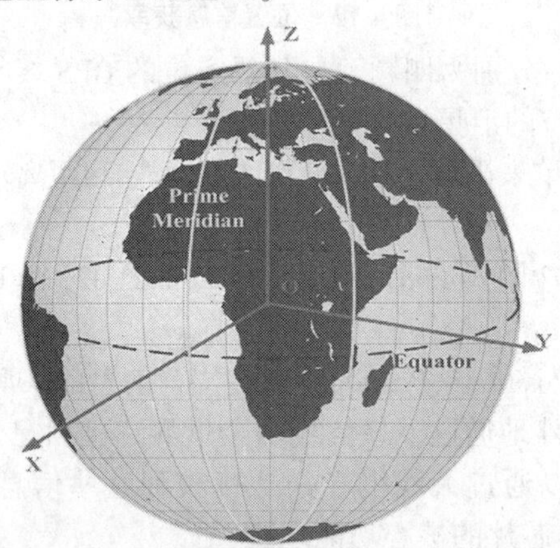

图 4-14　地心大地坐标系

大地坐标系是大地测量的基本坐标系,其大地经度 L、大地纬度 B 和大地高 H 为此坐标系的 3 个坐标分量。它包括地心大地坐标系和参心大地坐标系。

地心坐标系(geocentric coordinate system)以地球质心为原点建立的空间直角坐标系,

或以球心与地球质心重合的地球椭球面为基准面所建立的大地坐标系。其地面上一点的大地经度 L 为大地起始子午面与该点所在的子午面所构成的二面角，由起始子午面起算，向东为正，称为东经（0°~180°），向西为负，称为西经（0°~-180°）；大地纬度 B 是经过该点作椭球面的法线与赤道面的夹角，由赤道面起算，向北为正，称为北纬（0°~90°），向南为负，称为南纬（0°~-90°）；大地高 H 是地面点沿椭球的法线到椭球面的距离。

WGS-84 是一种国际上采用的地心坐标系，是为 GPS 全球定位系统使用而建立的坐标系统。

坐标原点为地球质心，其地心空间直角坐标系的 Z 轴指向 BIH（国际时间服务机构）1984.0 定义的协议地球极（CTP）方向，X 轴指向 BIH 1984.0 的零子午面和 CTP 赤道的交点，Y 轴与 Z 轴、X 轴垂直构成右手坐标系，称为 1984 年世界大地坐标系统。

GPS 导航仪获取的物理位置即为 WGS-84 大地坐标系下的坐标。

（二）地理位置

用文本信息描述地球上某一区域内的位置点，通常用四元组表达（见图 4-15）。

图 4-15　P 点地理位置

Location =（定位目标，当前位置名称，置信度，时间）

我们可以用更多的语言描述当前定位点的位置，比如当前点位的所在重要地物名称等。对于不熟悉该地物名称的人来说依然无法在脑海中确切定位到当前的空间位置，也就是空间的点位并没有完全转换为我们能确切认知的定位信息。

（三）语义位置

用更多的参考性文本信息描述地球上某一区域内的位置点，通常用五元组表达。

Location =（定位目标，当前位置名称，相关位置名称，位置属性，时间）

通过用更多的参考性文本信息（如周边地物名称、与周边地物的相对位置、所在行政区等）来描述当前空间点位置，可让人们获取更多空间定位信息，从而形成能被人们获取的位置信息（见图 4-16）。

六、位置信息定位

把 GPS 接收机获取的（B，L，H）坐标——物理模型，转换成以周边环境为参照物的地理信息描述——语义模型，就可以理解导航卫星的定位，导航电子地图正是实现模型之间转换的介质。

GPS 的 Position 只是一个数据，还需要与 Map 的匹配，即由 GPS 坐标转换为地图坐

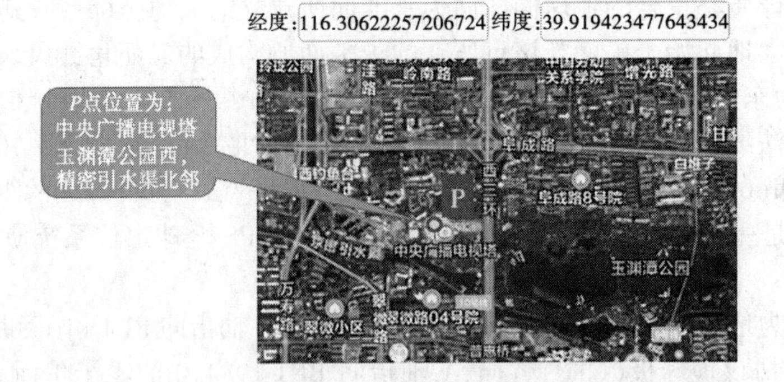

图 4-16　*P* 点语义位置信息

标。不仅要找到地图上的位置,还要找出地图上哪些道路与此位置最为接近,利用地图中结构化的模型(如道路、交点等)进行描述当前的位置。

小　结

本项目主要介绍了导航电子地图的基本概念、特点、发展现状及趋势,阐述了导航的原理、导航系统的构成及导航定位的模型方法等。通过本项目的学习,可以了解导航的基本原理和导航定位的过程,为后续课程的学习奠定基础。

复习与思考题

1. 什么是导航电子地图?
2. 导航电子地图有哪些特点?
3. 简述导航的原理。
4. 导航中常用的坐标系有哪些?
5. 简述导航定位的过程。

项目五　导航电子地图设计与开发

【项目概述】

本项目主要介绍导航电子地图的设计与开发,导航电子地图的内容,学生通过本项目的学习,能够更深入地认识导航电子地图,能够掌握导航电子地图的数据构成、产品设计、制作和生产过程。

【学习目标】

知识目标:

1. 掌握导航电子地图的内容;
2. 了解导航电子地图的设计与开发过程;
3. 了解导航电子地图的数据来源。

技能目标:

1. 培养导航电子地图设计与开发的基础能力;
2. 培养导航电子地图数据获取能力;
3. 学会检查验收与保密处理导航电子地图数据。

【导入】

日常生活中,我们经常利用电子地图查找位置信息,导航电子地图是智能交通和车载导航领域的重要组成部分,其设计和制作方法的好坏会直接影响到后期的可用性。本项目将对导航电子地图的设计和制作进行详细讨论。

【正文】

单元一　导航电子地图的内容

导航电子地图主要包含道路数据、POI 数据、背景数据、行政境界数据、图形文件和语音文件。

一、道路数据

道路要素是导航电子地图的重要数据之一,必须非常准确,能完整表达出现实世界中道路的联通关系,满足导航应用的拓扑需求,真实反映交通流的实际通行情况,同时必须包含道路的附属信息,如桥梁、隧道、加油站、收费站、高速公路出入口、服务区、车渡等(见表 5-1)。

表 5-1　道路数据的主要内容

要素	类别	要素类型	功能
道路 LINK	高速公路	线类	路径计算
	城市高速	线类	路径计算
	国道	线类	路径计算
	省道	线类	路径计算
	县道	线类	路径计算
	乡镇公路	线类	路径计算
	内部道路	线类	路径计算
	轮渡(车渡)	线类	路径计算
节点	道路交叉点	点类	拓扑描述
	图廓点	点类	拓扑描述

(一)高速公路

高速公路简称高速路,是指专供汽车高速行驶的公路。高速公路在不同国家地区、不同时代和不同的科研学术领域有不同规定。根据中国《公路工程技术标准》(JTG B01—2014)规定:高速公路为专供汽车分向行驶、分车道行驶,全部控制出入的多车道公路。高速公路年平均日设计交通量宜在 15 000 辆小客车以上,设计速度 80~120 km/h。

各软件高速公路地图见图 5-1~图 5-3。

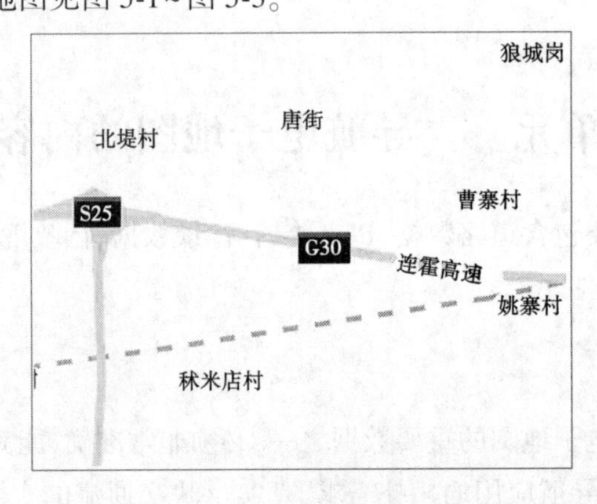

图 5-1　百度地图的高速公路

图 5-2　腾讯地图的高速公路

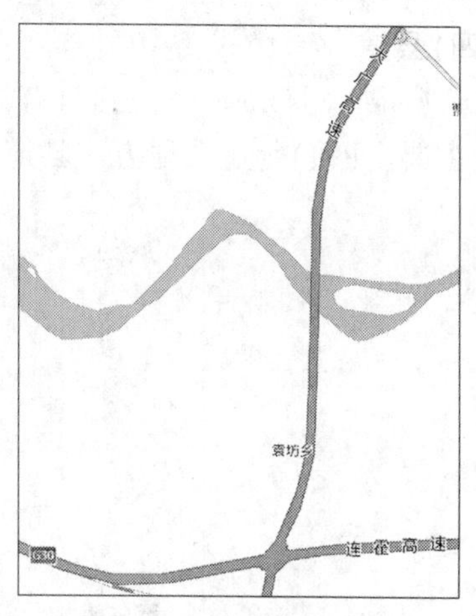

图 5-3　高德地图的高速公路

(二)国道

国道,是国家干线公路的简称,根据其地理走向分为 3 类。国道以 1、2、3 开头,以 1 开头的是首都放射线(112 国道除外),以 2 开头的则为南北走向线,以 3 开头的是东西走向线。为区分这 3 类国道,每条公路干线常采用三位数字作编号来表示(见图 5-4)。

图 5-4　国道

(三)省道

省道(provincial highway)又称省级干线公路。在省公路网中,具有全省性的政治、经济、国防意义,并经省、市、自治区统一规划确定为省级干线公路。

省道的编号以 S 开头,以省级行政区域为范围编制。放射线(1 开头)、纵线(2 开头)、横线(3 开头)、纵向联络线(4 开头)、横向联络线(5 开头)、环线(6 开头),见图 5-5。

图 5-5　省道

(四)县道

县道(county highway),是指具有县、县级市的政治、经济意义的主线干道,连接县城和县内主要乡(镇)等主要地方。县道编号一般由大写字母 X 开头(见图 5-6)。

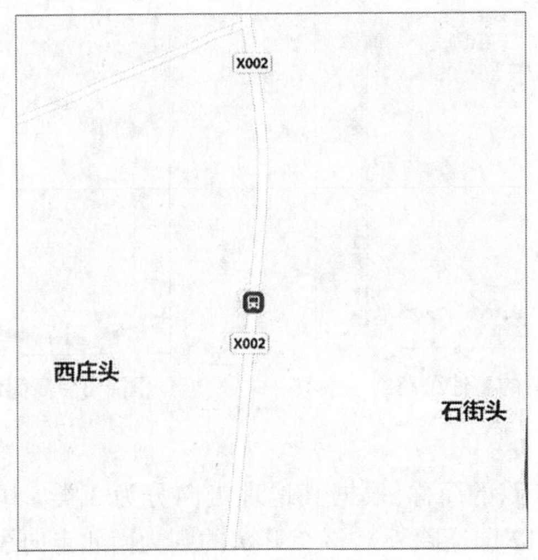

图 5-6　县道

(五)乡镇公路

乡镇公路是指主要为乡(镇)村经济、文化、行政服务的公路,以及不属于县道以上公路的乡(镇)与乡(镇)之间及乡(镇)与外部联络的公路(见图 5-7)。

图 5-7　乡镇道路

(六)内部道路

内部道路主要为人们工作或生活区的道路,如学校内的道路、厂区内的道路、居住小区内的道路等,见图 5-8。

(七)轮渡

轮渡是越江(河)立体交通体系中的重要组成部分,与大桥、隧道、轨道交通形成越江(河)交通的立体构架。

(八)道路交叉点

道路交叉点是指两条或两条以上道路的相交处,是车辆、行人汇集、转向和疏散的必

图 5-8　清华大学校园道路

经之地,为交通的咽喉。道路交叉分平面交叉、环形交叉和立体交叉等(见图 5-9)。

图 5-9　道路交叉点

二、POI 数据

POI 是“point of interesting”的缩写,中文可以翻译为“兴趣点”是指含有衣食住行等附属社会信息的地理要素。和道路一样,兴趣点是导航电子地图的两大关键要素之一。主要包括政府机构类、科研教育类、医疗服务类、商场市场类、金融机构类、休闲娱乐类、文化旅游类、酒店餐饮类、环境卫生类、房产小区类、交通设施类、地址门牌类、交通管制类、其他类等(见表 5-2)。

表 5-2　导航电子地图 POI

要素	类别	要素类型	功能
POI	一般兴趣点	点类	检索
	道路名	点类	检索
	交叉点	点类	检索
	邮编检索	点类	检索
	地址检索	点类	检索

(一)一般兴趣点

一般兴趣点为生活中常见的实体单位，如学校、宾馆、酒店、银行、商场、便利店、医院、药店等(见图 5-10)。

(二)道路名

道路的名称(见图 5-11)，在导航电子地图中以点的形式存储。

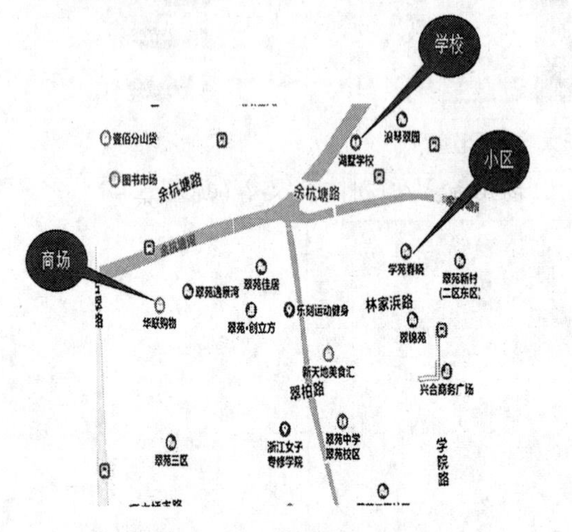

图 5-10　一般兴趣点示意图

图 5-11　道路名

(三)邮编检索

兴趣点所在位置的行政区的邮编，可通过邮编检索区域位置。

(四)地址检索

兴趣点的地址存储，检索兴趣点位置时可通过地址检索到兴趣点。

三、背景数据

电子地图背景数据一般包含建筑层、铁路、水系、植被等内容，是在导航电子地图中一直显示的数据，作为背景衬托导航信息，起到辅助定位、提供背景信息的作用(见表 5-3)。

表 5-3　导航电子地图背景数据

要素	类别	要素类型	功能
建筑层	街区	面状要素	显示城市道路布局结构
	房屋建筑	面状要素	显示建筑物轮廓
	围墙	线状要素	显示建筑物之间的相互关系和连接状况
铁路数据	干线铁路	线状要素	显示干线铁路的基本走向
	地铁	线状要素	显示地铁的基本走向
	城市轻轨	线状要素	显示城市轻轨的基本走向

续表 5-3

要素	类别	要素类型	功能
水系	江	面状要素	背景显示
	河	面状要素	背景显示
	湖	面状要素	背景显示
	水库	面状要素	背景显示
	池塘	面状要素	背景显示
	海	面状要素	背景显示
	游泳池	面状要素	背景显示
	水渠	线状要素	背景显示
	水沟	线状要素	背景显示
植被	森林	面状要素	背景显示
	绿化带	面状要素	背景显示
	草地	面状要素	背景显示
	公园	面状要素	背景显示
	经济植物	面状要素	背景显示

四、行政境界数据

行政境界是国家为了进行分级管理而实行的区域划分。导航电子地图的行政境界数据一般包含国界、省级界、地市级界、县区级界、乡镇级界，主要用于显示行政管理区域(见表 5-4)。

表 5-4　导航电子地图行政境界数据

要素	类别	要素类型	功能
行政区界	国界	面状要素	显示行政管理区域范围
	省级界	面状要素	显示行政管理区域范围
	地市级界	面状要素	显示行政管理区域范围
	区县级界	面状要素	显示行政管理区域范围
	乡镇级界	面状要素	显示行政管理区域范围

五、图形文件

导航电子地图的图形文件主要包括高速分支模式图、3D 分支模式图、普通道路分支模式图、高速出入口实景图、普通路口实景图、POI 分类示意图、3D 图、标志性建筑物图片、道路方向看板等，主要用于导航信息的增强显示（见表 5-5），为导航提供更为丰富的信息。

表 5-5　导航电子地图图形文件

要素	类别	要素类型	功能
图形	高速分支模式图	图片	显示增强
	3D 分支模式图	图片	显示增强
	普通道路分支模式图	图片	显示增强
	高速出入口实景图	图片	显示增强
	普通路口实景图	图片	显示增强
	POI 分类示意图	图片	显示增强
	3D 图	模型、图片	显示增强
	标志性建筑物图片	图片	显示增强
	道路方向看板	图片	显示增强

六、语音文件

导航电子地图语音文件通常包括泛用语音文件、方面名称语音文件和道路名称语音文件（见表 5-6）。

在车载环境下，由于屏幕小、安全性等因素给用户操作设备和获取信息带来很大不便。而导航电子地图语音功能给这个问题带来了答案。那么在车载环境下，就不必再用眼睛去看汽车里本来就很小的屏幕了，驾驶员只需专心驾驶汽车，就可以享受先进的语音技术带来的方便。

表 5-6　导航电子地图语音文件

要素	类别	要素类型	功能
语音	泛用语音	声音文件	导航辅助
	方面名称语音	声音文件	导航辅助
	道路名语音	声音文件	导航辅助

在导航设备中，不用在驾驶的过程中查看导航仪的屏幕，只需要在出发的时候输入目的地，设备就可以在行进途中实时用语音播报行车路线。

可以在地图上集成一些沿线的餐饮娱乐旅游等信息，在途中进行播放，从而增加了驾车过程的娱乐性。

在调度终端中，如果应用了语音合成技术的话，调度终端就可以实时播报调度中心发来的各种信息，如调度信息、各种重要事项提示、交通状况信息等。

可以在车载电话中集成语音合成技术，当有新的来电时，便可以播报出来电者姓名或者号码，而有新的短消息来到时也可以把短信内容和发信人姓名或号码读给驾驶者听。

如果车载设备中应用了语音识别技术,就可以进一步省去进行操作设备时烦琐的按键动作,只需对着设备大声说出希望设备做的事情,设备便可以识别我们的命令,并且按照命令进行操作。这样驾驶员的手和大脑都可以解放出来,不用去考虑该怎么按键,而手也可以专注于驾车操作,保证了驾驶员的安全。

单元二　导航电子地图设计与开发

一、导航电子地图制作过程

(一)产品设计阶段

产品设计见图 5-12。

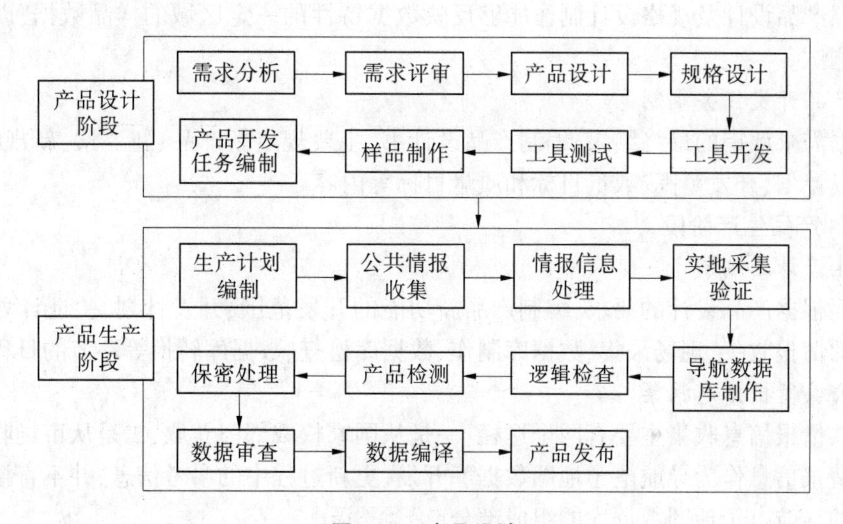

图 5-12　产品设计

1. 需求分析

将来自公司层面的策略、客户需求及设计和生产环节的改善需求纳入统一的平台,进行需求汇总。将同类需求进行合并,调查分析需求的范围、类型、资源消耗、实现可行性等,并根据分析结果区分其等级。

2. 需求评审

组织相关的设计、研发、生产、转换、发布等各个部门,依据需求分析的结果展开讨论,根据需求重要程度和涉及资源情况判定其实现可行性、资源配置和实现周期,需求评审将决定此需求是否在产品中体现及如何体现。

3. 产品设计

根据需求分析的结果、生产计划、资源配置情况,进行产品设计。设计内容包括产品计划、产品范围、产品实现方式、成本预算、资源配置、发布格式、品质要求、风险控制及产品相关的子产品和产品线设计。

4. 规格设计

根据产品设计的结果进行数据采集、录入、存储、转换的规格设计以及工艺流程设计，同时进行风险评估和预防，并进行测试方案设计。

5. 工具开发

根据产品设计和规格设计的要求和产品开发计划组织研发部门进行数据采集、录入、存储、转换、验证等工具开发。

6. 工具测试

根据产品设计要求、工具设计需求，以及产品开发计划，安排工具测试。在测试中要根据工具适用要求进行一定规模的样品生产测试，以验证其实用性及可靠性，以降低风险。

7. 样品制作

按照产品设计及规格设计制作能够反映数据特性的一定区域的样品数据，以供数据分析及测试。

8. 产品开发任务编制

根据需求评审的最终结果，编制产品设计书，主要规定新产品、新要素、新规格、新内容的开发计划、开发范围、数量目标和质量目标等内容。

(二)产品生产阶段

1. 生产计划编制

主要根据产品设计的要求，编制产品新功能的开发范围、开发计划、验证计划以及产品更新的情报收集、现场采集、数据库制作、数据库检查、数据库转换等环节的日程计划。

2. 公共情报信息收集

公共情报信息收集主要有两个途径：一是从国家权威部门获取，二是从市场收集。此类公共情报信息作为导航电子地图数据库开发、更新过程中的参考信息，并不直接成为公司开发的导航电子地图数据库的组成部分。

3. 情报信息初步处理

经过对收集的公共情报信息进行整理，形成导航电子地图实地采集确认的参考信息。

4. 实地采集信息

通过外业专业人员利用专业设备，对导航的相关信息(如新增道路的形状、变化道路的形状、道路网络连接方式、道路属性、兴趣点等)进行实地采集，制作产品图稿和电子信息库，反馈回室内进行加工处理。

5. 数据库制作

数据库制作主要是根据现场采集成果(产品图稿和电子信息库等)，进行相应的加工处理，制作成导航电子地图数据库。

6. 逻辑检查

根据导航数据库的模型设计和标准规则，进行分区域、分要素及要素之间、全国范围的逻辑检查和拓扑一致性检查。

7. 产品检测

形成导航电子地图数据库后，经过相关的编译转换，进行室内检测和现场实地检测，根据检测的结果进行必要的调整和修改,确保制作出的导航电子地图产品的内容全面、位置精确、信息准确。

8. 保密处理

根据国家的相关规定,进行空间位置技术处理和敏感信息处理等,确保符合保密要求。

9. 数据审查

根据国家的相关规定,将检测后的数据库提交到国家指定的地图审查机构,进行必要的审查,取得审图号。

10. 数据转换和编译

根据不同客户的需求,进行数据格式转换或物理格式的编译,形成最终的导航电子地图格式。

11. 产品发布

地图审查后的导航地图,须报送国家制定的出版部门,经过相关审查,取得出版号后,就可以作为最终产品进行上市销售。

(三)导航电子地图生产流程

从数据源到导航产品的企业全流程见图5-13。

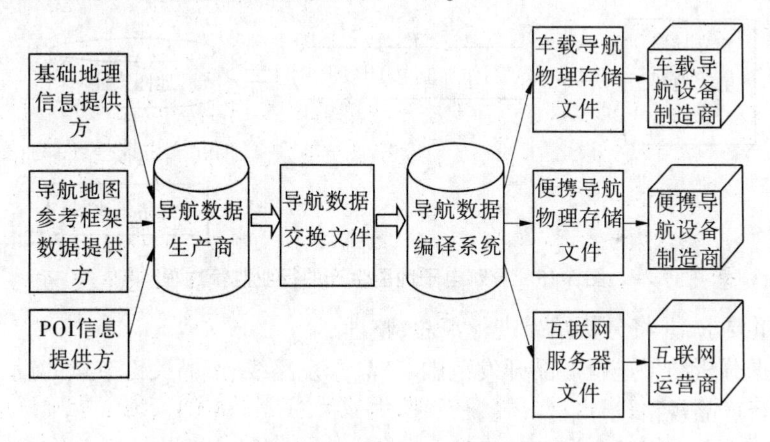

图5-13 从数据源到导航产品的产业全流程

导航电子地图的生产流程见图5-14。

导航电子地图生产的行业监管过程见图5-15。

二、导航电子地图产品设计

(一)产品设计

导航电子地图产品的设计是一件精细而复杂的工作。产品设计需满足产品和市场需求能够对产品制造生产进行指导,并使得产品满足相关政策法规要求和相关行业标准。

1. 产品设计书编写

导航电子地图产品设计书的编写,需要经以下步骤完成:

(1)对导航电子地图产品的需求进行整理、分析,分析为满足需求所需要的成本、生

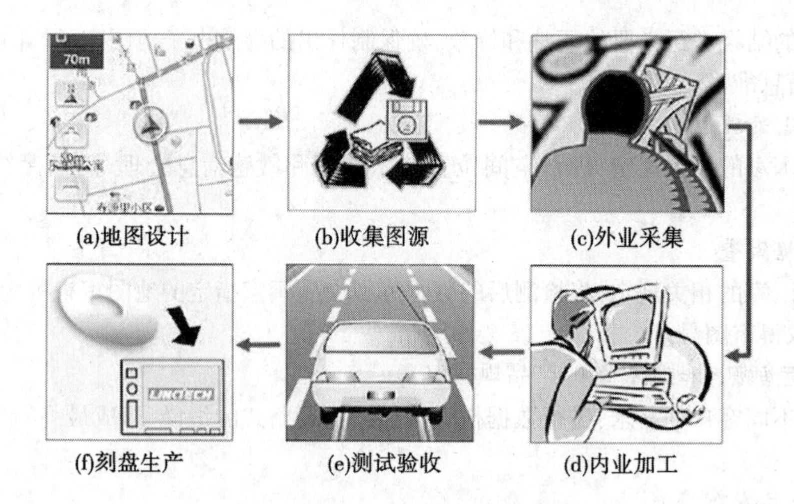

图 5-14　导航电子地图的生产流程

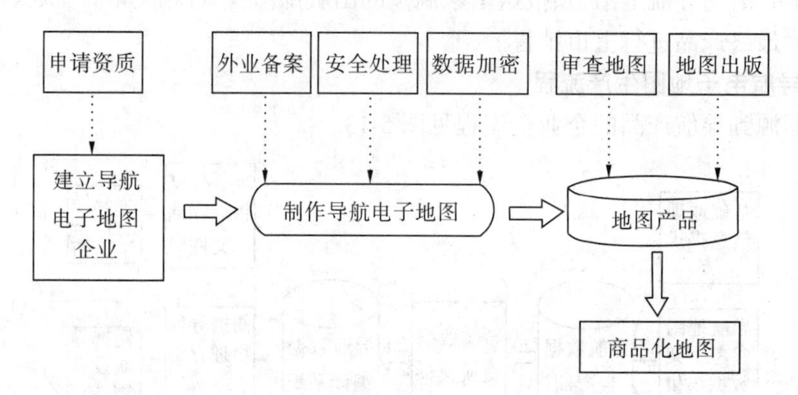

图 5-15　导航电子地图生产的行业监管过程

产时间、质量要求，并将分析结果进行汇总、整理。

(2)根据分析结果进行产品开发范围、产品开发路线、产品关键节点的设计。

(3)进行产品规格设计。

(4)进行产品实现的工艺路线设计。

(5)进行产品实现过程中的采集、编辑、转换、检查工具设计。

(6)进行产品测试、验证的相关设计。

(7)进行产品生产过程中的品质过程设计。

(8)进行产品设计与实现过程中的风险控制过程设计。

(9)进行产品发布过程设计。

对以上设计过程的结果进行汇总、整理，组织相关人员进行评审、判定，最终形成导航电子地图产品的产品设计书。

2. 设计目标

导航电子地图的产品设计目标主要需满足以下几方面要求：

(1)能够满足导航电子地图应用的客户需求和市场应用需求。

(2)满足导航电子地图应用的具体硬件、软件、行业应用以及环境需求。

(3)通过设计,对数据采集、加工编辑和转换发布过程进行说明定义。

(4)使导航电子地图产品满足国家相关政策法律要求。

(5)使导航电子地图产品满足行业相关标准(如车载导航电子地图需满足汽车工业的工业标准)。

3. 设计内容

导航电子地图产品的设计内容至少应包含以下几方面要求:

(1)导航电子地图产品的需求及需求对应方案。

(2)导航电子地图产品的开发范围定义。

(3)导航电子地图产品的产品规模定义。

(4)导航电子地图产品的产品开发路线。

(5)导航电子地图产品开发的工艺要求和流程。

(6)导航电子地图产品应用的环境要求。

(7)导航电子地图产品的数据采集、加工编辑和转换方案。

(8)导航电子地图产品开发关键节点。

(9)导航电子地图产品的地图表达要求。

(二)产品设计规格

1. 导航电子地图制作标准

在导航电子地图领域,标准是针对性很强的数据制作规格技术文档,具体是指在导航电子地图的制作过程中,为满足设计需求,对源数据的采集、数据录入、数据输出等阶段,提出统一的技术要求,制定数据规格、制作方案等,是设计、生产和质检等方面所需共同遵守的规定。一般来讲,导航电子地图的标准包括数据采集标准和数据制作标准。前者主要描述了在源数据的采集过程中所要遵循的规格要求,如采集对象、采集条件、记录方式等;后者主要描述了数据库制作过程的规格要求。

2. 导航电子地图制作标准的特点

(1)准确性。标准的描述语言需力求准确,能针对不同情况的制作规格进行明确的区分。

(2)适用性。现场情况多种多样且变化较快,因此不同数据版本可能会对应不同的制作标准,标准会根据现场变化或需求变化不断更新。

(3)权威性。标准一旦评审通过并发布,则具有权威性,无论是数据制作还是检查都需要以此为基准。

3. 数据库规格设计内容

(1)要素定义:准确地描述设计对象的性质和内涵,并与现实世界建立明确的对应关系。

(2)功能设计:明确要素在导航系统中所起的作用和用途,功能设计是要素模型设计和制作标准的基础。

(3)模型设计:构建要素的存储结构,并设置与其他要素之间的逻辑关系,保证导航功能的实现。

(4)采集制作标准:地图要素是现实世界的反映,合理、科学的表达要素类和要素与要素之间的拓扑关系是导航功能实现的关键，采集制作标准就是要科学合理地表达要素类别和拓扑模型。

4. POI 设计内容

POI，即兴趣点(point of interest)，是一种用于客户进行目的地设施检索，并可通过检索结果配合道路数据进行引导的索引数据。

(1)模型。

(2)功能设计。①通过名称、拼音、分类菜单等方式检索具体 POI 对象；②根据 POI 的不同分类显示不同的类别检签图。

(3)相关属性。①行政区划数据中的行政区划代码，任何 POI 都属于某一个行政主体关联的道路 Link，任何 POI 都属于某一条道路；②类别检签图图形，任何 POI 都有一个分类，属于某一个分类，给定一个显示类别的特征图片。POI 模型见图 5-16。

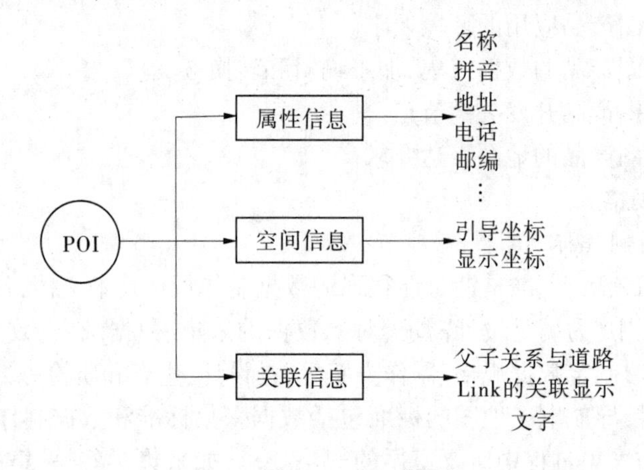

图 5-16　POI 模型

(三)需求设计

1. 需求分析

导航电子地图的特点是专业化和产品化，必须按照产品的要求开展工作，为此，在地图制作之前，要先进行产品设计。产品设计的目的是实现向客户提供的产品必须满足客户的需求，因此我们需要先从需求分析开始。

需求分析的成果是需求设计文件，该文件需要包括导航功能描述、数据表达内容、数据规格和操作界面说明等内容。具体阐述如下：

(1)导航功能描述用于阐述该项需求需要实现的功能。例如，新增“停车位引导道路”属性，需要明确此需求要通过新增道路 Link 的属性来实现。

(2)数据表达内容用于阐述该项需求具体实现的内容，如每个字段的值域等。

(3)数据规格用于阐述该项需求通过何种形式来实现，点、线、面或一组关系。

(4)操作界面说明描述功能的操作过程，明确人机交互流程和输入输出数据格式等。

2. 可行性分析

需求设计文件编写完成之后，首先需要与开发人员、用户进行可行性分析，综合考虑多方面因素，包括时间和资源上的限制、数据源调查与评估、技术可行性评估、系统的支持状况等工具使用人员根据可行性分析的分析成果,填写需求设计表(见表5-7),需求规格书的结构见图5-17。

表5-7　需求设计表

<table>
<tr><td>申请项目名称</td><td colspan="2"></td><td>项目编号</td><td></td></tr>
<tr><td>需求背景</td><td colspan="4"></td></tr>
<tr><td>申请项目功能</td><td>□新开发</td><td>□变更</td><td>项目/课题</td><td></td></tr>
<tr><td>软件用途</td><td>□生产用工具</td><td>□管理类工具</td><td colspan="2">□研发类工具</td></tr>
<tr><td>人工工作量</td><td>□无法完成</td><td>□工作量很大</td><td>□工作量不大</td><td>______人,天</td></tr>
<tr><td>使用频率</td><td>□一次</td><td>□每版出品使用</td><td colspan="2">□作业中频率使用</td></tr>
<tr><td>功能详细描述</td><td colspan="4">数据描述:(描述特定术语,定义与意义,值域限制,采集制作方法等)
输入数据:(描述数据类型、格式,数据内容,组织形式;对单文件还是多文件处理,对单目录还是多级目录处理,是否需要图幅列表,如果是数据库,需要对哪些表做处理)
(1)数据内容:
(2)数据类型:
(3)数据格式:
(4)组织形式:
输出数据:(描述数据类型、格式,数据内容,组织形式,日志文件格式等)
(1)数据内容:
(2)数据类型:
(3)数据格式:
(4)组织形式:
具体功能:(描述详细功能)
特殊需求:(界面等其他要求)</td></tr>
<tr><td>影响</td><td colspan="4">描述系统实现后,对现有工作流程等的影响:
原作业流程描述:
新作业流程描述:</td></tr>
</table>

三、导航电子地图产品生产

(一)编制作业任务书

作业任务书是用来指导生产作业全过程的规范性文件。其包括对生产作业的目标、任务要求、时间计划、品质要求等各方面的定义说明。

1. 概述

说明本次作业任务对应的产品版本、任务目标、任务量、整体完成期限等相关内容。

2. 任务分解

(1)根据作业任务中所涉及的作业类型、性质、所处地理位置将整体的作业任务分解为若干子任务。

1.引言
　1.1编写目的
　1.2项目背景
　1.3定义
　1.4参考资料
2.任务概述
　2.1目标
　2.2软件系统与其他系统的关系
3.数据描述
　3.1输入数据
　3.2输出数据
4.功能需求
　4.1功能划分
　4.2功能描述
5.性能需求
　5.1时间特性
6.运行需求
　6.1用户界面
　6.2界面说明
7.履历

图 5-17　需求规格书的结构

(2)对于分解后的子任务,分别明确作业区域、任务量、任务开始时间及截止时间。

3. 作业成果主要技术指标和规格

明确作业成果的种类及形式、坐标系统、投影方法、比例尺、数据基本内容、数据格式、数据精度及其他技术指标等。

4. 设计方案

(1)规定作业所需的主要装备、工具、程序软件和其他设施。

(2)规定作业的主要过程、各工序作业方法和精度质量要求。

5. 质量保证措施和要求

(1)明确采集、作业各环节的成果数据的质量要求。

(2)规定对于数据质量的详细保证措施。明确数据的抽样检查比率;明确重点区域的重点对象;明确自查、小组内互查、实地抽样检查、品质监察等各环节的详细要求。

6. 资源分配

明确各子任务所配备的车辆、人员、经费等资源状况。

(二)现场采集

1. 出工前的准备

1)资源准备

(1)基础参考数据:将加密后的基础参考数据分发到各作业队。

(2)设备:领取或购买生产所需的相关设备,并确保设备处于状态良好可用。

(3)人员:为所有作业人员办理《测绘作业证》,确保作业所需人员到岗并可按时出工作业。

2)技术准备

组织全体作业人员学习作业任务书中相关的设计方案,并进行考核。对于考核不合格者不能进行生产作业。

3)安全保密教育

(1)对于车辆驾驶员重点强调安全驾驶的相关法律法规。

(2)组织作业人员学习《公开地图内容表示若干规定》,避免作业过程中发生涉军涉密的情况。

4)特殊采集区域

(1)对于要进入高原、高寒地区作业的人员,需要提前进行气候适应训练,掌握高原基本知识。

(2)对于进入少数民族聚集区作业的人员,需要提前了解当地的风俗民情、社会治安和气候、环境特点,制订具体的安全防范措施。

2. 实地生产作业

1)道路要素生产作业

(1)通过GPS设备测绘作业区域内的所有可通行车辆的道路形状。

(2)现场采集道路的其他附属属性。如道路等级、道路幅宽、道路的通行方向、道路名称、道路上的车信交限等。

(3)按照生产任务书中的要求,对于指定的现场情况较复杂的道路路口进行全方位的拍照,以便录入作业时制作路口实景图要素。

2)POI要素生产作业

(1)通过GPS设备参照道路要素的形状现场采集所有POI的位置坐标。

(2)现场采集POI要素的其他附属属性,如名称、地址、电话、类别等。

(3)对于星级宾馆,4A、5A级的景点等用户关心的POI,要保证现场采集完整。

(4)对于采集区域内的主要商业区、CBD等区域内部的POI要保证现场采集完整。

3)特殊情况

现场遇到作业任务书中的技术方案未能明确的情况时,需将现场情况反馈给负责标准规格的设计部门,由设计部门组织解决。

4)作业结果检查

(1)通过GPS轨迹确认作业区域内的所有道路数据是否都已经进行了调查采集。

(2)检查所有新采集的道路及道路形状修改处与其周边的POI的逻辑关系是否正确。

(3)对于多个作业区域的相邻接边处,检查确认道路数据的形状、属性接边是否正确,POI数据是否存在采集重复的情况。

(4)确认生产任务书中要求拍照的复杂路口的照片是否拍摄完整,照片是否清晰可用。

3. 作业成果提交

(1)将作业成果按类型、区域进行汇总,并统计出详细的成果履历。

(2)将汇总整理后的作业成果提交给后续作业部门。提交过程中交接双方需填写数据交接单。

(三)录入制作

1. 录入作业前的准备

1)数据准备

(1)接收现场采集后反馈的成果数据。

(2)整理与录入作业相关的其他基础数据。

2)技术准备

(1)组织全体作业人员学习作业任务书中相关的设计方案,并进行考核。对于考核不合格者不能进行生产作业。

(2)开发、测试录入作业时需要使用的工具、程序。

3)安全教育

组织作业人员学习《公开地图内容表示若干规定》,避免作业过程中发生涉军涉密的情况。

2. 录入作业

参照外业现场采集的道路、POI数据,按照设计方案中的技术要求进行录入作业。

1)道路数据

(1)参照GPS结果人工描绘道路形状。

(2)录入道路数据的其他相关属性。如道路等级、道路幅宽、道路的通行方向、道路名称、道路上的车信交限等。

(3)对于大区域范围的路网连通性进行调整,保证高等级道路之间道路的连通性。

(4)在复杂道路路口处记录路口实景图的编号。

2)POI数据

(1)接收到录入作业完成以后的道路数据,参照道路数据调整POI的相对位置。

(2)调整相邻POI之间的相对位置关系。

(3)对POI的名称、地址、电话、类别等信息进行标准化处理。

(4)通过人工翻译等方式制作POI的英文名称。

3)注记

(1)参照国家1∶5万地名库数据选取作业区域内主要地名、自然地物名等对象制作为注记要素。

(2)参照录入作业完成以后的POI数据,选取区域内有代表性的POI制作为注记要素。如地标性建筑物、历史景点、市政府等。

(3)参照录入作业完成以后的道路数据,选取高速、国道的道路名按一定的密度要求均匀分布的制作为注记要素。

(4)按功能性质为制作的注记要素赋类别代码。如学校类、地物类、大厦类等。

(5)按注记的重要程度为制作的注记要素赋显示等级,用以控制该注记要素的可表达的比例尺。

(6)确保注记名称的表达符合国家规定。

4)背景数据

(1)参考卫星影像、城市旅游图等基础数据,描绘出湖泊、河流的形状。

(2)参照公园、景区的规划示意图,描绘出公园、景区的形状

(3)参照城市旅游图及其他相关基础数据为背景数据赋中、英文名称。

(4)按照国家对湖泊、河流定义的等级及湖泊的面积,为背景要素赋显示等级,用以控制不同湖泊、河流的可表达的比例尺。

(5)确保重要岛屿及界河中岛屿的表达符合国家规定。

5)行政境界

(1)参考国家1:400万的基础数据制作行政境界的形状。

(2)参考《中华人民共和国行政区划代码》制作行政境界的名称及行政区划代码。

(3)确保国界、未定国界、南海诸岛范围界等重要境界线的表达符合国家规定。

6)图形数据

(1)按外业现场拍摄的复杂路口照片制作路口实景图,并按原则为路口实景图进行编号。

(2)制作POI、注记要素不同类别所对应的类别检签图标。

(3)制作不同城市的标志性建筑物的三维模型。

7)语音数据

录制重要的道路名称、POI名称的普通话语音。

四、检查验收与保密处理

(一)检查验收

对于作业完成的各种数据要素,都需要进行品质检查,以确保最终提供给用户的数据的正确性。

1. 逻辑检查

通过逻辑性的判断分析,来检查数据的正确性。逻辑检查所发现的问题有两种类型:绝对性错误和可能性错误。

(1)绝对性错误即逻辑检查所发现的问题一定是错误的,必须进行修正。如相同的位置有多个同名称同类型的POI、一个城市的路网与其他周围的城市不连通等。

(2)可能性错误即逻辑检查所发现的问题有很大的可能性是数据制作错误,需要进行重点确认。如道路形状叠加在海洋、河流的背景数据上,有可能是跨海、跨江大桥,也有可能是背景数据制作时形状不准确。

2. 实地验证

对于录入检查完成的数据进行现场验证评价。

(1)道路要素的形状与现场的一致性。

(2)道路要素中名称等属性与现场比较是否正确。

(3)路口实景图中表达的内容与现场情况是否一致。

(4)POI数据的位置、名称等属性与现场比较是否正确。

(5)确认重要区域的重点POI的完整性。

3. 国家审图

录入作业的成果需要由国家测绘地理信息局地图技术审查中心进行地图审查。主要审查内容为:

(1)中国境界的表达是否完整、正确。

(2)注记名称表达是否正确。

(3)我国的重要岛屿及界河中岛屿的表达是否完整、正确。

(4)保密问题。是指在地图中是否表示了涉密内容，比如军事单位、涉及国民公共安全的重要民用设施等。地图涉密内容在《公开地图内容表示补充规定》中有明确规定，凡是涉密内容均不应在地图中表示。

(二)保密处理

1. 坐标脱密处理

根据国家强制标准《导航电子地图安全处理技术基本要求》(GB 20263—2006)第四章的要求，导航电子地图在公开出版、销售、传播、展示和使用前，必须进行空间位置技术处理；该技术处理必须由国务院测绘行政主管部门指定的机构采用国家规定的方法统一实现。

因此，导航电子地图必须经过地图坐标脱密处理，目前行政主管部门指定的技术处理单位为中国测绘科学研究院。

2. 敏感信息处理

根据《关于导航电子地图管理有关规定的通知》(国测图字〔2007〕7号)通知精神第三条的规定：公开出版、展示和使用的导航电子地图，不得以任何形式(显式或隐式)表达涉及国家秘密和其他不得表达的属性内容。必须按照《公开地图内容表示若干规定》、《导航电子地图安全处理技术基本要求》等有关规定与标准，对上述内容进行过滤并删除，并送国家测绘地理信息局指定的机构进行空间位置的保密技术处理。

在《导航电子地图安全处理技术基本要求》(GB 20263—2006)中第五章、第六章明确规定了不得进行采集和表达的内容如下。

第五章　不得采集的内容：

导航电子地图编制过程中，不得采用各种测量手段获取以下地理空间信息，可否在公开出版、销售、传播、展示和使用时表达按第六章要求。

(1)重力数据、测量控制点。

(2)高程点、等高线及数字高程模型。

(3)高压电线、通信线及管道。

(4)植被和土地覆盖信息。

(5)国界和国内各级行政区划界线。

(6)国家法律法规、部门规章禁止采集的其他信息。

第六章　不得表达的内容：

导航电子地图表达与导航定位相关的路线信息和社会公众关注的兴趣点信息时，下列内容不得在导航电子地图上出现：

(1)直接服务于军事目的的各种军事设施：指挥机关、地面和地下的指挥工程、作战工程军用机场、港口、码头；营区、训练场、试验场；军用洞库、仓库；军用通信、侦察、导航、观测台站和测量、导航、助航标志；军用道路、铁路专用线，军用通信、输电线路，军用输油、输水管道。

(2)军事禁区、军事管理区及其内部的所有单位与设施。

(3)与公共安全相关的单位及设施：监狱、刑事拘留所、劳动教养管理所、戒毒所(站)和法院；武器弹药、爆炸物品、剧毒物品、危险(化工)品存储厂库区、轴矿床和放射性物品的集中存放地。

(4)涉及国家经济命脉,对人民生产、生活有重大影响的民用设施:大型水利设施、电力设施、通信设施、石油与燃气(天然气、煤气)设施、粮库、棉花库(站)、气象台站、降雨雷达站和水文观测站(网)。

(5)专用铁路及站内火车线路、铁路编组站;专用公路。

(6)桥梁的限高、限宽、净空、载重量和坡度属性;隧道的高度和宽度属性;公路的路面铺设材料属性。

(7)江河的通航能力、水深、流速、底质和岸质属性;水库的库容属性,拦水坝的高度属性;水源的性质属性;沼泽的水深和泥深属性及其边界轮廓范围;渡口的内部结构及其属性。

(8)公开机场的内部结构及其运输能力属性。

(9)高压电线、通信线及管道。

(10)参考椭球体及其参数、经纬网和方里网及其注记数据。

(11)重力数据、测量控制点。

(12)显式的高程信息。国家正式公布的重要地理信息除外。

(13)显式的空间位置坐标数值。国家正式公布的空间位置坐标数据除外。

(14)国家法律法规、部门规章禁止公开的其他信息。

3. 境界审查和修改

根据《关于导航电子地图管理有关规定的通知》(国测图字〔2007〕7号)通知精神第四条及第五条的规定,导航电子地图在公开出版、展示和使用前,必须取得相应的审图号。通知第四条、第五条内容如下:

第四条 导航电子地图在公开出版、展示和使用前,必须按照规定程序送国家测绘局审核。未依法经国家测绘局审核批准的导航电子地图,一律不得公开出版、展示和使用。

第五条 经审核批准的导航电子地图,编制出版单位应当严格按照地图审核批准的样图出版、展示和使用。改变地图内容的(包括地图数据格式转换、地图覆盖范围变化、地图表示内容更新等),应当按照规定程序重新送审。

根据地图范围的不同,按照《地图审核管理规定》(国土资源部令第34号)的有关规定,下列地图由国务院测绘行政主管部门审核:

(一)世界性和全国性地图(含历史地图);

(二)台湾省、香港特别行政区、澳门特别行政区的地图;

(三)涉及国界线的省区地图;

(四)涉及两个以上省级行政区域的地图;

(五)全国性和省、自治区、直辖市地方性中小学教学地图;

(六)省、自治区、直辖市历史地图;

(七)引进的境外地图;

(八)世界性和全国性示意地图。

按照《地图审核管理规定》(国土资源部令第34号)中第三章"内容审查"的有关规定。国务院测绘行政主管部门对地图内容的审查主要包括以下内容:

审查的具体内容和标准，按地图审核权限分别由国务院测绘行政主管部门和省级测绘行政主管部门另行制定。

（一）保密审查；

（二）国界线、省、自治区、直辖市行政区域界线（包括中国历史疆界）和特别行政区界线；

（三）重要地理要素及名称等内容；

（四）国务院测绘行政主管部门规定需要审查的其他地图内容。

五、导航电子地图数据采集技术概述

（一）高精度外业采集车

当前导航电子地图数据采集形式从单一外业向多源数据转变。

我国早期导航电子地图的生产采用比较单一的外业数据采集方式。汽车轮采道路，自行车轮采 POI 的主要技术手段。这种作业方式效率低、质量差、成本高。

随着技术的进步，现在已经发展到多种数据源的综合采集作业方式（见图 5-18）。例如，高精度外业采集车、高分辨率影像资料分析技术、多渠道点信息综合技术等。这些来源多样化的外业数据和新技术的运用，大大丰富了外业采集手段，提高了外业数据质量。

图 5-18　外业数据采集

利用航测技术，从现场的视频数据和 GPS+DR 定位数据综合分析道路两侧崖线的坐标值（见图 5-19、图 5-20）。

（二）高分辨率影像分析技术

利用影像资料，把传统 GPS 道路采集技术的数据精度从 20 m 左右提高到 10 m 以内。从影像资料与 GPS 采集道路轨迹的对比中观察传统作业的数据误差，见图 5-21。利用影像数据制作见图 5-22。

根据影像资料制作的导航电子地图产品在导航仪中的应用见图 5-23。

（三）多渠道 POI 数据采集处理技术

从单一渠道的外业“扫马路”发展到影像资料、电信运营商、商务网站、电话外呼等多种渠道的采集方式，形成从多源数据输入，到内业融合处理的深度 POI 生产平台。多源数据采集及数据融合处理见图 5-24。

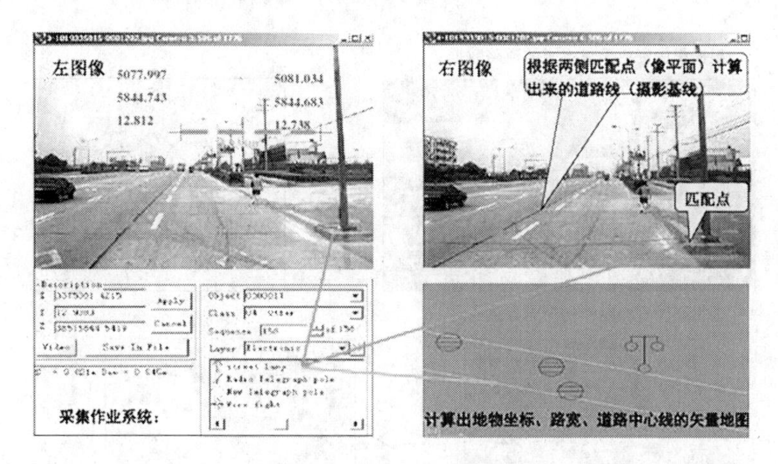

图 5-19　坐标值计算

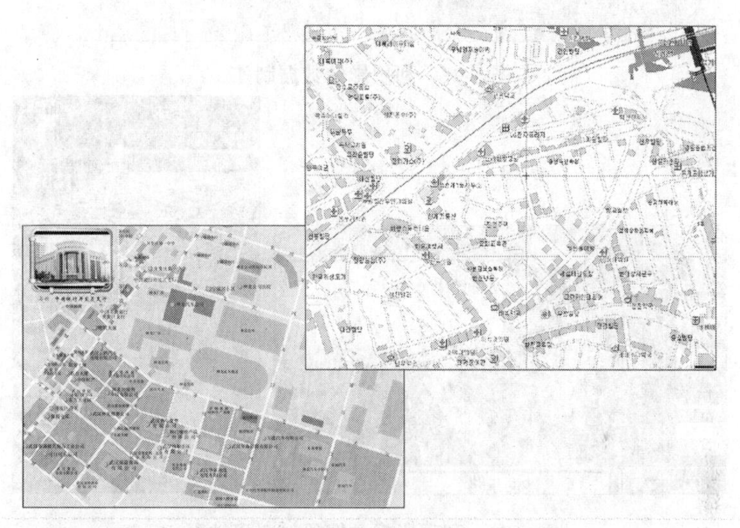

图 5-20　产品示例

图 5-21　利用影像数据与 GPS 采集数据观察对比数据误差

根据影像资料采集出来的道路数据：

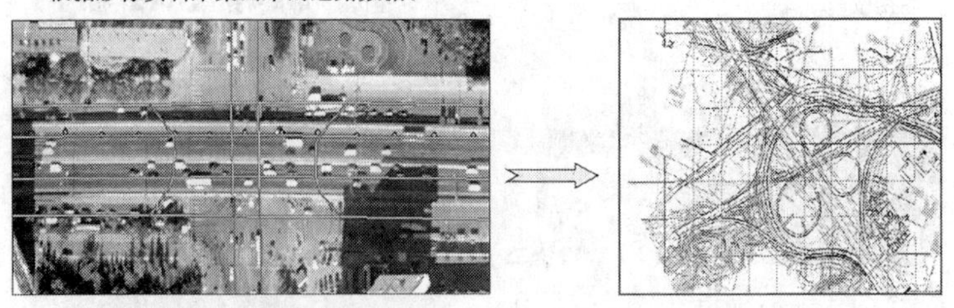

根据影像资料制作的背景数据：

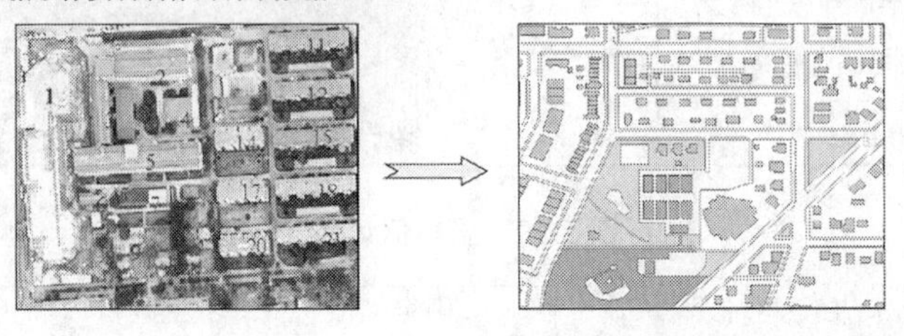

图 5-22　利用影像数据制作

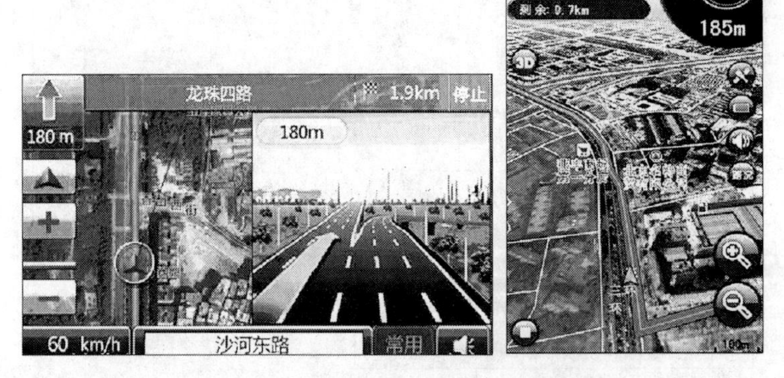

图 5-23　利用影像数据导航电子地图

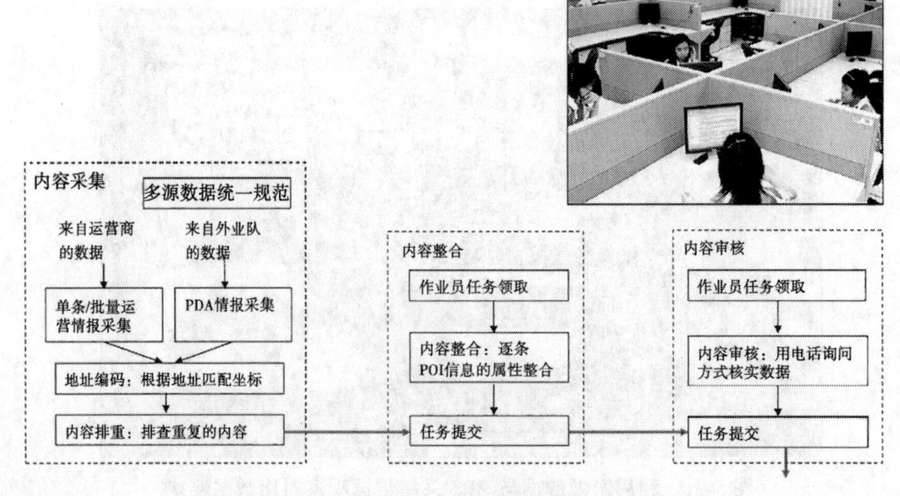

图 5-24　多源数据采集及数据融合处理

小　结

本项目主要介绍了导航电子地图的内容，阐述了导航电子地图制作的过程。通过本项目的学习，可以了解导航电子地图中的数据内容，掌握导航电子地图产品设计、产品生产、检查验收与保密处理的过程，为后续课程的学习奠定基础。

复习与思考题

1. 简述导航电子地图的内容。
2. 试述导航电子地图的制作过程。
3. 导航电子地图产品的设计包含哪些内容?
4. 道路要素生产作业如何进行?
5. 导航电子地图不得采集的内容有哪些?

项目六　移动导航电子地图

【项目概述】

本项目主要介绍移动导航电子地图的概念、分类、特征系统设计及应用，移动导航电子地图的数据及数据结构。学生通过本单元的学习，能够对移动导航电子地图具备整体的认识，能够掌握三维激光扫描技术的系统功能设计及应用。

【学习目标】

知识目标：

1. 掌握移动导航电子地图的基本概念；
2. 掌握移动导航电子地图数据结构及数据表示方法；
3. 了解移动导航电子地图的系统功能设计；
4. 能够掌握移动导航电子地图的常见应用。

技能目标：

1. 培养快速接收新事物的能力；
2. 学会运用多种途径和手段进行新知识的理解。

【导入】

与学生讨论：大家对移动导航电子地图有哪些了解？大家觉得从哪些方面更容易去接触该方面的知识点？目前在同学们的日常生活中大家经常接触到的移动导航电子地图的主要应用有哪些？

【正文】

单元一　移动导航电子地图概述

一、移动导航电子地图的概念

（一）移动导航电子地图的基本概念

移动导航电子地图是电子地图技术发展的新分支，同时也是电子地图应用最为广泛、最具有市场前景的产品形式。其特点是与计算机、通信、移动定位等高新技术紧密结合，具有信息查询、路径分析、动态导航等功能。其技术发展已经从单一的车载导航发展到全方位的移动定位服务。

在人们的日常生活中，地图发挥着重要的作用，纸质地图很早就广泛应用于交通、旅游、航海、勘探等领域。随着计算机软硬件技术的快速发展，尤其是大容量存储设备、图形图像卡的发展，美日欧等发达国家和地区早在20世纪80年代就开始了以导航、查询、管理为目的，应用于车辆导航、交通管理和安全保卫等领域的数字化道路地图（digital road map,DRM)的研制。DRM应用于导航,故又称为导航电子地图。美国Etak公司、NavTech公司、日本电子地图联盟、欧洲电子地图联盟等有关机构和组织也纷纷开发了相应的产品投放市场。

移动导航电子地图是在移动定位技术支持下以提供导航服务为目的的电子地图系统,它是计算机地图制图技术、地理信息系统技术、嵌入式技术、通信技术、移动定位技术综合应用的产物,已经越来越多地受到人们的重视,并被广泛应用到交通、旅游、救险、物流以及军事等诸多领域。它既可嵌入到移动设备(例如手机、PDA)上,也可用于中心管理系统。

(二)移动导航电子地图的相关技术

移动导航电子地图综合应用了GIS技术、嵌入式技术、通信技术、移动定位技术等先进技术。为移动中的用户提供随时随地的电子地图查询与检索、行车导航、移动位置等服务。

1. 嵌入式技术

嵌入式技术(embedded technology)是近年来继互联网技术发展的新兴技术,嵌入式技术产品在航空、航天、船舶、电子、通信、金融、家电、测绘等领域形成了一个独特的支撑性产业,形成了迅猛的发展趋势,它将各种计算机技术多层次、多方面的交叉及融合在一起,它有着传统PC机无法比拟的优点。

嵌入式设备的硬件环境主要包括微控制器(MUC)、数字信号处理器(DSP)、嵌入式微处理器(MPC)。根据不同的用户要求,嵌入式基本设备与特定的外围设备(显卡,modem,GPS接收机等)通过电路集成,提供特定的功能服务。在嵌入式软件设计方面,各个软件厂商既可以推出自己的与微处理器结构相融合的汇编开发语言,又可以在已有的操作系统平台上(如Window CE,Palmos等),用高级语言编程。高级语言对多数微处理器都有良好的支持,通用性较好,容易实现和阅读,而高级语言对所有微处理器都是通用的,因此程序可以在不同的微处理器上运行,可移植性较好,可维护性好。

另外,模块化设计也便于系统功能的扩充和升级,并为系统的二次开发提供方便。在开放的基础上,嵌入式系统运行效率和开发效率高,具有极强的实时性、确定性和可靠性,并易于使用和易于开发。现在比较流行的嵌入式设备有掌上电脑、手机等。

总之,嵌入式系统就是以应用为中心,以计算机技术为基础,软件硬件可裁剪,适应应用系统对功能、可靠性、成本、体积、功耗严格要求的专用计算机系统。由此可见,嵌入式技术为移动电子地图的实现提供了最基本的软硬件技术支持。

2. 通信技术

当代通信技术除可以传输语音外,还可以提供短信息服务(SMS),特别是通过多媒体短信服务(multimedia messaging service,MMS)支持多媒体功能,可以传送视频片段、图片、声音和文字,传送方式除在手机间传送外,还可以是手持设备与服务器之间的数据传送。在数据存储方面,手机上有一定的存储空间,在图形图像显示方面,手机支持彩色显示。因此,以上的功能为移动导航电子地图提供了最为基本的显示环境。

在即将到来的5G时代,地图服务中的高精度定位、超精细渲染、免唤醒语音服务等都将成为可能,5G会让高精定位成为地图标配,达到厘米级的定位。即使在信号盲区也能实现亚米级高精度室内定位。

另外，5G 的高性能传输，可以让地图用户体验到身临其境的沉浸式导航服务，在 5G 时代，AI 的导航会更加顺畅和高效，它也会使我们更加真实地看到跟现实世界的融合，“5G 让地图用户拥有‘千里眼’”。

3. 移动定位技术

移动定位技术为用户提供随时随地的位置信息服务，在公安、消防、交通管理、运输导航、个人导航、监控、防盗等方面起到重要的作用。当前主要使用的定位技术是全球导航卫星系统（GNSS），它为电子地图的导航充当了“眼睛”的作用。其基本原理是将 GNSS 接收机接收到的 GNSS 信号经过误差处理，将电文中的位置信息传给所连接的设备，连接设备将位置信息经过一定的计算（如投影变换等）传递给显示终端，显示终端在地图上标示就知道当时所在的地理位置。基于上面的原理，在手持终端中可以和 GNSS 接收机集成，获得地理位置信息。

基于手机基站定位信息服务，是通过手持终端设备获得位置信息的重要手段，是移动定位服务（mobile location service，MLS）的发展。基于基站的位置信息服务实现的思路是通过手机给基站发射手机信号，寻找附近三个基站，基站将信号传给数据处理中心，数据处理中心算出当前手机的位置，以短消息的方式将位置信息传给手机，手机接收到位置数据后可以显示当前相应的电子地图，并在上面标注当时的地理位置，完成手持设备的导航功能。

二、移动导航电子地图的分类及特征

（一）移动导航电子地图的分类

移动导航电子地图按其应用模式来分可分为以下三种情况：

（1）自导航系统。由导航设备和电子地图组成，通过导航设备确定车辆的位置，电子地图主要用于地图显示、信息查询、路径选择等，该系统可以存放在特制的工控机中，也可移植到 PDA 中。

（2）中心管理系统。由管理中心和移动车辆组成，导航电子地图安装在管理中心，各移动车辆的位置由无线数据传输设备传输到管理中心，管理中心的电子地图用来显示各车辆的位置，从而实现对移动车辆的管理。

（3）组合系统。上述两类系统的结合。电子地图既配置在管理中心，也配置在移动车辆，因此该系统具有上述两类系统的功能。

（二）移动导航电子地图的主要特征

移动导航电子地图主要用来对车辆进行导航，其主要特征为：

（1）能实时准确地显示车辆位置，跟踪车辆行驶过程。

（2）数据库结构简单，拓扑关系明确，可计算出发地和目的地之间的最佳线路，“最佳”的标准可以为时间、距离、收费等。

（3）数据存储冗余小，软件运行速度快，空间数据处理与分析操作时间短。

（4）包含车辆导航所需的交通信息，如限速标志、交叉路口转弯限制、信号灯等。

（5）信息查询灵活、方便。

三、移动导航电子地图的组成

(一)移动导航电子地图的硬件系统

移动导航电子地图由硬件系统和软件系统两部分组成。

移动导航电子地图系统硬件系统一般包括一个中低功率的 GPS 天线和接收机,各种交通信息的电子地图,导航计算机和位置显示模块。为实现 GPS 信息接受处理、各种地理信息管理和方位显示提供硬件平台。

(二)移动导航电子地图的软件系统

对应于移动导航电子地图的硬件系统组成,其软件系统应包括数据获取与处理模块、通信模块、导航电子地图数据库系统、电子地图显示和管理系统。

单元二　移动导航电子地图的数据及数据结构

一、移动导航电子地图的数据分类及特征

(一)移动导航电子地图的数据分类

导航电子地图数据按照空间分布特征及其在应用中的重要程度,可以分为构成交通网络的要素类、构成区域单元的要素类、零散分布的要素类,作为显示背景的要素类及其他要素类等几种。其中构成交通网络的要素类、构成区域单元的要素类、零散分布的要素类属于地图数据中的专题地理数据,而作为显示背景的要素类及其他要素类属于基础地理数据。

1. 构成交通网络的要素类

(1)道路与渡口要素。道路网络是 ITS 与 LBS 应用中最重要的地理要素,它是整个导航数据库的骨架。对于道路上的车辆或行人来说,能够使车辆或行人渡过河流的渡口是道路网络不可分割的一部分,因而可将道路与渡口划分在同一要素类中。道路与路口、渡口要素又包括 6 种简单要素(1-层要素)和 6 种复杂要素(2-层要素)。其中 2-层数据主要用于路径规划,1-层数据主要用于路径引导。

(2)公共交通要素。在日常生活中常常涉及不同交通模式之间的切换。例如,由于城市交通内堵塞情况比城郊与乡村严重,人们经常会在进行城市间或城郊旅行时自己驾车,接近城市中心区时,将自己的车辆停泊在市郊的停车场,改乘公共交通工具(如地铁)进城。离开城市中心区时再换上自己的车辆。对于用户,查找距自己最近的公交线路及公交车站也是经常要使用到的功能。由此可见,公共交通网络也是导航数据中重要的内容。

(3)铁路要素。铁路要素由铁路元素和铁路元素连接点构成,其中铁路元素连接点是铁路元素的端点。铁路交通往往沿着固定的时间运行,对于驾车或步行的人没有太多的影响,因而导航数据中的铁路网络不作为主要交通要素。

2. 构成区域单元的要素类

(1)行政区域要素。一般国家是分级进行行政管理的,即按不同的级别将国土划分

为若干个区域来实施管理,这种被划分的区域称为行政区划。国家是最高级别的行政区划。国家以下的区域根据实际情况可以定义为 1~8 级,其中第 8 级是最低一级的行政区划。在第 1~8 级行政区划中,每一级都是对其上一级的完全划分,即下一级的集合覆盖上一级的所有范围。若某种最低等级的区划只存在于一个国家的部分地区,则将其定义为第 10 级。此外,还存在着跨国行政区划和行政地点两类要素。

(2)命名区域要素。命名区域是指具有独立功能或作用的区域(如建筑物集中的居民区)或由同一服务提供者提供服务的区域(如治安区、学区等)。

3. 零散分布的要素类

(1)服务要素。服务代表的是一个与交通有关的活动,而非活动发生所在地的建筑物。交通设施的使用者们常常是利用交通设施来实现某些目的,如寻找一个餐馆、到达某一宾馆等。这些通过交通设施而达到或想要达到的"目的地"称为服务要素。

(2)道路附属设施要素。道路附属设施包括交通标志、路标、路面标记、交通信号灯、照明灯、人行横道、测量设备、安全设备等。

(3)构造物要素。构造物是指交通网络中的重要建筑物,如桥梁、高架桥、隧道、沟渠、切沟、走廊、保留墙等。

4. 作为显示背景的要素及其他要素

(1)土地覆盖与土地利用要素。描述地表覆盖与土地利用的情况,主要为数据的可视化提供显示背景,因而一般该主题中的要素不建立拓扑结构。主要包括建筑物、人工表面、农业区、森林与半自然区、湿地及岛屿。

(2)水系要素。描述地表被水覆盖的区域。与土地覆盖与土地利用要素类似,水系要素也主要是为数据的可视化提供了显示背景。水系要素主题中包括水体、水体边界元素和水体边界连接点等要素种类。

(3)链要素。链要素用来描述线形地理实体(如道路、铁路与水系),链要素彼此之间没有明确的拓扑关系。

(4)通用要素。通用要素性质、属性及关系适用于所有要素主题中的要素。通用要素主题中定义了"要素中心点"与"交通位置"两个要素。

(二)移动导航电子地图的数据特征

移动导航电子地图中的数据特征包含以下 5 个方面:

(1)质量特征。如地图要素分类,目标在物理、化学、人文、自然、经济等多个方面的特征。

(2)数量特征。数量特征种类多、详细程度高、分布广,如居民地人口、线状地物长度、面状地物的面积、土塘的酸碱度、腐殖质含量、雨量、温度等。

(3)时间特征。各种地图对象均有其产生、存在及消失的时间,地图数据的时间特征直接反映了地图对象的时间变化规律。

(4)空间特征。即地图对象在地理空间的分布及相互关系。

(5)多层多尺度特征。即根据应用需求,导航电子地图数据一般需要采用分层次、分尺度、分区域等多种数据组织方法。

二、移动导航电子地图的数据组织

(一)分尺度方法

导航电子地图数据以道路网络为骨架,不但附加有大量的道路网络本身的属性,还链接着大量的各类社会信息、交通控制信息等。这些信息以不同详细程度、不同综合程度、不同抽象程度来表达,产生很大数据量。在导航数据应用中,是将一定区域内从详到略的所有信息作为一个整体来使用的,因而必须对这些数据进行合理的组织,这将直接影响系统的运行速度和效率。根据应用需求,导航数据一般需要采用分尺度、分区域、分层次等多种数据组织方法。

人们常常根据实际应用中显示地图的视野范围来组织导航数据,即根据不同的显示区域(视野范围)中需要表现的地图内容对导航数据进行划分。例如,可划分为城市道路(城市范围内所有道路)、城际道路(城市之间的主要道路)、国际道路(国家之间的交通干道)等多个数据集。当需要显示全国范围内的信息时,调用城际道路数据集,当显示范围缩小到某一个城市内时,则切换到相应的城市道路数据集。

实现这种切换涉及的一个关键技术问题就是不同尺度数据集中对应要素之间的链接,即城际道路数据集中的某一道路必须与城市道路数据集中的同一条道路建立链接关系。建立这种链接对应关系的方法之一就是将较小尺度数据集作为较大尺度数据集的子集,以保证两个数据集中要素的编码完全一致。这就是为什么有些导航数据生产时要求道路功能等级划分要遵从"较高等级形成闭合网"原则的原因。

(二)分区域的方法

数据检索的效率与数据量成正比,因而需要将数据划分为较小的存储单元来提高效率。分尺度方法是根据表达内容对数据集的纵向划分,分区域方法则根据空间分布对数据集进行横向的地域划分。区域划分同样类似于人类对地图的认知方式,一个人总是首先在距自己最近的周围环境中寻找出路,进而才会考虑更大范围内的情况。如果一条路径的起始点和终止点都在同一区域中,就不用再到其他区域去查找了。

道路网区域化组织就是用一定的网络对导航数据所覆盖的区域进行划分。行政区域是人们划分并管理地理实体最常用的方式,因而实际中常用行政区域作为导航数据区域划分的格网。

道路常会有跨越行政区域的情况,因此按行政区划来划分道路网数据难免会造成人为的节点(并不是因道路元素相交或属性变化造成节点)。这种情况可以通过构造"虚节点"的方法来解决。虚节点有唯一标识号,可能会存储在多个不同行政区划的数据集中。实际应用时可以通过虚节点的标识来连接被人为分割的道路元素。

(三)分层次的方法

层次化方法可分为任务层次化与空间层次化两类(Car et al.,1993)。任务的层次化是指将每一个要执行的任务划分为属于不同层次结构的更小任务,然后依次在不同的层次上解决。空间层次划分就是按层次对空间目标分组,每个层次都具有相同的结构、类型和操作。高层次是低层次的空间子集,每个低层次包含了高层次中的所有细节,而每个高层次中包含了低层次中没有的抽象(蒋捷等,2003)。

导航数据的分层次组织方法是任务层次化与空间层次化的结合。路径规划和路径引导是移动导航电子地图的重要功能,而两者对导航数据的要求是不同的。路径规划侧重的是道路网络整体连通性,而路径引导则注重行驶中的具体要求(如走哪个车道)。

分层次方法中的一个关键问题是建立不同层次数据之间的连接与对应关系,如图 6-1 所示,必须建立图 6-1(a)~(c)中连接点之间的关系。此外,由详细数据自动综合生成概略数据的方法与工具也是导航数据生产需要研究与解决的问题。

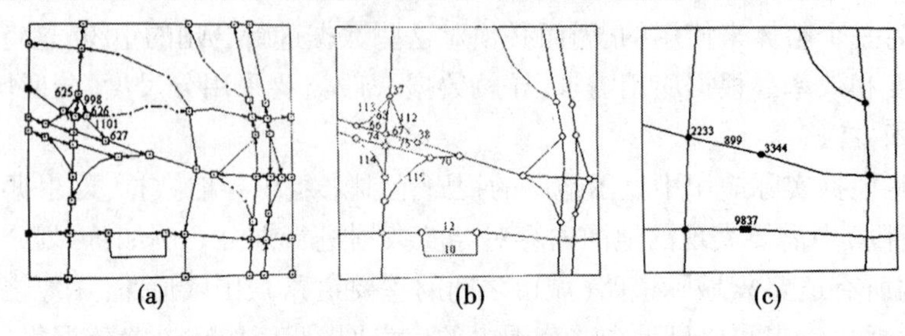

图 6-1 不同层次数据之间的链接关系

三、移动导航电子地图的数据结构设计

(一)数据结构

交通网络中的道路网是移动导航电子地图数据中最为重要的内容,也是路径规划、路径引导、地图匹配等功能实现的基础。它的基本元素可以抽象为点、线、面,在连续欧氏空间中,点为零维元素、线为一维元素、面为二维元素。为实现实时的路径搜索与信息查询功能,点、线之间需要具有简单的拓扑关系,因此整个地图平面可视为点、线组成的网络,而面由封闭的线段组成。

具体来说,移动导航电子地图数据可抽象为:

(1)节点。表示空间对象所在的位置,或者线段的起始、终止点,它具有特定的拓扑性质。

(2)孤立点。表示线、面经过的点,不具有拓扑性质。

(3)线(弧线)。起始与终止点为节点,并且具有若干孤立点的有序点集。

(4)面。由若干弧线相连的封闭曲线围成的区域称为面。面以弧线的形式表示,但通过编码与弧线区别,且其内部填充方式可以设置。

包含以上数据的电子地图数据结构称为面向弧线的数据结构,其图形文件有 ARC、NOD、IDX 等三种。

(1)ARC 文件既包括了弧线的几何参数,也包括弧线与节点、弧线与弧线之间的拓扑关系,其数据格式为:ARC_ID、CODE、From_NOD、TO_NOD、Head_ARC、Tail_ARC、Point_Number 及(x,y)坐标串。

其中:

ARC_ID 表示弧线标示号;

CODE 表示弧线编码;

From_NOD 表示起始节点;

To_NOD 表示终止节点；

Head_ARC 表示指向弧线起始节点的下一弧线(入弧线)；

Tail_ARC 表示以弧线终止节点为起点的下一弧线(出弧线)；

Point_Number 表示弧线包含的点数；

(x,y)坐标串表示各点的空间坐标。

(2)NOD 文件表示了节点的几何参数及节点与弧线的拓扑关系,通过节点标示号,还可实现节点与非空间数据的链接,其数据格式为:NOD_ID、IN_ARC、OUT_ARC、(x,y)。

其中:

NOD_ID 表示节点标示号；

IN_ARC 表示以该节点为终止的第一条弧线(入弧线)；

OUT_ARC 表示以该节点为起始的第一条弧线(出弧线)；

(x,y)表示该节点的空间坐标。

(3)IDX 文件表示地图中路的映射。一条路由若干条弧线构成,通过 IDX 文件可以进行索引,同时 Key_Item 可用于实现与非空间数据的链接,其数据格式为:Key_Item、ARC_Number、ARC_1、ARC_2……

其中:

Key_Item 表示道路名称；

ARC_Number 表示包括的弧线数；

ARC_1 表示第一条弧线的标示号；

ARC_2 表示第二条弧线的标示号；

……

(二)数据结构设计

图 6-2 为点、线、面组成的某地图区域,其中 A、B、C 为节点,D、E 为孤立点,AB、BC、ADC、ADB、CEA、BDC 为四条弧线。

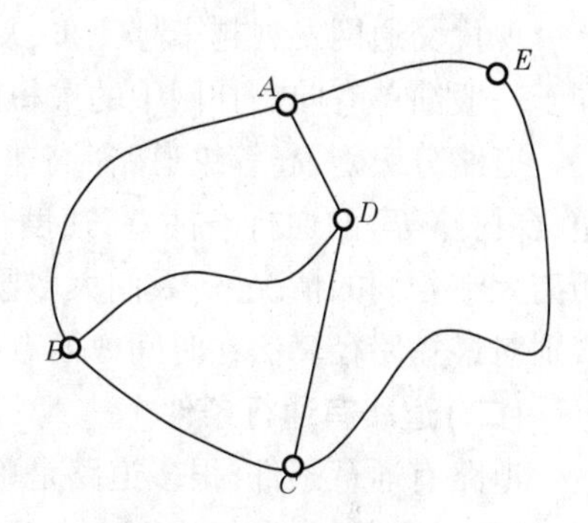

图 6-2　地图区域设计

对应于该地图的面向弧线的数据结构文件分别见表 6-1～表 6-3。

表 6-1　ARC 文件数据结构

ARC_ID	CODE	From_NOD	To_NOD	Head_ARC	Tail_ARC	Point_Number	(x,y)坐标串
AB	0	*A*	*B*	*CEA*	*BC*	2	$(x_A,y_A)(x_B,y_B)$
BC	1	*B*	*C*	*ADB*	*CEA*	2	$(x_B,y_B)(x_C,y_C)$
ADC	2	*A*	*C*	*CEA*	*CEA*	3	$(x_A,y_A)(x_D,y_D)(x_C,y_C)$
ADB	3	*A*	*B*	*CEA*	*BC*	3	$(x_A,y_A)(x_D,y_D)(x_B,y_B)$
CEA	4	*C*	*A*	*ADC*	*AB*	3	$(x_C,y_C)(x_E,y_E)(x_A,y_A)$
BDC	5	*B*	*C*	*AB*	*CEA*	3	$(x_B,y_B)(x_D,y_D)(x_C,y_C)$

表 6-2 NOD 文件数据结构

NOD_ID	IN_ARC	OUT_ARC	(x,y)
A	*CEA*	*AB*	(x_A,y_A)
B	*AB*	*BC*	(x_B,y_B)
C	*ADC*	*CEA*	(x_C,y_C)

表 6-3 IDX 文件数据结构

Key_Item	ARC_Number	ARC_1	ARC_2
Road1	2	AB	BC
Road2	2	ADC	CEA

四、移动导航电子地图特殊数据表示方法

(一)道路分级别

现代交通网发展越来越完善,复杂度也越来越大。在交通网中进行最短路径查询,不同于一般简单有向拓扑网中的最短路径查询,它有其特殊性:

道路分级别,高等级道路(高速公路、国道等)的通行条件好,速度快;低等级道路(街道、乡村路等)的通行条件差,速度慢,还有其他等级的道路通行状况好坏各不相同。在距离大致相同的情况下,人们大多愿意选择通行条件好、通行速度快的道路,因此道路分级别对最短路径算法在时间方面有很大的影响。

(二)道路有通行条件

道路有通行条件,很多道路是单向通行的,且很多高等级道路以隔离带划分为两条道路,均是单向通行,在拓扑网中表现为有向性。不仅如此,还有其他限制,如大型货车禁止在细小道路中通行;很多地方对时间上也有限制,如某条道路早上 8:00 到晚上 9:00 货车禁止通行,某条道路平时可以通车,但是周末和节假日是步行街,汽车禁止通行。这些对最短路径的计算均有很大的影响。

(三)道路交叉点处有规制条件

交通网在道路交叉点处有各种各样的规制条件,最为常见的就是禁止向左转弯,如图 6-3(a)所示转弯(1—0—2)是禁止的,所以在计算最短路径时不能从道路(1—0)转到道路(0—2)。

有时并没有交通规制说向哪里转弯不行,但是有潜在的禁止转弯规制。如图 6-3(b)中的单向通箭头表示单向通行方向,因为 94—96 是单向通行,只能向 96 方向通行,所以不允许 95—96—94 这样的右转弯,所有通过 96 点向 94 方向转弯的情况都是不允许的,包括不允许 93—96—94 这样的 U 形转弯,同理,禁止转弯 94—93—95。

针对上述现实道路网中的特殊性,要实现移动导航电子地图系统,首先要建立仿真的交通道路网络拓扑模型,并且能对海量数据进行道路最短路径计算。交通仿真模型是在普通有向拓扑网的基础上建立起来的,是以节点之间的关系作为拓扑结构,道路的信息存

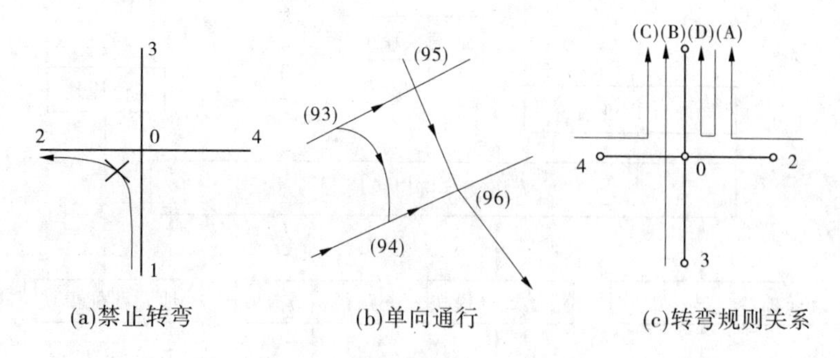

图 6-3　道路交叉点规制条件

储在节点与邻节点之间的关系中，转弯规则存储在邻节点—节点—邻节点的关系中。

对于图 6-3(c)中的转弯规则关系，我们可以定义拓扑关系于表 6-4 中。在表 6-4 中，特殊转弯规则编码指的是对通行时间、通行车辆的限制，通过该编码在另外一张数据表中就可以查到该通行限制(罗跃军等，2004)。

表 6-4　道路信息存储的拓扑关系

自节点	邻节点	道路等级	距离(m)	通行时间(s)	通行条件	来自节点	转弯规则
	1	等级 1	500	40	双向	1	禁止转弯
						2	特殊转向编码
0	2	等级 2	1 000	100	双向	…	
	3	…					
	4	…					

单元三　移动导航电子地图的系统功能设计

一、定位模块

(一)基本功能

移动导航电子地图系统是集卫星定位技术(GPS)、地理信息系统(GIS)、数据库技术、通信技术等为一体的综合应用系统。移动导航电子地图系统主要功能模块包括：定位模块、通信模块、人机交互接口模块、路径规划模块、路径引导模块、地图匹配模块、导航电子地图数据库(见图 6-4)。

(二)定位模块

定位模块由定位传感器和数据处理及滤波电路组成，其功能是提供实时、连续的移动目标位置估计，以使系统能够正确辨别移动目标当前的行驶路段和正在接近的交叉路口。

目前，导航定位有自主式、非自主式和组合式三种。

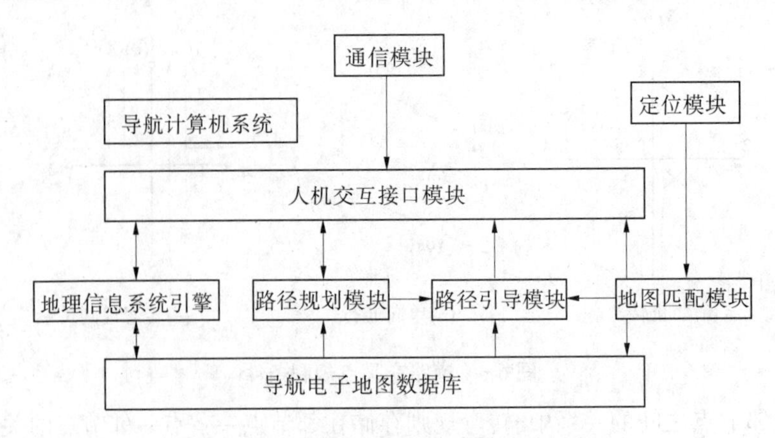

图 6-4 移动导航电子地图系统模块组成

(1)自主式定位导航系统利用了导航的惯性原理,使用陀螺仪、里程仪等传感设备测量车辆的位移。

(2)非自主式定位导航主要以 GPS 作为定位的手段。

(3)组合式车辆导航系统定位则是前两者的组合,它弥补了前两者的不足。

当 GPS 接收机跟踪不到卫星或卫星数不够时,组合式车辆导航系统自动由 GPS 方式切换到角速度传感器和里程仪(initial navigation,INU)接受方式。角速度传感器接收里程仪输出的信号,以 GPS 的定位数据为起始位置,经航位推算,输出车辆的位置坐标,从而保证连续定位。

定位模块的硬件组成如图 6-5 所示。

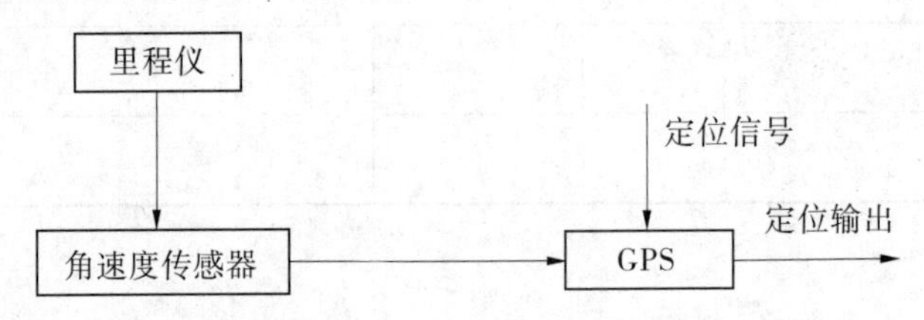

图 6-5 定位模块硬件组成

定位模块中 GPS 的连接与数据传输如图 6-6 所示。

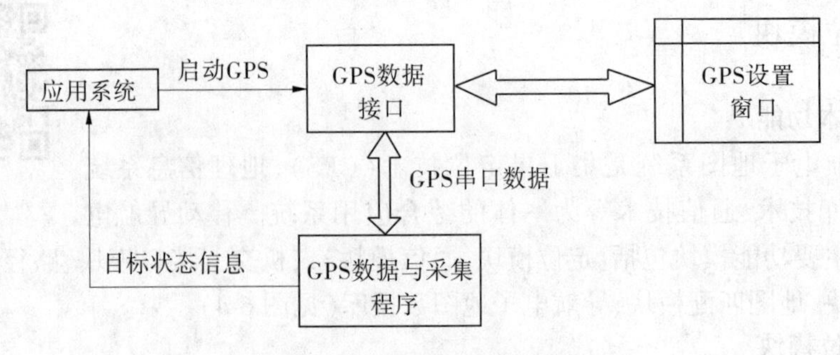

图 6-6 GPS 接口与数据传输

二、人机接口模块

人机接口模块是提供用户同导航设备相交互的模块，包括显示器、触摸屏、按键等，通过人机接口模块，用户向导航系统输入路径规划的起始地点和目的地，在系统完成路径规划后，再通过人机接口模块完成路径引导，其引导方式主要有语音、视频两种方式。在导航仪中，人机接口主要指显示接口和输入接口。

显示接口是将电信号实时地转成直观的可视图像的电子设备，现在广泛应用的显示屏是彩色液晶显示器（LCD），功耗低和小巧实用是液晶显示器的主要特点。对于路径的显示有两种模式：一种是点模式，即在电子地图上只显示车辆的当前位置；另一种是线模式，将车辆的运行轨迹显示在地图上，两种模式均可以存储车辆的历史数据，供将来查询。

考虑到导航仪的特殊应用场合，输入接口的设计一定要安全和操作简单。所以，现在设计方案大多采用触摸屏方式，触摸屏是一种控制设备，可以外接在任何一种显示器上，如 CRT、LCD 或 ELD。用户可以通过触摸屏直接在显示器显示的电子地图上选取要去的目的地，系统根据选取的目的地完成路径的规划选取，直接在电子地图上显示出来，这样就极大地简化了操作，同时也提高了驾驶的安全性。

三、通信模块

由于交通状况非常复杂，车辆堵塞情况随机分布，如果以静态路径导航的方式并不能实现真正的路径规划。必须让导航系统实时地跟踪交通状况，对路径实现动态规划，这样才能真正实现实时导航，从而提高道路的利用率和交通效率。而要实现实时的动态导航，必须由交通中心将路况信息传递给车载导航系统。同时，车载导航系统也需要将车辆的位置信息传递给交通中心。这一切，都离不开无线通信这个环节。

目前，主要有两种通信系统：GSM 移动通信系统（global system for mobile communication）和集群通信系统（trunk mobile radio system）。根据交通数据信息特点，如果利用 GSM 移动通信系统的话，一般选用 GSM 短消息业务作为数据传输方式，这样一是节约通信费用，二是能够保证数据传输的稳定性。

集群通信系统是共享频率资源、分担费用的多用途、高性能的无线电调度系统。目前，集群系统主要是模拟制式，由于 GPS 定位导航数据是数字信号，因此需要经调制解调器调制成模拟通信系统能够传输的音频信号，再通过车载电台传送。

这两个通信系统都有各自的缺陷，利用 GSM 移动通信系统的短消息业务来传送数据信号，虽然信号覆盖面积大，性能稳定，但实时性不好，偶尔会发生数据延迟现象。利用集群方式虽然实时性好，但信号覆盖面积不大，一般只在当地有效。如果车辆在外地，那么集群方式就无法使用了。在这种情况下，我们采用两种传输方式混合使用的方案，能够使用集群方式的时候，使用集群方式，在集群方式无效的时候，由车载计算机将其切换到 GSM 方式，整个过程由车载计算机自动完成。

四、路径规划模块

路径规划是在一个特定的道路网络中为用户规划其目标路径。通常采用的技术是找到最小旅行代价路线,“最小”可泛指经济上的最省、时间上的最快、路程上的最短或是其他意义上的最优,其核心问题是最短路径选取,实现其功能的关键取决于最短路径算法。Dijkstra 算法是目前系统解决最短路径问题所常用的方法,对于不同系统的 Dijkstra 算法采用了不同的实现方法。

路径规划模块的基本功能是:当用户在电子地图上拾取起点和终点两个方位后,系统采用实时计算——实时调用的模式,在较短的响应时间内从系统的数据库中搜索出绝对最短路径,并以闪烁形式显示在电子地图上。鉴于实际应用要求,系统在基于 Dijkstra 算法中,综合考虑时间—空间两要素,采取几点措施以达到快速搜索的目的。

(1)采用基于矩形区域的递增法确定搜索范围。系统分别将用户输入的起点和终点为顶点扩大一定的范围,并在已扩大的矩形区域内搜索最短路径,若不能得出一条最短路径,则将范围递增性地再扩大后继续搜索,直至能得到一条最短路径。采用这种划分矩形区域和范围递增的方式进行路径搜索,可以过滤掉部分与当前所要搜索的最短路径无关的节点。而在判断某点是否在区域范围内只需判断两个数的大小,减小了算法的规模和算法的复杂性,节省了计算时间。

(2)采用动态数据结构。设计一个动态记录数组,用于存储节点信息。可以方便地实现集合的增加和删除操作,在一定程度上减少了算法的循环次数。

(3)采用动态的在线计算策略。由于系统将用于 PDA 车载导航系统,而 PDA 的内存容量很有限,有效解决时空问题尤为关键。

五、路径引导模块

路径引导是帮助用户沿预定路线行驶从而顺利到达目的地的过程,它根据地图数据库中的道路信息和由定位模块从地图匹配模块提供的当前移动目标位置产生适当的实时操作指令。

路径引导模块利用路径规划模块和定位子系统引导车辆行驶。除地图数据库模块外,定位子系统可以仅包括定位模块,或者包括定位模块和地图匹配模块。一旦由路径规划模块计算出特定的路径且定位子系统已经确定了车辆的位置,路径引导模块与这些子系统协同工作以向用户提供适当的引导。引导信息的表达借助于人机接口模块。

引导模块与其他模块相互作用的框图如图 6-7 所示。

随着车辆行驶,实时路径导航要求车辆的位置作为时间的函数不断地与路径规划模块产生的最佳路径相比较。根据车辆当前的位置、走向及行驶的道路信息,实时路径引导系统不断地更新这些信息。当转弯或者行驶指令到达时,路径引导系统的可视信号、声频信号或者行驶指令向驾驶员发出报警信号。

六、地图匹配模块

(一)地图匹配模块

地图匹配在车辆定位与导航系统中起着重要作用。它利用数字化地图使得定位系统更加可靠、准确。地图匹配模块将定位模块输出的位置估计与地图数据库提供的道路位置信息进行比较,并通过适当的模式匹配和识别过程确定车辆当前的行驶路段以及在路段

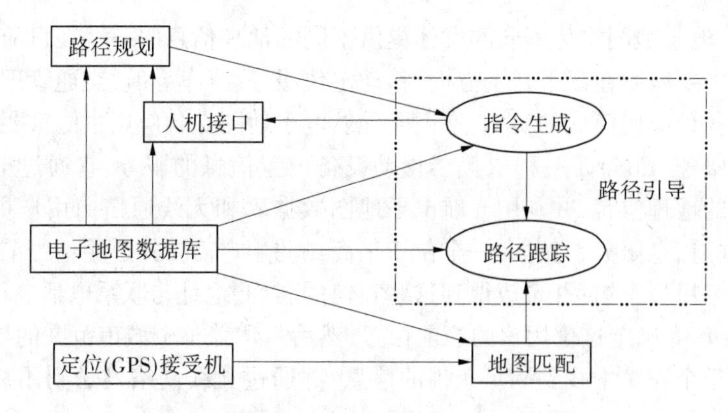

图 6-7　引导模块与其他模块相互作用的框图

中的准确位置。地图匹配过程是通过一些算法来实现的,这些算法统称为地图匹配算法。

有效的地图匹配算法能显著地提高道路网络定位的准确性,原因很简单,同飞机导航与海洋运输不同,公路运输车辆局限于有限的公路网络系统,仅仅是进入停车场、车道或其他的短暂旅行,这一点使我们可以用计算机算法将车辆的轨迹与道路信息联系起来。

地图匹配算法通过把车辆轨迹与数字地图数据库模块提供的路径相比较,可以把基于各种传感器的车辆位置与道路网联系起来。当然,这意味着系统已假设车辆在道路上。在该模块下,车辆的行驶路径不断地与适当的路径做比较,此路径由道路网上的一系列的相关道路组成,通过模式识别和匹配过程来确定车辆位于地图的最大可能位置。因为地图数据库包含道路的位置坐标,所以匹配位置可用于重新定位车辆的位置,限制误差的幅度。

(二)导航电子地图数据库

导航电子地图数据库是指针对 ITS、LBS 应用需求而建立的具有统一标准的地理数据库。它着重表达道路及其属性信息,以及 ITS、LBS 应用所需的其他相关信息,如地址系统信息、地图显示背景信息、用户所关注的公共机构及服务信息等。导航电子地图数据库的主要内容是以道路网为骨架的地理框架信息,其上叠加着社会信息(如商业服务单位,设施等)以及交通信息,其中交通信息包括静态交通信息(如交通规则、道路通行条件等)及动态交通信息(如实时路况信息)。

导航电子地图数据库是一个综合的数据集,包括空间要素的几何信息、要素的基本属性、要素的增强属性、交通导航信息等。内容越多,建立导航数据库的成本就越高,其适用范围也就越广。根据不同的应用需求,可以从这一综合数据集中提取出不同的数据。

单元四　移动导航电子地图的应用

一、移动定位服务

(一)移动定位服务概述

由于移动导航电子地图综合了最新的电子技术、无线通信技术、网络技术、空间定位技术,在未来的发展中必将成为电子地图研发和应用的焦点。随着新技术、新设备的不断完善,移动导航电子地图将为不同的群体提供不同的地理信息服务。在目前条件下,移动导航电子地图主要应用在以下几个方面:移动定位服务、汽车导航、交通管理与车辆监控。以下分别列举各种应用模式的实例,来说明导航电子地图在各应用中的重要作用。

移动定位服务(LBS)是一种依赖于移动设备位置信息的服务,它通过空间定位系统确定移动设备的地理位置,并利用导航电子地图数据库和无线通信向用户提供所需要的基于这个位置的信息服务。例如,一个位于某商场的用户需要知道距他当前位置 1 km 范围之内有哪些三星级宾馆,并希望得到这些宾馆的名称、地址与联系电话。得到这个请求之后,LBS 需要首先确定这位用户的当前位置,然后从覆盖整个城市范围的导航电子地图数据库中的数千个宾馆中找到满足条件的信息,并通过无线网络发送到用户的移动设备中去。

(二)生活中的移动定位

生活中几个常用的例子:

(1)信息查询(宾馆、商场、加油站、旅游景点、交通情况…)。

(2)车队管理。当管理车队时,了解所有汽车的实时位置信息,能使企业对用户的需求更加及时有效地做出响应。无论企业是提供产品、服务,还是仅仅管理车辆,汽车司机只需要一部能打电话和能接入 Internet 的手机即可,因此大大减少了与实时跟踪车队位置有关的开销。调度中心能够监视所有的汽车,并能根据用户和库房一天的变化情况,动态调整行车路线和货物配送信息。此外,当汽车司机需要零件或帮助时,他能与附近的其他司机联络,而且能够准确知道提供帮助的人是谁、何时到达。

(3)急救服务。在紧急事件发生时,有的用户往往说不清自己所在的具体位置,但只要他的手机支持 LBS 业务,当拨打救援中心电话后,移动通信网络就会得到他的具体位置,并将该位置信息和用户的语音信息一并传送给救援中心。救援中心接到呼叫后,就能根据得到的位置和求救信息,快速、高效地开展救援活动。

(4)道路辅助与导航。当用户要去一个陌生的城市旅行或办事时,往往需要知道具体的出行路径。如果他的手机支持 LBS 业务,只需编辑短信把所要到达的目的地发送到信息中心,信息中心根据移动网络得到用户的具体位置,并计算出到目的地的最优路径,以短信或语音的形式发送给用户。为用户提供精确快速的道路辅助与导航服务。

(5)现场服务管理。配有现场服务工作人员从事修理或维护等服务的公司,必须能够计划现场工作人员的工作时间,安排用户的访问,并能以极其有效的方式管理维修部门。LBS 使企业能够迅速找到现场服务的技术人员,并调度距请求服务的用户最近的维修人员为用户提供服务,安排维修人员在计划时间内达到用户所在地。

(6)设备跟踪。为保证安全性或出于其他监控的目的,需要跟踪贵重设备的公司可以通过 LBS 在地图上标出这些设备的实时位置信息,并密切监视其移状态。

(7)定位广告。手机用户通过电信网络获取自己当前位置周围的超级市场的广告。客户向电信公司按合约付费,客户还会根据推广广告购买自己感兴趣的商品。客户得到了信息,节约了时间。

(8)移动黄页。用户可以在移动设备上查询自己所在区域范围的相关信息,包括附近饭店、商场、天气情况以及各公司的电话号码和所在的位置等。

二、汽车导航

(一)汽车导航概述

车辆导航系统是移动电子地图技术、定位技术、传感技术、信息处理技术、汽车制造技术的交叉和融合,就导航系统本身来说,由无线通信装置、定位装置和导航仪构成,其中导航仪是在导航数据库的支持下,通过人机接口实现地图匹配、路径规划、路径引导和信息服务等功能。

(二)汽车导航的应用

汽车司机在驾驶出行时,首先利用人机接口模块,以地名、电话号码、住址、图上位置等方式查找行驶目的地,并输入行驶路径要求,如行驶距离最短、交通情况最好、沿途风景最优美、收费最少等。路径规划模块根据驾驶员的需求,在导航数据库的支持下计算出最佳行驶路径。

在车辆行驶过程中,定位系统确定车辆的当前位置,这些位置信息通过地图匹配模块与导航地理数据库结合起来,并通过人机接口在电子地图上动态地显示出来。与此同时,路径引导系统根据预先计算好的最佳路径向驾驶员发出实时的行驶引导,提示前方距离和转弯的方向。

如果驾驶路径偏离了规划的路径,地图匹配模块会迅速地计算这种偏差并重新规划到达目的地的路径,再通过人机交互模块向驾驶员发出提醒信息与建议。驾驶员可以通过收听交通广播了解道路通畅情况,并据此改变原有的行驶计划,重新提出路径规划要求。在一些地区,交通管理中心能够通过无线通信方式发出、车导系统能够自动接收的动态交通信息,如果在规划路径的前方发生交通堵塞,导航系统就会自动计算一条替代路线,并提示驾驶员改变行驶线路。

三、交通管理与车辆监控

(一)交通管理与指挥

现代化的城市交通管理部门大多建立了交通管理中心,中心监控屏幕上的电子地图与设置在道路现场的监控设备相连。监控人员在控制室可以实时了解道路网中车辆通行情况,如果发现某处出现了严重堵车现象,可以通过导航数据库分析哪些道路可以用于尽快分流堵塞的车辆,并立即通过交通广播、电子信息牌、路标及交通控制灯进行交通指挥。如果哪里出了交通事故、哪里的道路需要及时修补,交通管理部门也可以立即监测到并采取应急处理措施。

(二)车辆监控与调度管理

车辆监控与调度管理是智能交通系统(intelligent transportation system,ITS)中的重要内容。主要运作方式是控制中心通过车载GPS监测车辆所在的位置及行驶轨迹,并通过无线通信与车辆进行信息交流并对车辆进行远程控制。车辆监控与调度管理的应用面很广。

1. 预设路线车辆的监控与管理

一些车辆应该规定沿着预先设定好的线路行驶,有些甚至有时间规定。如公安、武警、保安等部门的巡逻车，银行或相关单位的运钞车，旅游车，危险物品运输车，公交车以及长途运输车队等。将 GPS 装备到这些车上，就可以在总部控制中心的电子地图上实时监控车辆的当前位置、运行方向；可以判断该车是否在沿着预先设定的路线行驶；可以将车辆的行驶轨迹记录在数据库中，以供日后查询分析统计使用。一旦有事件发生，车辆可以通过无线电通信设备向控制中心报警，控制中心可以对车辆进行远程控制，必要时对车辆采取监听、遥控、静态熄火、断油、锁死车门等措施。

2. 紧急事件求助

应急服务网络效率的高低直接影响百姓的生命和安全，及时、准确的应急服务对于百姓生活尤为重要。当前许多城市 110 公安指挥中心、120 急救中心、119 消防中心、122 交通事故处理中心等都建立了接报警和紧急调度系统。

这类系统中导航数据库一般是与电话号码库集成在一起，一旦有报警电话响起，控制中心的电子地图上就会立即显示出报警电话所在的位置。接警人员根据报警电话所在的地点及报警人所叙述的事故地点，立即查找到距报警点最近的警车或急救车，并用无线调度系统指示它到报警地点去了解、处理情况。这一过程所用时间不到 1 min，一般情况下警车或救援车辆 5 min 之内就能赶到现场。系统还会提供到达呼救地点的最佳行驶线路、消防栓分布等有关信息，同时还可以对车队进行实时监控和呼救线路行驶引导。紧急事件求助流程见图 6-8。

3. 运营车辆的调度

对出租车、物流配送车、快递公司车辆，车载 GPS、控制中心的电子地图加上无线通信网络，可以帮助调度员直接地了解运营情况，为调度员调度车辆、人员提供更加准确的可靠的依据，从而有效地减少资源浪费。

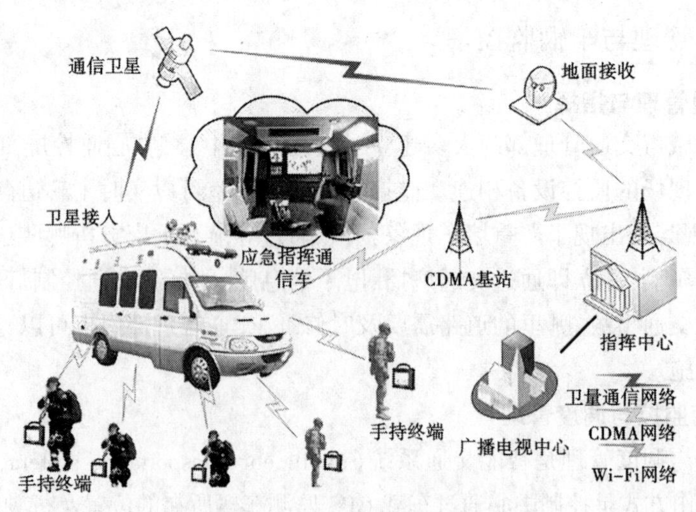

图 6-8　紧急事件求助流程

小　结

本项目主要介绍移动导航电子地图的概念、分类、特征系统设计及应用，移动导航电子地图的数据及数据结构。学生通过本单元的学习，能够对移动导航电子地图具备整体的认识，能够掌握三维激光扫描技术的系统功能设计及应用，为后续课程的学习奠定基础。

复习与思考题

1. 简述移动导航电子地图的概念。
2. 简述移动导航电子地图数据分类及数据表示方法。
3. 移动导航电子地图的系统功能有哪些？
4. 移动导航电子地图常见的应用有哪些？

项目七　高精度地图

【项目概述】

本项目主要介绍了高精度地图的概念,高精度的定位原理与方法,高精度地图的特点,高精度地图与自动驾驶,高精度地图的数据特征类型及数据模型,高精度地图的内容,高精度地图的采集原理、采集设备及制作过程。学生通过本项目的学习,能够对高精度地图具备整体的认识,能够掌握高精度地图的概念、特点、数据特征类型和内容等,了解高精度地图的制作原理及过程。

【学习目标】

知识目标:

1. 掌握高精度地图的概念;
2. 了解高精度地图的定位原理与方法,掌握高精度地图的特点;
3. 了解高精度地图在自动驾驶中的应用;
4. 掌握高精度地图的数据特征类型;
5. 能够理解高精度地图的数据模型;
6. 掌握高精度地图的内容;
7. 理解高精度地图的采集原理;
8. 了解高精度地图的采集设备;
9. 了解高精度地图的制作过程。

【导入】

与学生讨论:什么样的地图才是高精度地图?高精度地图有哪些应用?高精度地图主要包含哪些内容?目前制作高精度地图的设备有哪些?有没有什么方法可快速获取高精度地图数据?

【正文】

单元一　高精度地图的认识

一、高精度地图的定义

现在对于高精度地图的定义主要从两个方面来描述。

定义一:高精度地图是指高精度、精细化定义的地图,其精度需要达到分米级才能够区分各个车道,如今随着定位技术的发展,高精度的定位已经成为可能。而精细化定义,则是需要格式化存储交通场景中的各种交通要素,包括传统地图的道路网数据、车道网络数据、车道线以及交通标志等数据。

定义二：高精度电子地图也称为高分辨率地图（high definition map，HD Map），是一种专门为无人驾驶服务的地图。与传统导航地图不同的是，高精度地图除能提供道路（road）级别的导航信息外，还能够提供车道（lane）级别的导航信息。无论是在信息的丰富度还是信息的精度方面，都是远远高于传统导航地图的（见图 7-1）。

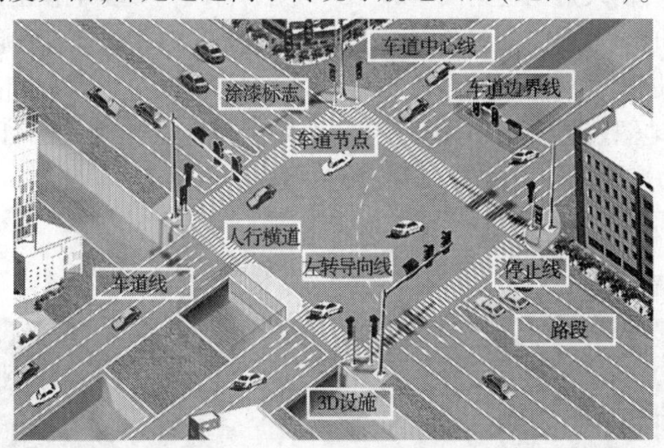

图 7-1　高精度地图

因此，我们可以这样认为，高精度地图就是精度更高、数据维度更多的电子地图。精度更高体现在精确到厘米级别，这样才能够区分各个车道，如今随着定位技术的发展，高精度的定位已经成为可能；数据维度更多则是需要格式化存储交通场景中的各种与交通相关的周围静态信息。这些信息可以分为两类：第一类是道路数据，比如车道线的位置、类型、宽度、坡度和曲率等车道信息；第二类是车道周边的固定对象信息，比如交通标志、交通信号灯等信息、车道限高、下水道口、障碍物及其他道路细节，还包括高架物体、防护栏、数目、道路边缘类型、路边地标等基础设施信息。

与传统电子地图不同，高精度电子地图的主要服务对象是无人驾驶车。高精度道路导航地图具有更加丰富、细致的道路信息，可以更加精准地反映道路的真实情况。与传统地图相比，它的图层数量更多，图层内容更加精细，具有新的地图结构划分。正是因为高精度道路导航地图丰富的信息含量，使得它具有庞大的数据量，而传统的集中式大数据处理模式无法满足它的计算需求。

二、高精度地图的内涵

高精度地图中包含有丰富的语义信息，比如交通信号灯的位置和类型、道路标示线的类型及哪些路面是可以行驶等。那么我们是否可以认为高精度地图就是位置精度更高、数据信息更详细的地图呢？

（一）高精度地图与传统地图

普通导航电子地图的表述形式倾向“有向图”结构，把道路抽象成一条条的边，各边连通关系构成整体上的有向图。导航地图只是给驾驶员提供方向性的引导。识别标志标牌、入口复杂情况、行人等都是由驾驶员来完成，地图只起引导作用。导航地图是根据人的行为习惯来设计的。

高精度地图完全为机器设计的。因为对于道路的各种情况，人都能理解，但是对于车辆来说它完全不理解。如图 7-2 所示为比较典型的复杂路口，包括人行横道、红绿灯、限速标牌、车道左转右转类型。我们可以看到图 7-2 中的路口中间有虚拟的连接线。真实道路中不存在连接线。连接线是为了让车辆更好地去理解环境，并在高精度地图上表示出来。通过这一步，在人类构建的交通设施环境下，自动驾驶车辆便能运行。

首先，高精度地图是当前无人驾驶车技术不可或缺的一部分。它包含了大量的驾驶辅助信息，最重要是包含道路网的精确三维表征，例如交叉路口布局和路标位置。

另外，高精度地图还包含很多语义信息，地图上可能会报告交通灯不同颜色的含义，也可能指示道路的速度限制及左转车道开始的位置(见图 7-3)。

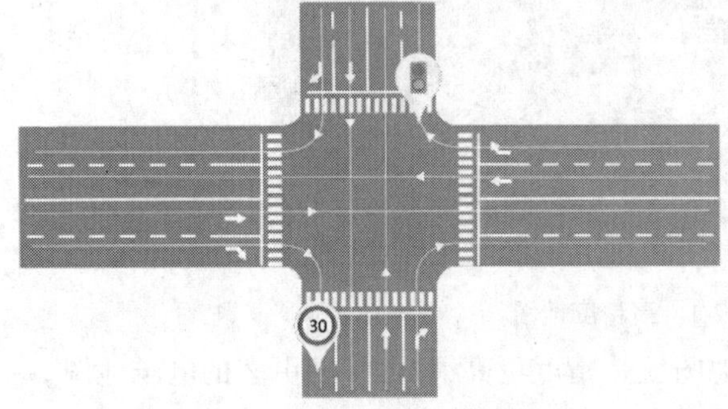

图 7-2　交叉路口布局和路标位置

40 km/h

左转

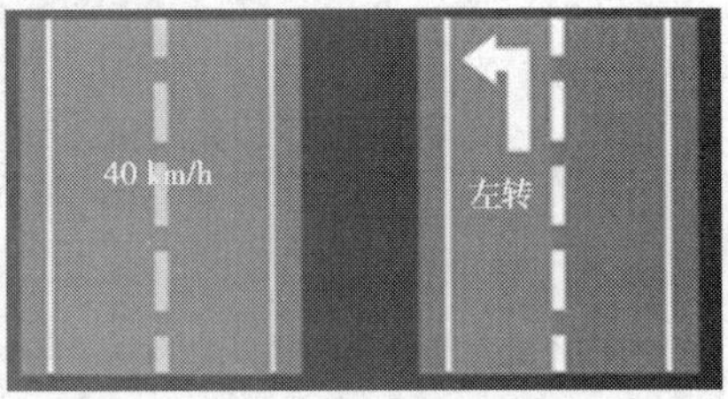

图 7-3　高精度地图车道语义信息

最后，高精度地图最重要的特征之一是精度，手机上的导航只能到达米级精度，而高精度地图可以使车辆达到厘米级的精度，这对确保无人驾驶车的安全性至关重要。

(二)高精度地图定位方法

高精度地图是面向机器的，机器需要知道自己在什么位置，在哪里，不仅包括(x, y)坐标，也包括航向等信息。车辆将传感器识别的地标与其高精度地图上的地标进行比对，为了进行这一比对，必须在它自身坐标系和地图坐标系之间转换数据，然后系统必须在地图上以 10 cm 的精度确定车辆的精确位置(见图 7-4)。

高精度地图定位方法主要有 GNSS RTK、惯性导航、LIDAR 定位、视觉定位和 Apollo 定位等。

1. GNSS RTK

GNSS 系统一般分为三个部分(见图 7-5)：

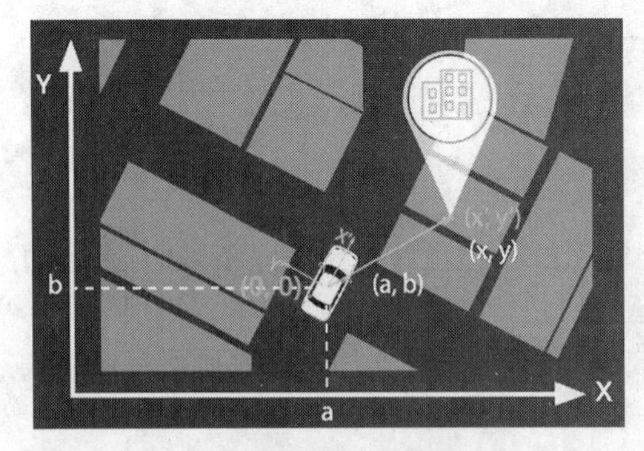

图 7-4　高精度地图车辆的定位

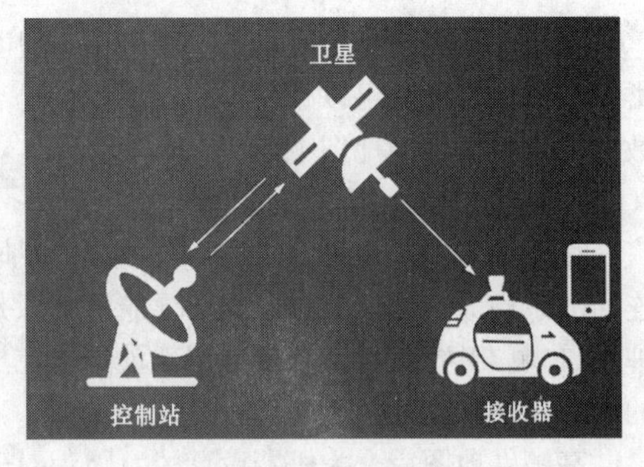

图 7-5　GNSS 系统

(1)卫星(satellites)。在任何时间都有足够数量的卫星在外太空运行。

(2)地面上的控制站组成(control stations)。其主要用于监视和控制卫星,让系统保持运行并验证 GNSS 广播信号的精确度。

(3)GNSS 接收器。存在于手机、电脑、汽车、船只及许多其他设备中。

GNSS 接收器实际上并不直接探测你与卫星之间的距离,它首先测量信号的飞行时间,即 TOF 原理。通过将光速乘以这个飞行时间,来计算离卫星的距离。由于光速的值很大,即使是少量的时间误差也会在距离计算中造成巨大的误差。

$$\text{Distance}=C\times T$$

式中:C 为光速,$C\approx3$ 亿 m/s;T 为光飞行的时间。

RTK 涉及在地面上建立几个基站,每个基站都知道自己精确的“地面实况”位置,但是每个基站也通过 GNSS 测量自己的位置,将测出来的位置与自身位置对比得出误差,再将这个误差传给接收设备,以供其调整自身位置计算(见图 7-6)。

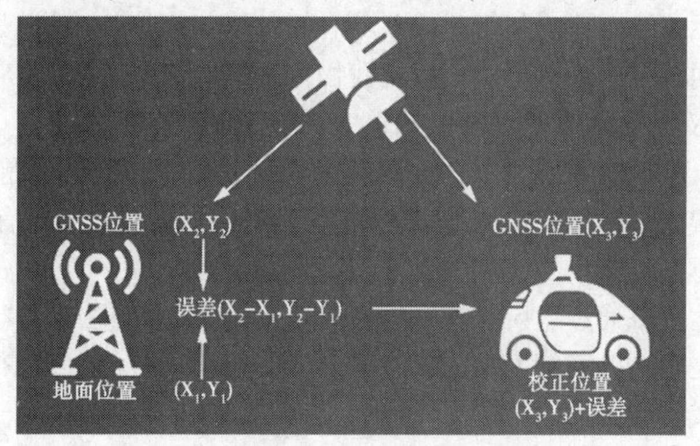

图 7-6　GNSS RTK 定位

虽然在 RTK 的作用下,能将车辆的位置精度确定在 10 cm 以内,但还是存在很多问题,比如 GNSS 信号被高楼大厦挡住了,或者受到天气影响,导致根本无法接收到信号。另外更新频率很低,大于 10 Hz 或者每秒更新 10 次 。由于无人驾驶车在快速移动,可能需要更频繁地更新位置。

2. 惯性导航

假设一辆汽车正以恒定速度直线行驶,如果我为你提供了汽车的初始位置、速度、行驶时长,你可以告诉我汽车现在处于什么位置吗？即从初始位置开始,速度乘以时间。

可以使用加速度、初始速度、初始位置来计算汽车在任何时间点的车速和位置(见图 7-7)。

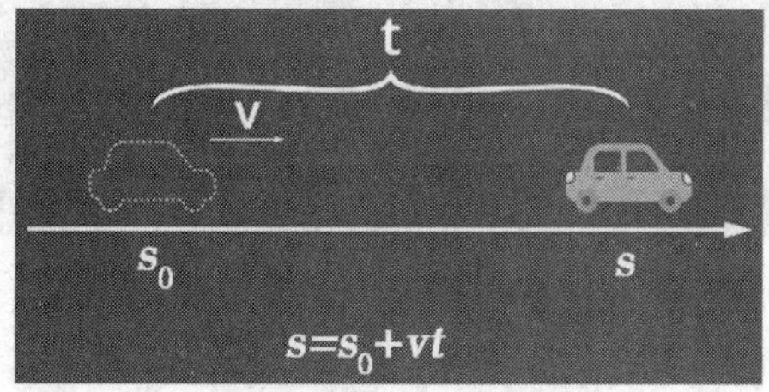

图 7-7　惯性导航原理

三轴加速计的传感器来测量加速度,有三种不同类型的三轴加速度计,它们采用不同的方法。但共同的目标是精确测量加速度,加速度计根据车辆的坐标系记录测量结果,还需要知道如何将这些测量值转换为全局坐标系。这种转换需要陀螺仪传感器。三轴陀螺仪的三个外部平衡环一直在旋转,但三轴陀螺仪中的旋转轴始终固定在世界坐标系中。我们计算车辆在坐标系中的位置是通过测量旋转轴和三个外部平衡环的相对位置来计算的。

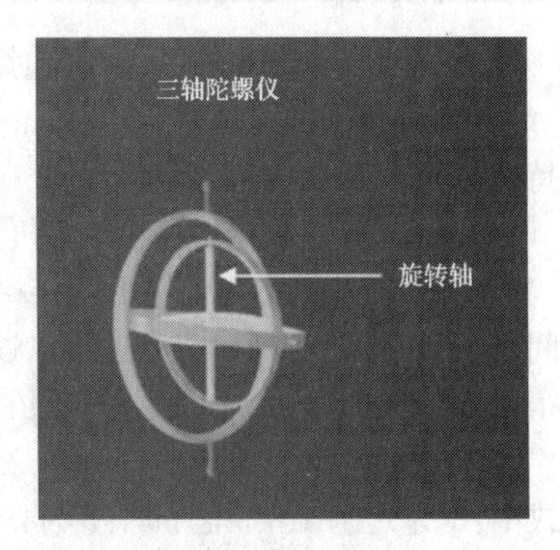

图 7-8　三轴陀螺仪

加速度计和陀螺仪是惯性测量单元 IMU 的主要组件,IMU 以高频率更新,可达 1 000 Hz,所以 IMU 可以提供接近实时的位置信息。

惯性测量单元的缺点在于其运动误差随时间的增加而增加,我们只能依靠惯性测量单元在很短的时间范围内进行定位。但是我们可以结合 GNSS 和 IMU 来定位汽车,一方面 IMU 弥补了 GNSS 更新频率较低的缺陷。另一方面 GNSS 纠正了 IMU 的运动误差。但是即使将 GNSS 和 IMU 系统相结合也不能完全解决我们的定位问题,如果我们在山间行驶或城市峡谷中或最糟糕的在地下隧道中行驶,那么可能长时间没有 GNSS 更新。

3. LIDAR 定位

利用激光雷达可以通过点云匹配来给汽车进行定位,该方法来自于激光雷达传感器的检测数据与预先存在的高精度地图连续匹配,通过这种匹配可以获得汽车在高精度地图上的全球位置及行驶方向。

匹配点运算法很多,几个常见的算法如下。

首先,迭代最近点(或 IPC)法。

假如我们相对两次点云扫描进行匹配,对第一次扫描的每一个点我们需要找到另一次扫描中最近的匹配点,最终我们会收到许多匹配点对,将每对点距离误差相加,然后计算平均距离误差。目标是通过点云旋转和平移来最大限度地降低这一平均误差,一旦实现,就可以在传感器扫描和地图之间找到匹配,这样我们将传感器扫描得到的位置转换成全球地图上的位置,并计算出地图上的精度位置(见图 7-9)。

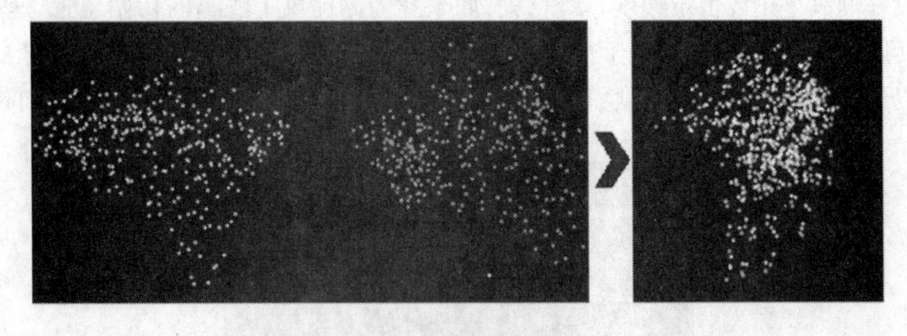

图 7-9　IPC 点云匹配

其次,滤波算法是 LIDAR 定位的另一种算法。

该算法可消除冗余信息，并在地图上找最可能的车辆位置，Apollo 采用了直方图滤波算法［有时也叫误差平方和算法（或 SSD）］，为了利用直方滤波，我们将通过传感器扫描的点云滑过地图的每一个位置，在每个位置，我们计算扫描的点和高精度地图上对应点之间的距离误差或距离，然后对误差的平方求和，求和的数越小，说明扫描结果与地图之间的匹配越好（见图 7-10）。在该示例中，匹配最好的点显示红色，最差的点显示蓝色，绿色代表适中的点。

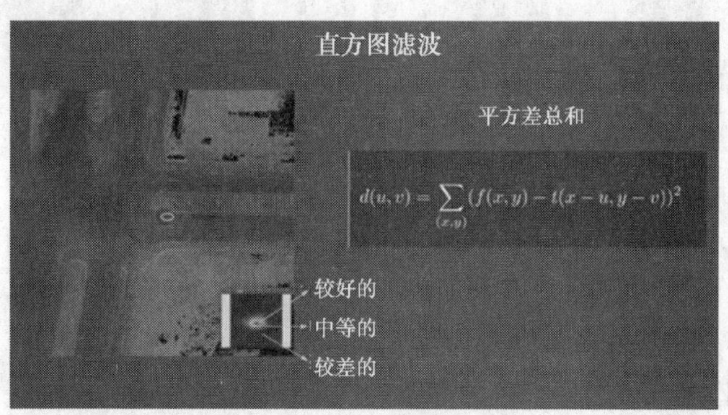

图 7-10　滤波算法

最后，卡尔曼滤波是 LIDAR 的另一种定位方法。

卡尔曼滤波是一种算法，用于根据我们在过去的状态和新的传感器测量的结果预测我们当前的状态。卡尔曼滤波使用了预测更新周期，首先我们根据之前的状态以及对移动距离和方向来估计和“预测”我们新的位置。

LiDAR 定位的主要优势在于稳健性，只要从高精度地图开始并且存在有效的传感器，就始终能够进行定位。主要缺点在于难以构建高精度地图并使其保持最新，事实上几乎不可能让地图完全保持最新，因为几乎每个地图均包含瞬态元素，行驶的汽车、行人、停放的汽车、垃圾等。

4. 视觉定位

图像是要收集的最简单的数据类型，摄像头便宜且种类繁多，易于使用。通过图像实现精确定位非常困难，实际上摄像头图像通常与来自其他传感器的数据相结合，以准确定位车辆。但将摄像头数据与地图和 GPS 数据相结合比单独使用摄像头图像进行定位的效果更好。

假设一辆车正在路上行驶，感知到右边有一棵树，但是地图显示道路右侧有几棵树全部位于不同的位置。如何知道车辆现在看到哪棵树？使用概率来确定哪个点最可能代表我们的实际位置，当然很可能位于可以看到右边有一棵树的地方，可以排除在地图上无法看到右边那棵树的点，如图 7-11（a）所示。

在开车的同时继续观察周边世界，在观察地图上的其余点之后，发现仅在少数几个位置会发现车辆右侧有成排的两棵树，所以可以排除所有其他位置，如图 7-11（b）所示。

通过观察结果、概率、地图来确定我们最可能的位置，该过程被称为粒子滤波。使用粒子或点来估计最可能的位置，当然树木在许多道路上比较稀少，但是车道线在许多道路上却很常见，可以使用相同的粒子滤波原理对车道线进行拍照，然后使用拍摄的图像来确

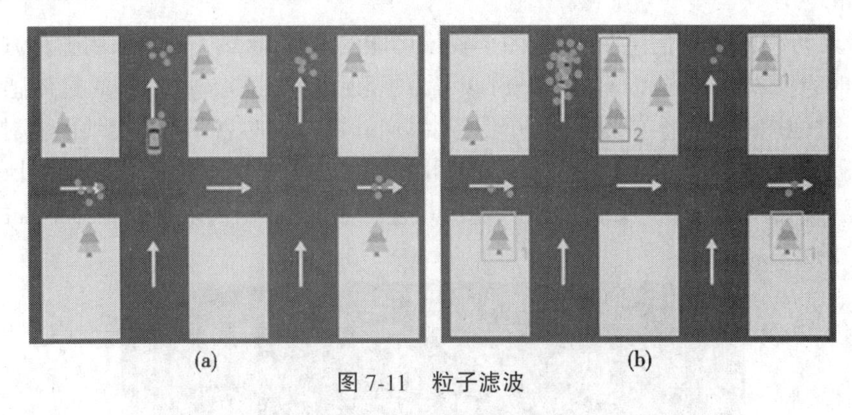

图 7-11 粒子滤波

定车辆在道路中的位置,可以将道路摄像头图像与地图进行比较。

直线(实线和虚线)代表地图上两个不同位置的车道线,曲线(实线和虚线)代表车辆摄像头观察到的车道线,如图 7-12 所示,曲线与右侧直线的匹配度要比与左侧直线的匹配度高得多,更有可能位于右侧图像位置上。

视觉定位的优点在于图像数据很容易获得,缺点在于缺乏三维信息和对三维地图的依赖。

5. Apollo 定位

Apollo 使用基于 GNSS、IMU 和激光雷达等多种传感器融合的定位系统。这种融合利用了不同传感器的互补优势,提高了稳定性和准确性。

Apollo 定位模块依赖于 IMU、GPS、激光雷达、雷达和高精度地图。这些传感器同时支持 GNSS 定位和 LiDAR 定位。GNSS 定位输出位置和速度信息,LiDAR 定位输出位置和行进方向信息。融合框架通过卡尔曼滤波将这些输出结合在一起,卡尔曼滤波建立在两步预测测量周期之上。

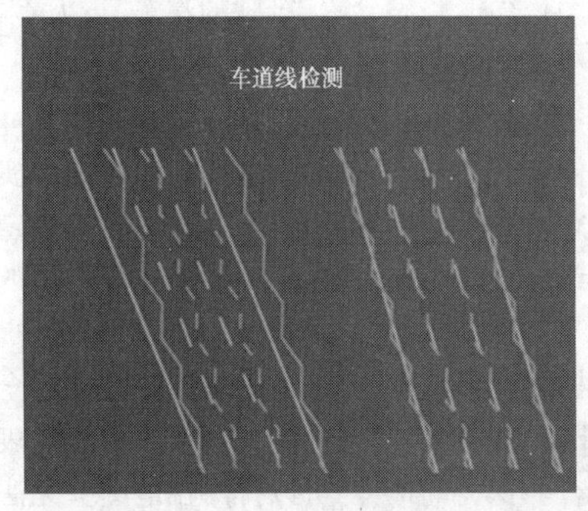

图 7-12 车道线检测

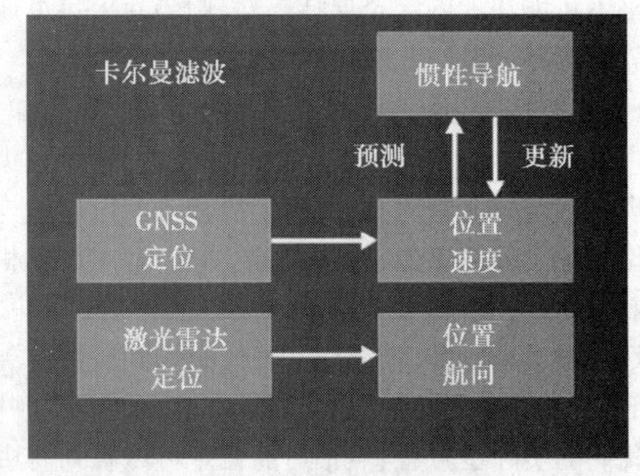

图 7-13 卡尔曼滤波

在 Apollo 中,惯性导航解决方案,用于卡尔曼滤波的预测步骤,GNSS 定位和 LIDAR 定位用于卡尔曼滤波的测量结果更新步骤。

(三)高精度地图与定位、感知、规划的关系

1. 定位

首先,车辆可能会寻找地标,我们可以使用从各类传感器收集到的数据,如摄像机图

像数据、激光雷达收集的三维点云数据来查找地标。车辆将其收集的数据与其在高精度地图上的已知地标进行比较,这一匹配过程是需要预处理、坐标转换、数据融合的复杂过程。横向:单目相机拍摄实虚线和地图对比,知道在哪个车道。纵向:借助交通信号灯、路灯、灯杆等实现定位(见图 7-14)。

图 7-14　高精度地图的定位

2. 感知

(1)Camera、激光雷达超过一定距离受到限制,地图保证提前 5~10 km 感知。

(2)恶劣天气或夜间、遇到障碍物,传感器无法识别物体。

(3)即使传感器尚未检测到交通信号灯,高精度地图也可以将交通信号灯的位置提供给软件栈的其余部分,帮助车辆做下一个决策。

(4)高精度地图可帮助传感器缩小检测范围,ROI 区域提高检测精度和速度(见图 7-15、图 7-16)。

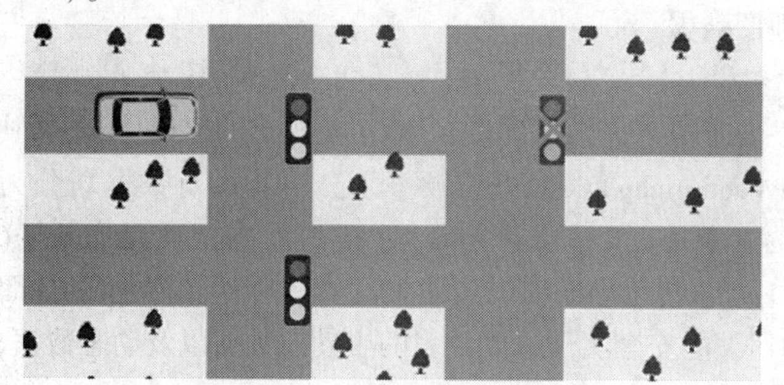

图 7-15　高精度地图的感知

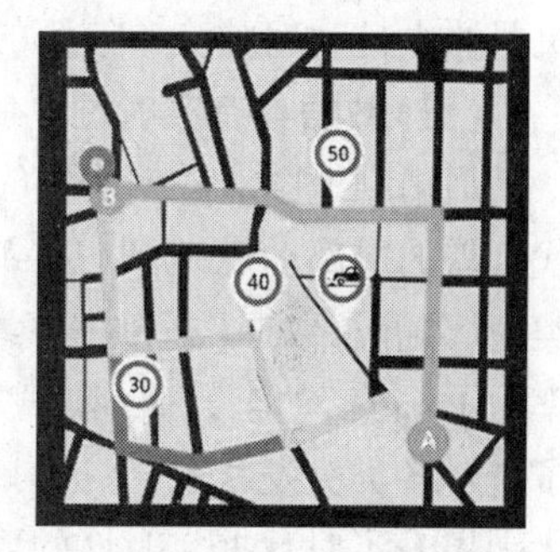

图 7-16　导航路径规划

3. 规划

(1)高精度地图可帮助车辆找到合适的行车空间,还可以帮助规划器确定不同的路线选择,来帮助预测模块预测道路上其他车辆将来的位置。

(2)在具有低速限制、人行横道或减速带的区域,高精度地图可以使车辆能够提前查看并预先减速。

因此,我们可以认为:高精度地图=高鲜度+高精度+高丰富度。不论是动态化(高鲜度),还是精度和丰富度,最终目的都是保证自动驾驶的安全与高效率。动态化保证了自动驾驶能够及时地应对突发状况,选择最优的路径行驶。高精度确保了机器自动行驶的可行性,保证了自动驾驶的顺利实现。高丰富度与机器的更多逻辑规则相结合,进一步提升了自动驾驶的安全性。

三、高精度地图的特点

高精度地图与一般电子导航地图相比,具有数据精度高、数据维度多、作用和功能强、面向机器和数据具有实时性等几个特点。

(一)数据精度高

一般电子地图精度在米级别,商用 GPS 精度为 5 m。高精度地图的精度在厘米级别(Google、Here 等高精度地图精度在 10~20 cm 级别)。

(二)数据维度多

传统电子地图数据只记录道路级别的数据:道路形状、坡度、曲率、铺设、方向等。

高精度地图(精度厘米级别)不仅增加了车道属性相关数据(车道线类型、车道宽度等),更有诸如高架物体、防护栏、树、道路边缘类型、路边地标等大量目标数据。高精度地图能够明确区分车道线类型、路边地标等细节。

(三)作用和功能强

传统地图起的是辅助驾驶的导航功能,本质上与传统经验化的纸质地图是类似的。而高精度地图通过"高精度高动态多维度"数据,起的是为自动驾驶提供自变量和目标函数的功能。高精度地图相比传统地图有更高的重要性。

(四)面向机器

普通的导航电子地图是面向驾驶员,供驾驶员使用的地图数据,而高精度地图是面向机器的供自动驾驶汽车使用的地图数据。

(五)数据具有实时性

高精度地图对数据的实时性要求更高。根据博世在 2007 年提出的定义,无人驾驶时代所需的局部动态地图(local dynamic map)根据更新频率划分可将所有数据划分为四类:永久静态数据(更新频率约为 1 个月),半永久静态数据(频率为 1 h),半动态数据(频率为 1 min),动态数据(频率为 1 s)。传统导航地图可能只需要前两者,而高精度地图为了应对各类突发状况,保证自动驾驶的安全实现需要更多的半动态数据以及动态数据,这大大提升了对数据实时性的要求。

四、高精度地图的作用

作为无人驾驶的记忆系统,未来的高精度地图将具备三大功能:地图匹配、辅助环境感知和路径规划等。

(一)地图匹配

由于存在各种定位误差,电子地图坐标上的移动车辆与周围地物并不能保持正确的位置关系。利用高精度地图匹配则可以将车辆位置精准的定位在车道上,从而提高车辆定位的精度。

高精度地图在地图匹配上更多的依靠其先验信息。传统地图的匹配依赖于 GNSS 定位,定位准确性取决于 GNSS 的精度、信号强弱以及定位传感器的误差。高精度地图相对于传统地图有着更多维度的数据,比如道路形状、坡度、曲率、航向、横坡角等。通过更高

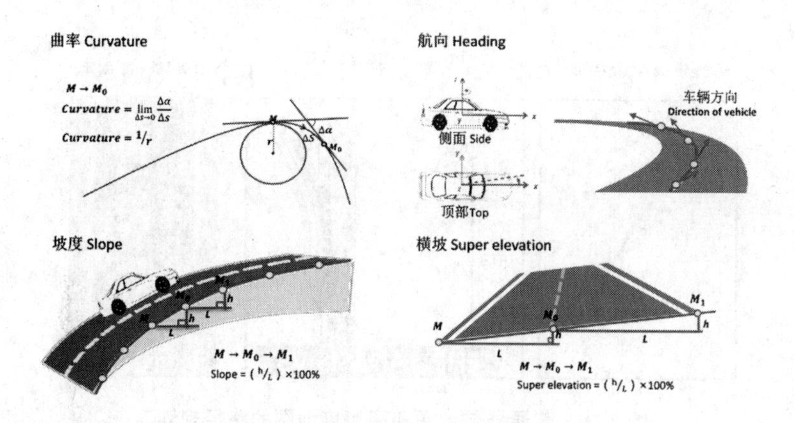

图 7-17　高精度地图匹配

维数的数据结合高效率的匹配算法，高精度地图能够实现更高尺度的定位与匹配。

（二）辅助环境感知

对传感器无法探测的部分进行补充，进行实时状况的监测及外部信息的反馈：传感器作为无人驾驶的眼睛，有其局限性所在，如易受恶劣天气的影响，此时可以使用高精度地图来获取当前位置精准的交通状况。

原理如下：

（1）通过对高精度地图模型的提取，可以将车辆位置周边的道路、交通、基础设施等对象及对象之间的关系提取出来，这可以提高车辆对周围环境的鉴别能力。

（2）一般的地图会过滤掉车辆、行人等活动障碍物，如果无人驾驶车载行驶过程中发现了当前高精度地图中没有的物体，这些物体大概率是车辆、行人和障碍物。

高精度地图可以看作是无人驾驶的传感器，相比传统硬件传感器（雷达、激光雷达或摄像头），在检测静态物体方面，高精度地图具有以下优势：①所有方向都可以实现无限广的范围；②不受环境、障碍或者干扰的影响；③可以“检测”所有的静态及半静态的物体；④不占用过多的处理能力；⑤已存有检测到的物体的逻辑，包括复杂的关系。

（三）路径规划

对于提前规划好的最优路径，由于实时更新的交通信息，最优路径可能也在随时会发生变化。此时，高精度地图在云计算的辅助下，能有效地为无人车提供最新的路况，帮助无人车重新制定最优路径。

高精度地图的规划能力下沉到了道路和车道级别。传统的导航地图的路径规划功能往往基于最短路算法，结合路况为驾驶员给出最快捷/短的路径。但高精度地图的路径规划是为机器服务的（见图 7-18）。机器无法完成联想、解读等步骤，给出的路径规划必须是机器能够理解的。在这种意义上，传统的特征地图难以胜任，相对来说高精度矢量地图才能够完成这一点。矢量地图是在特征地图的基础之上进一步抽象、处理和标注，抽出路网信息、道路属性信息、道路几何信息以及标识物等抽象信息的地图。它的容量要小于特征地图，并能够通过路网信息完成点到点的精确路径规划，这是高精度地图使能的一大路径。

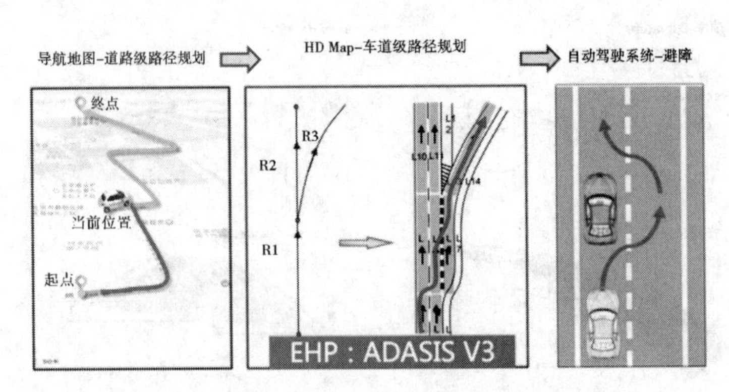

图 7-18　普通导航地图和高精度地图的路径规划

五、高精度地图与自动驾驶

(一)自动驾驶级别划分

自动驾驶汽车(autonomous vehicles)又称无人驾驶汽车、电脑驾驶汽车、轮式移动机器人,是一种通过电脑系统实现无人驾驶的智能汽车。自动驾驶汽车依靠人工智能、视觉计算、雷达、监控装置和全球定位系统协同合作,让电脑可以在没有任何人类主动的操作下,自动安全地操作机动车辆。

美国高速交通安全管理局(NHTSA)及美国机动车工程师协会(SAE)将汽车自动化定义为以下几个层次(见表 7-1)。

一个成熟的自动驾驶系统应具有如下功能:

(1)自身位置识别,根据行驶目标及途中情况,规划、修改行车路线。

(2)可靠识别行车路线,可通过自动转向控制使自身按规定路线准确稳定行驶。

(3)行驶过程中的各种车辆控制,可通过实现车速调节、车距保持、换道、超车等各种必要的基本操作。

(4)能够确保行驶安全,按时到达目的地。

(5)能够适应不同的行驶环境。

(二)自动驾驶技术需求

自动驾驶的实现要求外部感应采集装置、汽车控制系统等多系统的相互配合。这一功能的实现首先要求外部感应和采集装置,如雷达、激光、摄像头、车身传感器等,广泛识别汽车自身及周边环境信息,并采集到集成系统中、以帮助完成对汽车行驶状态的预判和决策;做出决策后,决策信息将进一步传达至汽车电子控制系统,最终完成对汽车行驶行为的控制和执行。

由于车联网功能和智能交通系统的发展,自动驾驶技术也与交通基础设施更加密切相连。自动驾驶功能的实现,不仅依赖于汽车自身识别和采集到的信息,也能通过与智能路网在云端相连接,从而实现交通信息、环境信息的共享,减少不必要的重复采集,使得行车决策的生成更加准确快捷。

自动驾驶的产品与技术主要包括三个方面:识别技术、决策技术和控制技术。

表 7-1　自动驾驶级别划分

自动驾驶分级		名称	定义	驾驶操作	周边监控	接管	应用场景
NHTSA	SAE						
L_0	L_0	人工驾驶	由人类驾驶者全权驾驶汽车	人类驾驶员	人类驾驶员	人类驾驶员	无
L_1	L_1	辅助驾驶	车辆对方向盘和加减速中的一项操作提供驾驶,人类驾驶员负责其余的驾驶动作	人类驾驶员和车辆	人类驾驶员	人类驾驶员	限定场景
L_2	L_2	部分自动驾驶	车辆对方向盘和加减速中的多项操作提供驾驶,人类驾驶员负责其余的驾驶动作	车辆	人类驾驶员	人类驾驶员	
L_3	L_3	条件自动驾驶	由车辆完成绝大部分驾驶操作,人类驾驶员需保持注意力集中以备不时之需	车辆	车辆	人类驾驶员	
L_4	L_4	高度自动驾驶	由车辆完成所有驾驶操作,人类驾驶员无需保持注意力,但限定道路和环境条件	车辆	车辆	车辆	
	L_5	完全自动驾驶	由车辆完成所有驾驶操作,人类驾驶员无需保持注意力	车辆	车辆	车辆	所有场景

1. 识别技术

识别技术能够分辨并采集车身和环境的大量数据,形成行车决策的信息池。识别技术主要通过外部传感器实现,包括雷达传感器、激光测距仪、图像摄像头、红外夜视仪等环境传感设备以及胎压传感器等车身状态传感设备。

2. 决策技术

决策技术能够依据采集到的数据,判断汽车行驶状态和环境情况,从而做出下一步的行车决策。决策技术主要通过将决策算法灌注入集成芯片来实现。

3. 控制技术

控制技术能够接受行车决策,并根据决策系统给出的行车命令控制车身行为,以实现自动驾驶动作。控制技术主要通过汽车电控组件实现,包括电子稳定控制系统 ESP、辅助驾驶系统 ADAS 等,其基础技术本身已发展较为成熟,待与决策系统相连接,从而实现更精确的控制。

车联网技术是汽车自动驾驶的关键。能够把所有的实时路况和每辆车的实时位置信息都记录在网络中,协调统筹每辆车的行驶,为每辆车安排合理路线,避免拥堵和交通事故的发生,能在很大程度上提高自动驾驶的可靠性。

(三)高精度地图在自动驾驶中作用

我们知道,高精度电子地图的主要服务对象是自动驾驶系统,即机器驾驶员。和人类驾驶员不同,机器驾驶员缺乏人类与生俱来的视觉识别、逻辑分析能力。人可以很轻松、准确地利用图像、GPS定位,鉴别障碍物、人、交通信号灯等,但这些对当前的机器人来说是非常困难的任务。借助高精度地图能够扩展车辆的静态环境感知能力,为车辆提供其他传感器提供不了的全局视野,包括传感器监测范围外的道路、交通和设施信息。高精度地图面向自动驾驶环境采集生成地图数据,根据自动驾驶需求建立道路环境模型,在精确定位、基于车道模型的碰撞避让、障碍物检测和避让、智能调速、转向和引导等方面都可以发挥重要作用,是自动驾驶的核心技术之一。

高精度地图能够承载更多的路况信息,因此对于自动驾驶系统而言,其可以提前获知相关信息,相比雷达、摄像头之于自动驾驶汽车就像眼睛而言,高精度地图带给自动驾驶汽车的就像是对前方的记忆。完全自动驾驶阶段地图精度则需要达到厘米级的精度。

自动驾驶技术对于地图更新速度的需求必须是秒级的,只有这样,车辆才能够具有等同于人类,甚至是超越人类的判断时间,因此地图资源的更新有可能会通过云技术在线升级,当然这就会对网络提出更高的要求。从现阶段看,对于自动驾驶而言,没有了高精度地图的辅助,主要依靠各类传感器对路面进行监测的自动驾驶试验车一旦遇到天气问题,无异于盲人摸象。因此,其势必需要另外一种辅助信息作为获知手段,而高精度地图便是其中重要一环。

高精度地图(见图7-19)在应对自动驾驶的地图匹配、路径规划、特殊路况(如黑夜、雨、雪、雾霾等恶劣天气)行驶时,发挥着不可替代的作用。虽然自动驾驶汽车利用传感器,如雷达、激光雷达、摄像头等,能够探测车辆周围情况,但对于整个空间环境的感知能力还是不够。

图7-19　高精度地图

我们可以想象一只蚂蚁正在穿过草丛，却只能用触角接触一片片叶子从而记录路线。如果这时候有高精度地图，那么就能知道这块草坪的每一条路线，并精确定位出里面的每块岩石、车轮开过的痕迹和小昆虫。高精度地图可以减小，甚至消除传感器带来的误差。当智能驾驶级别提升到 L_3 级别之后，高精度地图将成为标配。

高精度地图技术可以说是自动驾驶汽车重要的组成部分，它将成为自动驾驶汽车由 L_3 至 L_4 成熟的重要标志。

六、高精度地图的数据精度要求

高精度地图中不同数据内容表达的精度是不同的，如图 7-20 所示。

图 7-20　高精度地图不同数据内容表达的精度

真实情况其实比图 7-20 更复杂，不同场景面临的精度要求也不同。例如，在道路宽度或道路车线精度是±10 cm，那么在隧道里，就不一定要求±10 cm 了，因为定位基本做不到±10 cm。所以在不同场景下，它对精度要求是不一样的。

高精度地图的数据精度也与自动驾驶的需求有密切关系。不同阶段的自动驾驶（Level 1 到 Level 5）的功能，会因为具体的精度而有不同需求。所以精度就是地图中一个可变的尺度，可高可低。目前，无论是从图商还是车企角度来看，精度问题都没有非常准确的答案。

当前，业界有一种说法，就是“相对精度做到 20 cm”，这是好多车厂和自动驾驶团队的需求，但这个说法本身就有问题。但是在测绘界，“相对精度”是不会有一个绝对值的，它是一个量级百分比，所以“相对精度”的提法是有问题的。举个例子，车线宽度是±10 cm，信息牌是±50 cm，它的精度会不一样，但实际上它的作用是一样的。车辆在道路上行驶的时候，从车辆本身看车线的精度，它离车线很近，可能就两三米远，这个时候±10 cm 的误差，影响很大。但是它离信息牌很远，可能十几米，这个时候 50 cm 的误差，与车线的 10 cm 误差，可能就是一样的。所以这种精度在表达的时候，“相对精度 20 cm”的表达是不准确的。

七、高精度地图的数据特征类型

(一) 二维网格数据

高精度地图的底层是一个基于红外线雷达传感器建立的精密二维网格。这个二维网格的精度保证在 5 cm×5 cm 左右。网格中存储的数据包括可以行驶的路面、路面障碍物、路面在激光雷达下的反光强度等，都分别存储于相应的网格中。无人驾驶汽车可以通过对其传感器搜集到的数据及其内存中的高精度二维网格进行比对，从而确定车辆在路面的具体位置。

高精度地图二维网格很细，我们可以从相应的雷达反射上清楚识别出路面及路面标识线的位置。图 7-21 中斜线阴影区为可行驶的路面。

图 7-21　基于雷达传感器建立的精密二维网格

(二) 路面语义信息

在二维网格参照系的基础上，高精度地图还包括路面的语义信息，比如道路标识线的位置和特征信息，车道特征（见图 7-22）。这些路面语义信息可以发挥环境辅助感知作用。由于传感器在恶劣天气、障碍物，以及其他车辆的遮挡不能可靠地分析出车道信息时，高精度地图中的车道信息特征可以辅助对车道信息进行更准确地判断，理解相邻车道之间是否可以安全并道。

图 7-22　高精度地图的路面语义信息

(三)交通标识信息

高精度地图还包括道路标识牌、交通信息号等相对于二维网格的位置(见图 7-23)。其作用包括:

(1)提前提示自动驾驶汽车在某些特定的位置检测相应的交通标示牌或者交通信息灯,提高检测速度。

(2)在自动驾驶汽车在没有成功检测出交通标示牌或者信号灯的情况下,确保行车的安全。

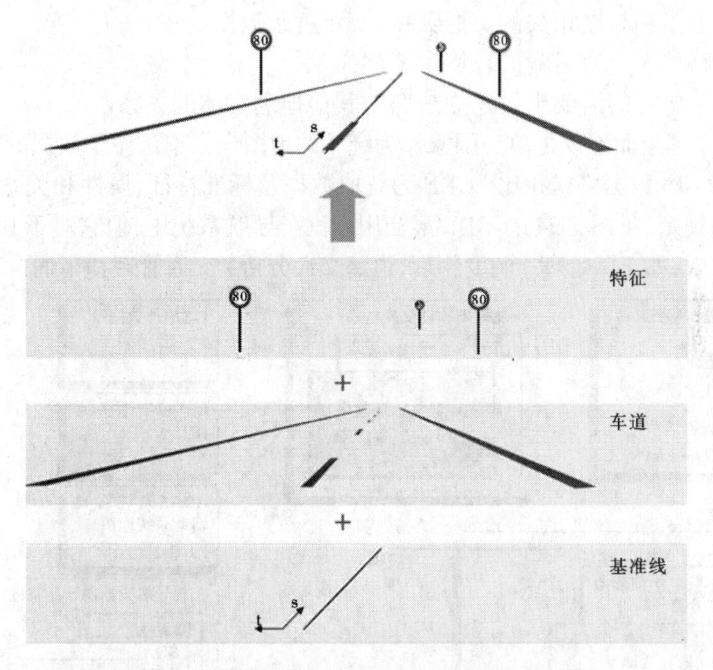

图 7-23　高精度地图中的道路标识线及路牌信息

(四)高精度地图数据量估计

无人驾驶车使用的高精度地图是 2D 网格,数据主要由激光雷达产生,由于激光雷达的精度大约是 5 cm,所以地图的最高精度可以达到每个网格 5 cm×5 cm。在如此高的精度下,如何有效管理数据是一大挑战。首先,为了尽量让地图在内存中,我们要尽量去掉不需要的数据。一般激光雷达可覆盖方圆 100 m 范围,假设每个反光强度可以用一个字节记录,那么每次激光雷达扫描可产生 4 MB 数据。扫描会包括公路旁边的树木及房屋,但无人驾驶并不需要这些数据,只需记录公路表面的数据即可。假设路面的宽度为 20 m,就可以通过数据处理把非公路表面的数据过滤掉,这样每次扫描的数据量会下降到 0.8 MB。在过滤数据的基础上,还可以使用无损压缩算法,如 LASzip 压缩地图数据,可以达到超过 10 倍的压缩率。经过这些处理后,1 TB 硬盘就可以存下全中国超过 10 万 km 的高精度地图数据。

八、高精度地图的数据模型

(一)什么是 GDF

地理数据文件(geographical data file, GDF) 是一种保存地理数据的文件格式,用于描述和传输道路网络和道路相关数据。

大多数汽车厂商与其供应商都会使用专有的地图数据模型,但基本都会受地理数据文件(GDF)规范的影响。GDF规模首次于1988年10月作为CEN(欧洲标准委员会)标准发布。GDF第5版于2011年发布,目标是将数字地图广泛用于车辆导航系统应用、行人导航、ADAS、公路维护系统、公路运输信息记忆远程信息处理。

GDF标准的基本思想:

(1)针对汽车导航应用的电子地图数据模型。

(2)突出道路和与之相关的交通数据,淡化背景数据。

(3)把道路放入交通运输的环境中考察。

(4)从汽车旅行的需要出发建立道路与其他地理实体的关系。

(5)把多个国家而不仅是单一国家作为统一的地图产品单位便于数据的阅读和交换。

与传统的GIS数据格式相比,GDF为获取数据及标准特征、属性和关系的扩展分类提供更多详细的规则(见图7-24)。GDF最初用于汽车导航系统中,但它对于其他运输和交通应用也十分有效,如车队管理、调度管理、道路交通分析、交通管理和车辆自动定位。

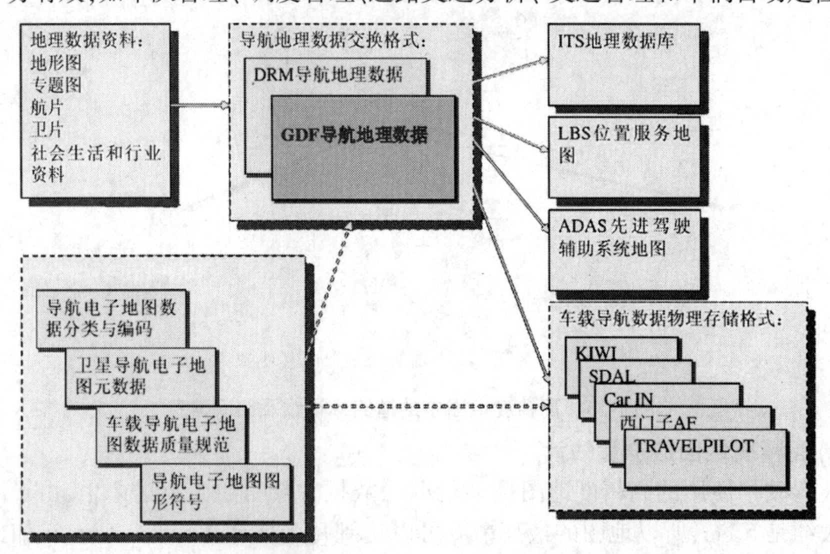

图7-24　GDF在导航地理数据体系中的位置和周边标准

1. GDF标准的层次结构

GDF标准的层次结构为:数据模型、逻辑结构、物理结构和交换文件(见图7-25)。

2. GDF标准的实质

GDF标准不但需要详细描述构成道路网本身的各类要素(如行车路线、道路交叉口、立交桥等),还需要以道路网为框架描述与交通行为相关的各类空间要素(如车站、交通信号灯、各类单位及商业服务点等);不但要描述道路网及相关空间要素的地理位置及形状,还要表达它们的空间关系及其在交通网络中的交通关系。

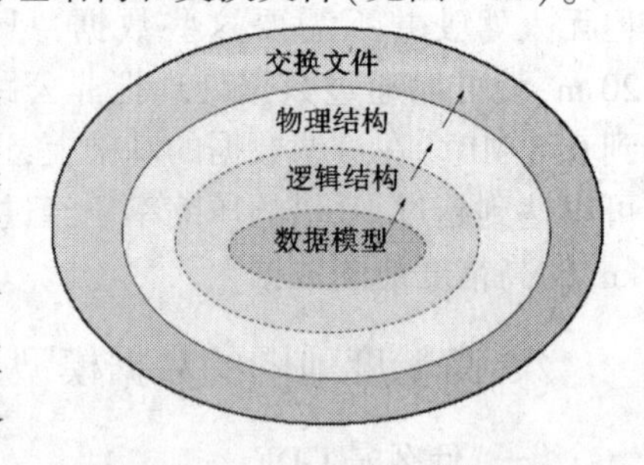

图7-25　GDF标准的层次结构

（二）GDF 地图数据模型

GDF 地图数据模型使用以下三种实体。

(1)要素(或物体):点、线、面(简单要素)或点线面的不同组合(复杂要素)。

(2)要素之间的关系:如子级、父级。

(3)属性:要素或者关系的属性。

GDF 地图数据模型实体见图 7-26。

图 7-26　GDF 地图数据模型实体

1. 交换数据模型和物理数据模型

GDF 数据模型和格式主要为交换格式,描述地图提供商传送数字地图的形式。车内程序直接使用 GDF 会非常复杂且低效。为了满足汽车在数据库大小与访问性能方面的要求,导航或者 ADAS 系统的机构都设计开发了自有的数据模型以及数据在媒体上的存储格式:物理数据模型(PDM)和物理存储格式(PSF)。基于这些不同的模式与格式,地图供应商提供的数据需要通过地图数据汇编转换为特定的物理存储格式。

物理存储格式标准化。2009 年大型汽车制造商以及 Tier1 供应商建立了导航数据标准(NDS),设计了通用导航地图数据模型与格式。2012 年首批使用 NDS 的系统上市。这相当于对物理存储格式进行了标准化。自此,地图数据供应商可以向主机厂客户端传送数据,而不需要有一级导航提供商进行高价的数据编译。NDS 将地图数据组织成独立的构架模块。NDS 第一版仅支持与导航相关的构建模块,目前已经支持与 ADAS 相关度的数据构建模块,并将其扩展为支持自动驾驶的内容。NDS 构建模块见图 7-27。

2. 数据模型的时效性图层

数字地图模型需要考虑数据、关系与属性的时效特征。不同领域的数据过时的速率不同,并且需要专门的技术来收集和分发。比如,道路的几何形状很少会发生变化,不需要进行实时或者经常更新。而交通信息需要实时收集和分发。时效性地图层见图 7-28。

3. 精确性

数据精度是高精度地图的重要指标。其包括三种不同的精度类型。

(1)几何精度。高精度地图的几何精度包括绝对几何精度和相对几何精度两种。

绝对几何精度用于测量对象绝对位置与地图中标识的相同对象的位置之间的误差。

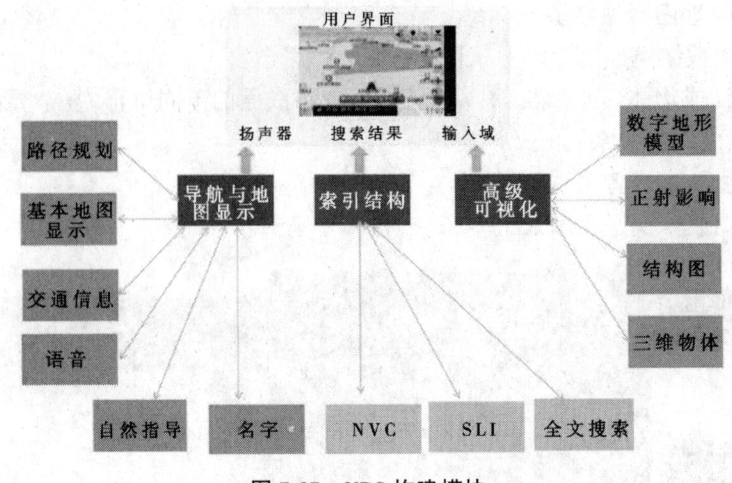

图 7-27　NDS 构建模块

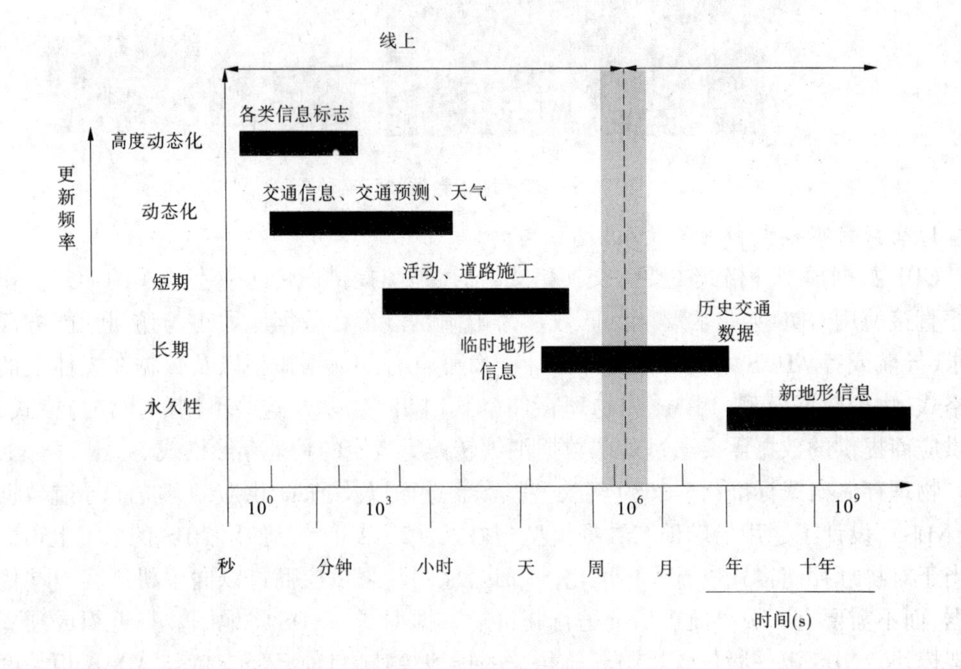

图 7-28　时效性地图层

导航地图的几何精度小于 10 m，ADAS 地图的几何精度小于 1 m，自动驾驶地图的几何精度小于 20 cm。

相对几何精度，用于测量地图中附近物体之间的相对位置误差。自动驾驶地图在 100 m 的距离中的相对位置误差要小于 20 cm。

（2）关系精度。指的是地图中捕获对象之间关系的精确程度。

（3）属性值精度。该精度会根据特定应用程序的使用和属性以及程度而异。

单元二　高精度地图制作

一、高精度地图的内容

高精度地图提供了一个自动驾驶环境的模型,车辆要想顺利进行自动驾驶,必须对其周边的环境进行构建。

高精度地图的内容包含以下几项(见图 7-29)。

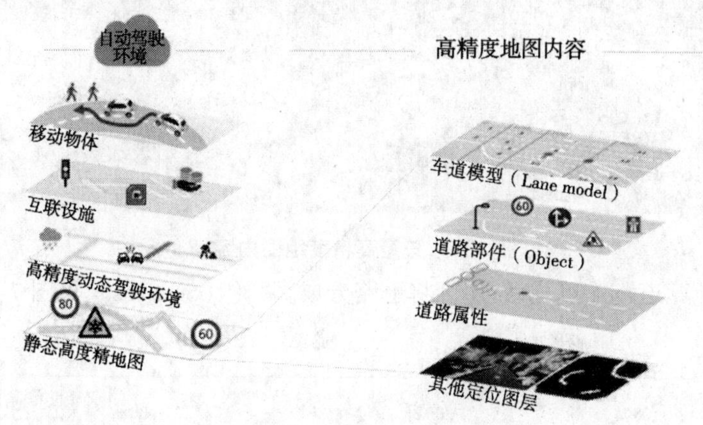

图 7-29　高精度地图的内容

(1)移动物体:行人、车辆。

(2)互联设施:V2V、V2X 等通信设施。

(3)高精度动态驾驶环境:是否拥堵、哪里在施工、哪里有事故、哪里有交通管制、哪里有雨雪等。

(4)最底层的静态高精度地图,也是目前阶段业界工作的重点。

(5)在静态高精度地图中,包含了车道模型、定位对象(static objects)、道路属性和其他的定位图层。

(6)车道模型主要用于引导车辆从 A 地开到 B 地,包含车道的详细结构和连接关系。

(7)定位对象是路面、路侧及上方的各种物体,包括标志标牌、路面标志、龙门架、桥、杆、牌等。

(8)道路属性则包括如导航图关联关系、GNSS 信号失锁区域等信息。

当前典型的高精度地图代表是矢量高精度地图,一些新的公司也称之为语义地图。内容大体如图 7-30 所示。

在车道模型中,也有很多重要的细节信息需要体现在高精度地图中,包括车道中心线、车道线、车道变化属性点以及道路分离点和车道分离点。

比如,在车道变化属性点,车辆可以通过传感器探测到相关信息,然后对比地图,便可清晰地知道自身处在什么样的位置。而且在路径规划时,车辆也知道在哪个位置进行并线是合理的。

图 7-30　矢量高精度地图内容

为了方便计算道路连接关系，还会将道路分成多个组（Sections），见图 7-31。

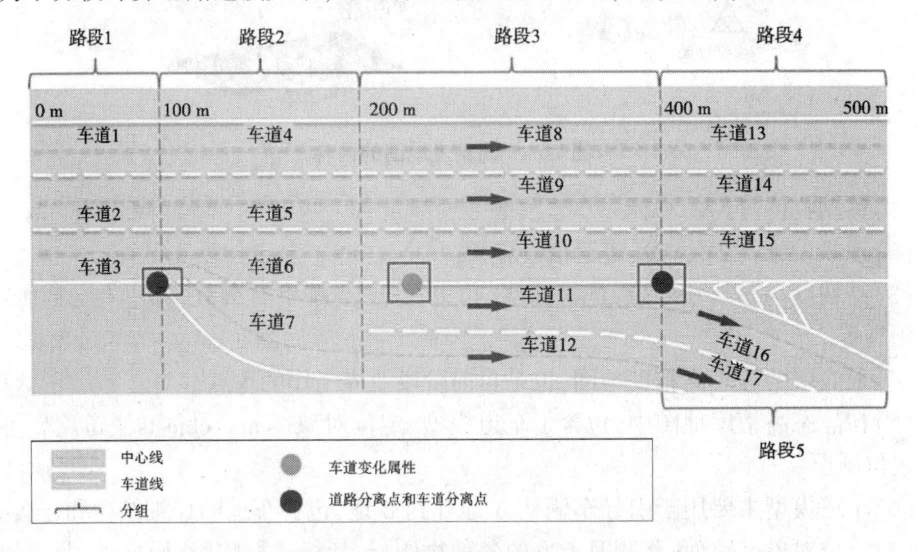

图 7-31　高精度地图基本车道模型

车道模型还包含车道连接关系（见图 7-32），也就是说车辆要去往一个目的地，需要经过哪几个车道的转换才能到达。

高精度地图中还有一些数学属性，包括道路的曲率、航向、坡度以及横坡，可以指导车辆执行转向、加减速。

高精度地图中还包含很多的定位对象（Object）用于实现车辆自定位，见图 7-33。

自动驾驶车辆自定位的典型方案是用车端的传感器识别各类静态地物，然后将这些物体与地图上记录的物体进行比对（map matching），比对之后车辆就得到自己在道路上的精确位置和姿态。

当然，还有一些特殊的地物如斑马线、停止线、红绿灯等，控制着不同的路口和不同的

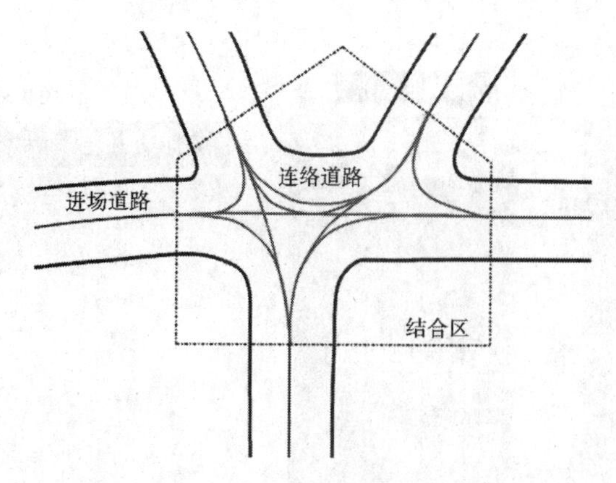

图 7-32　车道连接关系

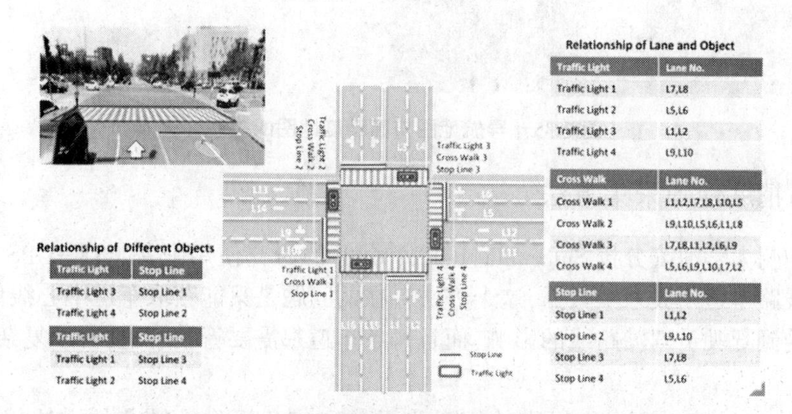

图 7-33　高精度地图的定位对象(Object)

方向,那么在数据中,我们就需要把这些关联关系表达进去,让自动驾驶汽车在这些地方可以顺利做出决策,自动驾驶车辆控制见图 7-34。

图 7-34　自动驾驶车辆控制

有了自动驾驶以后,导航地图依然会存在,但可能会变得比今天更简单一些。比如用户乘坐一辆自动驾驶汽车去往某个目的地,那么导航会规划一条行车路径交给自动驾驶系统,自动驾驶系统会依靠高精度地图再规划出一条更为精细的路线图,实现从 A 地到 B 地。其中包括在哪并线,在哪需要出匝道。

在导航地图和高精度地图之间建立连接关系,可以让导航系统和自动驾驶系统协同工作(见图 7-35)。

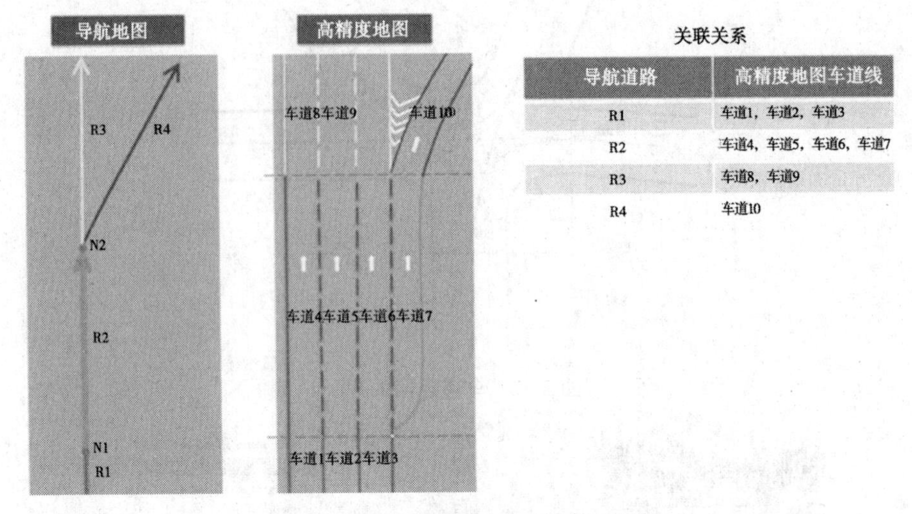

导航道路	高精度地图车道线
R1	车道1，车道2，车道3
R2	车道4，车道5，车道6，车道7
R3	车道8，车道9
R4	车道10

图 7-35　导航地图与高精度地图的关联

二、高精度地图采集方法

美国加州大学河滨分校 Sutarwala，Behlul Zoeb 的研究使用配备 RTK-GPS 的采集车沿着所需线路车道驾驶采集数据，这个方法存在的问题是只能获取车道中心线信息，其精度也容易受到驾驶员驾驶路线的影响，而且每条车道都需要行驶一遍，对于复杂的交通路况不实用。

Markus Schreier 在研究中提出使用激光雷达和广角摄像头结合的方法提取道路信息，加上配备的高精度 GNSS 能够达到 10 cm 精度。此方法中需要使用 64 线激光雷达，传感器成本比较高，而且依靠激光雷达反射率生成的俯视图在清晰度方面很难保证，很难在上面使用图像处理方法对线进行提取，人工标注也比较困难。

Chunzhao Guo 在研究中提出使用低成本传感器创建车道级地图的方法，提出使用 GPS/INS 紧耦合结合光流法进行定位，在卫星数量较少的城市环境中也能够实现可靠定位，从拼接的正射影像图中提取信息，但是绝对定位系统精度在很大程度上还是依赖 GPS。

传统电子地图主要依靠卫星图片产生，然后由 GPS 定位，这种方法可以达到米级精度。而高精度地图需要达到厘米级精度，仅靠卫星与 GPS 是不够的。因此，其生产涉及多种传感器，由于产生的数据量庞大，通常会使用数据采集车收集，然后通过线下处理把各种数据融合产生高精度地图。目前，高精度地图正在形成一种“专业采集+众包维护”的生产方式，即通过少量专业采集车实现初期数据采集，借助大量半社会化和社会化车辆及时发现并反馈道路变化，并通过云端实现数据计算与更新。大量的数据传输，对于网络条件也提出了很高要求。

三、高精度地图采集原理

高精度地图有着与传统地图不同的采集原理和数据存储结构。传统地图多依靠拓扑结构和传统数据库存储，将各类现实中的元素作为地图中的对象堆砌于地图上，而将道路存储为路径。在高精度地图时代,为了提升存储效率和机器的可读性,地图在存储时被分为了矢量和对象层。

以某一厂商高精度地图(见图7-36)为例。该高精度地图基于的是国际通用的OpenDRIVE规范,并做了一定的修改。一个OpenDRIVE节点背后,是一个header节点、road节点与junction节点,每个类型的节点背后还有各自的细分。而道路线、道路连接处、道路对象都从属于road节点下。junction节点下,有着较为复杂的数据处理方式:通过connection road将不同的两条道路连接起来,从而实现路口的数据呈现。介于路口的类型种类复杂,junction也常常需要多种连接逻辑。OpenDRIVE为高精度地图提供了矢量式的存储方式,相比传统的堆叠式容量更省,在未来的云同步方面拥有优势。

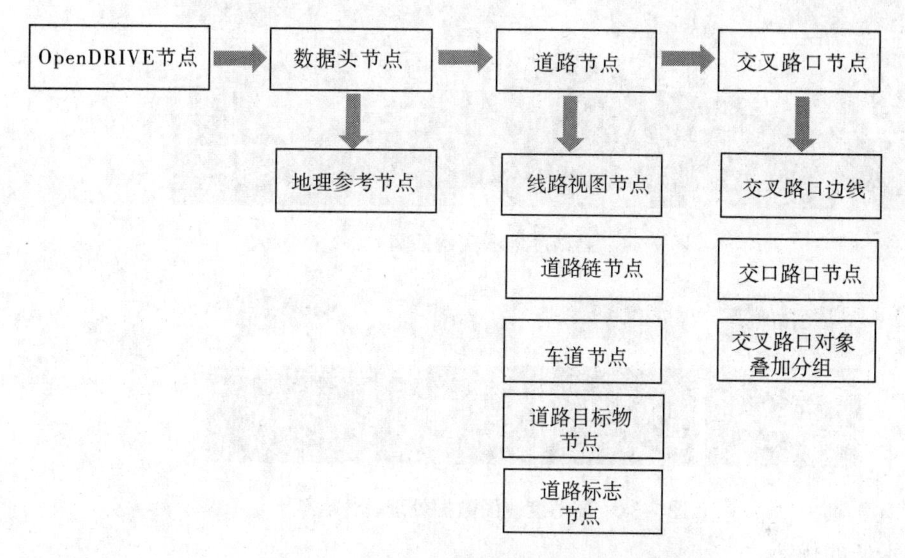

图7-36　高精度地图矢量数据格式

高精度地图数据采集:实地采集+处理+后续更新。

(一)实地采集

高精度地图制作的第一步,往往通过采集车的实地采集完成(见图7-37)。采集的核心设备为激光雷达,通过激光的反射形成环境点云从而完成对环境各对象的识别。

(二)处理

处理包括人工处理、深度学习的感知算法(图像识别)等(见图7-38)。一般来说,采集的设备越精密,采集的数据越完整,所需要算法去降低的不确定性就越低。而采集的数据越不完整,就越需要算法去弥补数据的缺陷,当然也会有更大的误差。

(三)后续更新

后续更新主要针对道路的修改和突发路况。这一方面有较多的处理方式,比如众包、与政府的实时路况处理部门合作等。

面对高精度地图市场,传统实地采集模式对于一些初创企业是较难承受的。通过众包的方式,利用相对成本较低的普通车载摄像头和相机来采集道路情况,随后再通过深度学习和图像识别算法使之转变为结构化数据。因此,这种方式有着积累速度快、传输数据

图 7-37　高精度地图实地采集

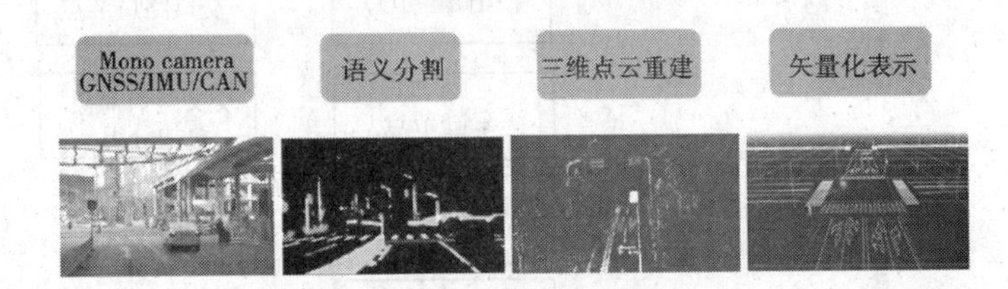

图 7-38　高精度地图数据处理

量小、实现成本低的优势。

众包除成本较低外，在实时性上也有较大的优势，未来势必会成为高精度地图采集体系中的一员。目前，已有多家车企及图商采用了众包的高精度地图采集方式（见图 7-39）。

四、高精度地图的采集设备

高精度地图的采集设备主要有以下几种：LiDAR（激光雷达）、Camera（摄像头）、IMU（惯性测量单元，陀螺仪）、GNSS（全球导航卫星系统）、轮测距器、高精度地图采集车等。

（一）LiDAR（激光雷达）

激光雷达首先通过向目标物体发生一束激光，然后根据接受—反射的时间间隔确定目标物体的实际距离。根据距离及激光发射的角度，通过简单的几何变换可以计算出物体的位置信息。汽车周围环境的结构化存储通过环境点云实现。

激光雷达（见图 7-40）通过测量光脉冲的飞行时间来判断距离，在测量过程中激光雷达要产生汽车周围的环境点云，这一过程要通过采样完成。一种典型的采样方式是在单个发射器和接收器上在短时间内发射较多的激光脉冲，如在 1 s 内发射万级到十万级的激光脉冲。脉冲发射后，接触到需要被策略的物体并反射回接收器上。每次反射和接受都可以获得一个点的具体地理坐标。但发射和反射这一行为进行的足够多时，便可以形

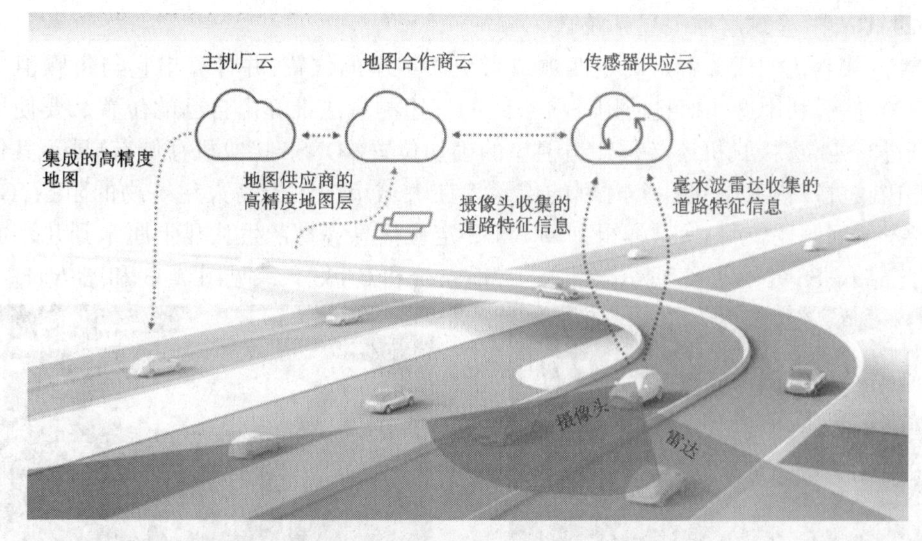

图 7-39　高精度地图采集众包的方式

成环境点云，从而将汽车周围的环境量化。

（二）Camera（摄像头）

通过车载摄像头（见图 7-41），可以捕捉到路面机器周围交通环境的静态信息，通过对图片中关键交通标志、路面周围关键信息的提取，来完成对地图的初步绘制。车载摄像头是高精度地图的信息采集的关键设备，其主要是通过图像识别和处理的原理来进行。

图 7-40　激光雷达

图 7-41　车载摄像头

（三）IMU（惯性测量单元，陀螺仪）

IMU（惯性测量单元，陀螺仪）用于测量物体三轴姿态角（或角速率）以及加速度的装置。一般情况下，一个 IMU 包含了三个单轴的加速度计和三个单轴的陀螺仪，加速度计检测物体在载体坐标系统独立三轴的加速度信号，而陀螺仪检测载体相对于导航坐标系的角速度信号，测量物体在三维空间中的角速度和加速度，并以此解算出物体的姿态。惯性测量单元及其原理示意简图见图 7-42。

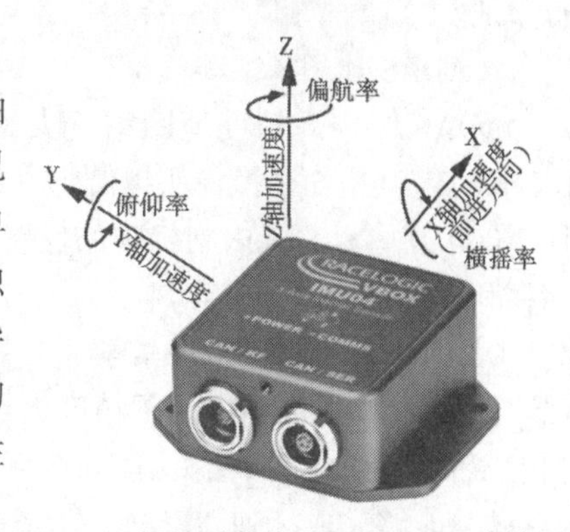

图 7-42　惯性测量单元及其原理示意简图

(四) GNSS(全球导航卫星系统)

GNSS 接收机的任务就是确定四颗或者更多卫星的位置,并计算出它与每颗卫星之间的距离,然后利用这些信息使用三维空间的三边测量法推算出自己的位置。要使用距离信息进行定位,接收机还必须知道卫星的确切位置。GNSS 接收机存储有星历,其作用是高速接收机每颗卫星在各个时刻的位置。在大城市中由于高大建筑物的阻拦,GNSS 多路径发射问题比较明显,这样得到的 GNSS 定位信息容易产生从几十厘米到几米的误差,因此靠 GNSS 并不能实现精准定位。导航系统和 GNSS 天线见图 7-43 和图 7-44。

图 7-43　导航系统

图 7-44　GNSS 天线

(五) 轮测距器

通过轮测距器(见图 7-45)可以推算无人驾驶车的位置。在汽车的前轮通常安装了轮测距器,会分别记录左轮与右轮的总转数。通过分析每个时间段左、右轮的转数,我们可以推算出车辆向前行驶的距离,以及向左、右转了多少度。

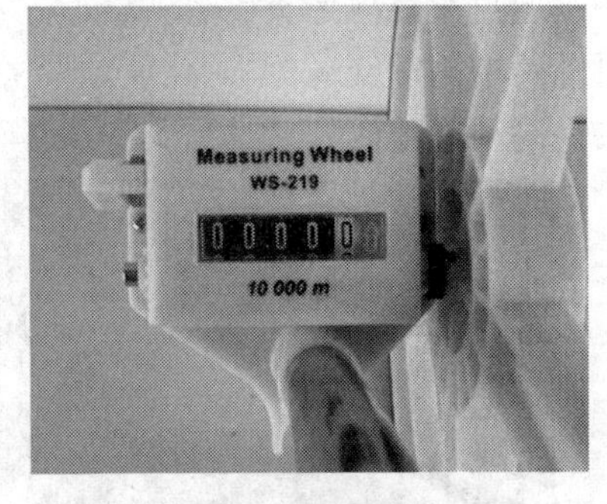

图 7-45　轮测距器

(六) 高精度地图采集车

高精度地图采集车的装备较为复杂,包括了我们以上提到的多种传感器,来进行道路和静态交通环境数据的采集。下面分别介绍 ADAS 高精度地图采集车和 HAD 高精度地图采集车的配置情况。以下内容只是一般采集车的配置情况,不同图商的具体设备配置情况可能略有差别。

1. ADAS 地图采集车

ADAS 级别高精度地图精度大约在 50 cm 级别。车顶安装有 6 个 CCD 摄像头(见图 7-46)。其中 5 个摄像头以圆形环绕,顶部一个单独的摄像头,每个像素都是 500 万,总计 3 000 万像素。车内副驾驶的位置有用于采集数据的显示屏,机箱在后备箱位置,用于储存和处理数据。

2. HAD 高精度地图采集车

HAD 及以上高精度地图精度大约在 10 cm 级别。顶部则是通过装配 2 个激光雷达(位于后方)和 4 个摄像头(两前两后)的方式来满足所需要的 10 cm 级别精度。两种方案搭配,能够完成标牌、障碍物、车道线等道路信息的三维模型搭建(见图 7-47)。

图 7-46　ADAS 地图采集车

图 7-47　HAD 高精度地图采集车

另外,百度的高精度地图采集车的传感器配置情况为:

(1)最顶部的 32 线激光雷达、三个 360°全景摄像头、一个前置的工业摄像头、一个包含 IMU(惯性测量单元,是测量物体三轴姿态角(或角速率)以及加速度的装置)和 GPS 装置的组合式导航系统以及一个 GPS 天线,见图 7-48。

(2)从具体分工来看,激光雷达负责采集点云数据,摄像头负责采集图片,天线负责接受卫星定位信号,导航系统负责采集 GPS 轨迹。

图 7-48　百度的高精度地图采集车的传感器

五、高精度地图的制作过程

(一)主要高精度地图

首先,高精度地图中的地理数据涉及国家安全,需要有地图测绘的相关资质。其次,高精度地图涉及的外采和内业,都有非常高的技术含量。尤其是采集数据处理方面,需要利用深度学习,把路灯、车道线、路牌、限速标志等数据自动化提取。另外,数据采集和处理以及地图的生产,都需要耗费巨大的资金,动辄数亿元甚至数十亿元的投入。

所以,在国内,高精度地图也主要由百度、高德、四维图新三大公司牵头发展(见图 7-49~图 7-52)。在国外也仅有数个公司掌握该技术。

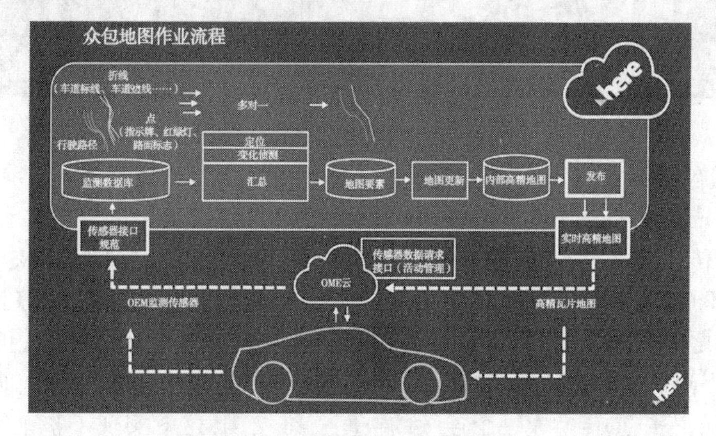

图 7-49　HERE 高精度地图制作流程

图 7-50　MobilEye 高精度地图

图 7-51　高德高精度地图

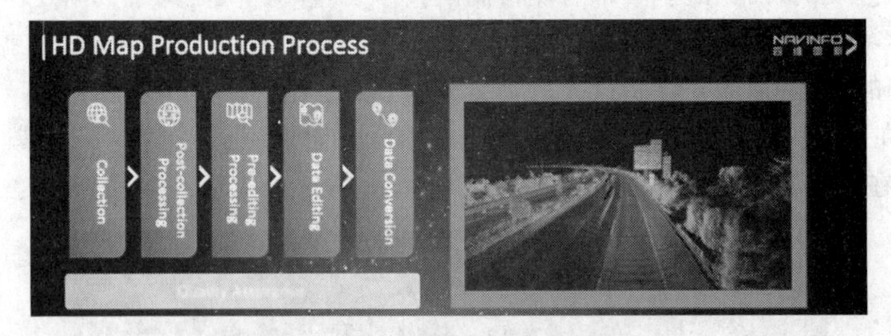

图 7-52　四维图新高精度地图

(二) 地图存储格式

1. 高精度地图生产的计算模型

有了各个传感器之后，我们要通过一定的算法，由于 IMU、轮速计、GNSS 本身具有局限性，导致都不可能达到非常准，所以在收集到数据之后需要对数据做综合处理。通过 IMU 和轮速计之间做融合，甚至和 GNSS、其他一些 slam 算法之间的融合，把 pose 再做一个校正，就能得到一个相对比较准的 pose。得到相对比较准的 pose 之后，再把空间通过激光雷达扫描的三维点转换成一个连续的空间三维结构，这就实现了整个空间结构的三维重建。高精度地图计算架构见图 7-53。

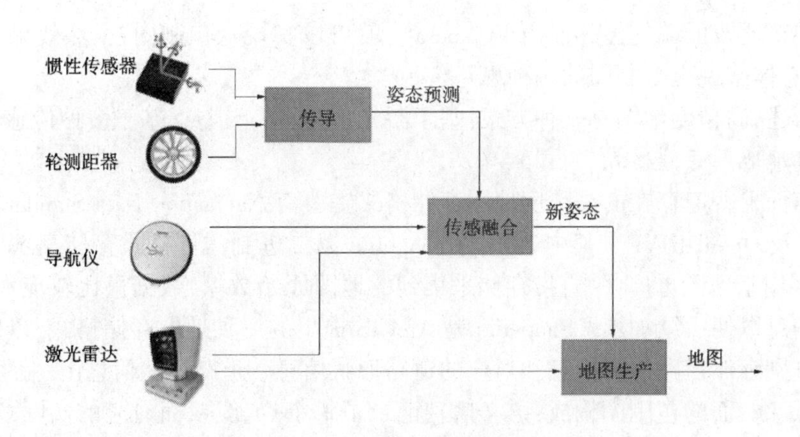

图 7-53　高精度地图计算架构

下面是一个简化模型,是高精度地图的计算模型。

$$J = Q[z - h(m,x)]$$

该公式是一个高精度地图的高度简化的计算模型,Q 为优化方程,z 为激光雷达扫描出的点,h 为方程预测最新的扫描点位置,m 为扫描到的点在地图中点位置,x 为无人车当前的位置。这个方程的目的是通过最小化 J 求出测量点在地图中的准确位置。在计算模型中,m 与 x 开始都是未知的,可以先通过多传感器融合求 x,再求出测量点在地图中的准确位置 m。

高精度地图的优化过程相当于是一个最优化的过程,我们通过扫描激光点和 IMU 或者 GNSS 的测量数据,求预测位置和实际位置之间的最小化,最终得到一个结果。在实际应用中复杂度要远远超过简单模型展示的。

上面的过程偏重激光,现在主流的制图方案有两种:一种基于激光雷达,另一种基于摄像头。

基于摄像头的方案除需要 IMU 或者轮速计和 GNSS 等传感器外,会用到一些 Camera 的信息,激光雷达制图也会用到 Camera 信息,这里主要讲 Camera 在制图中怎么用。

(1)与激光雷达融合。

激光雷达采集的信息非常准确,距离非常准,缺点在于信息非常少,没有像图像那样有丰富的语义信息和丰富的颜色信息。结合点云和激光雷达之间做融合,在图像里测到的信息,然后在点云中检测信息,这样既能利用图像本身丰富的色彩信息,又能利用激光点云本身非常准确的特性,最终得到一个非常准确的高精度地图。这个方案是目前百度采用的方案。百度采用激光雷达跟 camera 两个相互补充得到一个非常好的高精度地图。

(2)视觉方案制图。

国内一些企业采用视觉方案制图,如宽凳号称纯视觉制图,精度能够达到 20 cm,deepmotion 也是纯视觉制图的方案,号称精度也是厘米级。

这里要提到的除激光雷达和视觉的制图方案外,还有公司在尝试其他的解决方案,如英伟达提出的方案,英伟达由于是做 CPU 出身,计算硬件非常强大,他们就提出来通过在线实时检测,实时生成。就是利用计算能力非常强大,把所有的东西放在车上实时检测生成高精度地图。还有国外一家做 15 级别的无人驾驶公司号称用车载的行车记录仪,或者通过手机甚至比较低端的传感器(如 Camera),就可以实现众包制图,虽然效果还不知道如何,但是总体来说也是制图的一种思路。

综上所述,高精度地图有三种方式:基于激光雷达、基于视觉、基于多种传感器融合。

2. 高精度地图存储格式

现在市面上普遍存在的高精度地图存储格式主要有 Navigation Data Standard(NDS)、Shapefile 以及 OpenDRIVE。其中 NDS 与 Shapefile 以二进制文件格式存储高精度地图信息。NDS 多用于地图母库中,直接存储采集到的地图原始数据,数据量比较庞大,会存储很多冗余信息以便后续加工。Shapefile 是 ArcGIS 提出的一种地图存储格式,以关系型数据库方式分别存储道路语义信息和对应的道路形状信息。道路形状信息由一系列的坐标点定义的点、线、面的包围圈构成;语义信息记录了每个点、线或面对应的实际意义,比如一条河或一座公园。OpenDRIVE 以 XML 文件格式为载体存储高精度地图信息,其中包括道路形状信息、车道分区、车道等标签,能够详细描述车道级别的高精度地图信息。

在 NDS、Shapefile 和 OpenDRIVE 存储格式中,车道级别的信息是存储在道路信息内部的。在需要提取车道级别信息时,必须首先解析道路信息,然后根据获取的道路信息内容查询属于该道路内的车道信息。车道级别的信息存储在道路信息内部,这种信息内容的嵌套要求在查询某条车道信息时先逐个读取道路级别信息,然后遍历每条道路信息内部的所有车道信息来判断该条车道是否为所需,导致了对车道级别信息查询效率不高。而且要求使用者必须完全了解除车道信息外的数据存储格式。此外,由于 NDS 和 Shapefile 格式本身采用二进制格式存储信息,需要对文件中存储的形状信息做语义匹配,这样才能明确文件中记录的几何信息的实际意义,这样就使得车道信息查询的效率降低,不利于智能驾驶的开展。

(三)高精度地图制图流程

以 Apollo 高精度地图的构建为例,由五个过程组成:数据采集、数据处理、对象检测、手动验证和地图发布(见图 7-54)。

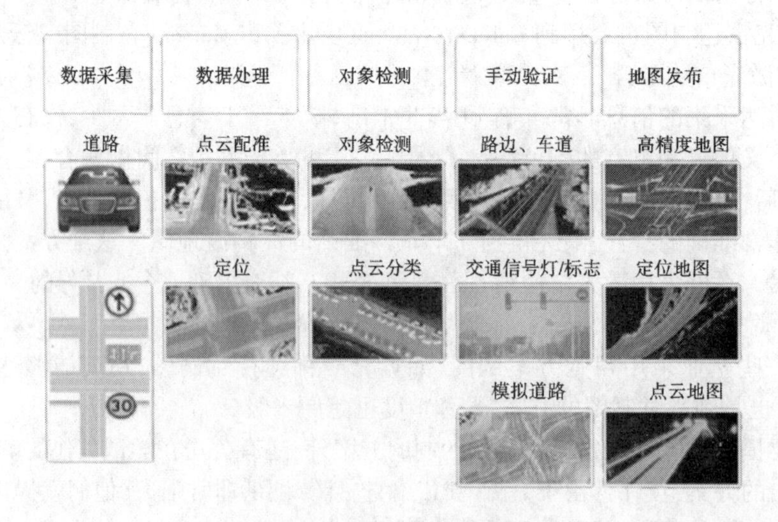

图 7-54 高精度地图的构建

1. 数据采集

这是一项庞大的密集型任务,需要大量的调查车辆收集用于制作地图的源数据,调查车辆不仅有助于地图构建,而且对于地图的维护和更新也非常重要。道路在不断变化,建筑变化也在发生,公共事业工作人员经常对道路进行拆除和重新铺设。然而,无人驾驶车需要其地图始终保持最新状态,大量的调查车辆可确保每次道路发生改变时,地图均会得到快速更新。

调查车辆使用了多种传感器,如 GPS、惯性测量单元、激光雷达和摄像机。

Apollo 定义了一个硬件框架,将这些传感器集成到单个自主系统中,通过支持多种类的传感器,Apollo 可以收集各类数据,将这些数据融合,最终生成高精度地图(见图 7-55)。

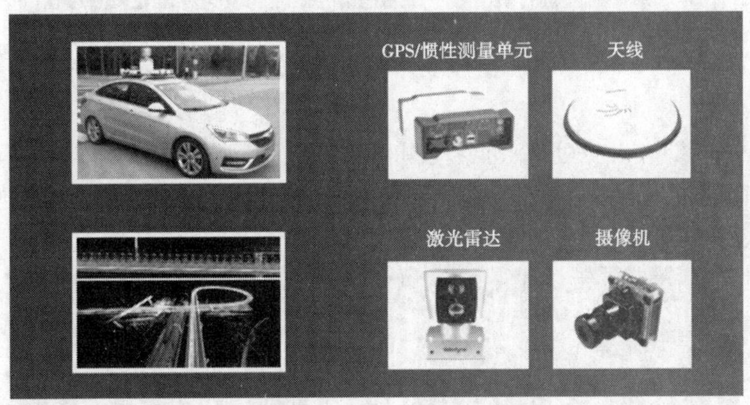

图 7-55 Apollo 数据采集

2. 数据处理

数据处理指的是 Apollo 如何对收集到的数据进行整理、分类和清洗以获得没有任何语义信息或注释的初始地图模版。例如图 7-56 中的图像是点云,是由北京中关村手机的数据融合而成的。

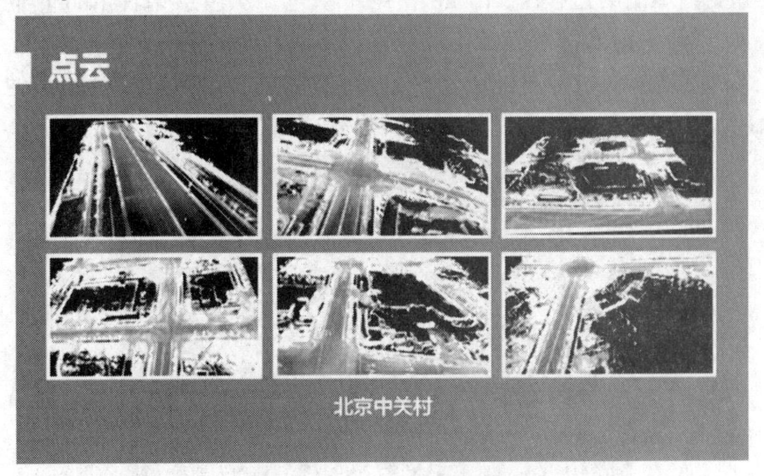

图 7-56 Apollo 数据处理

3. 对象检测及手动验证

Apollo 团队使用人工智能来检测静态对象,并对其进行分类,其中包括车道线、交通标志甚至是电线杆。

手动验证可确保自动地图的创建过程有序进行并及时发现问题。Apollo 软件使手动验证团队能够高效标记和编辑地图(见图 7-57)。

图 7-57　Apollo 地图验证

4. 地图发布

在经过数据采集、数据处理、对象检测和手动验证之后,地图即可发布。

除发布高精度地图外,Apollo 还发布了采用自上而下视图的相应定位地图以及三维点云地图(见图 7-58)。

图 7-58　Apollo 发布的地图

在构建和更新地图的过程中,Apollo 使用了众包。众包意味着 Apollo 向公众发布其数据采集工具,以便任何人都可以参与制作高精度地图的任务。

Apollo 高精度地图众包可通过智能手机、智能信息娱乐系统甚至是其他无人驾驶车来实现。众包加快了高精度地图制作和维护过程(见图 7-59)。

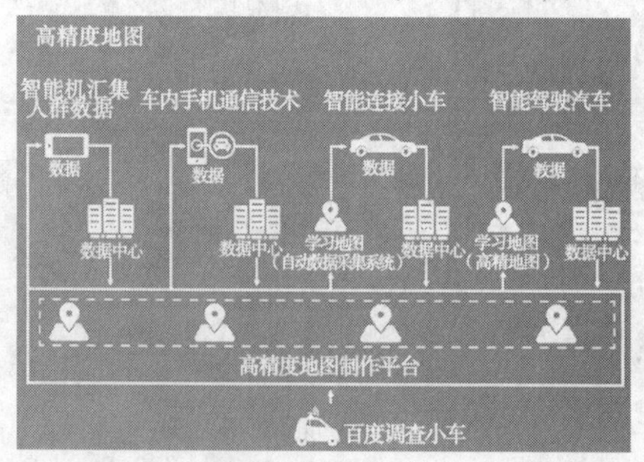

图 7-59　Apollo 众包高精度地图制作和维护过程

小　结

本项目主要介绍了高精度地图的定义、定位方法、特点、内容,在自动驾驶中的应用,数据特征类型及数据模型,以及制作过程。通过本项目的学习可以认识到高精度地图的基本概况,为后续课程的学校奠定基础。

复习与思考题

1. 简述高精度地图的定义。
2. 高精度地图的定位方法有哪些?
3. 高精度地图的特点有哪些?
4. 高精度地图的主要内容是什么?
5. 简述高精度地图的制作过程。

项目八　电子地图的应用及发展趋势

【项目概述】

本项目主要介绍电子地图技术的应用及发展趋势，详细介绍了多媒体电子地图、网络电子地图的概念、功能、特点、应用，分析了电子地图的专业应用及发展趋势。学生通过本项目的学习，能够对电子地图的多方面应用及未来发展趋势具备整体的认识。能够掌握多媒体电子地图、网络电子地图的概念、功能及各自的特点。

【学习目标】

知识目标：

1. 掌握多媒体电子地图、网络电子地图的基本概念；
2. 掌握电子地图各专业领域的发展现状；
3. 了解电子地图的发展方向。

技能目标：

1. 培养如何快速认识新事物的能力；
2. 掌握学习新知识的一般方法；
3. 学会利用对比的方法进行新知识的理解。

【导入】

与学生讨论：电子地图主要有哪些应用？什么是多媒体电子地图和网络电子地图？他们都有哪些功能？电子地图未来的发展又在何方呢？

【正文】

单元一　电子地图的专业应用

一、旅游电子地图

旅游是个人以前往异地寻求审美和愉悦为主要目的而度过的一种具有社会休闲和娱乐属性的短暂经历。近年来，旅游活动逐渐走上产业化的道路，已经成为一种新的产业——旅游业。一直以来，旅游与地图就紧密地联系在一起，如导游地图可以指导人们了解旅游景点知识及其分布，确定旅游线路等，可以在时间和空间上安排最佳的活动方案。不仅如此，地图还有助于旅游资源的管理和规划，实现旅游资源的合理配置与布局，在此基础上，旅游电子地图进一步提高了旅游管理、规划的交互性和智能化特点，具有非常重要的作用。

（一）旅游电子地图的概念与分类

旅游电子地图是利用地图形式反映各种旅游信息，以帮助实现旅游线路选择、旅游资源管理与规划的电子地图系统。旅游电子地图建立在计算机软、硬件技术平台之上，借助于计算机图形图像技术、多媒体技术和空间数据库技术，将旅游景点、旅游线路、旅馆饭店、旅游购物、风土人情等有关内容录入计算机，结合图形、图像、文字、声音、视频、动画和虚拟现实等形式进行系统管理，并最终实现为旅游业服务的目的。

旅游电子地图根据使用对象划分主要可分为两种类型：普通型旅游电子地图和管理型旅游电子地图。

1. 普通型旅游电子地图

普通型旅游电子地图主要供广大旅游者使用，旅游主体在进行旅游活动的过程中，可能会要求了解旅游区的地理概况，社会文化背景，景点分布和气候条件，以便选择旅游季节和路线，计划旅游时间和费用；或者要求了解旅游区的文化、古迹、风景名胜分布，以及所到旅游目的地的工作和住宿地点，交通工具及行经路线、公交站点等，通过旅游电子地图对旅游相关数据的管理功能，用户既可以实现对旅游景点知识、旅游路径、旅行团信息等的查询，也可以实现对交通线路的分析，最终获得所需要的信息。如图 8-1 所示。

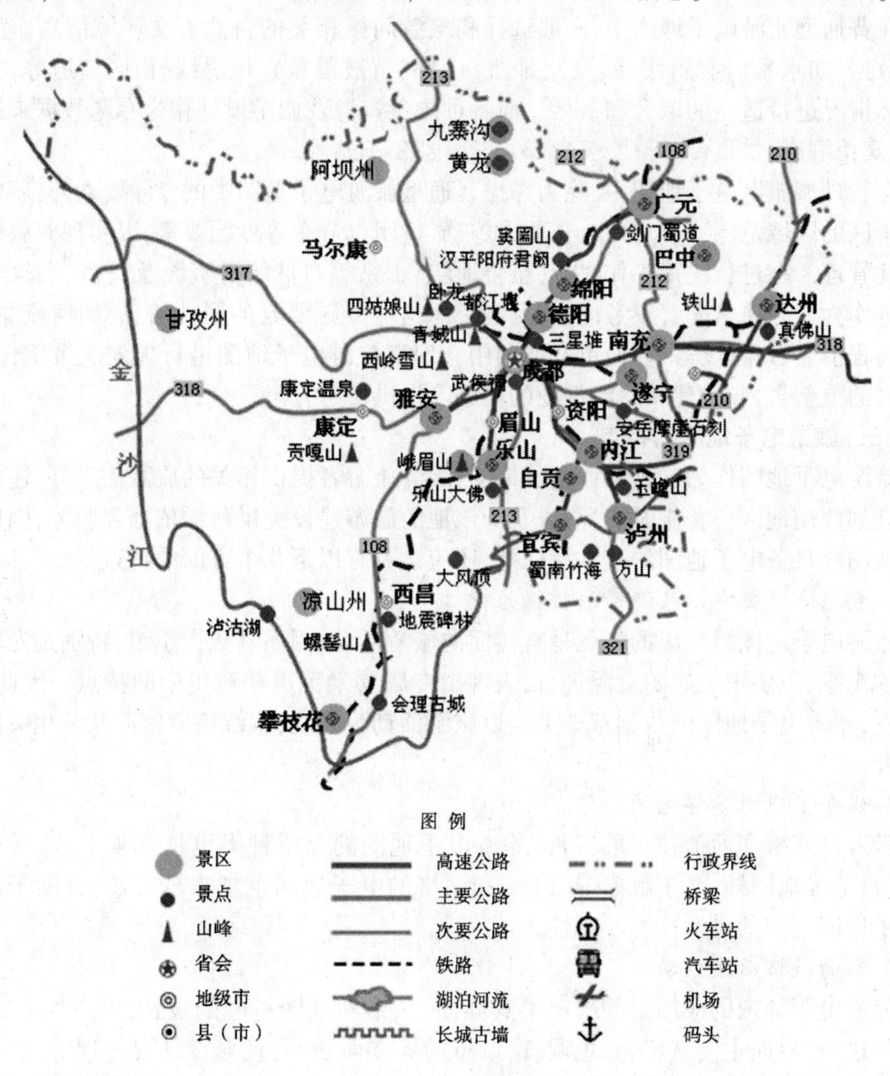

图 8-1　景区旅游地图

2. 管理型旅游电子地图

管理型旅游电子地图主要面向旅游管理决策者使用,这类旅游电子地图着重介绍旅游资源状况及旅游设施状况。通过查询分析旅游景区的景点、人口、车辆、旅行组织的分布信息,可以为日常旅游管理和资源调配提供参考依据,可以保证旅游景区的合理运转,另外通过对上述要素的综合考察,可以得知旅游景区的综合状况是否合理,以进行下一步的规划工作,如增删旅游景点、旅游配套设施等。

按照旅游区域范围,旅游电子地图可分为全球、洲、国家旅游电子地图,地区旅游电子地图,城市旅游电子地图,景区游览导游电子地图等。

(二)旅游电子地图的数据类型

不同用途的旅游电子地图,在组织数据的过程中侧重点也有所不同,下面举例说明普通型旅游电子地图和管理型旅游电子地图中的数据组织情况。

在普通型旅游电子地图中,一般选择和旅游间接相关的自然人文环境信息作为基础地理数据,如水系(河流、水库、泉)、地貌(山峰、植被覆盖)、境界线、街区街道等,并应根据实际情况进行适当的取舍和概括。而各种旅游资源及旅游设施作为专题数据来进行组织,如宾馆酒店、景点、旅行社、美食街、交通线路、车站等。

在管理型旅游电子地图中,除需考虑普通型旅游电子地图中的专题要素外,还应考虑旅游景区的区域范围、人口分布、交通设施、旅行团点分布等专题要素,以实现对旅游景区的最优管理。在进行决策工作时,甚至将地貌、水系等自然旅游资源及民俗、宗教等人文资源都作为专题要素来着重考虑,并且需考虑这些专题要素的属性信息,如河流宽度、地貌的高程值、人口密度等,以便更好地利用管理型旅游电子地图进行规划决策工作,为旅游景区的重新规划、改建及旅游设施的增删等提供参考方案。

(三)旅游电子地图的特点

旅游电子地图作为一种专业电子地图,除为旅游者提供相关的旅游信息外,还应考虑合理规划使用地区科普旅游资源,以及为该地的旅游建设提供科学依据和服务,因而旅游电子地图除具备电子地图的基本特征外,还应该具有以下几个方面的特点。

1. 专题地理要素以旅游资源数据为核心

旅游电子地图最突出的特点是直接面向旅游活动,因而其数据组织,特别是专题地理要素的组织,主要围绕旅游资源进行,表现出专题要素范围相对集中的特点。因此,从总体上看,旅游电子地图的数据基本上是以旅游活动为主线,围绕旅游资源及其相关配套设施展开。

2. 媒介呈现出多样化的趋势

随着计算机和通信技术的发展,旅游电子地图的介质种类也越来越多,除常见的单机、光盘电子地图外,基于触摸屏、PDA 和网络的电子地图也越来越普及,有助于提高旅游电子地图应用的灵活性与共享性。

3. 界面风格活泼生动

旅游电子地图的应用目的决定了其界面、风格和地图符号的设计,本着“以人为本”的原则进行,界面主要从色彩、色调、窗口布局等方面展开,色彩设计要合理,注意颜色搭配,色调的选择应考虑旅游景区的主题特征。另外,窗口布局的设计除考虑易操作外,还要保证设计新颖别致。

4. 功能齐全,操作简单

旅游电子地图具有对旅游专题信息的浏览、查询、分析等功能,可以提供给用户丰富的信息,同时旅游电子地图在系统设计上,也追求用户操作的简便性,这就使得用户可以用简单的操作实现复杂的功能,了解海量的旅游相关信息。

5. 旅游信息丰富,采用多媒体表达

旅游电子地图一般都包含与旅游地相关的各类专题信息,为了突出表达旅游景点,往往通过和旅游点关联的文字、图片、音频、视频、动画等媒体进行超链接,同时也便于游客制成个人旅游纪念光盘。游客想到长白山去旅游,通过旅游电子地图,可以了解长白山美人松、高山杜鹃的特点、所处的地理环境等。

(四)旅游电子地图的系统功能

1. 地图浏览功能

通过对旅游电子地图的放大、缩小、漫游、定位,可以用于实现对旅游资源目标的浏览,以了解某风景区内旅游景点的数量及配套设施所处的位置,旅游路线的连通性,可以做到在旅游活动前及过程中,心中有数,有据可考。同时旅游管理规划人员通过对旅游电子地图的浏览,可以了解所辖区域范围内的人口民俗分布状况,旅游要素及配套设施的分布情况等,以做到借助管理型旅游电子地图来辅助管理规划工作的目的。

2. 查询功能

旅游电子地图具有双向查询功能,一方面通过输入想要查询的目标的名称或关键字,便可以在电子地图上突出显示相应的目标要素及相关信息(文字、图片、音频、视频、动画等多媒体信息);另一方面可以在电子地图上选择需要查询的目标,显示其名称和信息,以及此旅游目标所链接的多媒体信息。

普通用户可以通过查询得到旅游景点的旅游信息及图片、视频等多媒体信息,有如身临其境的感觉。管理规划人员可以通过查询功能了解所辖景区内各种要素的相关信息,以做到对景区范围内的人员、物资合理的调配,在此基础之上,还可以制订出合理的规划方案,以保持景区的可持续发展。

3. 地图分析功能

旅游电子地图具有按专题来显示、管理地图要素的功能,一方面,用户可以单纯地浏览所需要的某专题的信息,而不受其他专题的干扰;另一方面,也可实现对多个专题图层的叠置分析,以进一步获得更多的详细信息。

旅游电子地图具有缓冲区分析的功能。通过对某一专题要素进行自缓区分析即可得出这一专题要素的分布是否合理。

旅游电子地图具有线路分析的功能。不仅可以通过线路分析提供给用户最佳的旅游线路,如"智能出游导航"功能,还可以提示路程距离以及出租车费用等;也可以为管理规划部门提供进一步开辟旅游路线的参考方案。

4. 管理规划功能

管理部门通过对旅游电子地图的使用,一方面可以掌握景区范围内的旅游资源及其配套设施的各种信息,为日常管理提供服务;另一方面也可以了解水系、地貌、风景名胜等自然资源及居民点分布与民俗状况等人文要素的属性信息,以实现景区新景点的开辟、不合理景点的取消、配套设施的变更,最终实现景区的合理运转与可持续发展。

5. 更新维护数据功能

信息更新较快决定了旅游电子地图必须及时更新地图数据以适应形势，比如，旅游景点信息、旅游配套设施的信息等。此外，旅游景点所关联的大量多媒体数据，遥感数据也需要实时进行更新，以正确的反映旅游景点及配套设施的情况变化情况。

二、城市电子地图

目前，电子地图概念已经逐渐融入城市生活的诸多方面，技术手段日趋成熟且持续更新，产品模式日益扩增，应用也由政府、行业和企业走向公众，由辅助决策拓展到信息导航和信息服务并已为大众熟悉和接受。

城市电子地图不仅可以显示城市发展的历史和面貌，而且能以较强的现势性来展现城市的时代英姿。已成为城市发展规划、管理决策、旅游观光、对外交流和了解投资环境，进行商务活动的重要科学依据。

（一）城市电子地图的数据类型

城市电子地图应以"城市"和"大众应用"为特点，这两个特点决定了在产品的内容、详细程度、定位精度等的设计上需采用一些与传统测绘不同的理念。作为产品开发的城市电子地图的内容应是基础性的、综合性的、公共性的和可扩充的；根据应用的需要，城市电子地图可以设计为全要素电子地图，也可以设计为单要素电子地图，以达到多用户、多用途的目的。

全要素的城市电子地图的主要内容应包括如下几个方面。

1. 城市基础地理要素

点状要素：旅游景点、纪念碑、古迹、重要建筑等。

线状要素：街道、区界、河流等。

面状要素：湖泊池塘、建筑用地和街区、绿地。

2. 城市专题要素

公共交通路线，政府和机关团体所在地，银行、保险等服务机构，大型工厂、企业、涉外旅馆，重要的商场、集贸市场等。

3. 其他内容

有关城市发展及重要企事业单位、历史文化等方面的文字说明，反映城市特色和发展的图片、视频等。

城市电子地图数据具有种类繁多、关联性强、更新要求高等方面的特点，因而对于城市电子地图数据的分类分级是个比较复杂的问题，当然，根据不同城市的实际情况，对于上述要素可做适当增减，各类要素的分类分级并无统一规范，可根据城市电子地图制作的目的要求来划分。城市电子地图在组织数据时，多采用划分为若干图组的方式，其中每个图组下面又有若干图幅，关联到专题目标并实现和多媒体信息的超链接。

（二）城市电子地图的特点

1. 具有综合性、全要素的地图数据

作为社会经济中心的城市，虽然所处的地理位置、区位条件、城市规模等方面会存在差异，但城市电子地图的数据一般都会涉及政治、经济、文化、教育、旅游、卫生、交通、环境等各个方面的内容，在各种专业电子地图中，数据类别是最齐全的，也是最丰富的。城市电子地图的数据一方面反映了地图要素的位置、形态和相互关系,另一方面也为空间分析、交通导航、可视化表达等功能提供了空间上的支持。

2. 风格、界面设计依托城市特点进行

具有良好设计风格的城市电子地图,往往可以体现出这个城市的代表特征,如古都西安,电子地图的设计风格要能体现出庄严肃穆,而园林城市苏州的特点是小巧精致,特区深圳是一个现代化的兼容性强的城市,而南京则是悠久历史和现代化并存的城市。通过这种设计,城市电子地图更容易全新地,直观地,多视角、多层次地反映一个城市的综合信息及城市特点,为使用者提供高水平、高质量的服务。

3. 集成了大量的多媒体信息

图像、文本、声音、动画、视频等大量多媒体信息的引入,不仅增强了人们在空间信息上的交流方式,而且将交互特性引入读图,增强了读图的主动性和娱乐性,缩短了游客获取信息的路径,可在有限的时间内为游客提供大量信息。

4. 容易修改和更新

城市电子地图和地图数据库相连,通过在地图数据库中对地理空间数据和属性数据的管理,来实现对系统本身,如界面、数据的更新,这就使得城市电子地图的现势性大大增强。

(三)城市电子地图的系统功能

随着人民生活水平的提高,计算机和网络的进一步普及,城市电子地图呈现出形式多样化的发展趋势,现阶段可能以各种载体和形式出现,如光盘电子地图、网络电子地图等。在此基础上,城市电子地图的功能也逐渐强大,除包含经济、文化、教育、交通、旅游、医疗等基本城市信息外,还可以提供给用户越来越多的服务,将城市的相关信息充分地反馈给用户。

城市电子地图除具有电子地图的浏览查询、空间分析等基本功能外,一般还具有以下功能。

1. 交通线路分析及导航的功能

城市电子地图中,交通是其重要的组成部分,利用电子地图的交通线路分析及导航模块的功能,用户可以实现对地点、道路空间、属性的双向查询,分析计算最优的行车、商旅路线,查询显示最佳的公交车转乘方案,还可以为实时的车载导航功能提供空间上的支持。

2. 具有辅助管理部门管理规划的功能

利用城市电子地图对地图数据的管理能力,管理部门可以轻松获得负责区域的地形地貌、交通路线、居民点等专题要素的相关信息,因而,既可以作为日常管理的工具,实现对管理区域的人员分配、资源调度、设施维护,还可以为城市规划改造提供合理的方案。比如通过对城市内的加油站进行缓冲区分析,可以得出加油站的分布状况是否合理,以决定下一步加油站的增删方案等。

3. 全方位宣传城市、提升城市形象的功能

城市电子地图可以通过对风格、界面的设计最大限度地体现城市特征,做到电子地图和城市融为一体,从而使用户在使用电子地图的过程中,加深对这个城市的理解。而且,城市电子地图一般都集成了大量的多媒体信息,调动用户的听觉、视觉感官认知能力,从而使用户全方位、多角度地了解城市。

三、海事电子地图

（一）海事电子地图相关概念

海事电子地图，又称电子海图，被认为是继自动雷达标绘仪（ARPA）、雷达之后在船舶导航方面的又一项重大的技术革命，从最初纸质海图的简单电子复制品到过渡性的电子海图系统（ECS），最后到电子海图显示与信息系统（ECDIS）已发展成为一种新型的船舶导航系统和辅助决策系统，它不仅能连续给出船位，还能提供和航海有关的各种信息，有效地防范各种险情。

电子海图之所以在船运界引起高度重视，是因为它具有传统纸质海图无法比拟的优点。一套性能完善的电子海图系统可以进行自动航线设计，航向、航迹监测，“黑箱”自动存储本船航迹和 ARPA 目标，历史航程重新演示，航行自动警报（如偏航、误入危险区等），快速查询各种信息（如水文、港口、潮汐、海流等），船舶动态实时显示（如每秒刷新船位、航速、航向等），与其他航海仪器进行数据与信息交流，将雷达、ARPA 的回波图像（如目标船矢量及岸线）叠显在海图上，与电子海图系统相配的雷达信号综合处理卡可直接处理和显示来自雷达天线的视频信号，自动生成若干类型的搜救（SAR）航线等工作，完成一系列重要航海功能任务，并且具有面向用户的海图内容编辑模块和海图自动改正模块。

（1）电子海图（electric chart，EC）是用数字形式表示的，以描写海域地理信息和航海信息为主的海图，它与国际海上人命安全条约（SOLAS）所需要的纸质海图等效。

（2）电子海图系统（electric chart system，ECS）是海图显示界面，用来显示私营机构提供的矢量电子海图或光栅电子海图数据库，必须与相应的纸质海图配合才可使用。与 EC 类似，是指各种非标准的电子海图应用系统，一般应用于一些专业领域，例如游船导航系统、引水系统、渔船应用系统等。它可以很复杂，也可以简单到只有一条岸线显示和航线显示的导航型 GPS 一体机。

（3）数字海图（digital chart，DC）是区别于传统的模拟海图（实海图）的一种虚拟海图，是一组地理空间数据的有序集合。

（4）电子航海图（electric nautical/navigational chart，ENC）是由国家官方机构（IHO）发布的、专供 ECDIS 使用的、符合国际标准的数据库。

（5）电子海图显示与信息系统（electronic chart display and information system，ECDIS）是指以数字形式储存的海图以及包括有关上述海图的数据、设备、系统、计算机软件和硬件等各种辅助手段的综合信息处理系统，其实质是把各种导航传感器特别是雷达图像与数字化海图和其他航海用数据组合在一起的导航系统的图形输出终端。

（二）海事电子地图的特点

海事电子地图有以下几方面特点：

（1）面向海上辅助导航设计。电子海图主要的目的是辅助导航，而一般陆上的电子地图则用途多样，如监控、分析、调派等。

（2）与硬件的交互种类较多。一般的电子地图产品只需和 GPS、通信模块等少量硬件交互，实时性要求并不太高，但电子海图要求和罗经、雷达、船舶自动识别系统（AIS）等接口，而且要求实时性好。

（3）数据格式统一。陆上电子地图的数据格式是多样的，并没有统一的标准。而海图有 S-52 及 S-57 标准,最主要的是,海上情况千变万化,危险万分,所以对海图系统的要求也就更高更严,符合 S-57 标准的电子海图必须按单元(CELL)和比例尺分幅,同时是以文件形式组织数据的,它必须符合 ENC 产品规范。

(4)投影方式统一。海事电子地图因为主要目的是用于海上导航,故要求保持方向和相对位置不变,所以要求等角投影,故一般采用墨卡托投影,占电子海图应用的95%以上。

(三)海事电子地图的系统结构

电子海图显示与信息系统主要由数据采集设备、电子海图数据库(elec-tronic chart data base, ECDB)、电子海图软件系统和电子海图显示装置(elec-tronic chart display equipment, ECDIE)等若干部分组成。

(1)数据采集设备。主要包括雷达、ARPA、罗经、计程仪、GPS 等,通过这些设备可以接收航向、航速、航位等多方面的信息。

(2)电子海图显示装置。主要包括图像显示器、打印机、航迹记录仪、存储装置等,主控系统接收来自数据采集设备的数据后进行运算,显示装置负责将处理好的处理结果进行显示输出、打印等。

(3)电子海图数据库。包括由航道测量部门提供的电子航用海图(electronic navigation chart, ENC)以及例如航路指南、潮汐表、灯塔等一些航海出版物上的信息,由制造商预先存入磁带、磁盘等存储介质上,使用时从中选用所需部分,并可以适当处理,以满足不同使用者、不同场合对海图信息的需求。

(4)电子海图软件系统。总体上来说,主要包括以下几个组成部分:①数据处理与编辑子系统;②符号设计与制作子系统;③数据建库与管理子系统;④权限管理子系统;⑤数据服务配置子系统;⑥网络浏览子系统;⑦网站设计子系统。

(四)海事电子地图功能介绍

电子海图应具有以下功能:

(1)通过电子海图显示装置的附加装置,可以在电子海图上显示动态的本船舶位置和航迹;以符号或文字的方式显示航向、航速;甚至风向、风速、流向、流速等信息。

(2)可显示推荐航线、设计航线,计算并显示至下一个转向点的航程及时间,成为执行航行计划,记录实际航行情况的辅助工具。

(3)若叠加在雷达或 ARPA 的实时图像上,可在海图背景上显示船位,进行自动标绘。

(4)不仅能显示原来纸质海图的信息,还能显示和利用其他航海图书资料中的信息,甚至航行通告,并易于改正、补充和更新。

(5)可通过电子海图的数据库自由地选择显示区域,可进行放大、缩小剪接。在港口附近还可调用大比例尺、更为详细的显示图形。

目前,电子海图已经得到了广泛的应用,但随着海事范畴的不断扩大,电子海图的范畴也会不断地扩大,应用也会得到进一步加强。

四、灾害电子地图

灾害是当今社会的一大问题,我国国土辽阔,自然地理条件复杂,是一个自然灾害发生较为频繁的国家,经常发生的灾害有洪涝、干旱、地震、雪灾、森林和草原火灾、风暴潮、疾病等。随着社会和国民经济的迅速发展,各类灾害所造成的损失越来越大。仅以洪涝灾害为例,1991 年造成的损失为 1 700 亿元,1996 年增加到 2 200 亿元,1998 年高达 2 700 亿元,灾害已成为制约国民经济持续发展的主要因素之一。

(一) 灾害电子地图的作用

电子地图系统对于防灾减灾具有多方面的作用。利用这个平台和技术体系,结合遥感、GIS、GPS、计算机网络、数据库技术等,可以在计算环境中模拟灾害的发生和发展过程,研究自然灾变现象和人类社会的相互作用规律,探索灾害系统的一些本质规律,从而可以应用于对灾害发生前的灾前早期预警预报、防灾救灾预案制订;灾害发生过程中的灾害实时监测、灾害损失快速评估、减灾抗灾的应急指挥调度、辅助决策等领域;针对发生灾害的区域自然环境特点和社会经济发展状况,制订和实施科学合理的灾后重建方案,为灾区实施"一条龙"服务。

通过灾害电子地图,可以解决一些具体问题,大大提高工作效率。通过不同图层的叠加,可分析灾害与不同影响要素之间的关系。通过灾害电子地图,也可以详细分析某一灾害的地理位置、地形高差、断裂构造、岩性、降水量、地形坡度、伴随发生的灾害等信息,更进一步分析出灾害的成因。通过灾害点的标注信息,可以方便地了解到灾害的地理位置坐标,行政区划名称、发生日期、灾害规模、成灾面积、灾害成因及强度、经济损失及伤亡人数等信息。结合地图,对已发生灾害进行详细分析,了解其特征及规律,作为防灾、减灾决策的依据。将行政区、水系河流、山脉走向等基础地理要素的信息与灾害专题地理要素相结合,使灾害电子地图更为完善,能发挥更大的作用,如图 8-2 所示。

图 8-2　2018 年 8 月山东寿光弥河流域洪水淹没区地表覆盖类型

(二)灾害电子地图的分类

1. 按照灾害类型不同划分

根据灾害类型的不同,目前主要的灾害电子地图有气候类灾害电子地图(洪涝、干旱、风暴潮),地质类灾害电子地图(地震、滑坡、泥石流)、流行疾病监控类电子地图(SARS、禽流感)等。针对研究对象的不同,电子地图在数据组织、系统功能、风格界面上有所不同。

2. 按照用户类型划分

根据使用者的不同可划分为普通灾害电子地图和管理灾害电子地图。

普通灾害电子地图,主要面向广大用户,让用户了解欲知灾害的可能发生地、发生的频率和过程以及后果等有关方面的信息,因而普通灾害电子地图可以作为在公众中普及减灾、抗灾知识的宣传工具。

管理灾害电子地图主要为管理部门使用,以实现灾害实时监测、灾害损失评估,应急指挥调度、灾后辅助决策等方面的功能为主。相比普通灾害电子地图而言,这类电子地图在数据组织过程中,对数据的属性数据要求较高,以满足高精度分析的需要。

(三)灾害电子地图的特点

由于灾害电子地图系统主要用于对各种灾难事故的监测、预防和紧急援救,因而灾害电子地图主要有以下一些特点:

(1)数据精度高,分析功能准确。灾害电子地图功能的特殊性,决定了地图必须具有高精度的地理数据,这样无论是对于灾难发生地点的定位,还是对于救灾援助路线的提示,都具有重要的作用。

(2)数据更新迅速、实时性强。要实现灾害的预报和抗灾过程中的指挥调度,前提得保证地理数据的及时更新,这样就不会因为个别地区的数据变动,而影响大局,造成不必要的损失。

(3)动态分析显示功能突出。灾害电子地图的一个突出特点就是研究对象的动态性,如台风、洪峰、泥石流、疾病等,这就决定了灾害电子地图必须具有对动态目标进行模拟和分析的功能,而且分析的结果也能动态的显示,以实现灾害电子地图在救灾中的重大作用。

(4)宏观与微观研究并存。灾害的多样性,也决定了电子地图的多样性,灾害的宏观与微观并存的特点,也就决定了灾害电子地图的类型亦是如此。比如,SARS 电子地图监测系统关注的是疾病在全国的出现与流动情况,研究对象较为宏观,时间过程相对较长;相反,对于泥石流、地震则相对来说研究对象较为微观,整个过程时间相对较短。

(四)灾害电子地图的系统功能

灾害电子地图是电子地图应用到减灾和抗灾部门的具体体现。通过建立各类数字地图库,如地质、断层、地震、淹没、房屋等图库,把各图层进行叠加分析得出对应急工作有价值的信息,使有关机构可以对灾害做出快速响应,最大限度地减少伤亡和损失。

具体地说,灾害电子地图有以下功能:

(1)灾害的监测和预报。

(2)自然灾害评估:①历史灾害评价;②灾害应急评估和灾情评定。

(3)防灾和抗灾。

(4)灾害应急救助与救援。

(5)灾害保险与灾后恢复。

(6)灾害教育与宣传。

(7)灾害管理和灾害区划:①灾害管理;②自然灾害区划和减灾区划。

五、考古电子地图

(一)考古电子地图概述

考古学(archaeology)一词源于古希腊文,意即研究古代或古代事物的一门科学。田野考古的目的是揭露、观察、记录、发现与研究古代遗留下来的实物史料。科学的发掘过程、完整准确的现场资料记录、科学与直观的海量考古数据分析表达,是对发掘资料科学使用、正确解释考古遗存和现象性质的必要条件。

1. 国外考古的现代化技术应用

国外将地理信息技术应用于考古学研究开始于 20 世纪 80 年代初,主要集中于欧洲和北美。欧美应用 GIS 在考古学领域的研究和发展,可大致分为三个个阶段:

(1)20 世纪 70 年代末,计算机图形学、数据库和统计分析等技术开始应用于考古研究。

(2)20 世纪 80 年代,利用现代化技术进行考古主要应用于遗址预测。

(3)20 世纪 90 年代,地理信息技术开始被欧洲考古界所认识并接受,景观方面的应用也逐渐盛行。

目前,国外应用现代技术考古主要有三个新的发展趋势:一是把虚拟现实、可视域分析等技术应用于考古研究;二是将三维可视化技术应用于考古研究;三是将遥感与 GIS 相结合应用于考古研究,如美国利用卫星遥感影像发现了沉没海底数千年的古埃及名城亚历山大,欧洲发现了古罗马的地下建筑与著名的“罗马大道”,欧美联手发现了南美密林深处的 10 世纪的玛雅人的宫殿。

2. 国内考古的现代化技术应用

随着国外信息技术在考古中的应用逐渐增多,我国田野考古领域内的信息技术应用已逐渐为人们所重视,如 1987 年南京博物院与华东师范大学合作在中国首次利用遥感技术完成了江苏省镇江地区商周台型遗址和土墩墓的考古调查。1998 年河南省在颍河上游的考古调查中利用 GPS 与 GIS 获得初步成功。2001 年河南省地理研究所与开封市文物工作队利用遥感技术对古都开封市的地下埋藏文物进行了考古调查应用试验。2002 年华东师范大学城市与环境遥感考古开放实验室完成上海地区遥感考古调查,发现有古遗址特征的地点 200 余处,近年来,我国还利用遥感技术进行了秦始皇陵、长城、内蒙古东部地区大型遗址等多处考古调查。如图 8-3 所示。

图 8-3 遥感考古技术应用

3. 电子地图应用于考古的可行性分析

电子地图的多层次结构突破了常规纸质考古地图载负量的局限性，不同图层空间叠加分析功能可以产生更有价值的再生信息，无级缩放功能则突破了应用纸质图考古的局限性，立体化、动态化模拟显示与多媒体和影像的结合使用户如临其境，以上特点，证明了电子地图可以较好地应用于田野考古的各个环节，为田野考古提供正确的发掘参考方案、文物保护方案等。如图 8-4 所示。

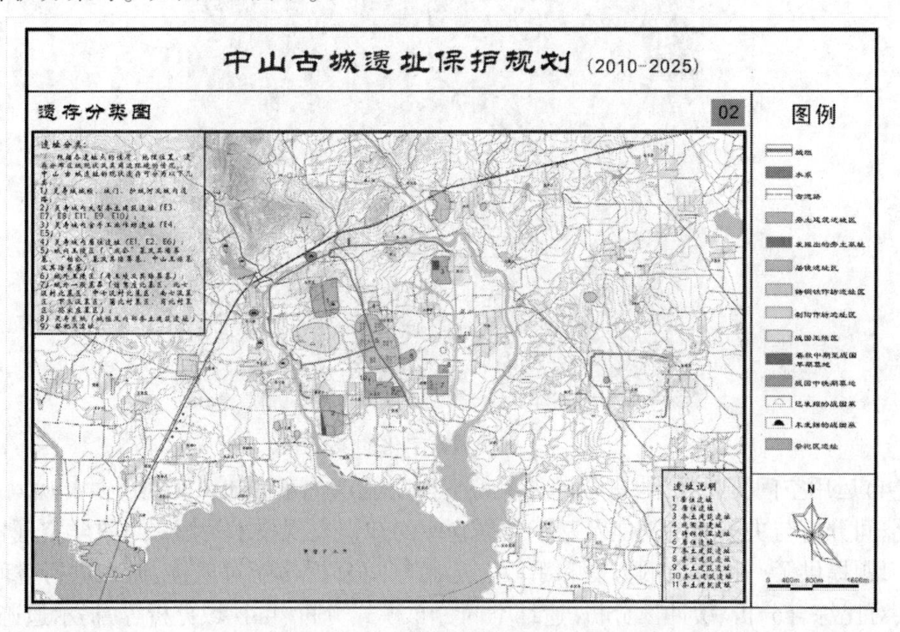

图 8-4　电子地图应用于考古

电子地图技术的更新进步，为电子地图能够给田野考古提供一个实用的应用环境，以提高田野考古资料记录的科学性与准确性打下了坚实的基础。另外，也能为田野考古提供一个高效的科研环境，使田野考古发掘现场、相关文物研究与保护单位共享信息、群体决策，从而提高田野考古的决策水平与研究深度。如图 8-5 所示。

图 8-5　遥感技术应用于田野考古

(二) 考古电子地图建立

电子地图应用于考古学可以解决传统考古研究的不足之处，如传统的田野考古地层数据获取基于手工量测，费时费力且精度难以保证；考古成果保存需要耗费大量物资等缺点。其次电子地图应用到考古工作中，可以提供方便、实用、科学的问题解决方案，使其真正成为田野考古发掘工作中一种不可缺少的工具。

在具体的考古电子地图开发过程中，主要解决如下关键技术：

(1) 运用遥感与近景摄影测量技术，进行基于数码相机拍摄图像以及遥感图像的考古数据采集与处理。

(2) 建立田野考古数据规范，运用地理信息技术研究考古资料采集、管理与应用中存在问题的解决方法。

(3)基于体视化和三维技术的考古空间模拟与再现技术研究,实现多方位、多层面直观、形象的三维剖面模型构建及任意剖分,如图 8-6 所示。

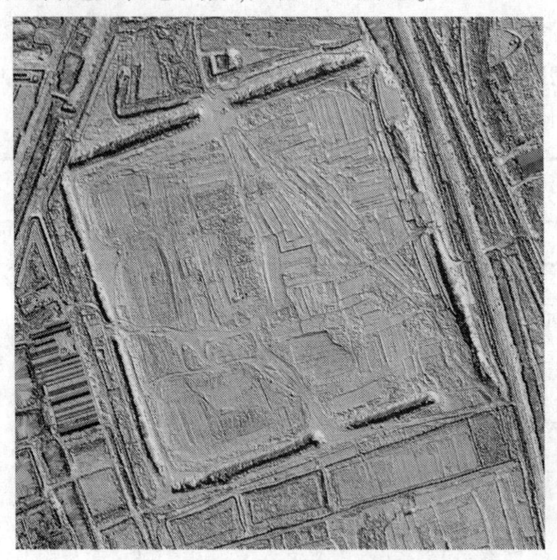

图 8-6　郛堤城数字化地表模型

(4)运用空间分析技术,进行考古决策支持功能以及考古知识发现。

空间分析与决策支持功能及基于数据仓库的知识发现技术为解决考古学空间性和多变量问题提供了一种有效的方法和手段。运用空间分析功能对遗迹、遗物进行空间统计分析、对比综合分析、缓冲区分析、遗址空间分布模式分析、可视域分析等,揭示遗迹、遗物的区位特征与组合特征。在此基础上,结合知识库,可实现田野考古发掘过程中实时远程监控与专家会诊、遗迹现象全貌推测,层位关系比较和错误预警,并提供手动或自动的修改方法。如图 8-7 所示。

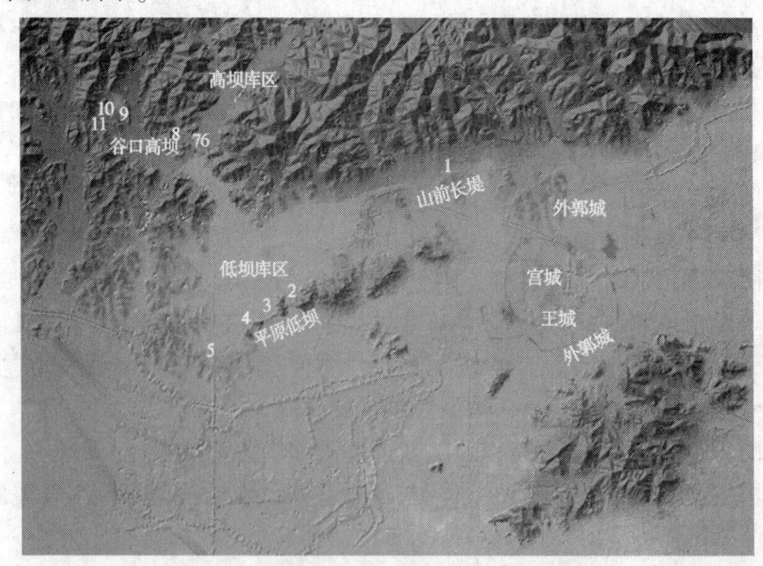

图 8-7　良渚古城及外围水利系统结构

(三)考古电子地图系统框架

1. 系统框架

考古电子地图系统一般由数据层、数据服务层、业务逻辑层、模块集成层、界面层等若干层次组成,其实质是建立一个集管理信息系统(MIS)、地理信息系统(GIS)、空间决策支持系统(SDSS)等功能于一体,并能够基于脚本支持数字摄影测量、信息管理、可视化、空间分析与空间决策支持、虚拟现实等多种模块的动态集成与替换的田野考古应用与科研性平台。

考古电子地图系统的总体功能是使各考古现场能通过有线与无线网络两种方式与有关文物保护机构、职能部门、科学研究单位等联系成为一个互动的整体,通过已有的遗迹遗物信息和建立的专家知识,发现田野发掘现场问题,制订和调整重大发掘方案,从而提高田野发掘的质量与水平。

2. 数据组织

考虑到田野考古的特点,考古电子地图系统研究的数据多和地质地层有关,它的专题地理数据相对来说较为单一集中,主要有古墓、古迹、古文化群、古建筑等,但又和一般专业电子地图的数据所反映的地表的情况有所不同,考古电子地图中的数据多反映地表以下的情况,因而它的专题数据组织应多考虑这方面的内容。

3. 核心技术

考古电子地图系统包含的主要核心技术如下:三维空间数据的近景摄影测量技术与平剖面图快速绘制技术;多源空间数据融合,实现各类文化层、遗迹现象的三维数据建模技术、田野考古数据挖掘、知识发现、推理技术、古人类与古环境虚拟再现以及可交互、可协同的网络化虚拟考古环境与三维体视化技术集成等。

(四)考古电子地图系统功能

1. 系统功能

其主要功能如下:

(1)提供基础地理数据库,可以在考古地理范围内任意获取考古遗址所在地的基础地形图、交通图及相关属性数据查询,如图 8-8 所示。

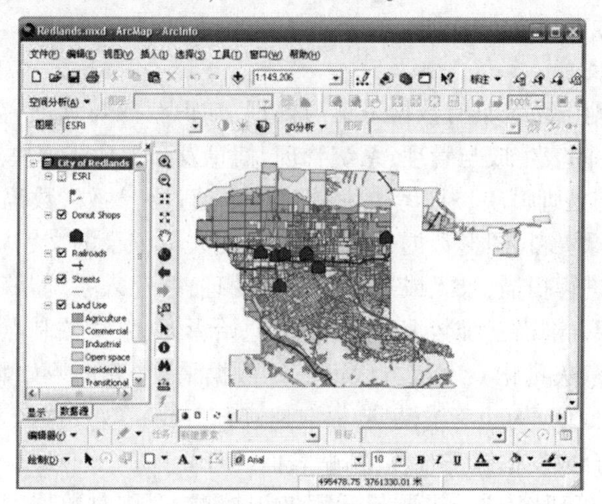

图 8-8　考古电子地图

(2)可对各专题图进行分析、显示、查询、输出,实现田野考古空间和属性信息的双向查询,如图 8-9 所示。

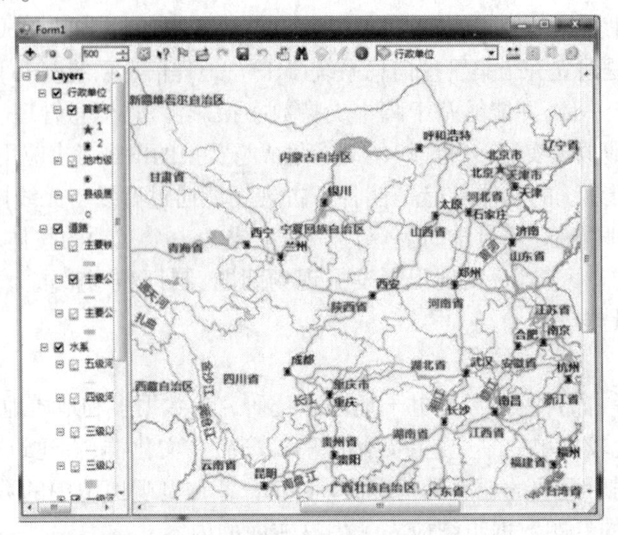

图 8-9　专题地图查询显示功能

(3)各田野考古发掘现场工作人员及有关科研部门可以基于该系统进行辅助研究工作。

(4)可为文物保护有关部门、各考古发掘单位制定并提供规范的考古数据字典、统一格式的统计报表。

(5)实现田野考古发掘的资源共享,实现遗址环境图、探方分布图、探孔分布图,以及各种平面图、剖面图的图形数据库统一管理,并能够通过网络进行图形浏览和权限内的文件下载。

(6)实现基于考古数据库及图形库的知识获取,并将结构化知识存入知识库,将非结构化或半结构化知识归纳存入案例库。

(7)实现虚拟考古环境下的虚拟漫游、问题诊断及协同决策。

2. 系统功能模块

一般考古电子地图系统具有数据采集与处理、知识获取与管理、空间决策支持、体视化与虚拟考古环境、图表生成与管理、系统管理、信息发布等功能模块。

(1)数据采集与处理模块。把考古发掘过程中通过全站仪、数码相机、摄像机、扫描仪等设备记录的影像资料、图形数据、田野考古发掘人员记录的文字资料、手绘的线图资料以及其他资料等进行扫描、录入或进行数字化处理,并存入系统基础数据库及图形库。以进一步实现:①探方剖面三维数据采集(获取原始影像、采集控制点),探方剖面影像处理(校正、配准、镶嵌、矢量化);②探方底面三维数据采集(获取原始影像像对、采集控制点),探方底面影像处理(构建三维模型,提取遗迹开口线);③发掘区表面体构建(构建探方三维体,插值、组合成发掘区三维体,粘贴表面纹理)。

(2)知识获取与管理模块。主要是运用知识挖掘工具,对数据库里的大量数据和图形进行计算、整理,从而发现一定的规律性知识,并将这些知识存入知识库进行统一管理。

对于不同的数据类型,需使用不同的知识获取工具和方法,并以不同方式存入知识库。

(3)空间决策支持系统。一般具有"四库三功能"的结构,即在传统的数据库和模型库的基础上,增加了知识库、方法库及相应的推理系统,形成四库,并在四库的基础上形成信息服务、科学计算、决策咨询三项功能。这种结构是一种智能决策支持系统的结构。另外还可以增加案例库,生成"五库"系统。空间决策支持功能主要是针对系统"五库"来实现各种功能操作。此外,这"五库"的管理功能以及可视化的模型生成器也包含在该功能中。

(4)体视化与虚拟考古环境。主要包括虚拟建模环境及虚拟环境组件支持体系两部分。虚拟建模环境主要是基于虚拟建模语言创建虚拟场景,满足用户古环境再现、远程专家会诊、虚拟漫游、虚拟空间协同工作与群体决策的需要。而组件支持体系则主要用于提供虚拟考古环境的研究工具,其中包括体数据生成、体视化、剖面生成器、钻孔浏览器、基于 DEM 的古地面恢复、三维重建、剖面跟踪等。

考古电子地图系统可以有效地支持田野考古发掘研究与文物保护工作,且能够快捷、精确地对田野发掘现场及器物的空间信息和属性信息进行采集、处理、存储、查询、分析、输出,显著提高了田野考古发掘与文物保护的质量及效率。由于这是一个全新的研究领域,其关键技术及体数据传输、局部空间(如柱洞)图像资料的获取等问题需要逐步解决。加强电子地图在考古领域应用的研究,不仅将扩大信息技术在考古学领域的应用广度与深度,还将有力地推动中国考古学田野发掘与研究,以及文物保护的科学化、现代化进程。

六、军用电子地图

军用电子地图是军队作战指挥的重要传统工具,军用地图的计算机输入和标绘是军队作战自动化十分重要方面。在海湾战争中,由于美军将地理信息技术用于沙漠盾牌和沙漠风暴行动取得成功,引起了我国军界的极大关注,一个新的名字在我国应运而生:军用电子地图。尽管目前对军用电子地图尚未有确切的定义,但人们对军用电子地图应具有的功能和属性的认识已日趋一致,随着计算机、通信等现代技术在军事领域应用的加强,军事电子地图也势必会在军事领域起到越来越重要的作用。

电子地图的使用必须借助电子设备。电子地图的制作、存储、显示、阅读、量算、管理、应用都离不开电子设备或器材的媒介作用。在军事领域里,用于自动化作战指挥的网络系统,用于作战运筹的军事地理分析系统,用于侦测战场环境的侦察系统,用于士兵训练的虚拟环境的模拟系统,用于远程武器制导的导航系统等,都是由众多不同性能的电子设备组成的。例如,一个军事区域网络需要数百台计算机及其附属设备。2003 年的伊拉克战争中,美军发射的"战斧"巡航导弹有 700 多枚,导弹上都安装了电子导航设备。这些电子设备为电子地图的应用提供了必要的平台。同时,许多电子设备充分发挥效能也要依赖电子地图的支持,就是说,制作电子地图是满足一些电子设备有效运行的客观需要。总之,在我国实行信息化带动工业化战略的宏观背景下,军队现代化的进程必然与信息化同行。电子地图作为不可或缺的空间数字信息,将为构建数字战场和赢得信息战争提供重要保障

(一)军用电子地图的分类

军用电子地图按照服务对象的指挥层次和任务,可分成战略军事电子地图、战役军事电子地图、战术层次军事电子地图三个层次。

(1)战略军事电子地图,主要的服务对象为一个国家或者地区的军事最高决策人员。

(2)战役军事电子地图,主要的服务对象为军区、集团部队等管理决策人员。

(3)战术层次军事电子地图,主要为师、团及分队一级部队战术决策和战斗指挥服务的。

按照使用对象所处的相对位置来说,可分为前方军事电子地图系统和后方军事电子地图。前方军事电子地图主要提供给用户详细的地形信息、军事目标分布等。而后方军事电子地图除考虑上述要素外,为了能够提供最佳的军事决策一般将综合要素均作为专题地理要素考虑,如气候、天气、社情等。

军用电子地图由于其使用方面的特殊性,决定了其数据组织方面的特殊性。军用电子地图可分成战略、战役、战术 3 个层次,不同层次的电子地图,数据组织也有所不同,比如战略、战役层次的电子地图,因研究对象范围较广,考虑的数据则较为综合,涉及各方面的数据,专题地理数据的种类较为繁多;而战术级别的电子地图,相对战略、战役级别的电子地图而言,则涉及地域较小,持续时间较短,受地形要素的制约作用更直接、更明显,因此地形数据是战术电子地图专题地理数据的主要组成部分。

涉及的对象必须是一系列带属性的地理要素矢量数据集合,这些数据以空间数据(spatial data)方式存储,而不是简单的位图(bitmap)。军用电子地图必须有一套自动化的数据输入、输出系统;军用地图应具有简单的数据分析功能,如计算行军路线、表面积、坡面坡度等,最后能在图上实现快速标绘,如军队标号,敌我态势的标绘等。

(二)军用电子地图的系统组成

按照军用电子地图的数据处理方式来看,系统应由两大部分组成:一是地理数据的快速生成和采集系统,叫作前端;二是基于矢量化数据的军队标号和动态态势标定系统,称为后端,或者称为数据处理系统,通过数据处理系统的处理,就为军事电子地图各种功能的实现打下了基础。如图 8-10 所示。

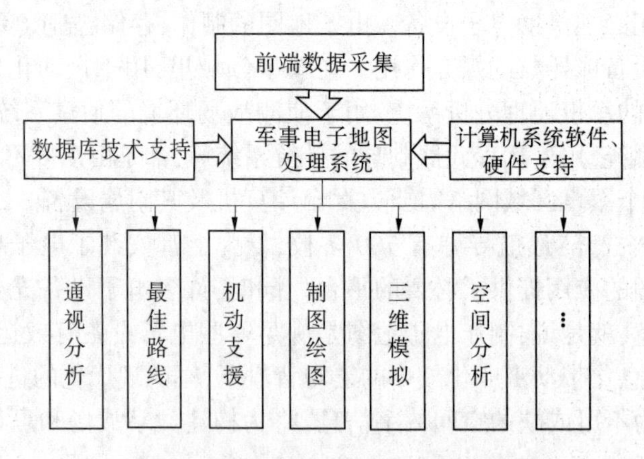

图 8-10　军事电子地图系统功能示意图

军用电子地图系统最终达到模拟虚拟作战训练环境的效果,虚拟作战环境应是一个以视觉为主包括听觉、触觉、体觉在内的可感知的环境,人们利用特制的头盔和手套可以"进入"这个环境,并能获得观察、触摸、操作等具有亲历感的体验,从而方便地扩大人们的认知领域。

(三)军事电子地图的特点

军事电子地图与其他专业电子地图相比,主要具有以下几个特点。

1. 多比例尺地形数据的管理与应用

尽管不同层次的电子地图涉及的区域范围有所不同,而且对数据精度的要求会有所差别,但应用于军事这个目的,决定了军事电子地图一般都会采用多比例尺的地理数据应用方案。军事电子地图应能够同时管理和利用多种比例尺(不同综合概括程度)的地形数据,以减少数据分析处理的难度,提高分析处理效率和图形显示的质量。

2. 后方军用电子地图的数据及时更新及前方军事电子地图的动态装载特征

军事电子地图的功能决定了地图数据本身必须进行及时的更新,现代战争的特点也反映了数据及时更新的必要性。无论是进行战略攻击还是防御,对目标区域水系、地貌等方面的了解都是必需的,缺乏了解,就等于在战略上失去了先机,势必陷入被动的局面。因而对于后方军事电子地图而言,数据的及时更新尤其重要。

前方军用电子地图应该只装载和当前任务和作战区域有关的数据,由于用户的作战任务和作战区域随战场形势处于经常变化之中,所以适时、动态的数据装载是前方军事电子地图的重要特点。

3. 快速的地图分析功能

现代战争要求机动快速的作战能力,从分析作战区域的地形特点,到实施军事打击这样一个过程,第一次海湾战争时大约需要三天的时间,而第二次海湾战争时已提高到了半小时以内的能力。这就要求军事电子地图必须具备快速的地图分析功能,才能满足现代战争的需要。

4. 数据及分析结果的快速传输特点

军事电子地图的某些重要数据可能来自机载雷达或其他传感器,处理数据的结果有时也需要向所需部门进行快速的反馈,这就要求军事电子地图对传输数据的能力比其他专业电子地图更高。

5. 表现形式的多样化

不同的信息表现形式(图形、图像、语音、文本等)能够从不同侧面表达和传输地形信息,如图形易于表现地理实体的质量区别和区域分布特征,影像能直观、形象地表现地理实体的表面特征等,各种形式优势互补,综合利用有助于直观、形象、准确地描述和传输地形信息,最大限度地满足军事指挥决策对地形信息的要求。为了使表达的效果达到最好,军事电子地图可能借助于多种表达手段,如语音、三维、虚拟现实等技术的支持,使军事电子地图的表达形式丰富多样,以达到最佳的实用效果。

(四)军用电子地图的系统功能

电子地图的应用已广泛渗透到作战的各主要环节,越来越受到各国军方的重视,特别是在海湾战争中,电子地图更是被广泛采用,下面对其系统功能进行介绍。

1. 作战指挥自动化功能

现代战争实践表明:地形数字化是电子地图赖以生成的基础,是建立先进的指挥与控制系统的关键。它是现代控制系统 C3I 的组成部分。为各级指挥中心制订、修改作战方案,组织部队协同作战,跟踪敌、我、友的作战演变提供战区电子地图和精确的空间定位信息。由此可知,电子地图是实施现代化作战指挥中不可缺少的重要工具。

2. 武器系统的保障功能

电子地图应用于武器系统的保障方面,主要表现在导弹的匹配制导和置于各种飞机雷达和舰船上以及装入地面火炮装备和炮位攻击系统中。

3. 地形分析系统的功能

地形分析在美军中已得到广泛的发展和应用,而电子地图是地形分析系统中的重要组成部分,是各种成果显示赖以存在的基础。美军为了促进地形分析工作的自动化,研制了多种地形分析与信息保障系统,提供战场地形数据和多品种的专题电子地图。当然,电子地图在地形分析系统的应用涉及面是很广泛的,美国军方就曾探讨利用电子地图直接进行战术研究,以期通过逼真的地形显示,为各级指挥员研究作战地域和确定作战预案提供更大的方便。

在现代战争中,夺取制信息权至少与夺取制空权、制海权同样重要。因为在当代,信息战争将成为战争的主要形态之一,信息战争的核心资源是信息与知识。毫无疑问,电子地图是纷繁复杂的信息中的基础信息,因为任何信息都是在特定时空中发生的,带有“何时、何地”的战场信息才更有实际意义。在信息战争中,电子地图作为基础信息的地位与作用将日益显现出来,这就决定了电子地图有着广阔的发展空间。

单元二　电子地图的发展趋势

一、室内导航与定位地图

(一)室内导航与定位发展现状

随着位置服务的蓬勃发展与大型建筑的日益增多, 人们对室内位置服务的需求不断增加。室内导航是室内定位主要应用之一,帮助使用者能够像室外使用 GPS 定位一般,找到自己的所在位置,并能够导引使用前往目的地,或是快速找出可能感兴趣的地点。只是,室内定位在精准性的要求高,不像室外定位可以用卫星照相取得,它需要更多建筑物内部地图信息的配合,并要纳入楼层的概念。而且,此类应用在近年呈现增长的趋势,如博物馆自助导览参观、推送展品介绍信息和语音讲解;医院医导、寻找科室;大型停车场反向寻车导航应用。

室内定位另一应用就是定位追踪,这种应用模式的面向多是为了经营者而设计。像是目前无线网络厂商提供的室内定位应用,透过 iBeacon 硬件设备结合移动端设备搭建室内定位系统,通过佩戴在人员身上的物品定位标签就可以确定人员物品的位置信息。管理人员可以在后台实时看到人员物品的位置动态。配合分析系统,便能提供辨识热门区域、停留时间与新旧访客等有用信息,由此改善服务。如图 8-11 所示。

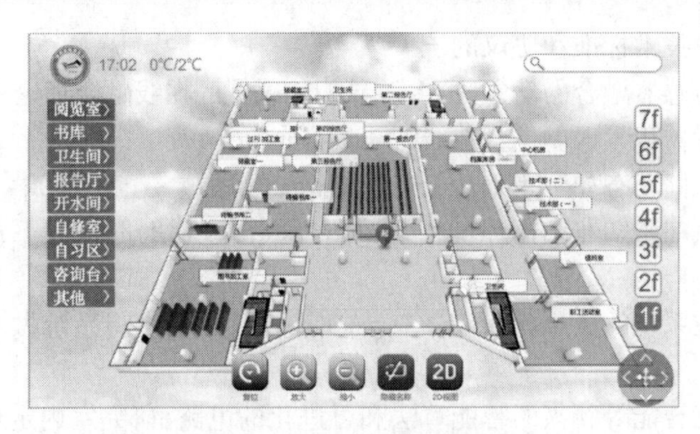

图 8-11　图书馆电子地图

室内定位信息模型方面国内外都处于研究阶段，目前还没有形成标准规划。室内定位信息模型技术难点主要体现在在线的增量式的地理信息系统更新技术，快捷方便的地理信息本地搜索技术，地理信息存储格式如何表征微观层次的地理信息、怎样体现大量传感信息建模、如何融合室内定位模型等方面。

目前，按照数学原理，室内导航与定位技术可以分为三类：基于无线信号的交会技术、数据库匹配技术、基于惯性传感器的航向推算技术。

室内导航与定位面临的主要问题有以下几种：

(1)室内环境下无线电信号不可用或严重衰减。

(2)智能设备内置的 MEMS 传感器存在环境敏感性。

(3)缺少统一的室内定位标准和协议，各种技术存在兼容性问题。

(4)室内环境复杂，存在非视距(non line of sigh，NLOS)现象，多径效应和人体的干扰。

(5)室内环境可能存在频繁和严重的电磁干扰，影响了室内定位技术的准确性。

(6)行人运动形式多样化，且不可预测性强，制约了人体运动模型的通用性和可扩展性。

(二)室内导航与定位发展趋势

室内导航与定位的本质是解决三个问题：在哪儿、去哪儿和怎么去。

当前绝大多数的室内导航与定位都是针对结构化环境的，其需要空间划分或者地图构建，这样才是可导航、可定位的；在结构化环境中，基于无线信号的交会定位，数据库匹配技术仍会持续发展；同时室内导航与定位在非结构环境下的需求会日益增加，如单兵作战、野外探险、消防救援等，因此一些基于非结构化或者半结构化的室内导航与定位技术有待进一步研究。

值得一提的是，基于 MEMS 惯性传感器的航向推算与其他技术融合的方法有望成为非结构化环境室内导航与定位的突破口，随着 MEMS 技术的发展，纳机电系统(nano electro mechanical system，NEMS)技术也逐渐进入人们视野，美军计划在 2024 年将 NEMS 惯性器件实用化，相信不久的将来，基于 MEMS/NEMS 惯性传感器会在室内导航与定位中大放异彩。

未来室内导航与定位技术新的发展趋势如下：

(1)室内定位技术标准和协议的统一。

(2)研究多传感器融合的新方法,多源异构传感器的在线融合理论有待成熟。

(3)研究传感器积累误差进行在线智能校准。

(4)研究行人高动态如奔跑条件下的精细积分算法。

(5)探索行人在未知非结构环境且无地图等数据库辅助的情况下,室内定位系统的鲁棒性问题。

(6)室内定位系统的微型化研究,结合 3D 堆叠封装技术将系统做小,向系统微型化方向研究。

(7)结合人工智能等新兴的智能算法和可进化的电路,研究室内定位系统的智能化,如人机交互,情景感知等。

随着室内定位技术的发展,室内定位应用涉及的行业领域越来越多,商业、公共医疗、教育、工业、导航、火警救援、解救人质、突击任务、防爆、建筑物室内地图绘制、人的健康监测等都能看到室内定位应用的身影。未来,若室内定位技术应用到极致时,并与其他技术相结合时,将可能改变行为模式,不像过去人们需要做出动作,才会进入下一步,而是在使用者还没提出下一步时,就能够透过人与位置的关系,加上各式关连性信息的搜集,而先一步做出反应,透过位置信息的触发,做到符合现实生活的应用。

可以想象一下,在我们工作的办公大楼内,在会议室开会时,系统可以根据参会人员佩戴的定位标签掌握进入会议室的人员,并依照每个人的位置与习惯,分别调节头顶上的灯泡亮度与各位置的空调温度,和其他感知技术结合,透过物联网化与智能化的应用,将能进一步达到万物互联的应用。

二、与第三方数据深度结合的地图

(1)广度信息。是指采集融合覆盖各个领域的兴趣点信息,如地标、地名、餐饮、旅游、酒店等,如图 8-12 所示。

图 8-12　融合景点地标等信息的地图

(2)深度信息。是指在广度信息的基础上挖掘融合与之相关的深度信息,如餐馆的特色、菜系、消费水平等。

其出发点为:客户在享用 LBS 服务时往往不仅是为了查询定位 POI,更希望在查询定位基础上能够了解其更深度信息,如查询某电影院的同时,希望了解该影院放映影片的信息,查询某餐馆时,希望了解餐馆菜系等,如图 8-13 所示。

图 8-13　美团网的店铺信息

(3) 动态信息。除广度、深度信息外，用户还希望及时、准确地了解某些当前正在发生的动态信息，如动态交通信息、停车场当前停车位等，从而为下一步行动提供最直接、准确的决策依据。如图 8-14、图 8-15 所示。

图 8-14　违章实时抓拍系统

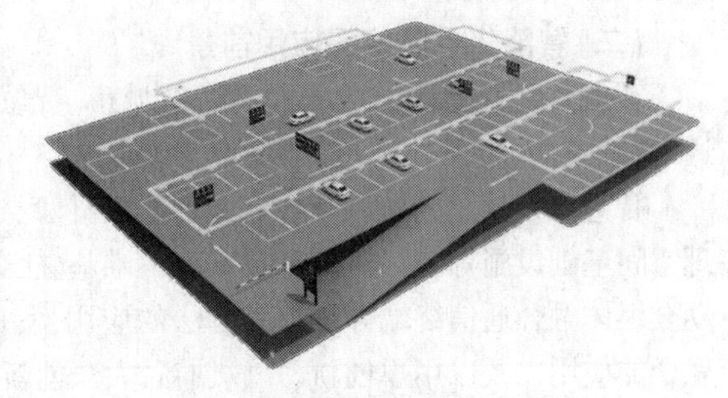

图 8-15　空车位预约及导航系统

未来集广度信息、深度信息和动态信息于一体的立体化信息的形成，也必然影响与推动与之相匹配的服务方式产生巨大转变，即传统服务方式（仅向车厂提供导航电子地图数据库）已无法满足未来市场与客户需求，必然要求其向基于立体化信息的综合服务平台转变。

三、智能化导航地图

（一）智能化导航概述

智能导航系统是综合应用信息管理、认知心理学与行为学，人工智能等多学科理论与技术而构造的智能信息系统，能自主识别用户需求，并引导用户实现高效率的信息检索与获取。

智能导航系统就是在对信息这个领域问题进行深入分析与建模的基础上，建立多种信息组织机制和流程控制机制,实时感知用户的需求,掌握并利用用户的认知语境,模拟人类的思维方式,通过推理分析等方法引导用户定位其信息需求。它的设计要以知识获取、知识组织、知识推理,以及人机智能为基础和核心,围绕以下几个方面展开研究:①信息系统人机界面设计;②有序组织信息空间;③用户的知识获取。

智能化导航与普通导航相比,在功能与体验上都有较大的不同,具体有以下几种区别:

(1)现势性。传统导航往往是将地图下载到导航中使用,而这就意味着地图的数据要定期更新才行,而智能导航则是联网查看地图,也就是说地图的信息都是即时的,这样不仅免去了定期更新地图的麻烦,而且可以显示出驾车时具体的路线情况,比如途径的哪个地方比较拥堵等。

(2)兼容性。大部分智能导航的开发是基于安卓系统,兼容性较强,只要是安卓系统可以使用的软件都可以在智能导航上使用,且智能导航是联网操作,可以在线下载相关数据。

(3)更加强大与实用。比如可以通过声控来控制导航,又比如可以查看具体的3D全景信息,而且还可以通过导航预定酒店或者车票机票等,这为驾驶员和乘客提供了更加周全的服务。

(4)维护更新便捷。刚才提到智能导航具有联网功能,因此系统的维护更新都是联网自动完成,而传统的导航出现任何异常都需要请专业人员维修,而且更新维护也是比较麻烦的。

随着互联网的普及、大数据的成熟以及5G时代的到来,智能导航随着技术的不断更新迭代,功能会越来越强大。

(二)智能化导航地图应用前景

智能化导航地图的应用包括智慧城市、智慧旅游等,而智慧城市又可以细分为智慧交通、智慧家居、智慧社区、智慧物流等部分。

智慧城市简单的解释是物联网加上云计算,通过物联网基础设施、云计算基础设施、地理空间基础设施等新一代信息技术以及维基、社交网络、Fab Lab、Living Lab、综合集成法、网动全媒体融合通信终端等工具和方法的应用,实现全面透彻的感知、宽带泛在的互联、智能融合的应用以及以用户创新、开放创新、大众创新、协同创新为特征的可持续创新。

如智慧城市智能运营中心运行监测与感知依靠"一张图"动态感知城市全方位信息。其中智能化导航地图是"一张图"的重要组成部分,可提供矢量电子地图、高精度影像、三维模型数据以及城市部件、企业、学校等专题基础数据支撑服务。如图8-16所示。

图8-16　智慧城市智能运营中心

以智能化导航地图为基础的智慧旅游,也被称为智能旅游。就是利用云计算、物联网等新技术,通过互联网/移动互联网,借助便携的终端上网设备,主动感知旅游资源、旅游经济、旅游活动、旅游者等方面的信息,及时发布,让人们能够及时了解这些信息,及时安排和调整工作与旅游计划,从而达到对各类旅游信息的智能感知、方便利用的效果。智慧旅游的建设与发展最终将体现在旅游管理、旅游服务和旅游营销的三个层面。如图8-17、图8-18所示。

图8-17　景区智能化景点推荐

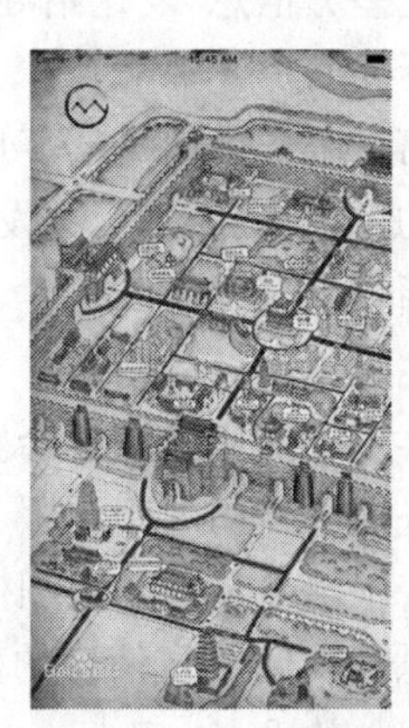

图8-18　智慧景区导航地图

四、快速增量在线更新

(一)快速增量在线更新概述

随着汽车导航应用的普及,行人导航、智能交通系统(ITS)、高级驾驶辅助系统(ADAS)以及实时动态等应用的发展,国际导航最先进技术水平的日本、欧美市场面临的课题主要有:实现增量更新,提高现势性;整合产业链,降低成本;开发高精度、精细化导航电子地图,满足ADAS、ITS领域的高级应用需求。为此,欧洲智能交通协会(ERTICO)组织实施的一系列的相关技术研究项目中,最具代表性的项目为ActMap&FeedMap,其核心思想是:通过整合产业链,构建实时信息反馈与增量更新体系,来提高数据的现势性和降低生产和应用成本。

我国汽车自主导航市场从无到有已进入快速发展阶段,并且保持着强劲的发展势头;近几年来,便携式导航和位置服务越来越受到人们的青睐,PND和GPS导航手机的问世,使网络导航的概念变为现实:北京、上海、广州等几个主要城市实时交通信息落地,使动态智能交通导航已成为现实;同时,互联网上空间信息的服务也为人们日常生活提供了很大的便利。我国导航应用服务发展到了一个新的时代。

但是,这些应用和发展对导航地图数据提出了高现势性、更高精度、更加精细化的需求,而传统的生产和更新模式造成成本高、更新慢、现势性差,与国外发展面临着同样的挑战。从国内外技术发展来看,我们认为导航电子地图的生产、更新与应用服务将依托产业链上下游的合作,整体构建一个相对闭合的业务流快速增量更新应用服务体系。

(二)快速增量在线更新功能

快速增量在线更新有以下几个功能。

1. 信息收集与处理

导航电子地图生产商接收到来自国家的导航基础地理信息、道路交通管理部门的道路交通管理信息、用户反馈信息和其他信息源提供的 POI 信息等；进行数据分析和多源对比处理，提取出与导航电子地图相关的有价值的变化信息，快速实现变化，并进行必要的现场验证；导航电子地图生产商对确认了的变化信息进行处理，生产出新版导航电子地图以及变化差分信息，发送给导航信息服务商。

2. 增量更新

导航信息服务商向终端客户发布导航电子地图变化信息，根据用户的情况生成满足用户需要的增量更新数据，并发送给用户终端；用户终端接收增量更新数据后，进行终端地图的更新。

3. 信息反馈

终端客户在使用过程中会发现数据与现实不一致的问题，将不一致的信息传递给导航信息服务商或自己的用户服务中心；导航信息服务商收集用户的反馈信息，进行分析后传递差异警报给导航电子地图生成商；基础信息源（提供国家导航基础地理信息、道路交通管理信息和其他 POI 信息的机构）将新的信息发送给导航电子地图生产商。

4. 地图持续更新

导航电子地图生产商基于各种信息源数据，进行持续的数据更新；导航信息服务商持续提供增量更新服务。

五、动态三维实景导航地图

（一）三维动态导航地图现状

我国导航电子地图还是以二维为主，导航画面无一例外的全由点、线、面组成，但近年来我国道路发展极其迅速，高架桥、高速路平地拔起，本来熟悉的道路几日不见便“改头换面”，这就给人们的生活带来不便，于是人们对导航电子地图呆板的画面和混乱的二维线条感到厌倦，而以 Google Earth 为代表的三维导航地图也刺激着国内图商，成为我国导航电子地图进入三维时代的一个诱因。如图 8-19 所示。

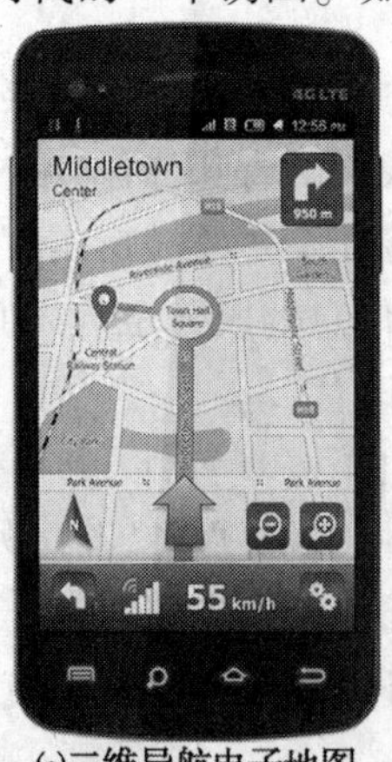

(a)二维导航电子地图

(b)Google Earth三维导航地图

图 8-19　二维、三维导航地图对比示意图

随着我国城市道路的不断建设,当前在北、上、广、深等一些国内大型城市,道路情况越来越复杂,每座城市都遍布着立交桥、多岔路等复杂路况,道路实际上已经从平面转变成为了三维立体结构。但对于已经成为出行刚需的手机地图而言,现在市面上的手机地图大多数还处于二维平面导航的阶段,在简单道路上的指引自然还好,而在复杂的道路区域,就暴露了平面导航指引的弊端。在经过立交桥等复杂路段时,司机需要一边忙着开车,一边辨认屏幕上的指引路线,还要仔细确认面前的几条路线该走哪一条,难免会犯糊涂,走错路绕远,这就为驾驶出行带来了不必要的麻烦。如图 8-20 所示。

图 8-20　我国立交桥

动态三维实景导航电子地图的出现并不仅仅是追赶潮流,而是为了行车更加安全。在使用动态三维实景导航电子地图进行导航的过程中,由于该导航系统的行车诱导是根据真实场景绘制的,在点、线、面的基础上添加高度与宽度,使导航画面变成与实际路况完全相符的画面,加之明显的诱导信息指引,避免了复杂路段驾驶时因辨识道路而发生的意外事故。同时,动态三维实景导航画面出现的时间长短也根据驾驶习惯做了科学的处理,并配以丰富的语音诱导信息,将安全隐患扼杀在摇篮里。

通过建立三维实景数据模型,在导航产品中模拟真实的道路场景和驾驶路线,使驾驶者身临其境,获得更加清晰的导航指引。一般来说,在陌生或者复杂的道路区域,司机驾车时对于导航的依赖度更高,手机地图的导航是否简明、准确、易懂,就成为司机能否顺利到达目的地的关键因素。相比过去的平面地图导航,三维导航能够在复杂路口和立交桥区给予驾驶员非常清晰的 3D 场景还原,更准确地描绘指引行驶的路线。尤其是在立体桥区的导航指引,彻底解决了传统 2D 导航在复杂立交桥、上下桥以及三岔口等道路区产生的遮盖、视觉错误等问题而导致的路线行驶错误,为车主带来更加清晰的导航指引新体验。

“立体道路”导航地图与真实道路场景的贴近性,发现正确的道路和方向变得比二维道路更加轻松易得,如图 8-21 所示。

(二)三维动态实景导航地图发展

我们看到动态三维实景导航电子地图出现在人们的生活中是从动态三维实景导航电子地图的前身——路口三维实景放大图开始的。但真正的高性能动态三维实景导航电子地图却不仅仅是路口的实景放大。看似一款简单的电子地图,制作过程却要花费巨大的人力物力。如图 8-22 所示。

图 8-21　“立体道路”导航地图

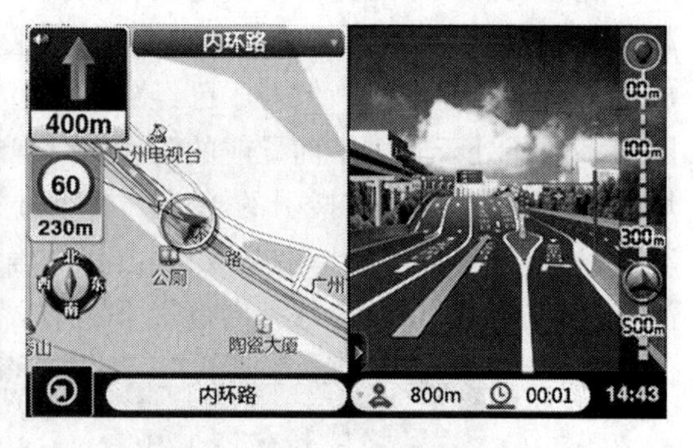

图 8-22　路口三维实景放大图

首先,精度是导航电子地图的根基,没有精度就没有地图质量,在地图上一个简单的动态三维实景画面都需要数据采集人员对采集点进行全方位的数据采集,数据经质检比对、校正合格后才能交给图片制作人员加工处理。

其次,动态三维具有极大的数据量,如何才能保证导航画面的连贯、与实际路况相符,这就需要具备先进的图像、音频数据等诸多组成元素的压缩处理与还原技术,还要拥有超高效的图像加速处理工艺等一系列核心技术。可以说没有一套先进的、标准的生产工艺做保证,是很难完成的。

随着 5G 时代的到来,手机导航的画面或许会直接是实时影像,而非图画绘制。对于地图当中提供的街景功能,将不再是一张张拼接的全景照片,可以成为动态实时画面。提示道路是否拥堵,不再是从绿色到红色的线条,而可能是直接查看堵点现场,了解前方道路信息。

六、云端导航信息服务

(一)云端导航简介

随着导航应用的进一步深入,数据量也会变得越来越庞大,数据之间的关系也越来越复杂,处理这些数据就需要强大的计算机处理能力。云计算是未来解决复杂运算的一种趋势,它通过网络将庞大的计算处理程序拆分自动成无数个较小的子程序,再交给由多部服务器所组成的系统,经过计算分析之后,将处理结果返回给用户。利用云导航,用户只需要一台终端,就可以通过网络来满足用户对导航处理功能的要求。如图 8-23 所示。

从广义上看,云计算是指服务的交付和使用模式,通过网络以按需、易扩展的方式获得所需的服务,用户可以随时获取,按需使用,随时扩展,按使用付费,这种服务模式将有助于降低项目成本,减少重复投入和资源浪费,使新的导航应用也能够快速搭建和部署。

(二)云端导航的功能

云端导航有以下几类功能。

1. 集成智能语音控制

云端导航应集成智能语音控制系统,让用户减少手动操作,专注开车,提高行车安全性。人工智能技术使用户不必拘泥于固定的语音句式,就能够和云端导航进行“对话”,比如说“我要去白云山”“我饿了”等,云端导航会智能甄别,并主动和用户持续沟通,筛选

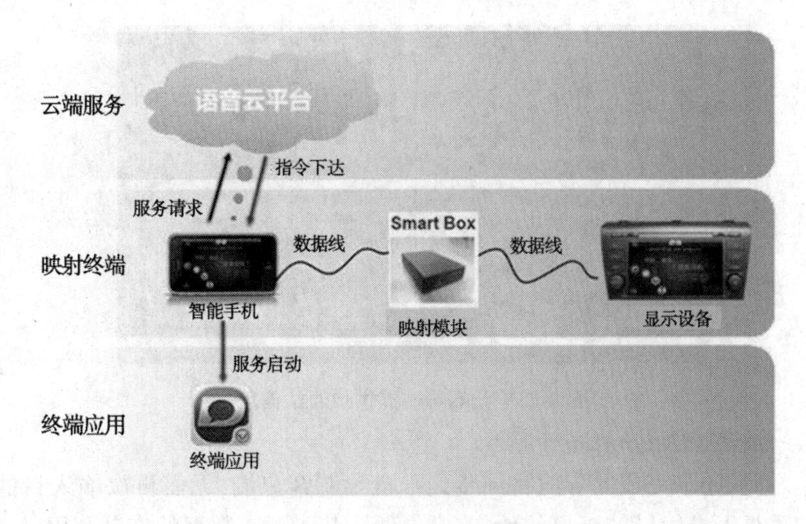

图 8-23　云导航系统示意图

并导航到最终目的地。

云端导航可使用户省去打开手机导航 APP、输入目的地、点选等操作,使出行变得更轻松。

2. 动态规划,实时智能判断路况

出行前,可先规划路径。基于实时交通大数据信息,大部分手机导航都能避开拥堵选择最优路径,而云端导航同样能玩转大数据,运用云端技术,实时调用最新地图数据和交通大数据;在导航过程中,实时监测路况拥堵信息,及时提醒用户是否使用新推荐的线路。出行途中,用户再也不用为前方路况忧心。

3. 云端导航剩余油量提醒

和手机导航相比,云端导航的另一个优势是和行车数据深度结合,为用户提供更贴心的服务。比如,云端导航能在导航过程中计算剩余油量,并推荐可加油的地方,必要时提醒用户加油,避免出现油量报警时才到处找加油站的慌乱;结合高德地图丰富的加油站信息,用户不用再为加油而跑冤枉路,大大提升出行效率。云端导航还能够自定义选择加油站的品牌,方便加油卡用户使用。如图 8-24、图 8-25 所示。

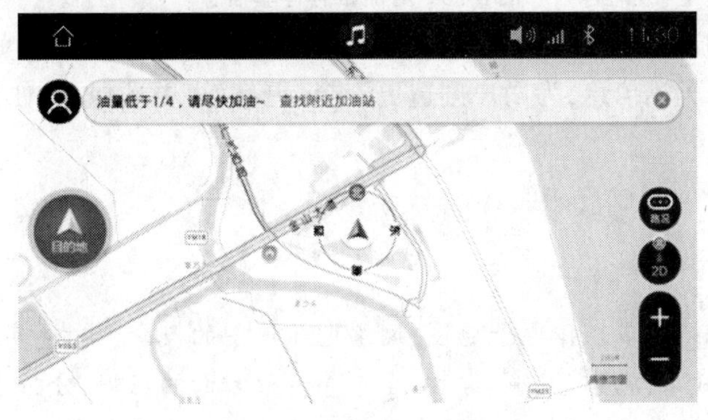

图 8-24　云端导航剩余油量提醒

图 8-25　云端导航提供加油站信息

4. 最后一公里,车机手机延伸导航

在停车之后,还未完成的导航将同步到手机导航客户端,无需再次输入目的地,用户就能直接在手机上继续导航至目的地,非常方便。基于对大数据的充分利用,云端导航实现智能化和便利性的完美结合,再加上比手机导航定位更精准的“融合定位”功能,给予用户完美的出行体验。

抵达目的地后,根据用户喜好智能推荐精细化的停车信息。如图 8-26 所示。

图 8-26　导航推荐停车信息

未来,云端导航将充分利用大数据、云计算、5G、电子传感等技术,实时、高效、准确地获取并运用交通及车辆信息,为用户创造更安全、更高效、更环保、更便捷、更人性化的移动出行体验。

小　结

本项目主要介绍了多媒体电子地图、网络电子地图的概念、构成、实现及应用,了解了电子地图在旅游、城市、海事、灾害、考古、军事等专业方面的应用,分析了电子地图的发展趋势。通过本项目的学习,可以更进一步了解电子地图的应用和发展趋势,为后续课程的学校奠定基础。

复习与思考题

1. 什么是多媒体电子地图？
2. 简述网络电子地图的概念及分类。
3. 旅游电子地图有什么特点？
4. 简述灾害电子地图的功能。
5. 试述电子地图的发展趋势。

参考文献

[1] 毛赞猷,朱良,周占鳌,等. 新编地图学教程[M]. 3 版. 北京:高等教育出版社,2017.
[2] 龙毅,温永宁,盛业华,等. 电子地图学[M]. 北京:科学出版社,2006.
[3] 宋小冬,钮心毅. 地理信息系统实习教程[M]. 3 版. 北京:科学出版社,2013.
[4] 杨元喜,郭海荣,何海波,等. 卫星导航定位原理[M]. 北京:国防工业出版社,2021.